CONCHYLIOLOGIE FRANÇAISE

LES

COQUILLES TERRESTRES

DE FRANCE

DESCRIPTION DES FAMILLES, GENRES ET ESPÈCES

PAR

ARNOULD LOCARD

Avec 515 figures dessinées d'après nature

ET INTERCALÉES DANS LE TEXTE

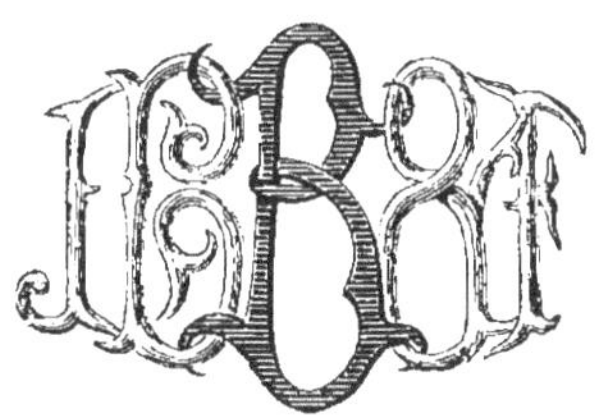

PARIS

LIBRAIRIE J.-B. BAILLIÈRE ET FILS

19, RUE HAUTEFEUILLE, PRÈS DU BOULEVARD SAINT-GERMAIN

1894

CONCHYLIOLOGIE FRANÇAISE

LES

COQUILLES TERRESTRES

DE FRANCE

DESCRIPTION DES FAMILLES, GENRES ET ESPÈCES

CONCHYLIOLOGIE FRANÇAISE

LES

COQUILLES TERRESTRES

DE FRANCE

DESCRIPTION DES FAMILLES, GENRES ET ESPÈCES

PAR

ARNOULD LOCARD

Avec 515 figures dessinées d'après nature

ET INTERCALÉES DANS LE TEXTE

PARIS

LIBRAIRIE J.-B. BAILLIÈRE ET FILS

19, RUE HAUTEFEUILLE, PRÈS DU BOULEVARD SAINT-GERMAIN

1894

INTRODUCTION

BUT DE L'OUVRAGE. — Comme nous l'avons déjà fait observer à propos de notre étude sur les *Coquilles des eaux douces et saumâtres de France*, il n'a été publié aucun traité descriptif complet relatif aux coquilles terrestres depuis près de quarante ans. Et pourtant, qui oserait contester les innombrables progrès accomplis dans cette branche si importante de la zoologie depuis pareille époque? Dans notre *Prodrome* de 1882 (1), nous avons déjà essayé de combler cette trop vaste lacune; mais le cadre que nous nous étions alors tracé ne comportait nécessairement qu'un développement restreint. Dans le nouveau travail que nous présentons aujourd'hui, travail qui termine ainsi l'étude complète de la *Conchyliologie française* (2), nous donnerons la description de toutes les

(1) *Prodrome de Malacologie française. Catalogue général des Mollusques vivants de France, Mollusques terrestres des eaux douces et des eaux saumâtres.* Lyon-Paris, 1882 1 vol. grand in-8, 452 p.

(2) *Les Coquilles marines des côtes de France, description des familles genres et espèces.* Paris, 1892, 1 vol. grand in-8, 384 p., avec 348 figures dessinées d'après nature et intercalées dans le texte.

Les Coquilles des eaux douces et saumâtres de France, description des familles, genres

A. LOCARD, Coq. terr.   1

familles, genres et espèces relatifs à la faune terrestre, connus jusqu'à ce jour.

A la vérité, dans ces dernières années, c'est-à-dire depuis la publication des grands ouvrages de l'abbé Dupuy et de Moquin-Tandon, diverses monographies isolées, comprenant, soit des études de groupes d'espèces, soit des revisions de genres ou de familles, ont été publiées çà et là par les auteurs les plus compétents. Il importe d'en rappeler sommairement la liste, pour laisser à chacun la part qu'il mérite : les genres *Vitrina* et *Sphyradium* ont été en partie revisés par M. Pollonera; MM. Baudon et Bourguignat ont publié chacun de leur côté de remarquables mémoires sur les Succinées françaises, et ont fait connaitre un grand nombre de formes nouvelles. On doit à M. Bourguignat, une magistrale monographie des Clausilies, et, dans ses nombreux ouvrages, nous retrouvons d'autres monographies relatives aux genres *Arnouldia*, *Balia*, *Carychium*, *Cæcilianella*, *Ferussacia*, etc. Citons encore une étude sur le genre *Azeca* de M. P. Fagot, et la revision des genres *Cyclostoma* et *Pomatias* de M. J. Mabille, ainsi que nos recherches sur les genres *Bulimus* et *Chondrus* et sur les *Alexia*. Enfin, nous devons encore mentionner la *Fauna der in der Paläartischen Region* de M. Agardh Westerlund, qui renferme de très précieux documents sur la faune malacologique du système européen.

Pour les Hyalinies et les Hélices, aucun travail d'ensemble n'a été fait depuis notre Prodrome, mais bien des espèces nouvelles ont été décrites dans divers recueils, par MM. Bérenguier, Bourguignat, Clessin, Fagot, F. Florence, Mabille, Pollonera, Sayn, Westerlund et bien d'autres. Enfin, nous

et espèces. Paris, 1 vol. gr. in-8, 327 p., avec 307 figures dessinées d'après nature et intercalées dans le texte.

savons que M. Bourguignat se proposait de faire pour les Hyalinies, les Pupas et autres petits genres voisins, un travail analogue à celui qu'il avait fait pour les Clausilies. La mort est venue le surprendre, alors qu'il terminait, dans sa riche collection, l'étude des nombreuses espèces appartenant à ces différents genres.

Tels sont les principaux éléments que nous nous sommes proposé de coordonner et de disposer méthodiquement dans ce volume. Ajoutons, qu'aux nombreuses données dont nous venons d'esquisser les diverses sources, nous devons joindre les précieux et utiles documents que nous avons puisés dans un grand nombre de collections particulières et plus spécialement encore dans celle de notre bien regretté maître et ami, Jules-René Bourguignat. Cette magnifique collection, très gracieusement mise à notre disposition par le musée de la ville de Genève, renferme une quantité considérable d'espèces inédites, que nous sommes heureux de pouvoir enfin faire connaître. A cette occasion, qu'il nous soit permis d'adresser ici nos bien sincères remerciements à la Commission du musée et, en particulier, à son savant et sympathique directeur, M. Maurice Bedot.

Ainsi que nous l'avons toujours fait dans nos différentes études malacologiques, nos efforts, dans ce nouveau travail, ont tendu à donner, à chaque espèce comme à chaque genre, la même valeur, la même importance, au point de vue taxonomique. Mais ici, plus encore que lorsqu'il s'agissait des coquilles marines ou des eaux douces et saumâtres, nous nous sommes trouvé en présence de réelles difficultés, notamment lorsqu'il s'est agi de classer méthodiquement les nombreuses formes d'Hélices qui font partie de notre faune. Nous espérons cependant que nos efforts n'ont pas été vains ; le mode

de groupement que nous avons adopté nous a paru présenter
de grands avantages, non seulement pour la classification
rationnelle des espèces, mais encore pour leur prompte et
bonne détermination. L'examen préalable de quelques grands
caractères, comme la taille, le galbe général, la manière d'être
du test, ou les dimensions de l'ombilic, impliquent un mode
naturel de groupement facile à suivre. Chaque groupe étant
ainsi nettement défini, l'étude des formes affines qu'il renferme ne porte plus alors que sur des caractères d'un ordre
secondaire, permettant de distinguer facilement les unes des
autres, ces différentes formes.

Ici encore, nous avons dû faire abstraction de toutes les
questions de pure synonymie; nous nous sommes borné à
signaler à propos de chaque espèce, le nom de son auteur et
la publication où sa description première a été donnée, ren-
voyant pour tout le surplus à notre *Prodrome*, où nous avons
déjà traité pareil sujet avec tout le développement qu'il com-
porte. Il en est de même de tout ce qui est relatif à l'anatomie
des Mollusques; ceux de nos lecteurs qui voudront pour-
suivre ce genre d'étude, pourront utilement consulter l'*His-
toire des Mollusques* de Moquin-Tandon, et mieux encore *Les
Mollusques* de M. H. Coupin, où toutes ces questions sont
longuement traitées.

Comme nous l'avons déjà fait dans les deux autres parties
de notre *Conchyliologie française*, chacun de nos groupes est
accompagné d'une ou de plusieurs figures représentant les
types principaux, les formes les plus répandues et les mieux
caractérisées. Nous devons à la plume de Mlle Anna Barbenès
la bonne exécution, soit d'après nature, soit d'après des
dessins originaux, des nombreuses figures qui accompagnent
notre texte

TERMINOLOGIE CONCHYLIOLOGIQUE. — Nous rappellerons les quelques expressions terminologiques les plus essentielles dont le naturaliste peut avoir besoin pour suivre nos descriptions.

Nous n'avons à nous occuper, dans l'étude des Mollusques terrestres, que des *Gastropodes*, c'est-à-dire des animaux à corps mou, possédant une tête distincte, rampant sur un pied charnu, et dont le vulgaire Escargot est le prototype. La *coquille* est l'enveloppe testacée qui protège et recouvre les Mollusques. C'est surtout à l'aide de cette coquille que l'on peut arriver à les déterminer et à les classer avec certitude ; elle seule survit après la mort et parfois se conserve avec une merveilleuse délicatesse après sa fossilisation.

Chez nos Gastropodes, la coquille est enroulée, soit de

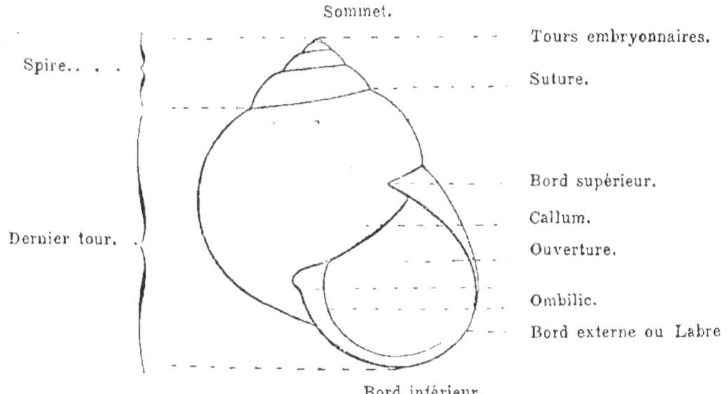

Fig. 1. — *Helix pyrgia,* Brgt.

droite à gauche, soit de gauche à droite, suivant un certain nombre de tours, sauf pourtant lorsqu'elle est pour ainsi dire rudimentaire, comme chez les Testacelles. L'axe sur lequel se fait cet enroulement a nom *columelle* (fig. 1); s'il est creux, son entrée se nomme *ombilic;* les tours supérieurs constituent la *spire ;* l'extrémité supérieure de la spire représente le *sommet* de la coquille ; nécessairement ce sommet doit toujours être placé en haut. Les premiers tours, au voisinage du sommet, sont qualifiés de *tours embryonnaires ;* tous les tours, quelle que soit leur forme, sont séparés par la *suture.* Le *dernier tour,* ordinairement de beaucoup le plus grand, se termine par l'*ouverture ;* celle-ci s'ouvre *en avant,* tandis que, par opposition, on nomme *dos* de la coquille le côté du dernier tour qui lui est opposé. La périphérie aperturale est appelée *péristome ;* ce péristome peut être continu ou discontinu ; le *labre* représente son bord externe ; le *bord columellaire* est, au contraire, le bord opposé au labre ; parfois les deux bords du péristome sont rejoints, sur le dernier tour de la coquille, par un développement calleux ou *callum.* Enfin, l'ouverture peut être close ou non par une pièce accessoire mobile, que l'on désigne sous le nom d'*opercule.* Chez les Clausilies, cet opercule de forme plus complexe prend le nom de *clausilium.*

Il existe plusieurs genres de Gastropodes dont l'ouverture est ornée à l'intérieur de *lamelles* ou de *plis* qui jouent un rôle important dans la détermination des espèces ; ces divers modes d'ornementation peuvent être situés à l'entrée de l'ouverture et sont dits *émergés,* ou plus ou moins profondément enfoncés et sont alors qualifiés d'*immergés.*

Chez les Clausilies et les Nénies, dont l'enroulement se ait de droite à gauche (fig. 2), il peut y avoir des lamelles et des plis. On distingue deux lamelles : 1° la *lamelle pariétale supérieure* placée dans le haut du bord columellaire, de façon à former avec le bord externe une *gouttière* ou *sinus ;* 2° la *lamelle pariétale inférieure,* placée au-dessous de la précédente et dirigée obliquement en se contournant un peu ; elle

peut être simple ou bifide. Les plis sont de cinq sortes différentes : 1° le *pli spiral,* sous forme de lamelle, toujours
immergé, dans le prolongement de la lamelle pariétale
supérieure; 2° les *plis interlamellaires,* le plus souvent émergés et disposés dans le haut de l'ouverture, au dessus de la
lamelle inférieure; 3° le *pli columellaire* ou *sous-columellaire,*
aboutissant à la base de la columelle; 4° les *plis palataux*

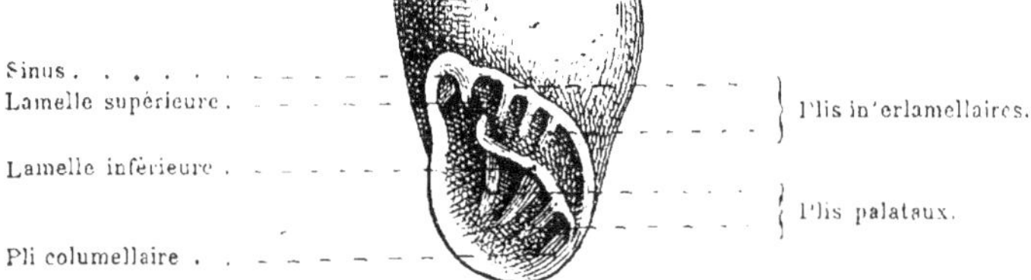

Fig. 2. — Ouverture d'une Clausilie.

toujours plus ou moins immergés et répartis dans le bas de
l'ouverture; 5° le *pli lunulé* ou *lunelle,* très profondément
enfoncé dans la gorge de l'ouverture et par conséquent toujours immergé. Enfin, indépendamment des lamelles et des
plis, on peut encore observer dans l'intérieur de l'ouverture
une *callosité* immergée plus ou moins apparente et disposée
transversalement.

Chez les *Pupa, Orcula, Sphyradium, Pupilla,* etc., dont
l'enroulement se fait de gauche à droite, et qui n'ont pas de
clausilium, les lamelles font défaut. On constate seulement
trois sortes de plis émergés ou immergés : 1° les *plis supérieurs*
dans le haut de l'ouverture, logés sur la paroi inférieure de
l'avant dernier tour; 2° les *plis columellaires* disposés sur la
paroi columellaire, à gauche de l'ouverture; 3° les *plis palataux* répartis du côté du labre ou paroi de droite de l'ouverture.
Chez les *Vertigo* sénestres, la disposition des plis est nécessai-

rement inverse. Tous ces différents plis sont en nombre très variable et peuvent, dans certains cas, faire partiellement ou même totalement défaut.

DE LA RECHERCHE DES MOLLUSQUES. — Rien n'est plus commun, du moins en apparence, que les Mollusques terrestres; pourtant, lorsqu'il s'agit de se procurer certains genres ou certaines espèces, leur chasse demande des connaissances et des soins tout particuliers. Pour arriver sûrement à de bons résultats, il importe que le naturaliste connaisse exactement les mœurs, le *modus vivendi* des êtres qu'il veut se procurer. Sans entrer ici dans de trop longs détails, nous croyons néanmoins utile de résumer à ce sujet quelques indications sommaires.

Les *Parmacella* et les *Testacella*, pour suivre l'ordre que nous avons adopté, sont des animaux essentiellement nocturnes; le jour ils se terrent sous les pierres, au fond des épais buissons; mais quelques heures avant le lever du soleil, par les nuits chaudes et humides de l'été ou de l'automne, on les voit errer le long des chemins ou des sentiers, à la recherche d'une proie facile.

C'est à la fin de l'hiver qu'il conviendra de chercher les *Vitrina* dans les milieux boisés, humides et couverts, sous les mousses fraîches ou sous les feuilles mortes et les brindilles, principalement dans les contrées montagneuses et calcaires ; car c'est un point qu'il importe de ne point perdre de vue, les sols calcaires sont toujours bien plus riches en Mollusques que les autres.

Les *Succinea* se tiennent en toute saison, sauf pourtant pendant les rigueurs de l'hiver, sur les tiges et les feuilles des plantes qui croissent au bord des cours d'eau de toute nature ; quelques-unes, de taille plus petite, grimpent le long des vieux arbres non loin des mêmes milieux. Les *Hyalinia* restent au contraire toujours cachées sous les haies, les buissons, les détritus de toutes sortes, dans les milieux très frais et très humides, ne sortant de leur retraite qu'à la suite des pluies persistantes du printemps et de l'automne ; quelques-unes se logent volontiers sous les bois pourris, dans les jardins, les caves ou les bûchers.

Les *Helix* sont en général plus cosmopolites. Si les *Leucochroa* avec leur robe blanche n'ont point à redouter les ardeurs d'un brûlant soleil du midi, d'autres formes, comme les *H. constricta, Rangi, Crombezi, Desmoulinsi*, etc., s'enfoncent au contraire profondément dans la terre, sous les pierres, ou à travers les interstices les plus étroits des fentes de rochers ou des vieux murs ; plusieurs, comme les *H. aperta* ou *pomatia*, s'enterrent dans le sol dès l'automne, pour hiverner durant la mauvaise saison. Les *H. aspersa* ou *lapicida* vivent sur les roches primordiales, alors que la plupart de leurs congénères préfèrent les milieux calcaires. On voit les *H. ericetorum, unifasciata, intersecta* dans les stations sèches, arides, sablonneuses ou arénacées, tandis que les *H. hispida, pygmœa, pulchella*, etc., recherchent les bords des marais ou des ruisseaux.

Le sable des landes convient aux formes du groupe de l'*H. revelata*, de même que certains types, comme les *H. explanata, lineata, cnhalia*, etc., semblent ne pouvoir se passer de l'air vivifiant des bords de la mer. Nombre d'espèces, tout en aimant la fraicheur, sont cantonnées dans le Midi ; d'autres au contraire ne peuvent vivre que dans le Nord. Il faut gravir les sites alpestres, parfois même jusqu'à la limite des neiges éternelles pour rencontrer les *H. Alpicola, glacialis, Laula-*

reliana, etc., tandis que le plus grand nombre des espèces s'écartent peu de la région des plaines basses et des vallées. Mais, en général, la plupart de nos *Helix* redoutant aussi bien les rigueurs du froid que l'excès de la chaleur et surtout une trop grande siccité atmosphérique, sortiront de leur retraite après la pluie, dépensant plus volontiers toute leur activité, après ces averses chaudes et orageuses qui terminent le printemps ou annoncent l'automne.

Les *Bulimus, Chondrus, Clausilia, Pupa* et autres genres voisins, se rencontrent fréquemment à travers les mousses fraîches qui tapissent les rochers ou les vieux murs, ou croissent encore sur les gros troncs d'arbres ; profondément tapis dans les fissures les plus étroites et les plus profondes de la pierre ou des écorces, ces petits Mollusques ne tardent pas à sortir avec les premières pluies. C'est dans la mousse humide des prairies et des bois qu'on récoltera les *Azeca,* les *Zua,* les *Vertigo,* les *Pupilla,* etc.; c'est au contraire sous les pierres qu'on pourra ramasser les brillantes *Ferussacia* des côtes de la Provence. Enfin, tantôt logés contre la paroi des rochers ou enfouis au pied des arbres et à travers les racines des petits arbrisseaux, on observera dans de tels milieux nombre de *Pupa* ou de *Pomatias.*

Les alluvions des cours d'eau, petits et grands, sont parfois de précieux auxiliaires pour la récolte des Mollusques. Chaque crue de quelque importance charrie avec elle de petites espèces souvent des plus rares et des plus difficiles à trouver autrement, par suite de l'exiguité de leurs dimensions, comme les *Cæcilianella, Carychium, Vertigo, Isthmia,* etc., que l'eau parvient à arracher de ses bords avec les détritus de toutes sortes qu'elle entraine avec elle. Il importe donc de recueillir avec soin ces débris alluviens, de les laver, de les tamiser, de les examiner attentivement à la loupe, car ils peuvent renfermer les formes les plus variées et les plus intéressantes.

Quant au matériel utilisé pour ce genre de chasse, il est des plus simples. La filoche à papillons, rapidement promenée à travers les hautes herbes des prés ou le long des plantes aquatiques émergées, sera toujours d'un utile secours pour la récolte des petites espèces; le bâton à bout recourbé ou terminé par une houlette permettra de fouiller le sol ou les racines des plantes à travers lesquelles bien des Mollusques vont se cacher; le parapluie de l'entomologiste rendra également de bons services pour recevoir les coquilles que l'on aura fait tomber en battant les haies ou grattant la surface des rochers et vieux murs ou l'écorce des gros arbres; enfin, à l'aide d'une brosse dure convenablement emmanchée et promenée le long de ces mêmes parois, on détachera encore quantité de petites espèces souvent peu visibles, et que leur mimétisme protège.

En résumé, il importe que le malacologiste poursuive un peu partout ses minutieuses investigations ; et en effet, dans la plaine comme dans la montagne, dans les milieux déserts ou arides comme sur les bords des cours d'eau ou des marais, partout enfin où le sol a pu donner asile à la plante la plus chétive, le Mollusque peut à son tour s'y rencontrer. Sur notre continent français, il n'est pas une région, à part les sites élevés masqués par les neiges éternelles, qui ne recèle sa faunule malacologique, renfermant souvent des formes aussi intéressantes que variées. Et pourtant, nous devons l'avouer, il est encore bien des localités, voire même des départements tout entiers, sur lesquels nous ne possédons que de trop vagues données relatives à la science qui nous occupe.

Puissions-nous, à l'aide de cette nouvelle étude, contribuer à combler une aussi regrettable lacune et l'un de nos vœux les plus chers sera satisfait.

CONSERVATION DES COQUILLES. — Nous avons déjà suffisamment traité cette question à propos des coquilles marines ou à l'occasion des coquilles des eaux douces et saumâtres ; il nous semble donc inutile de revenir à nouveau sur un pareil sujet. Extirper de sa coquille l'animal qu'elle renfermait, si sa taille est suffisante, et cela à l'aide d'un petit crochet, après avoir fait bouillir quelques instants le Mollusque ; ou bien se borner à le faire sécher au soleil ou à une douce température, si sa taille est trop petite, telles sont les précautions les plus essentielles que le conchyliologiste devra prendre avant de loger le produit de sa chasse dans ses collections.

Lyon, février 1894.

GASTROPODA

INOPERCULATA

PARMACELLIDÆ

Coquille rudimentaire en deux parties, l'une interne et cachée, l'autre plus ou moins apparente.

Genre PARMACELLA, Cuvier.

Coquille interne unguiforme, blanche, épaisse; coquille apparente très petite, spirale, dextre, jaunacée, columelle aplatie.

Parmacella Moquini, BOURGUIGNAT.

> P. *Valenciennii*, Moq., 1855. *H. moll.*, II, p. 34, pl. 4, fig. 9-18 *(non* Web et Bened.). — *P. Moq.*, Brgt., 1850. *Amén.*, II, p. 139. — Loc., 1882. *Pr.*, p. 17.

Coquille entièrement couverte, composée de 1 1/4 tour, très déprimée; région supérieure naticiforme, déprimée, mince, fragile, peu luisante; bord columellaire large, avec un pli; région inférieure 6 fois plus grande, elliptique, comme cartilagineuse, très mince, très fragile. — Haut. 2 1/2 à 3; Long. 17; Larg. 10 millimètres.

FIG. 3-4.

Rare; la Crau (Bouches-du-Rhône).

Parmacella Gervaisi, MOQUIN-TANDON.

> P. *Gervaisi*, Moq., 1850. *Mém. Ac. Toulouse*, p. 47. — Loc. *Prodr.*, p. 17.

Coquille découverte dans sa partie inférieure, déprimée; région

supérieure un peu épaisse, dure, très luisante; bord columellaire assez
étroit, sans pli; région inférieure 3 fois plus grande, arrondie-obovée,
un peu épaisse, calcaire, assez solide. — H. 2 à 2 1/4; L. 11 à 12;
L. 7 millimètres.

Rare; la Crau (Bouches-du-Rhône).

TESTACELLIDÆ

Coquille rudimentaire simple, complètement externe, subspirale, logée
sur la partie postérieure de l'animal.

Genre TESTACELLA, Cuvier.

Coquille petite, solide, auriforme-aplatie, avec un commencement de
spire dextre; ouverture extra-grande; columelle aplatie.

Testacella Maugei, DE FERUSSAC.

T. Maugei, Fer., 1819. *H. moll.*, II, p. 94, pl. 8, fig. 10-12. — Loc. *Prodr.*, p. 17.

Coquille relativement très grande, ovalaire, très
allongée, presque aussi rétrécie en bas qu'en haut,
convexe en dessus; 1 1/2 tour, le dernier extra-
grand; sommet très petit, dans l'alignement du bord
columellaire; ouverture très ovalaire; bord columellaire simple, un peu étroit, aplati, arqué; labre

F g. 5-6.

mince; test épais, rugueux en dehors, lisse en dedans. — H. 19;
L. 8 millimètres.

Rare; tout le littoral océanique, de Brest à Bayonne.

Testacella Companyoi, DUPUY.

T. Comp., Dup., 1847. *H. moll.*, p. 47, pl. 1, fig. 3. — Loc. *Prodr.*, p. 18.

Très grand, ovalaire un peu allongé, plus étroit en haut qu'en bas,
convexe en dessus; sommet rapproché du bord; columelle déprimée et
sinuée à sa jonction avec le labre, légèrement truncatulée dans le bas;
test grossièrement strié en dessus. — H. 17; L. 8 millimètres.

Rare; les Pyrénées-Orientales, Saint-Martin-du-Canigou, Rigarda, etc.

Testacella Pascali, BOURGUIGNAT.

T. Pascali, Brgt., 1870. *Am. malac.*, I, p. 147, pl. 5, fig. 1-6. — Loc. *Pr.*, p. 18.

Assez grand, bien ovale, convexe-tectiforme du sommet aux bords ;
2 tours ; sommet très distant du bord et le dépassant ; un sillon profond
à la columelle à sa jonction avec le labre ; columelle robuste, truncatulée
en bas ; test fortement costulé. — H. 10 ; L. 8 millimètres.

Rare ; le Puy-en-Velay (Haute-Loire).

Testacella episcia, Bourguignat.

T. episcia, Brgt., 1861. *Alpes-Mar.*, p. 38, pl. 1, fig. 1-i. — Loc. *Pr.*, p. 18.

Assez grand, exactement ovale, bien convexe ;
1 1/2 tour ; sommet très détaché, distant du bord ; co
lumelle épaisse, large, arquée, à peine renversée en
debors, se continuant avec le labre ; test grossièrement
strié. — H. 9 ; L. 6 millimètres.

Rare ; environs de Nice (Alpes-Maritimes).

Fig. 7.

Testacella Bourguignati, P. Massot.

T. Bourg., Mass., 1870. *Ann. mal.*, I, p. 148, pl. 5, fig. 7-12. — Loc. *Pr.*, p. 18.

Assez grand, oblong-allongé, peu convexe ; sommet non proéminent,
distant du bord et le dépassant sensiblement ; columelle assez faible,
arquée, plane, proéminente à sa partie supérieure, un peu truncatulée en
bas ; test mince, strié. — H. 7 1/2 ; L. 4 1/2 millimètres.

Très rare ; la Preste (Pyrénées-Orientales).

Testacella scutula, Sowerby.

T. scutulum, Sow., 1823. *Gen. Shells*, fig. 3-6. — Loc. *Prodr.*, p. 19.

Assez petit, ovale, arrondi en haut, très acuminé en bas, peu convexe
en dessus ; sommet peu saillant, dépassant à peine le bord ; columelle
arquée en haut, allongée en bas, non truncatulée ; test solide, strié —
H. 7 ; L. 4 millimètres.

Rare ; la Creuse, l'Hérault, etc.

Testacella haliotidea, Draparnaud.

T. haliotid., Drap., 1801. *Tabl. moll.*, p. 99. — Loc. *Prodr.*, p. 19.

Petit, ovalaire, aussi large ou à peine plus large en haut qu'en bas,
convexe en dessus ; sommet faisant corps avec le bord ; columelle déprimée, épaisse, fortement arquée, comme sinuée dans le haut à sa jonction
avec le labre, continue dans le bas ; test assez fortement strié. — H. 6
à 8 ; L. 4 à 6 millimètres.

Assez commun ; presque partout.

Testacella Pelleti, P. Massot.

T. Pelleti, Mass., 1872. *Moll. Pyr. Or.*, p. 16, pl. 1, fig. 2-3. — Loc. *Pr.*, p. 19.

Petit, oblong-allongé, aplati ; sommet recourbé, proéminent, détaché ; columelle épaisse, large, renflée en haut, non sinuée, ni truncatulée ; test costulé. — H. 9 ; L. 5 millimètres.

Très rare ; Vernet-les-Bains (Pyrénées-Orientales).

Testacella Servaini, P. Massot.

T. Servaini, Mass., 1870. *Ann. mal.*, I, p. 154, pl. 5, fig. 13-17. — Loc. *Pr.*, p. 19.

Très petit, unguliforme-oblong, presque plat ; sommet non proéminent, confondu avec le bord ; columelle arquée, non aplatie, mais infléchie en dehors, très robuste en haut, allant en s'amincissant en bas, non truncatulée ; labre fragile ; test finement striolé. — H. 4 1/2 ; L. 3 millimètres.

Fig. 8-9.

Très rare ; la Preste (Pyrénées-Orientales).

Testacella bisulcata, Risso.

T. bisulcata, Risso, 1826. *Eur. mer.*, IV, p. 44, pl. 1, fig. 2. — Loc. *Pr.*, p. 19.

Très petit, ovale-auriforme, un peu étroit, un peu rétréci en haut, très déprimé ; sommet saillant ; columelle large, aplatie, avec sinus en gouttière dans le haut, bien truncatulée dans le bas ; test finement strié. — H. 5 à 7 ; L. 3 à 4 millimètres.

Assez rare ; l'Ouest et le Midi, l'Auvergne.

Genre DAUDEBARDIA, Hartmann.

Coquille très petite, fragile, auriforme-enroulée ; ouverture grande ; ombilic naissant.

Daudebardia rufa, Draparnaud.

Helix rufa, Drap., 1805. *Hist. moll.*, p. 118, pl. 8, fig. 26-29. — *D. rufa*, Hartm., 1821. *Syst. Gast.*, p. 54. — Loc. *Prob.*, p. 20.

Galbe orbiculaire-déprimé ; 2 tours de spire, le premier très petit, aplati, le deuxième très grand, dilaté vers l'extrémité ; suture assez marquée ; ouverture très ample, assez

Fig. 10-11.

arrondie, aussi large que haute, oblique; péristome simple; test très mince, lisse, blanc-roux. — H. 2 1/2; D. 3 millimètres.

Très rare; l'Alsace.

Daudebardia brevipes, DRAPARNAUD.

Helix brevipes, Drap., 1805. *Hist. moll.*, p. 119, pl. 8, fig. 30-33. — *D. brevipes*, Hartm., 1821. *Syst. Gast.*, p. 54. — Loc. *Prodr.*, p. 20.

Ovale-déprimé; dernier tour plus grand; ouverture plus large que haute et plus oblique; emplacement ombilical plus évasé. — H. 2 1/2; D. 3 1/2 millimètres.

Très rare; l'Alsace.

HELICIDÆ

Coquille complète, testacée, spirée, de galbe globuleux très variable; ouverture plus ou moins arrondie à péristome continu ou discontinu.

Genre VITRINA, Draparnaud.

Coq. petite, dextre, imperforée, globuleuse-déprimée, à peine auss grande que l'animal; dernier tour très grand; labre tranchant; test mince.

A. — Groupe du *V. diaphana*.

Bord columellaire aplati; ombilic nul; test lisse.

Vitrina diaphana, DRAPARNAUD.

V. diaph., Dr., 1805. *Hist. moll.*, p. 120, pl. 8, fig. 38-39. — Loc. *Pr.*, p. 21.

Galbe déprimé, allongé transversalement, à peine convexe en dessus; 1 1/2 à 2 tours, le dernier très grand, égal aux 3/4 du grand diamètre; sommet non saillant; ouverture ovale-allongée, un peu échancrée; columelle un peu arquée, avec dépression étroite 

FIG. 12-13.

occupant le 1/3 de la base; test très mince, très fragile, jaune-verdâtre — H. 2 à 5; D. 6 à 7 millimètres.

Commun; toute la région septentrionale.

Vitrina glacialis, Forbes.

V. glacialis, Forbes, 1837. *Mag. zool. Bot.*, p. 17. — Koch, 1871. *Nach. Bl.*, III, p. 39, pl. 1, fig. 6. — *V. Charpentieri (pars)*, Loc. *Prodr.*, p. 22.

Un peu plus déprimé et moins allongé; ouverture plus largement ovalaire, avec le grand axe horizontal; bord columellaire un peu déprimé; la dépression occupant la moitié de la base. — H. 3 à 4; D. 4 1/2 à 6 millimètres.

Rare; région alpine, vers 1700 mètres d'altitude.

Vitrina Bourguignati, A. Macé.

V. Bourg., Macé, 1885. *Nov. sp. in Coll.* Brgt.

Très déprimé, très allongé-transverse, presque plan en dessus; 3 tours, le dernier très grand, égal aux 3/4 du grand diamètre; ouverture étroitement ovalaire-transverse, très peu échancrée, près de 2 fois plus large que haute; test très mince, très fragile, verdâtre. — H. 4; D. 8 millim.

Rare; Barcelonnette, clus de Saint-Auban (Alpes-Maritimes), Mont-d'Or Lyonnais.

Vitrina nivalis, de Charpentier.

V. nivalis, Charp., *in* Dum. Mort., 1852. *Moll. Savoie*, p. 299. — *V. Charpentieri (pars)*, Loc. *Prodr.*, p. 22.

Plus petit que le *diaphana*, moins allongé et un peu plus convexe en dessus; 2 3/4 tours plus arrondis; ouverture moins grande avec son grand axe plus oblique; columelle plus arquée, avec dépression occupant le quart de la base. — H. 3; D. 4 1/4 millimètres.

Fig. 14-15.

Rare; région alpine, vers 1700 mètres d'altitude.

Vitrina elongata, Draparnaud.

V. elongata, Dr., 1805. *Hist. moll.*, p. 120, pl. 6, fig. 40-42. — Loc. *Pr.*, p. 21

Petit, ovalaire très allongé, très déprimé; sommet nul; 1 1/2 à 2 tours; ouverture dépassant en longueur les 3/4 du diamètre transverse, ovale très allongée; columelle arquée, avec dépression occupant plus du tiers de la base. — H. 1 1/2 à 2; D. 4 à 5 millimètres.

Assez rare; régions montagneuses, surtout le Sud et le Sud-Ouest.

Vitrina Pyrenaica, de Ferussac.

Helicolimax Pyrenaica, Fer., 1822. *Tabl. syst.*, p. 25; *Hist.*, pl. 9, fig. 3. — *V. Pyr.*, Gray, 1825. *Ann. phil.*, IX, p. 409. — Loc. *Prodr.*, p. 122.

Ovalaire, à peine convexe en dessus ; 2 1/2 tours ; sommet très aplati ; ouverture presque elliptique, égale aux 3/4 du grand diamètre ; columelle a-sez arquée, avec dépression égale au quart de la base ; test blanc-verdâtre. — H. 2 1/2 à 3 ; D. 5 à 6 millimètres.

Rare ; les Pyrénées, Lourdes, Luchon, Eaux-Bonnes, Bigorre, etc.

Vitrina Penchinati, Bourguignat.

V. Penchin., Brgt., 1876. *Spec. nov.*, p. 38. — Loc. *Prodr.*, p. 22.

Très allongé-déprimé ; 3 1/2 tours à peine convexes ; ouverture allongée-étroite, droite en haut, arquée en bas ; bord columellaire assez développé. — H. 3 ; D. 7 1/2 millimètres.

Rare ; région pyrénéenne, Ariège, Hérault, Aude, Pyrén.-Orientales, etc.

B. — Groupe du *V. major*.

Bord columellaire tranchant ; ombilic nul.

Vitrina major, DE FERUSSAC PÈRE.

Helicolimax major, Fer., 1807. *Essai*, p. 43. — *V. major*, C. Pfeiffer, 1821.
Deutsch. moll., I, p. 47. — Loc. *Prodr.*, p. 23.

Galbe subglobuleux-déprimé ; 3 tours, le dernier arrondi ; suture distincte ; sommet aplati ; région ombilicale déprimée ; ouverture subarrondie, égale aux 2/3 du grand diamè-te ; columelle très mince, arquée ; test mince fragile, vert-jaunâtre.— H. 3 à 4 ; D. 5 à 7 m.

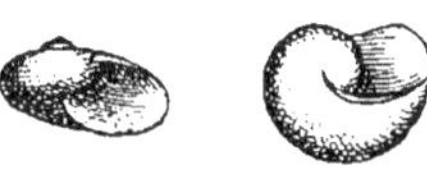

Fig. 16-17.

Assez commun ; presque partout, surtout dans le Midi.

Vitrina spreta, P. Fagot.

V. spreta, Fagot, 1892. *Pyr. fr.*, p. 33. — *V. Draparnaudi*, Loc. *Pr.*, p. 23.

Voisin du *major*, galbe plus régulier, moins allongé, mais tout aussi déprimé ; ouverture un peu plus petite et plus arrondie ; test plus solide. — H. 3 à 4 ; D. 5 à 6 millimètres.

Rare ; presque partout, surtout dans le Midi.

Vitrina pellucida, Müller.

Helix pellucida, Müll., 1774. *Verm. hist.*, II, p. 15. — *V. pellucida*, Montf., 1810. *Syst. Conch.*, p. 239. — Loc. *Prodr.*, p. 24.

Subglobuleux, un peu déprimé ; 3 à 4 tours, le dernier médiocre ; suture assez marquée ; sommet légèrement saillant, presque mamelonné ; ouverture égale à un peu plus de la moitié du grand diamètre, ovale-arrondie ; bord columellaire arqué. — H. 2 1/2 à 3 1/2 ; D. 5 à 6 millim.

Fig. 18.

Assez commun ; surtout dans le Nord et le Centre.

Vitrina Maceana, BOURGUIGNAT.

V. Maceana, Brgt., *Nov. sp. in coll.*

Globuleux ; 3 1/2 à 4 tours, le dernier grand ; suture bien marquée ; sommet saillant, un peu mamelonné ; ouverture égale à un peu plus de la moitié du grand diamètre, ovale-arrondie ; bord columellaire bien arqué. — H. 3 à 3 1/2 ; D. 5 à 5 1/2 millimètres.

Assez rare ; Barcelonnette (Basses-Alpes), Auxonne (Côte-d'Or), Saint-Agrève (Ardèche).

C. — Groupe du *V. annularis.*

Bord columellaire mince ; ombilic subperforé ; test non lisse.

Vitrina annularis, VENETZ.

Hyalina ann., Ven., *in* Stud., 1820. *Kurz. Verz.*, p. 86. — Loc. *Pr.*, p. 24.

Galbe subglobuleux ; 3 1/2 à 4 tours, le dernier très grand ; suture assez profonde ; sommet saillant, mamelonné ; ombilic subperforé ; ouverture ovale-arrondie, égale à plus du tiers du grand diamètre ; bord columellaire très mince, très arqué ; test très fragile, orné de stries disposées en anneaux, jaune-verdâtre. — H. 3 à 3 1/2 ; D. 4 à 5 millimètres.

Fig. 19.

Assez rare ; Drôme, Rhône, Isère, Alpes et Pyrénées, etc.

Vitrina Servainiana, DE SAINT-SIMON.

V. Serv., St-Sim., 1870. *Ann. mal.*, I, p. 20. — Loc. *Prodr.*, p. 23.

Subglobuleux ; 3 1/2 tours, le dernier assez grand ; suture accusée sommet mamelonné ; ombilic très obtus ; ouverture arrondie-oblongue ; bord columellaire linéaire avec dilatation accentuée et réfléchie sur l'ombilic ; test finement strié, surtout vers la suture, blanc-verdâtre bleuté. — H. 3 ; D. 5 millimètres.

Rare ; région pyrénéenne, Luchon, Bagnères-de-Bigorre, etc.

Vitrina striata, BOURGUIGNAT.

V. striata, Brgt., 1876. *Spec. nov.*, p. 37. — Loc. *Prodr.*, p. 25.

Subdéprimé ; 3 1/2 tours assez convexes, le dernier assez grand ;
suture marquée ; sommet très petit ; ombilic perforé, en partie couvert ;
ouverture semi-oblongue ; bord columellaire largement épanoui sur
l'ombilic ; test orné de stries accusées, jaune-clair un peu verdâtre. —
H. 3 ; D. 4 millimètres.

Rare ; la Sainte-Beaume (Var).

Vitrina Baudoni, DELAUNAY.

V. Baud., Delaun., 1877. *J. conch.*, XXV, p. 3ü3, pl. 11, fig. 5. — Loc. *Pr.*, p. 25.

Très globuleux, convexe-sphérique ; 3 1/2 à 4 tours ; suture bien
marquée ; sommet mamelonné ; ombilic nul ; ouverture presque ronde ;
péristome arqué, labre épaissi ; test avec stries larges, effacées, jaune-
verdâtre. — H. 2 à 3 ; D. 4 à 5 millimètres.

Rare ; environs de Cherbourg (Manche).

Genre SUCCINEA, Draparnaud.

Coquille dextre, très haute, ovoïde, imperforée, pouvant exactement
contenir l'animal ; columelle subspirale ; péristome mince.

A. — Groupe du *S. haliotidea.*

Galbe ovoïde-ventru ; spire courte ; taille grande.

Succinea haliotidea, BOURGUIGNAT.

S. haliotidea, Brgt., 1877. *Succinea*, p. 23. — Loc. *Prodr.*, p. 31.

Galbe ovoïde-ventru ; spire extra-courte ; 2 1/2 tours,
les premiers très petits, le dernier extra-grand ; suture
linéaire ; sommet très obtus ; ouverture plus haute que
les 7/8 de la hauteur totale, subarrondie ; columelle
arquée, courte, un peu oblique ; test vitrinoïde, très
mince, jaune-pâle, finement strié. — H. 12 ; D. 7
millimètres.

Fig. 20.

Rare ; le Nord, Somme, Morbihan, etc.

Succinea Pascali, Baudon.

S. *Pascali*, Baud., 1879. *Journ. conch.*, p. 292, pl. 11, fig. 4. — Loc. *Pr.*, p. 31.

Ovoïde-globuleux ; spire très courte ; 3 tours distincts, le dernier égal aux 4/5 de la hauteur, très ventru ; suture accusée ; sommet tuberculeux ; ouverture très ample ; columelle courte, très arquée ; test mince, pellucide jaune-roussâtre. — H. 12 ; D. 8 millimètres.

Rare ; la Haute-Loire.

Succinea Milne-Edwardsi, Bourguignat.

S. *Milne-Edw.*, Brgt., 1877. *Succinea*, p. 3. — Loc. *Prodr.*, p. 25.

Ovoïde-renflé ; spire courte ; 3 1/2 à 4 tours comme gonflés, sauf les 2 premiers ; le dernier très ample, égal aux 2/3 de la hauteur ; suture accusée ; sommet petit, aigu, saillant ; ouverture grande, assez oblique, columelle arquée, s'étendant jusqu'au milieu de l'ouverture ; test vitrinoïde, jaune-olivacé. — H. 15 ; D. 11 millimètres.

Rare ; Bayonne (Basses-Pyrénées).

Succinea Charpentieri, Dumont et Mortillet.

S. *Charp.*, Dum. Mort., 1857. *Malac. Léman*, p. 23. — Loc. *Prodr.*, p. 25.

Ovoïde-court ; spire courte ; 3 tours bien convexes, le dernier très ventru, relativement peu haut, assez oblique ; suture marquée ; ouverture ample, ovalaire, assez courte, étroite en haut, bien arrondie en bas, égale à un peu moins des 3/4 de la hauteur ; test mince, jaune-pâle peu luisant. — H. 14 ; D. 11 millimètres.

Fig. 21.

Assez commun ; surtout dans l'Est.

Succinea Charpyi, Baudon.

S. *putris*, var. *Charpyi*, Baudon, 1879. *Journ. conch.*, p. 303, pl. 10, fig. 4.

Ovoïde-piriforme, brusquement terminé par une spire petite, aiguë ; suture marquée au dernier tour par une faible dépression ; ouverture non oblique, égale aux 2/3 de la hauteur ; jaune-clair. — H. 10 ; D. 6 mill.

Rare ; Allevard, Grenoble (Isère).

Succinea trianfracta, Mörch.

Turbo *trianfr.*, da Costa, 1778. *Brit. Conch.*, p. 92, pl. 5, fig. 13. — S. *trianfr.* Mörch, 1864. *Syn. moll. Daniæ*, p. 32.

Grand, ovoïde-ventru ; spire médiocre ; 3 tours très convexes, le derni r égal au tiers de la hauteur, très bombé; suture très accusée; ouverture subarrond'e, faiblement rétrécie en haut, avec le grand axe vertical, largement arrondie en bas ; test un peu mince, corné-clair. — H. 20 à 24; D. 12 à 14 millimètres.

Rare; Orsay près Paris, Alpes dauphinoises, etc.

Succinea stagnalis, GASSIES.

S. stagnalis, Gassies, *in* Baud., 1879. *Journ. conch.*, p. 291, pl. 11, fig. 1.

Subcylindroïde, court, renflé; spire extrêmement courte; 3 tours, le dernier très allongé, arrondi en haut; suture profonde ; ouverture grande, oblongue, dilatée, laissant voir par le bas l'enroulement de la spire ; test comme plissé, jaune-clair. — H. 11 ; D. 6 millimètres.

Fig. 22.

Assez rare; littoral océanique, surtout dans le Midi.

Succinea mimatensis, BOURGUIGNAT.

S. mimatensis, Brgt., 1878. *Nov. sp. in coll.*

Assez petit, très globuleux, presque subsphérique ; spire très courte, comme mamelonnée, 3 tours, le dernier extrêmement grand; suture peu marquée ; ouverture presque circulaire, faiblement rétrécie en haut; test jaunacé. — H. 7; D. 4 1/2 millimètres.

Rare; Lamprey près Marvejols (Lozère).

B. — Groupe du *S. parvula*.

Galbe ovoïde-ventru ; spire courte ; taille petite.

Succinea parvula, PASCAL.

S. putris, var. parv., Pascal, 1853. *Moll. H.-Loire*, p. 24-25. — *Loc. Pr.*, p. 26

Galbe ovoïde-ventru, court; 3 tours bombés, le premier presque tuberculeux, le dernier très grand et ventru; suture fine; ouverture grande, ovale-arrondie ; columelle arquée au milieu, avec callum apparent; labre épaissi; test solide, peu brillant, striolé, jaune-roux ou citron. — H. 8 1/2; D. 6 à 6 1/2 millimètres.

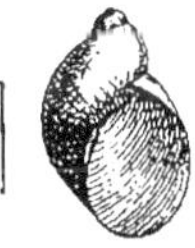

Fig. 23.

Assez commun ; presque partout, surtout dans le Centre.

Succina Ferussaci, Moquin-Tandon.

S. putris var. Ferussina, Moq., 1855. *Hist moll.*, II, p. 56.

Ovoïde légèrement ventru; 3 tours, les premiers petits, obliques, le dernier grand, assez ventru; ouverture piriforme, aiguë en haut, bien ronde en bas; test fragile, rarement brillant, jaune-verdâtre pâle. — H. 9 à 10; D. 5 1/2 à 6 millimètres.

Rare; Oise, Haute-Loire, Nièvre, Isère, etc.

Succinea xanthelea, Bourguignat.

S. xanth., Brgt., 1877. *Succinea*, p. 4. — Loc. *Prodr.*, p. 25.

Ventru-globuleux, un peu oblong; 2 à 3 tours; sommet gros, obtus; ouverture ample, arrondie en bas, assez oblique; columelle prolongée usqu'au milieu de l'ouverture; labre très mince avec tendance à renversement externe; test extra-mince, vitrinoïde, striolé, vert-olivâtre. — H. 6; D. 4 millimètres.

Rare; environs de Rennes (Ille-et-Vilaine).

Succinea Baudoni, Drouët.

S. Baudoni, Dr., *in* Baudon, 1852. *Cat. Oise*, p. 7. — Loc. *Pr.*, p. 26.

Petit, globuleux-court; 2 1/2 à 3 tours, le dernier très ventru; suture linéaire; sommet mamelonné, englobé dans le tour suivant, non culminant; ouverture subarrondie; columelle légèrement tordue; labre non sinué; test mince, jaune-succiné pâle. — H. 5; D. 2 1/2 millimètres.

Peu commun; principalement le Nord et l'Est.

Succinea acrambleia, J. Mabille.

S. acrambl., Mab., 1870. *Bass. Paris.*, p. 91. — Loc. *Prodr.*, p. 28.

Ovoïde, assez ventru; 2 1/2 à 3 tours un peu tordus, très obliques, un peu enveloppés par le suivant, le dernier très grand, égal aux 5/6 de la hauteur; sommet punctiforme; ouverture ovale-oblique; columelle courte; callum épais; labre non aminci; test lisse, jaune-roux. — H. 6 à 7; D. 3 à 3 1/2 millimètres.

Assez commun; un peu partout.

Succinea contortula, Baudon.

S. contortula, Baud., 1879. *J. Conch.*, p. 294, pl. 10, fig. 1. — Loc. *Pr.*, p. 29.

Ovalaire; 4 tours assez convexes, le premier tuberculeux, le dernier égal aux 3/4 de la hauteur; suture
très prononcée; ouverture ovale ; égal à la demi-hauteur,
avec son axe parallèle au grand axe ; test épais, strié-
ondulé, peu transparent, ambré-rouge. — H. 5 à 7; D.
2 1/2 à 4 millimètres.

Rare; Oise, Meurthe-et-Moselle, Ain, Rhône, etc.

Fig. 21.

Succinea Malafossi, BOURGUIGNAT.

S. Malafossi, Brgt. *Nov. sp. in coll.*

Subovalaire, un peu ventru-arrondi ; 4 tours convexes, très tordus;
suture très profonde; ouverture subarrondie avec son grand axe très
oblique, plus petite que la demi-hauteur totale ; test un peu mince, subtransparent, ou corné-roux. — H. 6 à 7 ; D. 3 1/2 à 4 1/2 millimètres.

Rare; Aveyron, Lozère, Aisne, etc.

Succinea hordeacea, JOUSSEAUME.

Neritost. hord., Jouss., 1877. *S. zool.*, p. 105, pl. 1, fig. 20-21. — Loc. *Pr.*, p. 28.

Ovoïde-oblong; spire un peu allongée ; 3 1/2 tours un peu aplatis et
convexes, le dernier légèrement ventru ; suture bien distincte; sommet
un peu relevé; ouverture presque droite, ovalaire; péristome à bords
symétriques ; columelle très mince; test strié, blanc-jaunâtre très pâle. —
H. 8 ; D. 4 millimètres.

Rare ; Seine, Aisne, Aube, Vendée, Allier, Haute-Loire, Ain, etc.

Succinea Pyrenaica, BOURGUIGNAT.

S. Pyren., Brgt., 1877. *Succinea*, p. 12. — Loc. *Prodr.*, p. 28.

Oblong un peu ventru; spire courte, obtuse; 3 tours, le premier gros
et obtus, le second moins convexe, le dernier convexe-arrondi allongé ;
suture peu profonde; ouverture oblongue, un peu oblique; péristome à
bords subparallèles; columelle un peu torse atteignant le milieu de l'ouverture; test finement strié, jaune d'ocre. — H. 7 à 8 ; D. 4 à 4 1/2 mill.

Peu commun; Pyrénées, Landes, Aveyron, Var, Alpes-Maritimes

Succinea virescens, MORELET.

S. viresc., Morel., 1845. *Moll. Port.*, p. 53, pl. 5, fig. 3. — Loc. *Prodr.*, p. 29.

Ovoïde un peu allongé ; spire un peu tordue ; 3 tours renflés, le dernier allongé-ventru et oblique ; suture très accusée ; sommet mamelonné ; ouverture ovalaire un peu allongée, oblique, évasée en bas ; columelle épaissie, bien arquée, avec dépression vers l'ombilic ; test mince, assez solide, striolé, corné-jaune verdâtre. — H. 10 ; D. 5 millimètres.

Rare ; environs de Paris, Meuse, etc.

Succinéa debilis, MORELET.

S. debilis, Morel., *in* L. Pfeiff., 1859. *Mon. Hel.*, p. 841. — Loc. *Pr.*, p. 30.

Ovale-elliptique ; spire courte ; 3 tours, l'avant-dernier convexe, le dernier égal aux 3/4 de la hauteur, dilaté au milieu, atténué en bas ; suture accusée ; sommet subpunctiforme ; ouverture oblique, ovalaire-acuminée ; péristome subsymétrique, à bords légèrement arqués ; test mince, corné-roux jaunacé. — H. 11 ; D. 5 2/3 mill.

Fig. 25.

Assez rare ; un peu partout.

Succinea Dupuyana, BOURGUIGNAT.

S. Dupuyana, Brgt., 1877. *Succinea*, p. 18. — Loc. *Prodr.*, p. 30.

Ovalaire, un peu allongé-ventru ; spire extra-courte, médiocrement convexe ; 2 1/2 tours, le dernier très ample, faiblement dilaté au milieu, égal aux 7/8 de la hauteur ; sommet punctiforme ; ouverture piriforme arrondie, égale aux 4/5 de la hauteur ; columelle faible, étroite ; labre un peu incurvé ; test subplissé, très mince, jaune succiné ou rougeâtre. — H. 5 à 8 ; D. 3 à 4 millimètres.

Rare ; Basses-Pyrénées, Ariège, Basses-Alpes, Finistère, Morbihan.

Succinea Morleti, BAUDON.

S. Baudoni, var. Morl., Baud., 1877. *J. C.*, p. 147, pl. 7, fig. 3. — Loc. *Pr.*, p. 27.

Très petit, très globuleux ; spire très courte ; 2 1/2 tours, le dernier très ventru-arrondi ; sommet latéral, mamelonné ; ouverture arrondie, égale aux 3/5 de la hauteur ; columelle un peu arquée, avec callum ; test assez solide, verdâtre. — H. 2 ; D. 1 3/4 millimètre.

Rare ; Vienne, Haute-Vienne.

C. — Groupe du *S. putris*.

Galbe ovoïde-allongé ; spire allongée ; taille grande.

Succinea putris, Linné.

Helix putris, L., 1758. *Syst. nat.*, p. 774. — *S. putris*, Blainv., 1824 *Dict.*
sc. nat., LI, p. 244, pl. 35, fig. 7. — Loc. *Prodr.*, p. 27.

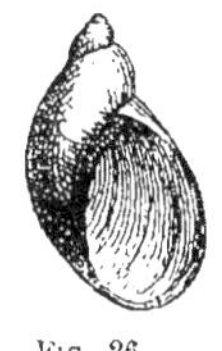

Fig, 26.

Galbe oblong-ventru ; spire assez allongée ; 3 1/2 tours, le dernier très grand ; sommet tuberculeux peu saillant ; suture peu profonde ; ouverture ovalaire, subaiguë en haut ; columelle arquée, épaissie au milieu ; labre tranchant ; test mince, vitreux, assez solide, jaune d'ambre pâle. — H. 10 à 18 ; D. 7 à 11 millimètres.

Commun ; presque partout, surtout le Nord et le Centre.

Succinea Mabillei, Jousseaume.

Neritostoma Mabilli, Jouss., 1877. *Soc. zool.*, p. 99, pl. 1, fig. 9-10.

Un peu plus petit et un peu plus ventru ; 3 1/2 tours plus convexes, suture plus accusée ; sommet petit, mamelonné ; ouverture un peu moins haute et un peu plus oblique, plus arrondie ; test strié-ondulé, jaune-clair verdâtre. — H. 10 ; D. 6 millimètres.

Assez rare ; environs de Paris, bords de la Bièvre.

Succinea olivula, Baudon.

S. putris, var. olivula,, Baud., 1877. *Journ. conch.*, p. 136, pl. 6, fig. 6. — Loc. *Pr.*, p. 27.

Oblong-étroit, plus allongé que le *putris*, subaigu au sommet ; spire très courte ; dernier tour vaste, un peu resserré, à peine hors de l'axe général ; ouverture oblongue, arrondie en bas ; columelle à peine arquée, mince ; test finement strié, jaune-succiné. — H. 14 à 20 ; D. 8 à 10 mill.

Assez rare ; région pyrénéenne, surtout dans l'Ouest.

Succinea limnoidea, Picard.

S. amphibia, var. limnoidea, Pic., 1840. *Moll. Somme*, p. 172.

Fig. 27.

Grande taille, galbe élancé ; 4 tours obliques, élevés, légèrement tordus, le dernier un peu étranglé dans le haut ; suture accusée ; ouverture haute, un peu rétrécie ; columelle peu arquée ; test bien strié, un peu rougeâtre. — H. 18 à 22 ; D. 10 à 11 millimètres.

Assez rare ; Nord et bassin parisien, Deux-Sèvres, Aisne, etc.

Succinea Renei, Locard.

S. putris var. ventricosa, Baud., 1877. *Journ. conch.*, pl. 8, fig. 4 *(non* Picard)
— *S. Renei*, Loc., 1891. *Nov. sp.*

Taille assez petite, galbe du *putris*, plus court et plus ventru ; 3 tours, les deux premiers très petits, convexes, le dernier bien renflé ; spire accusée, peu oblique ; ouverture subarrondie, égale à moins des deux tiers de la hauteur, à axe non oblique ; test assez épais, peu lisse, strié, jaune roux. — H. 11 ; D. 6 millimètres.

Peu commun ; surtout le Nord-Est et le Centre.

Succinea Pfeifferi, Rossmässler.

S. Pfeiff., Ross., 1835. *Iconogr.*, I, p. 96, fig. 46. — Loc. *Prodr.*, p. 28.

Ovale-élancé ; 3 tours tordus, le dernier très grand, un peu resserré vers la suture ; sommet tuberculeux ; suture oblique, bien marquée ; ouverture étroite-ovalaire, allongée, égale aux 2/3 de la hauteur ; columelle peu arquée ; labre bordé ; test avec fines stries, jaune-succiné. — H. 7 à 14 ; D. 4 à 8 millimètres.

Fig. 28.

Commun ; presque partout.

Succinea esicha, Letourneux.

S. esicha, Let., *in* Serv., 1881. *Lac Balaton*, p. 11.

Voisin du *Pfeifferi*, taille plus grande, galbe plus renflé ; 3 tours très tordus, bien convexes, le dernier très allongé, ventru au milieu ; suture très oblique ; ouverture un peu plus courte et un peu plus large, surtout dans le bas ; columelle plus arquée et plus épaisse ; test bien strié, jaune-roux clair. — H. 16 ; D. 8 1/2 millimètres.

Rare ; la Provence.

D. — Groupe du *S. longiscata.*

Galbe subconoïde-allongé ; spire haute ; taille grande.

Succinea sublongiscata, Bourguignat.

S. sublong., Brgt., 1877. *Succinea*, p. 21. — Loc. *Prodr.*, p. 21.

Galbe conique-allongé, étroit ; spire tordue ; 3 à 4 tours peu convexes, le dernier très grand ; suture oblique ; ouverture oblongue, oblique ; colu-

melle arquée ; labre légèrement arqué en avant ; test finement strié,
succiné foncé, souvent roux. — H. 10 à 13 ; E. 5 à 6 millimètres.

Assez rare ; Aube, Maine-et-Loire, région océanique.

Succinea longiscata, MORELET.

S. long., Morel., 1845. *Moll. Port.*, p. 51, pl. 5, fig. 1. — Loc. *Prodr.*, p. 30.

Galbe régulièrement conique, très étroitement allongé ;
spire non tordue ; 3 tours plats, le dernier très haut ;
sommet exigu ; suture linéaire ; ouverture étroite, allongée, tronquée en bas, égale aux 3/4 de la hauteur,
avec axe droit ; péristome symétrique ; test mince, plissé,
jaune succiné-roux. — H. 12 à 18 ; D. 5 à 6 millimètres.

Assez rare ; Seine, Aube, Basses-Pyrénées.

Fig. 29

Succinea Bourguignati, J. MABILLE.

S. Bourg., Mab., *in* Brgt., 1877. *Succinea*, p. 22. — Loc. *Prodr.*, p. 31.

Allongé-oblong, assez ventru ; spire aiguë, très tordue ; 4 tours convexes, le dernier égal aux 2/3 de la hauteur ; suture oblique, assez
accusée ; ouverture à axe très oblique ; columelle arquée, callum étroit,
saillant, nacré ; test un peu mince, strié, jaune-succiné. — H. 16 ; D. 8 mill.

Rare ; entre Coutances et Ourville (Manche).

Succinea strepholena, BOURGUIGNAT.

S. strephol., Brgt., *in* Serv., 1880. *Moll. Esp. Port.*, p. 9.

Allongé-tordu ; spire conique-tectiforme ; 3 1/2 tours, le dernier porté
du côté droit ; suture linéaire, déclive et profonde au dernier tour ;
ouverture oblique, oblongue-allongée ; péristome symétrique ; columelle
atteignant le milieu de la hauteur de l'ouverture ; test striolé, jaunacé-
gris. — H. 16 ; D. 6 millimètres.

Rare ; Die (Drôme), Aude, environs de Lyon.

Succinea Italica, JAN.

S. Italica, Jan, *in* Villa, 1844. *Disp. syst.*, p. 18. — Paulucci, 1881. *Malac.
Sardaigne*, p. 160, pl. 6, fig. 6.

Voisin de l'*elegans*, plus petit, plus allongé, plus conique ; spire encore
plus petite ; dernier tour plus haut et plus droit ; ouverture un peu plus
petite et moins élargie, avec son axe parallèle au grand axe ; coloration
plus pâle. — H. 11 à 12 ; D. 4 3/4 à 5 1/2 millimètres.

Rare ; région pyrénéenne.

Succinea elegans, Risso.

S. elegans, Ris., 1826. *Eur. mer.*, IV, p. 59. — Loc. *Prodr.*, p. 29.

Conoïde-allongé; spire légèrement tordue; 3 tours à peine convexes, les premiers très petits, le dernier au moins 3 fois plus grand; suture oblique, médiocre; ouverture égale aux 2/3 de la hauteur, avec son axe parallèle au grand axe, arrondie en bas; columelle mince, longue; test mince, jaune-ambré. — H. 12 à 16; D. 5 à 6 millimètres.

Fig. 30.

Assez commun; dans tout le Midi.

Succinea subcuneolata, Servain.

S. subcuneolata, Serv., 1881. *Lac Balaton*, p. 13.

Assez petit, bien conique, un peu renflé; 3 tours, les deux premiers extrêmement petits, le dernier très grand, un peu renflé dans son profil antérieur; ouverture plus petite que les 2/3 de la hauteur, ovalaire, largement arrondie en bas; péristome à bords subparallèles; test corné clair. — H. 10; D. 5 millimètres.

Rare; Die (Drôme).

E. — Groupe du *S. oblonga*.

Taille petite; spire tordue; test non encroûté.

Succinea oblonga, Draparnaud.

S. oblonga, Drap., 1801. *Tabl. moll.*, p. 56. — Loc. *Prodr.*, p. 32.

Galbe allongé-oblong; spire élevée, aiguë; 4 tours convexes, tordus; le dernier un peu renflé égal à plus de la demi-hauteur; sommet ponctiforme; suture oblique, étroite; ouverture ovale, rétrécie en haut, presque égale à la demi-hauteur; columelle courte, oblique, mince; labre un peu épaissi; test assez solide, strié, jaune pâle. — H. 7 à 8; D. 3 à 4 millimètres.

Fig. 31.

Assez commun; presque partout.

Succinea Fagotiana, Bourguignat.

S. Fagot., Brgt., 1877. *Succinea*, p. 25. — Loc. *Prodr.*, p. 31.

Taille plus grande; spire plus élancée et plus tordue; 4 à 5 tours bien convexes, bien tordus, le dernier plus petit que la demi-hauteur ; suture profonde et très oblique ; ouverture un peu oblique, oblongue-subarrondie ; columelle petite, descendant jusqu'au milieu de l'ouverture ; bords rejoints par un callum. — H. 10 ; D. 4 millimètres.

Rare ; Ain, Côtes-du-Nord, Seine, etc.

Succinea vitreola, Bourguignat.

S. vitreola, Brgt. *Nov. sp. in coll.*

Assez grand, très étroitement allongé ; spire peu haute ; 4 tours, les premiers petits, le dernier très développé en hauteur, à profil externe largement arrondi ; ouverture relativement peu haute, à peine rétrécie en haut, ovalaire, égale aux 3/5 de la hauteur totale. — H. 7 ; D. 3 mill.

Rare ; Bellegarde (Ain), bois de Meudon près Paris.

Succinea agonostoma, Küster.

S. agonost., Küt., 1856. *Dr. Ber. Bamb.*, p. 75. — Loc. *Prodr.*, p. 32.

Taille petite ; galbe ovale-oblong ; spire allongée, aiguë ; 4 tours ventrus, e dernier égal à peine à la demi-hauteur ; suture profonde ; ouverture régulièrement ovalaire ; columelle un peu étroite, calleuse ; péristome un peu épaissi en dedans ; test finement strié, jaune verdâtre. — H. 6 1/2 ; D. 3 1/2 millimètres.

Rare ; Aube, Morbihan, S.-et-Marne, Meurthe-et-Moselle, Pyr.-Orient.

Succinea Lutetiana, J. Mabille.

S. Lutet., Mab., 1870. *Malac. Paris*, p. 92. — Loc. *Prodr.*, p. 32.

Ovale-oblong ; spire un peu obèse, acuminée ; 3 à 4 tours convexes-arrondis, le dernier très grand, oblique, un peu ventru, n'égalant pas les 2/3 de la hauteur ; suture profonde ; sommet petit, obtus ; ouverture ovale ; columelle presque droite, atteignant près de la base ; labre simple ; test mince, strié, jaune-cendré ou verdâtre. — H. 7 ; D. 4 à 4 1/2 millim.

Assez rare ; le bassin parisien.

Succinea Mortilleti, Stabile.

S. Pfeifferi, var. Mortilleti, Stab., 1864. *Moll. Piém.*, p. 27. — *S. Mortilleti*, Brgt., 1877. *Succinea*, p. 12. — Loc. *Prodr.*, p. 28.

Galbe du *putris* ; spire tordue ; 4 tours bien convexes, le dernier ample, à profil un peu ventru ; ouverture ovalaire-courte ; columelle un peu arquée, s'arrêtant à mi-hauteur ; test solide, lisse, peu brillant, jaune d'ambre clair. — H. 7 à 10 ; D. 4 à 4 1/2 millimètres.

Assez rare ; mont Cenis, lac du Bourget (Savoie), Aveyron, etc.

Succinea Valcourtiana, BOURGUIGNAT.

S. Valc., Brgt., 1869. *Moll. Alpes Mar.*, p. 8. — Loc. *Prodr.*, p. 33.

Allongé-ovalaire, un peu ventru ; spire un peu élevée ; 4 tours tordus, convexes, le dernier notablement plus grand que la demi-hauteur, ventru au milieu ; suture profonde ; sommet tuberculeux ; ouverture ovalaire ; columelle mince, courte, avec traces de callum ; test mince avec stries pliciformes, jaune, très ambré sur les premiers tours. — H. 7 ; D. 4 millimètres.

Fig. 32.

Assez rare ; le Midi, Provence et région pyrénéenne.

Succinea Saint-Simonis, BOURGUIGNAT.

S. Saint-Sim., Brgt., 1877. *Succinea*, p. 28. — Loc. *Prodr.*, p. 33.

Court, ventru ; 4 tours bombés, le dernier plus grand que les autres réunis ; suture cachée par la saillie des tours ; sommet très petit, parfois érosé ; ouverture presque ronde, plus grande que la demi-hauteur ; columelle peu tordue, avec callum mince ; labre simple, avec bande rougeâtre-opaque interne ; test très strié, ambré-foncé. — H. 6 à 7 ; D. 3 à 4 millimètres.

Rare ; Basses-Pyrénées.

Succinea gracillima, LOCARD.

S. oblonga, var. acuta, Baud., 1881. *Journ. conch.*, p. 151. pl. 5, fig. 4. — *S. gracillima*, Loc. 1892. *Nov. sp.*

Très étroitement allongé ; spire très haute, très effilée ; 4 tours très tordus, faiblement convexes, le dernier un peu plus grand que la demi-hauteur, étroitement ovalaire, avec son axe parallèle au grand axe de la coquille ; péristome symétrique ; columelle un peu courte, assez arquée ; test striolé, corné-roux. — L. 7 ; D. 2 1/3 millimètres.

Fig. 33.

Très rare ; étang de Cazeaux (Gironde).

Succinea breviuscula, BAUDON.

S. breviusc., Baud., 1877. *Journ. conch.*, p. 351, pl. 11, fig. 2. — Loc. *Pr.*, p. 34.

Petit, globuleux-convexe ; 3 tours tordus, les premiers presque plans, le dernier grand, bombé, égal à plus des 2/3 de la coquille ; suture oblique ; sommet tuberculeux ; ouverture ovale-arrondie ; columelle filiforme, se renversant sur la région ombilicale ; labre un peu épaissi ; test mince, strié-ondulé, brillant, jaune-foncé. — H. 4 1/2 ; D. 3 millimètres.

Rare ; Ariège, Tarn, Lozère, etc.

F. — Groupe du *S. arenaria*.

Taille petite ; spire tordue ; test encroûté.

Succinea arenaria, BOUCHARD-CHANTEREAUX.

S. arenar., Bouch.-Chant., 1833. *Moll. Pas-de-Cal.*, p. 54. — Loc. *Pr.*, p. 33.

Galbe ovalaire, spire assez haute ; 3 à 4 tours convexes, le dernier égalant les 3/4 de la hauteur ; ouverture assez grande, ovale-arrondie, un peu oblique ; test assez épais, translucide, strié, fauve-corné. — H. 7 à 8 ; D. 5 1/2 millimètres.

Peu commun ; un peu partout, surtout le Nord et le Centre.

Fig. 34.

Succinea chroabsinthina, BOURGUIGNAT.

S. chroabs, Brgt., 1877. *Succinea*, p. 29. — Loc. *Prodr.*, p. 33.

Oblong ; spire assez allongée, acuminée, 3 1/2 à 4 tours peu convexes, le dernier égal à la demi-hauteur ; suture assez accusée ; ouverture oblique, oblongue ; columelle courte, arquée ; callum assez épais ; test épais, lisse, couleur absinthe. — H. 6 ; D. 4 millimètres.

Rare ; environs de Troyes (Aube).

Succinea humilis, DROUËT.

S. humilis, Dr., 1855. *France cont.*, p. 13. — Loc. *Prodr.*, p. 34.

Ovalaire un peu court ; spire un peu allongée ; 3 1/2 tours bien convexes, le dernier ventru, égal aux 3/4 de la hauteur ; suture profonde ; ouverture subarrondie ; columelle courte, arquée, avec un léger callum, test strié, bien encroûté. — H. 6 ; D. 4 3/4 millimètres.

Peu commun ; un peu partout, surtout le Centre et l'Est.

Succinea brachya, BOURGUIGNAT.

S. brachya, Brgt., 1877. *Succinea*, p. 32. — Loc. *Prodr.*, p. 34.

A. LOZARD, Coq. terr. 3

Petit, ventru, obèse-écourté ; spire obtuse ; 3 tours peu convexes, le dernier renflé-arrondi, égal aux 3/4 de la hauteur totale ; suture peu profonde ; ouverture oblongue ; columelle arquée, courte ; callum assez épais ; test presque lisse, corné-verdâtre. — H. 4 ; D. 3 millimètres.

Rare ; Seine-et-Oise, Seine-et-Marne, Ille-et-Vilaine, Aveyron, etc.

Genre ZONITES, de Montfort

Coquille très grande, dextre, déprimée ; ombilic très large ; ouverture subarrondie ; test subopaque, strié ; épiphragme membraneux.

Zonites Algirus, Linné.

Helix Algira, L., 1758. *Syst. nat.*, p. 769. — *Z. Algirus*, Montf., 1810. *Syst. Conch.*, II, p. 283. — Loc. *Prodr.*, p. 34.

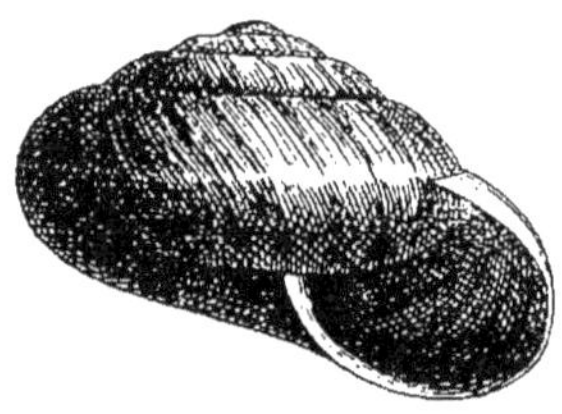

Fig. 35.

Galbe convexe en dessus, assez aplati en dessous ; 6 à 7 tours à croissance graduelle, le dernier à peine subcaréné ; suture assez profonde seulement avec les derniers tours ; sommet très obtus ; ombilic bien ouvert ; ouverture subarrondie, échancrée par l'avant-dernier tour ; péristome à peine épaissi en dedans, à bords écartés ; test mince, solide, avec des stries très marquées, corné-roussâtre, plus pâle en dessous. — H. 12 à 25 ; D. 25 à 50 millimètres.

Commun ; toute la région méditerranéenne.

Genre HYALINIA, Agassiz.

Coquille plus ou moins déprimée ; ombilic variable ; test corné, brillant ; épiphragme nul, vitreux ou rudimentaire.

A. — Groupe du *H. incerta*.

Coquille grande ; galbe plus ou moins subglobuleux.

Hyalinia incerta, Draparnaud.

Helix incerta, Drap., 1805. *Hist. moll.*, p. 109, pl. 13, fig. 8-9. — *H. incerta*, Westerl., 1876. *Fauna Prodr.*, p. 25. — Loc. *Prodr.*, p. 35.

Galbe subdéprimé, très bombé en dessus, un peu convexe en dessous;
5 à 7 tours assez convexes, à
croissance graduelle, le dernier
un peu plus grand; suture assez
profonde; sommet très obtus;
ombilic large; ouverture subarrondie, peu oblique; péristome
mince; test avec stries longitu-

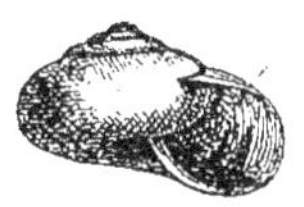

Fig. 36-37.

dinales, transparent, corné-roux. — H. 9 à 12; D. 15 à 20 millimètres.

Assez commun; régions méridionale et occidentale.

Hyalinia Vasconica, BOURGUIGNAT.

Zonites Vasc., Brgt.. *in* Serv., 1880. *Moll. Esp.*, p.13. — *H. Vasc.*, Loc. *Pr.*, p.35.

Plus globuleux; tours plus renflés; sommet un peu plus saillant;
ombilic plus étroit; ouverture plus arrondie avec les bords marginaux
plus écartés; test plus lisse et plus brillant. — H. 10 à 12; D. 15 à 19 mill.

Peu commun; régions montagneuses du Sud Ouest.

B — Groupe du *H. lucida*.

Coquille assez grande; galbe convexe-tectiforme; ombilic grand.

Hyalinia lucida, DRAPARNAUD.

Helix lucida, Drap., 1801. *Tabl. moll.*, p. 96. — *Hyal. lucida*, West., 1876.
Fauna Prodr., p. 22. — Loc. *Prodr.*, p. 37.

Galbe convexe, convexe-tectiforme en dessus, légèrement concave en
dessous; 6 à 7 tours peu convexes, croissance graduelle, le dernier un
peu renflé, plus convexe dessus que des-
sous, s'élargissant vers l'extrémité; suture assez marquée; sommet très obtus;
ombilic un peu large, évasé au dernier
tour; ouverture très oblique, ovalaire-
transverse, déclive, assez échancrée par

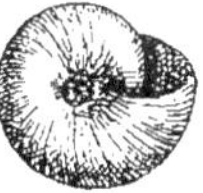

Fig. 38-39.

l'avant-dernier tour; péristome simple, à bords écartés; test très mince,
un peu solide, transparent, brillant, jaune roux en dessus, un peu blanchâtre en dessous, orné de stries à demi effacées. — H. 6 à 10; D. 12
à 18 millimètres.

Commun; surtout dans la région moyenne et méridionale.

Hyalinia Barbozana, Castro.

H. Barbozana, Castro, *Nov. sp. in Coll.* Brgt.

Convexe-conoïde, convexe-tectiforme élevé en dessus, bien concave en dessous; 6 à 7 tours un peu convexes, croissance graduelle, le dernier gros, notablement plus renflé dessus que dessous, s'élargissant et s'arrondissant, déclive vers l'extrémité; suture marquée; ombilic grand, infundibuliforme; ouverture très oblique, subarrondie-transverse, déclive, échancrée; péristome simple, à bords écartés un peu convergents, le columellaire assez arrondi; même test. — H. 8; D. 15 millimètres.

Rare; Seine-Inférieure, Rhône, Hérault, etc.

Hyalinia gyrocurta, Bourguignat.

Zonites gyrocurtus, Brgt., *in* Serv., 1880. *Moll. Esp.*, p. 16. — *Hyal. gyroc.*, Brgt., *in* Pech., 1883. *Excurs. Afrique*, p. 22.

Convexe-gibbeux, bien convexe-tectiforme-arrondi en dessus, un peu concave en dessous; 5 tours légèrement convexes, croissance régulière, le dernier très grand, comprimé-arrondi, d'abord aussi convexe en dessus qu'en dessous, ensuite plus convexe en dessus et fortement déclive-descendant vers l'extrémité; suture marquée; ombilic un peu petit, infundibuliforme; ouverture oblique, ovalaire-transverse, déclive; péristome simple, à bords peu convergents, l'inférieur notablement plus arqué que le supérieur; même test. — H. 6 1/2; D. 12 millimètres.

Rare; Angoulême (Charente).

Hyalinia Farinesiana, Bourguignat.

Zonites Farinesianus, Brgt., 1870. *Moll. litig.*, p. 11, pl. 3, fig. 1 à 3. — *Hyal. Farines.*, Kob., *in* Rossm., 1879. *Icon.*, VI, p. 31, fig. 1610. — *Loc. Pr.*, p. 38.

Convexe-comprimé, convexe-tectiforme légèrement conique en dessus, un peu concave en dessous; 6 à 6 1/2 tours faiblement convexes, croissance régulière et assez lente, le dernier peu haut, à peine plus grand, aussi convexe dessus que dessous, s'élargissant à peine vers l'extrémité; suture prononcée; ombilic grand, très dilaté au dernier tour, ouverture oblique, échancrée, déclive, ovalaire-transverse; péristome simple, à bords peu convergents; même test. — H. 7; D. 15 millimètres.

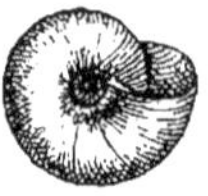

Fig. 40-41.

Peu commun; un peu partout, surtout dans le Midi.

Hyalinia subfarinesiana, BOURGUIGNAT.

Hyal. subfarinesiana, Brgt. Nov. sp. in coll.

Convexe bien comprimé, convexe-tectiforme faiblement conique en dessus, un peu concave en dessous; 6 à 6 1/2 tours très faiblement convexes, croissance régulière et assez lente, le dernier à peine plus grand, mince, arrondi, aussi convexe dessus que dessous, à peine plus développé transversalement à l'extrémité; suture accusée; ombilic grand, un peu dilaté au dernier tour; ouverture oblique, échancrée, déclive, étroitement ovalaire-transverse; péristome droit, simple, bord supérieur presque droit, le columellaire très court; même test. — H. 5; D. 13 millim.

Rare; le Midi, Var, Alpes-Maritimes, etc.

Hyalinia intermissa, LOCARD.

Hyal. intermiss., Loc. 1890. Nov. sp.

Faiblement convexe, un peu comprimé, légèrement convexe-tectiforme en dessus, à peine concave en dessous; 6 à 6 1/2 tours faiblement convexes, croissance régulière, graduelle, le dernier peu renflé, arrondi, aussi convexe dessus que dessous, à peine dilaté-transverse à l'extrémité; suture accusée; ombilic grand, évasé au dernier tour; ouverture échancrée; à peine déclive, ovalaire-transverse; péristome simple, bord supérieur plus arqué que l'inférieur; même test. — H. 6 1/2; D. 15 mill.

Assez commun; surtout les régions moyenne et méridionale.

Hyalinia Blondiana, BOURGUIGNAT.

Zonites Blandianus, Brgt., 1870. Mém. Soc. Cannes, p. 47. — Hyal. Blondiana, Loc., 1882. Prodr., p. 39.

Convexe-déprimé, très légèrement convexe en dessus, un peu concave en dessous; 6 1|2 à 7 tours un peu convexes, croissance lente et régulière, le dernier un peu plus grand, comprimé-arrondi, un peu plus convexe dessous que dessus, faiblement déclive et à peine dilaté à l'extrémité; suture bien marquée; ombilic grand, infundibuliforme; ouverture oblique, échancrée, transversalement ovalaire-déclive; péristome droit, simple, avec le bord supérieur projeté en avant; test mince, fragile, corné-roux, presque lisse, offrant sur les deux derniers tours des sillons très émoussés simulant des ondulations. — H. 6; D. 15 millimètres.

Rare; Grasse, Menton, St-Cézaire (Alpes-Marit.), Fréjus (Var), etc.

Hyalinia Fodereana, Bourguignat.

Hyal. Foder., Brgt., *in* Nevill, 1880. *Proc. Lond.*, p. 107. — Lcc. *Pr.*, p. 39.

Convexe-déprimé, légèrement convexe en dessus, à peine concave en dessous; 6 à 6 1/2 tours un peu convexes, croi-sance lente et très régulière, le dernier à peine plus grand, arrondi, faiblement comprimé, aussi convexe dessus que dessous, déclive et non dilaté à l'extrémité; suture assez accusée; ombilic assez grand, infundibuliforme; ouverture oblique, échancrée, subovalaire-transverse, déclive; péristome droit, simple, bord supérieur court et faiblement arqué, l'inférieur plus allongé; test très mince, un peu solide, brillant, transparent, corné un peu clair, plus pâle en dessous. — H. 6; D. 14 millimètres.

Rare; Menton, Nice, Antibes (Alpes-Maritimes).

Hyalinia Magonensis, Bourguignat.

Hyal. Magon., Brgt. *Nov. sp. in coll.*

Assez convexe, convexe-tectiforme un peu bombé en dessus, légèrement concave en dessous; 5 tours un peu convexes, croissance lente et progressive, le dernier plus grand, arrondi, un peu haut, presque aussi convexe dessus que dessous, légèrement déclive, mais non dilaté à l'extrémité; suture bien marquée; ombilic grand, bien évasé au dernier tour; ouverture oblique, échancrée, subarrondie-transverse, un peu déclive; péristome simple, à bords un peu convergents, le supérieur court et arqué, l'inférieur plus allongé; même test. — H. 5 1/2; D. 12 millim.

Peu commun; Pyrénées-Orient., Var, Basses Alpes, Gironde, Vendée.

Hyalinia cellaria, Müller.

Helix cellarius, Müll., 1774. *Verm. hist.*, II, p. 38. — *Hyal. cellaria*, West., 1876. *Fauna Prodr.* p. 19. — Loc. *Prodr.*, p. 35.

Convexe-déprimé, légèrement convexe-tectiforme en dessus, un peu aplati ou légèrement concave en dessous; 5 à 5 1/2 tours peu convexes,

croissance graduelle, le dernier un peu haut, non élargi, à peine déclive à l'extrémité, un peu arrondi, presque aussi convexe dessus que dessous; suture assez marquée; ombilic médiocre, peu évasé; ouverture peu oblique,

Fig. 42-43.

échancrée, transversalement ovalaire ou presque ronde, à peine déclive; péristome simple, à bords écartés, l'inférieur légèrement sub-patulescent;

lest mince, brillant, corné-roux en dessus, lactescent en dessous, à peine
striolé. — H. 4 à 6 ; D. 10 à 15 millimètres.

Commun ; surtout les régions septentrionale et moyenne.

C. — Groupe du *H. septentrionalis.*

Taille assez grande ; spire presque plane ; ombilic grand.

Hyalinia septentrionalis, BOURGUIGNAT.

Zonites septentr., Brgt., 1870. *Moll. litig.*, p. 8, pl. 3, fig. 4 à 6. — *Hyalin.
septentr.*, Kob., *in* Rossm., 1879. *Icon.*, VI, p. 31, fig. 1611. — Loc. *Pr.*, p. 38.

Galbe très comprimé-planorbique, presque plan en dessus, à peine
bombé en dessous ; 6 1/2 tours à peine convexes, les 5 premiers à croissance très lente, le dernier très développé,
comprimé-subarrondi à sa naissance, un
peu plus convexe dessous que dessus, dilaté,
comprimé-oblong mais non déclive, à l'extrémité ; suture prononcée ; sommet extrêmement obtus, à peine saillant ; ombilic

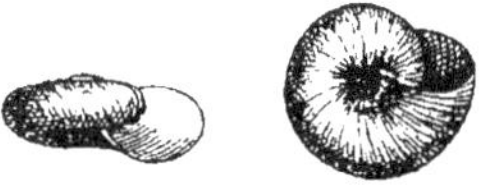

Fig. 44 45.

assez grand, infundibuliforme ; ouverture peu oblique, bien échancrée,
ovalaire-transverse, peu déclive ; péristome droit, simple ; bord supérieur
arqué, projeté en avant, l'inférieur assez arqué ; test mince, fragile, corné
un peu clair en dessus, plus pâle en dessous, à peine striolé. — H. 5 ;
D. 15 millimètres.

Commun ; surtout les régions septentrionale et centrale.

Hyalinia disculina, LOCARD.

H. disculina, Loc., 1893. *L'Échange*, IX, p. 110.

Comprimé, très légèrement convexe en dessus et en dessous ; 6 tours
très peu convexes, croissance d'abord lente et régulière, le dernier plus
grand, un peu haut, arrondi, plan en dessus, bien convexe en dessous,
surtout vers l'extrémité ; suture bien accusée ; ombilic grand, évasé au
dernier tour ; sommet à peine saillant ; ouverture bien échancrée, transversalement oblongue, assez oblique, non déclive ; péristome simple, bord
inférieur plus arqué que le supérieur ; même test. — H. 6 ; D. 15 millim.

Peu commun ; Rhône, Isère, Côte-d'Or, Ain, Vosges, Aube, etc.

Hyalinia Pictonica, BOURGUIGNAT.

Zonites Picton., Brgt., 1870. *Moll. litig.*, p. 37, pl. 3, fig. 7 à 9. — *Hyal. Picton.*, West., 1876. *Fauna Prodr.*, p. 22. — Loc. *Prodr.*, p. 36.

Comprimé-planorbique, à peine convexe en dessus, peu bombé en dessous; 6 tours faiblement convexes, croissance extra-lente, le dernier

à peine plus grand, assez haut, un peu aplati en dessus, ensuite arrondi, un tant soit peu plus comprimé en dessous vers l'extrémité; suture prononcée; ombilic grand, légèrement évasé; ouverture relativement petite,

Fig. 46-47.

légèrement oblique, assez échancrée, comprimée-arrondie, transverse; péristome simple, le columellaire un peu dilaté en haut; test brillant, corné-lactescent, un peu verdâtre en dessous, orné de petites radiations suturales. — H. 5; D. 12 1/2 millimètres.

Rare; Charente, Vendée, Deux-Sèvres, Aveyron, etc.

Hyalinia raterana, SERVAIN.

Zonites rater., Serv., 1880. *Moll. Esp.*, p. 17. — *H. rater.*, Loc. 1882 *Pr.*, p. 38.

Très comprimé, presque plan en dessus, légèrement bombé en dessous; 6 tours peu convexes, les premiers à croissance lente, les suivants plus rapides, le dernier très grand, comprimé, légèrement déclive-convexe en dessus, un peu aplati en dessous, non déclive et à peine dilaté à l'extrémité; suture médiocre; sommet à peine saillant; ombilic assez grand, infundibuliforme; ouverture oblique, échancrée, ovalaire-transverse, un peu déclive; péristome droit, simple, bord supérieur plus court et plus arqué que l'inférieur; même test. — H. 6; D. 17 millimètres.

Hyalinia Terveri, LOCARD.

H. Terveri, Loc. 1893. *L'Échange*, p. 110.

Très comprimé en dessus, légèrement conique tout à fait vers le milieu et ensuite bien aplati, à peine convexe en dessous; 6 tours très peu convexes, les premiers à croissance lente et régulière, le dernier plus grand, arrondi-comprimé, plan en dessus, convexe en dessous, dilaté non déclive à l'extrémité; suture peu profonde; sommet un peu saillant; ombilic assez grand, infundibuliforme; ouverture oblique, non déclive, échancrée, subarrondie-transverse; péristome simple, bord supérieur court, arqué, le columellaire bien arqué; même test. — H. 6; D. 13 mill.

Rare; Meurthe-et-Moselle, Seine, Rhône, Ain, etc.

Hyalinia recta, Locard.

H. recta, Loc. 1891. *Nov. sp.*

Très comprimé-planorbique, exactement plan en dessus et en dessous, spire non saillante; 6 tours à peine convexes, croissance très lente, très serrée, régulière, le dernier plus grand, comprimé-ovalaire, plan en dessus et en dessous, dilaté, mais non déclive à l'extrémité, suture peu profonde; ombilic assez grand, infundibuliforme; ouverture peu oblique, très étroitement ovalaire-transverse; péristome simple, bord supérieur aplati, au même niveau que le sommet, l'inférieur un peu arqué vers l'ombilic; test corné un peu clair, à peine striolé. — H. 4 1/2; D. 13 millimètres.

Fig. 48-49.

Rare; environs de Mâcon (Saône-et-Loire).

Hyalinia eugyra, Stabile.

Zonites eugyrus, Stab., 1859. *Moll. Lug.*, p. 51. — *H. eugyra*, Brgt., *in coll.*

Très comprimé, à peine très légèrement convexe-tectiforme en dessus, peu bombé en dessous; 6 tours, croissance très lente et régulière, le dernier très comprimé à sa naissance, un peu étroitement ovalaire, aplati en dessus, à peine bombé en dessous, s'élargissant très rapidement à l'extrémité et un peu moins comprimé; suture peu profonde; sommet à peine saillant; ombilic grand, infundibuliforme; ouverture bien oblique, étroitement ovalaire-transverse, très peu déclive; péristome simple, bord supérieur à peine arqué, le columellaire un peu étroitement arqué; test mince, corné-clair, à peine plus pâle en dessous, striolé en dessus, surtout vers la suture. — H. 5; D. 14 millimètres.

Rare; route de Fontan à Saint-Dalmas (Alpes-Maritimes).

Hyalinia Kraliki, Letourneux.

Zonites Kraliki, Let. in Serv., 1880. *Moll. Esp.*, p. 18. — *Hyal. Kraliki*, Loc. 1881. *Et. variat.*, II, p. 543. — Loc. *Prodr.*, p. 39.

Très déprimé, à peine convexe, presque plan en dessus, très peu bombé en dessous; 5 tours presque plans, croissance très lente et régulière, le dernier très grand, arrondi-comprimé à sa naissance, à peine convexe en dessus, un peu convexe en dessous, à peine dilaté, mais non déclive à l'extrémité; suture peu accusée; ombilic assez grand, infundibuliforme; ouverture peu oblique, échancrée, suboblongue-arrondie, transverse, faiblement déclive; péristome simple, à bords un peu convergents, arrondi dans la partie externe et dans le bas ; test corné-roux un peu foncé, notablement plus clair en dessous, à peine striolé. — H. 4 1/2 à 5; D. 10 à 12 millimètres.

Peu commun; Savoie, Var, Hérault, Bouches-du-Rhône, etc.

Hyalinia Blauneri, SCHUTTLEWORTH.

Helix Blauner., Schuttl., 1843. *Mit. Geselsch. Bern.*, p. 13. — *Hyal. Blauner.*, Loc., 1880. *Et. variat.*, I, p. 43. — *Loc. Prodr.*, p. 37.

Subdéprimé, un peu renflé, à peine convexe-tectiforme en dessus, assez bombé en dessous ; 6 tours un peu convexes, croissance graduelle, le dernier relativement gros, arrondi, à peine plus développé à l'extrémité, non déclive, presque aussi convexe dessus que dessous; suture bien marquée ; ombilic grand, très faiblement évasé ; ouverture peu oblique, échancrée, subarrondie-transverse, très peu déclive; péristome simple, arrondi au bord externe, plus arqué en haut qu'en bas; test mince, corné-roux, plus clair en dessous, orné de stries atténuées. — H. 6; D. 12 mill.

Rare ; Ain, Vaucluse, Basses-Alpes, Alpes-Maritimes, Deux-Sèvres, etc.

Hyalinia psatura, BOURGUIGNAT.

Zonites psaturus, Brgt., 1864. *Malac. Alger.*, I, p. 74, pl. 4, fig. 30 à 32. — *Hyal. psatura*, Loc., 1882. *Prodr.*, p. 39.

Comprimé-discoïde, un peu aplati en dessus, légèrement bombé en dessous; 6 tours plans, croissance régulière, très lente, le dernier sub-arrondi, très vaguement subanguleux à l'origine, un peu comprimé en dessus, égal au double de l'avant-dernier, non dilaté ni déclive à l'extrémité ; suture bien accusée ; ombilic grand, un peu évasé; ouverture oblique, bien échancrée, peu grande, ovalaire-transverse, non déclive; péristome simple, bord supérieur court, s'arrondissant rapidement; test brillant, corné-roux en dessus, un peu lactescent en dessous, orné de stries fines et délicates.— H. 4 ; D. 12 m.

FIG. 50-51.

Rare ; route d'Urugue à Béhobie (Basses-Pyrénées).

Hyalinia Mauriceti, BOURGUIGNAT.

Hyal. Mauric., Brgt., *in* Ancey, 1884. *Bull. Soc. malac.*, I, p. 157.

Comprimé; déprimé, très légèrement convexe en dessus, un peu bombé en dessous ; 6 tours à peine convexes, croissance lente et serrée, comme superposés les uns aux autres, le dernier assez haut, très grand, ventrusubarrondi, non dilaté à l'extrémité ; suture assez profonde ; ombilic peu large, un peu évasé ; ouverture peu oblique, très échancrée, subarrondie-transverse, non déclive ; péristome simple, bord supérieur très arqué, dépassant un peu le plan supérieur de l'avant-dernier tour à sa naissance, bord columellaire un peu dilaté vers l'ombilic ; test corné-roux, un peu plus clair en dessous, à peine striolé. — H. 6 ; D. 13 millimètres.

Rare ; Bressuire (Vendée), Port-Vendres (Pyr.-Or.), Rennes, etc.

Hyalinia lathyri, J. Mabille.

Zonites lathyri, Mab., 1869. *Arch. malac.*, p. 64.

Très comprimé-planorbique, plan en dessus et en dessous, spire presque non saillante ; 5 à 6 tours à peine convexes, croissance irrégulière, d'abord lente chez les premiers, ensuite très rapide chez les suivants, le dernier très grand, déprimé en dessus, faiblement convexe en dessous, très obtusément subanguleux à sa naissance, à peine dilaté et non déclive à l'extrémité ; suture peu profonde ; ombilic grand, très dilaté ; ouverture oblique, ovalaire-transverse, à peine déclive ; péristome simple, régulièrement arqué ; même test corné. — H. 5 ; D. 15 mill.

Rare ; environs de Montpellier (Hérault).

D. — Groupe du *H. glabra*.

Taille assez grande ; spire peu haute ; ombilic petit.

Hyalinia glabra, Studer.

Helix glabra, Stud., *in* Feruss., 1822. *Tabl. syst.*, p. 45. — *Hyal. glabra*, Albers, 1860. *Helic.*, p. 68. — Loc. *Prodr.*, p. 41.

Galbe grand, déprimé, un peu convexe en dessus, un peu aplati et légèrement concave en dessous ; 5 à 6 tours peu convexes, croissance progressive assez lente, le dernier assez gros, subarrondi, à peine déprimé en dessus, légèrement dilaté, mais non déclive à l'extrémité ; suture peu profonde ; sommet saillant, très obtus ; ombilic petit, non évasé ; ouverture assez oblique, transversalement ovalaire, fortement échancrée ;

Fig. 52-53.

péristome mince, simple, à bords écartés, l'inférieur plus allongé ; test très mince, brillant, roux-corné en dessus, plus clair en dessous, à peine striolé. — H. 4 à 7 ; D. 10 à 14 millimètres.

Peu commun ; Ain, Basses-Alpes, Savoie, Aveyron, Lozère, Hérault, etc.

Hyalinia subglabra, BOURGUIGNAT.

Zonites subglab., Brgt., 1860. *Malac. Bret.*, p. 47, pl. 1, fig. 14 à 16. —
Hyal. subglab., Loc., 1882. *Prodr.*, p. 42.

Grand, déprimé, assez convexe en dessus, un peu comprimé en dessous; 6 tours convexes, croissance lente, régulière, le dernier assez gros,

très grand, un peu comprimé en dessus,
arrondi, non dilaté ni déclive à l'extrémité;
suture bien marquée; ombilic assez petit,
non évasé; ouverture oblique, subarrondie-
transverse, fortement échancrée, déclive;
péristome simple, un peu arrondi en dessus,

FIG. 54-55.

plus arrondi et plus allongé en dessous; test mince, brillant, corné-roux
en dessus, lactescent en dessous, orné de striations vers la suture. — H.
6 à 9 ; D. 13 à 16 millimètres.

Assez rare; surtout dans l'Ouest et dans la région septentrionale.

Hyalinia amblyopa, BOURGUIGNAT.

Hyal. amblyopa, Brgt. *Nov. sp. in coll.*

Grand, comprimé, presque plan à peine convexe en dessus, légèrement
bombé en dessous; 6 tours peu convexes, les premiers à croissance lente
et serrée, le dernier très grand, gros, bien arrondi, aussi convexe en
dessus qu'en dessous, un peu dilaté et légèrement renflé en dessous à
l'extrémité; suture bien marquée; ombilic assez petit, à peine évasé;
ouverture oblique, subarrondie-transverse, non déclive; péristome
simple, bien arqué, surtout au bord externe, très légèrement réfléchi
vers l'ombilic; test brillant, corné-roux en dessus, plus clair en dessous,
avec stries sensibles vers la suture. — H. 7; D. 17 millimètres.

Rare; Brest (Finistère).

Hyalinia alliaria, MILLET.

Helix alliaria, Mill., 1827. *Ann. philos.*, VII, p. 379. — *Hyal. alliar.*, Albers,
1860. *Helic.*, p. 68. — Loc. *Prodr.*, p. 42.

Taille moyenne, déprimé, un peu convexe-tectiforme en dessus, un peu
bombé en dessous; 5 tours peu convexes, croissance graduelle assez
rapide, le dernier comprimé-subarrondi, légèrement plus développé, un
peu dilaté, mais non déclive à l'extrémité; suture médiocre; ombilic
petit, non évasé; ouverture oblique, déclive, subovalaire-transverse;
péristome simple, plus court et plus arqué en haut qu'en bas; test mince,

brillant, corné un peu verdâtre en dessus, blanchâtre un peu opaque en
dessous, très finement striolé. — H. 4; D. 10 millimètres.

Assez rare; Ain, Seine, C. du Nord, Manche, Finistère, Calvados, etc.

Hyalinia apothecia, Bourguignat.

Hyal. apothecia, Brgt. *Nov. sp. in coll.*

Taille moyenne; discoïde-renflé, presque plan en dessus, assez bombé
en dessous ; 5 tours peu convexes, croissance d'abord lente et serrée, le
dernier très développé, gros, bien arrondi, aussi convexe dessus que
dessous, ni dilaté ni déclive à l'extrémité ; suture assez marquée ; ombilic assez petit, non évasé; ouverture peu oblique, échancrée, presque
ronde ; péristome simple, à bords convergents, bien arqués ; même test.
— H. 4 ; D. 9 millimètres.

Rare ; Estaing (Aveyron), Saumur (Maine-et-Loire), etc.

Hyalinia Maceana, Bourguignat.

Zonites Maceanus, Brgt., 1870. *Mém. Soc. Cannes*, p. 48. — *Hyal. Maceana*,
Loc., 1882. *Prodr.*, p. 43.

Taille moyenne ; très comprimé, presque plan en dessus, légèrement
convexe en dessous, 6 tours peu convexes, croissance lente et régulière,
le dernier peu haut, très développé en largeur, comprimé dessus et dessous, subanguleux vers le milieu, ni dilaté ni déclive à l'extrémité ; suture
assez profonde ; ombilic étroit, non évasé; ouverture oblique, échancrée,
transveralement oblongue ; péristome simple, bord supérieur arqué
et projeté en avant; test mince, brillant, corné-jaunacé en dessus, lactescent en dessous, presque lisse. — H. 4 1/2 ; D. 13 millimètres.

Assez rare ; Alpes-Maritimes, Var, Bouches-du-Rhône, Calvados,
Haute-Garonne, etc.

Hyalinia Arcasiana, Servain.

Zonites, Arcas., Serv.,1880. *Moll. Esp.*,p. 43. — *Hyal. Arcas.*,Loc.*Pr.*,p.43.

Assez petit, très comprimé, presque plan en dessus, légèrement bombé
en dessous; 4 1/2 tours très légèrement convexes, croissance lente, le
dernier extra-grand, embrassant l'avant-dernier, à peine convexe en
dessus, arrondi en dessous et sur le côté, droit à l'extrémité ; suture assez
accusée ; ombilic étroit, non évasé; ouverture à peine oblique, échancrée,
semi arrondie transverse; péristome simple, à peine convexe en dessus,
exactement circulaire en bas; test corné-jaunacé, très brillant, avec quelques vagues stries au voisinage de la suture. — H. 3; D. 7 millimètres.

Rares; Saint-Chamas (Bouches-du-Rhône).

E. — Groupe du *H. Navarrica*.

Taille moyenne; galbe légèrement convexe; ombilic grand.

Hyalinia Navarrica, BOURGUIGNAT.

Zonites Navarricus, Brgt., 1870. *Moll. litig.*, p. 12, pl. 3, fig. 10 à 12.— *Hyal. Navarr.*, Westerl., 1877. *Fauna Prodr.*, p. 23. — Loc. *Prodr.*, p. 39.

Galbe déprimé, légèrement convexe-tectiforme en dessus, presque aussi convexe dessus que dessous; 6 tours peu convexes, croissance régulière et assez rapide, le dernier un peu comprimé, un peu plus développé, à peine plus convexe dessous que dessus, un peu dilaté, mais non déclive à l'extrémité; suture peu prononcée; sommet très obtus, peu saillant; ombilic assez large, évasé-infundibuliforme; ouverture faiblement oblique, échancrée, oblongue-arrondie transverse, non déclive; péristome simple, à bords un peu convergents, le supérieur plus court, mais aussi arqué que l'inférieur; test mince, brillant, corné-roux un peu plus pâle en dessous, presque lisse. — H. 5 1/2; D. 11 millimètres.

Fig. 56-57.

Peu commun; Aisne, Oise, Seine-et-Oise, Vendée, région pyrén., etc.

Hyalinia chersa, BOURGUIGNAT.

Zonites chersus, Brgt., *in* Fagot et Malaf., 1878. *Catal. Lozère*, p. 11. — *Hyal. chersa*, Loc. 1882. *Prodr.*, p. 36 et 301.

Déprimé, à peine convexe-tectiforme en dessus, assez bombé en dessous; 5 1/2 tours très peu convexes, les premiers à croissance lente, le dernier plus développé, assez haut, arrondi, plus convexe dessous que dessus, à peine dilaté, mais non déclive à l'extrémité; suture peu profonde; ombilic assez grand, évasé au dernier tour; ouverture peu oblique, échancrée, subarrondie-transverse, non déclive; péristome simple, à bords assez régulièrement arrondis, surtout le bord externe; même test. — H. 4; D. 11 millimètres.

Rare; Nord, Aisne, Aube, Hautes-Pyrénées, etc.

Hyalinia Sabaudina, BOURGUIGNAT.

Hyal. Sabaudina, Brgt. *Nov. sp. in coll.*

Bien déprimé, très légèrement convexe-tectiforme en dessus, faiblemen bombé en dessous ; 5 tours très peu convexes, croissance très lente, le dernier beaucoup plus développé, peu haut, arrondi, aussi convexe dessus que dessous, s'élargissant, mais non déclive vers l'extrémité ; suture peu profonde ; ombilic assez grand, un peu évasé ; ouverture presque droite, échancrée, ovalaire-transverse, non déclive ; péristome simple, bord supérieur légèrement arqué ; même test, un peu pâle. — H. 4 ; D. 10 mill.

Rare ; Savoie, Rhône, Isère, Meurthe-et-Moselle, Jura, etc.

Hyalinia stæchadica, BOURGUIGNAT.

Zonites stæchad., Brgt., *in* Fagot, 1877. *Moll. Haute-Garonne*, p. 38. — *Hyal. stæchad.*, Loc. 1882. *Prodr.*, p. 36 et 302.

Subdéprimé, bombé-arrondi en dessus, légèrement concave en dessous ; 6 tours, croissance lente, très serrés, un peu convexes, le dernier développé, déclive notamment vers l'extrémité, avec le maximum de convexité, un peu inférieur ; suture accentuée ; ombilic médiocre, infundibuliforme ; ouverture très oblique, échancrée, déclive, ovalaire-transverse ; péristome simple, avec le bord supérieur arqué en avant, l'inférieur peu arrondi ; test corné-roux, à peine plus clair en dessous, très légèrement strisolé vers la suture. — H. 4 1/2 ; D. 10 millimètres.

Rare ; région pyrénéenne, Pyrénées-Orientales, Haute-Garonne, Var.

Hyalinia Ollioulensis, BOURGUIGNAT.

Hyal. Ollioul., Brgt. *Nov. sp. in coll.*

Très déprimé, très légèrement convexe-tectiforme en dessus, très faiblement convexe en dessous ; 5 tours à peine convexes, les 3 premiers à croissance lente, le 4e un peu plus grand, le dernier s'élargissant progressivement, très peu haut, aplati en dessus, plus convexe dessous que dessus, très vaguement subanguleux à l'origine ; suture peu profonde ; ombilic grand, bien évasé au dernier tour ; ouverture oblique, échancrée, subarrondie-transverse, déclive ; péristome simple, arqué surtout au bord externe, faiblement arqué en haut et en bas ; test brillant, mince, cornéroux un peu clair surtout en dessous, à peine striolé. — H. 5 ; D. 11 mill.

Rare ; Var, Bouches-du-Rhône, Vaucluse, Rhône, etc.

Hyalinia Servaini, BOURGUIGNAT.

Hyal. Servaini, Brgt. *Nov. sp. in coll.*

Subdéprimé, légèrement convexe en dessus, très bombé en dessous ; 5 tours convexes, croissance très lente, régulière, le dernier très haut, peu large, bien arrondi, s'infléchissant lentement au dernier tiers de sa longueur; suture très accusée; ombilic étroit, infundibuliforme; ouverture petite, très oblique, assez échancrée, subarrondie-transverse, déclive; péristome simple, bien arqué au bord externe; test un peu épaissi, corné-verdâtre, à peine striolé. — H. 5; D. 10 millimètres.

Très rare; Moutiers (Ardèche).

Hyalinia Dracica, BOURGUIGNAT.

Hyal. Dracica, Brgt. *Nov. sp. in coll.*

Comprimé-planorbique, plan en dessus, légèrement bombé en dessous; 5 tours peu convexes, croissance lente, régulière, le dernier gros, développé, arrondi, un peu méplan en dessus, s'élargissant, mais non déclive vers l'extrémité; suture assez marquée; ombilic grand, évasé au dernier tour; ouverture oblique, échancrée, subovalaire-transverse, non déclive; péristome simple, à contour assez arrondi; test corné-clair, brillant, à peine striolé. — H. 3 1/4; D. 9 millimètres.

Rare; Sassenage près Grenoble (Isère).

Hyalinia neglecta, P. FAGOT.

Hyal. neglect, Fag., 1886. *Catal. descr. Toulouse*, p. 54.

Déprimé, à peine convexe en dessus, assez bombé en dessous; 6 tours à peine convexes, croissance lente et régulière, le dernier plus grand, arrondi, un peu haut, déprimé en dessus, à peine comprimé en dessous, non déclive ni dilaté à l'extrémité; suture accusée, comme subcanaliculée; ombilic assez grand, non évasé; ouverture un peu oblique, échancrée, subarrondie-transverse; péristome simple, à bords bien arqués, le supérieur très court; test brillant, corné-clair ou verdâtre, blanc-lactescent en dessous, orné de stries fines et élégantes. — H. 3 1/2 à 4; D. 9 à 10 mill.

Assez rare; Ariège, Haute-Garonne, Hautes-Pyrénées, etc.

Hyalinia Colliourensis, BOURGUIGNAT.

Hyal. Colliour., Brgt. *Nov. sp. in coll.*

Bien comprimé, très légèrement convexe-tectiforme en dessus, très faiblement bombé en dessous; 5 tours très peu convexes, croissance très lente, régulière, le dernier plus grand, très peu haut, presque plan en dessus, très peu convexe en dessous, s'élargissant et s'ovalisant un peu vers l'ouverture; suture peu profonde; ombilic assez large, non évasé; ouverture oblique, échancrée, ovalaire-transverse, un peu déclive; péri-

stome simple, bord supérieur à peine arqué, bord extérieur subarrondi ;
même test corné-clair, très finement striolé. — H. 3; D. 8 millimètres.

Rare; Collioures (Pyrénées-Orient.), les Aygalades (Bouches-du-Rhône).

F. — Groupe du *H. nitens*.

Assez petit ; subdéprimé ; dernier tour très grand ; ombilic grand.

Hyalinia nitens, GMELIN.

Helix nitens, Gmel., 1788. *Syst. nat.*, p. 3636. — *Hyal. nitens*, Albers, 1860.
Helic., p. 68. — *Loc. Prodr.*, p. 40.

Galbe subdéprimé, très peu convexe en dessus, aplati et concave en
dessous ; 4 à 5 tours à peine convexes, croissance assez graduelle, le
dernier augmentant brusquement et très rapide-
ment en diamètre sur sa dernière demi-longueur,
déprimé, arrondi-tectiforme et à peine convexe en
dessus à sa naissance, s'arrondissant vers l'extrémité; suture assez marquée; ombilic grand,

Fig. 58-59.

évasé; ouverture un peu oblique, un peu échancrée, ovalaire-transverse,
déclive; péristome simple, à bords peu écartés, un peu convergents ; test
mince, assez solide, médiocrement brillant, roux en dessus, verdâtre
ou blanchâtre en dessous, orné de stries peu accusées. — H. 4 à 5;
D. 8 à 10 millimètres.

Assez commun ; presque partout.

Hyalinia epipedostoma, BOURGUIGNAT.

Zonites epipedost., Brgt., *in* Fagot, 1879. *Soc. Hist. nat. Toul.*, 9. — *Hyal.*
epipedost., Fag., 1892. *Malac. Pyren.*, p. 40.

Subconvexe-déprimé, assez convexe en dessus, aplati en dessous ; 5 tours
légèrement convexes, les premiers petits, à croissance lente, les suivants
plus gros, à croissance plus rapide, le dernier très grand, comprimé-
arrondi, un peu comprimé en dessous, dilaté, mais non déclive vers l'extrémité ; suture accusée; ombilic grand, évasé; ouverture oblique, échancrée, ovalaire-transverse, non déclive; péristome simple, bord externe
arrondi; même test. — H. 5 à 5 1/2; D. 10 à 11 millimètres.

Assez rare; Hautes-Pyrénées, Lot-et-Garonne, Var, etc.

Hyalinia subnitens, BOURGUIGNAT.

Zonites subnitens, Brgt., *in* Mab., 1871. *Bassin Paris.*, p. 116. — *Hyal.*
subnit., Loc., 1879. *Quatern. Lyon*, p. 19. — *Prodr.*, p. 40.

A. LOCARD, Coq. terr.   4

Déprimé, très peu convexe en dessus, aplati et légèrement concave en dessous; 4 à 5 tours un peu convexes, croissance assez régulière, le dernier grand, comprimé, arrondi en dessus, un peu comprimé en dessous, à peine dilaté et non déclive à l'extrémité; suture profonde; ombilic grand, évasé; ouverture oblique, échancrée, subovalaire-transverse, presque arrondie; péristome simple, bords arrondis; même test. — H. 4 à 6; D. 7 à 10 millimètres.

Assez commun; surtout la France septentrionale et moyenne.

Hyalinia stilpna, BOURGUIGNAT.

H. stilpna, Brgt. *Nov. sp. in coll.*

Bien déprimé, très légèrement convexe en dessus, aplati et un peu concave en dessous; 4 1/2 tours très peu convexes, croissance progressive et régulière, le dernier grand, très comprimé, aplati en dessus et surtout en dessous, subarrondi à la périphérie, faiblement dilaté et convexe-tectiforme mais non déclive à l'extrémité; suture profonde; ombilic très grand, très évasé; ouverture peu oblique, bien déclive, ovalaire-transverse; péristome simple, convexe-tectiforme en haut, arrondi vers le bas et à la périphérie; même test. — H. 4; D. 10 millimètres.

Rare; Nove près Vence (Alpes-Maritimes).

Hyalinia Dutaillyana, J. MABILLE.

Zonites Dutailly., Mab., 1878. *Arch. malac.,* p. 53. — *Hyal. Dutailly.,* Loc., 1880. *Et. variat.,* I, p. 52. — *Prodr.,* p. 41.

Bien déprimé, faiblement convexe en dessus, un peu bombé en dessous; 4 à 5 tours, les premiers à croissance lente et régulière, le dernier très grand, peu haut, déprimé-tectiforme en dessus, assez convexe en dessous, à peine dilaté et non déclive à l'extrémité; suture très apparente; ombilic assez large, un peu évasé; ouverture à peine oblique, échancrée, étroitement oblongue-transverse, déclive; péristome simple à bords un peu rapprochés, l'inférieur un peu plus arqué que le supérieur; même test assez brillant, orné de stries un peu espacées, plus rapprochées et comme punctiformes vers la suture. — H. 3 1/2 à 4; D. 6 à 8 millim.

Peu commun; Haute-Garonne, Jura, Rhône, Ain, Savoie, M.-et-Moselle.

Hyalinia Demiranda, BOURGUIGNAT.

Hyal. Demiranda, Brgt. *Nov. sp. in coll.*

Comprimé, à peine convexe en dessus, faiblement bombé en dessous;

4 1/2 tours peu convexes, croissance lente et régulière, le dernier très
grand, étroitement arrondi, à peine un peu plus convexe en dessous qu'en
dessus, à peine dilaté et non déclive à l'extrémité ; suture très accusée ;
ombilic assez étroit, dilaté au dernier tour ; ouverture peu oblique,
échancrée, subarrondie-transverse, faiblement déclive ; péristome simple,
à bords arqués, un peu convergents, le bord externe presque circulaire ;
test très mince, brillant, vitrinoïde, corné très clair en dessus et en dessous, orné de stries très fines et élégantes. — H. 3 1/2 ; D. 8 millim.

Rare ; Barcelonnette (Basses-Alpes), Saint-Pierre-de-Chartreuse (Isère).

Hyalinia Jourdheuili, RAY.

Zonites Jourdh., Ray, *in* Serv., 1880. *Moll. Esp.*, p. 13. — *Hyal. Jourdh.*,
Loc., 1881. *Et. variat.*, II, p. 512. — Loc. *Prodr.*, p. 40.

Comprimé, très peu convexe en dessus, un peu concave en dessous ;
4 à 5 tours un peu convexes, croissance très lente, régulière, le dernier
peu haut, très grand, un peu aplati en dessus, convexe en dessous,
arrondi à la périphérie, bien arrondi non dilaté ni déclive à l'extrémité ;
suture bien marquée ; ombilic un peu étroit, à peine dilaté au dernier tour ;
ouverture oblique, échancrée, exactement circulaire ; péristome simple,
à bords arrondis et convergents ; test un peu brillant, corné-roux, plus
clair en dessous, orné de stries très délicates, comme radiées et légèrement crispées à la suture. — H. 4 ; D. 8 millimètres.

Rare ; Aube, Savoie, environs de Paris, etc.

Hyalinia lenaploa, BOURGUIGNAT.

Hyal. lenaploa, Brgt. *Nov. sp. in coll.*

Comprimé, très peu convexe en dessus, à peine bombé en dessous ; 4
à 5 tours, peu convexes, les premiers comprimés, serrés, à croissance
extrêmement lente, le dernier extra-grand, comprimé, aplati-déclive en
dessus, faiblement convexe en dessous, s'élargissant très rapidement au
dernier quart, mais non déclive ; suture bien marquée ; ombilic assez petit,
très évasé au dernier tour ; ouverture bien oblique, échancrée, très étroitement ovalaire, déclive ; péristome simple, arqué au bord externe et au
bord columellaire ; test peu brillant, corné-roux en dessus, lactescent en
dessous, très finement striolé, surtout vers la suture. — H. 3 ; D. 7 mill.

Rare ; Nantua (Ain), alluvions du Rhône au nord de Lyon, etc.

Hyalinia Cuzyensis, BOURGUIGNAT.

Hyal. Cuzyensis, Brgt. *Nov. sp. in coll.*

Très comprimé, à peine convexe, presque aplati en dessus, légèrement bombé en dessous; 4 1/2 tours très peu convexes, croissance un peu lente, progressive, le dernier notablement plus grand, comprimé, faiblement convexe en dessus et en dessous, étroitement arrondi à la périphérie, s'arrondissant et à peine dilaté, mais non déclive à l'extrémité; suture marquée; ombilic médiocre, non évasé au dernier tour; ouverture oblique, échancrée, subarrondie-transverse, à peine déclive; péristome simple, à bords arqués et un peu convergents; même test. — H. 3; D. 6 millim.

Rare; Cuzy près Aix-les-Bains (Savoie), Alzen (Ariège).

Hyalinia Bourgetica, BOURGUIGNAT.

Hyal. Bourget., Brgt., *Nov. sp. in coll.*

Comprimé, très faiblement convexe-tectiforme en dessus, légèrement concave en dessous; 4 1/2 tours presque plans, les premiers à croissance très lente, régulière, le dernier extra-grand, très peu haut, aplati en dessus et en dessous, étroitement subcirculaire à la périphérie, se développant très rapidement de la naissance jusqu'à l'extrémité; suture peu profonde; ombilic grand, évasé au dernier tour; ouverture oblique, échancrée, ovalaire-transverse, bien déclive; péristome simple, à bords subparallèles; test peu brillant, corné-roux, plus clair dessous, orné de stries un peu fortes vers la suture. — H. 3; D. 7 millimètres.

Très rare; la Dent-du-Chat près Aix-les-Bains (Savoie).

Hyalinia atonolena, BOURGUIGNAT.

Hyal. atonol., Brgt., *Nov. sp. in coll.*

Déprimé, convexe-tectiforme en dessus, assez bombé en dessous; 4 1/2 tours très peu convexes, les premiers croissant très lentement, le dernier presque arrondi-tectiforme, plus convexe dessous que dessus, assez gros, s'élargissant rapidement et s'arrondissant de plus en plus depuis sa naissance jusqu'à l'extrémité; suture peu profonde; ombilic assez petit, non évasé; ouverture oblique, échancrée, arrondie, à peine déclive; péristome à bords convergents et rapprochés; test corné-clair, un peu brillant, très finement striolé vers la suture. — H. 4; D. 7 mill.

Très rare; la Grande-Chartreuse (Isère).

G. — Groupe du *H. nitida*.

Petit; subdéprimé; dernier tour médiocre; ombilic assez grand.

Hyalinia nitida, MÜLLER.

Helix nitida, Müller, 1774. *Verm. hist.*, II, p. 32. — *Hya'. nitida*, Sandb.,
1875. *Vorwelt.*, p. 824. — Loc. *Prodr.*, p. 43.

Galbe convexe-déprimé, un peu convexe en dessus, assez bombé en
dessous; 4 à 5 tours un peu convexes, croissance régulière et rapide, le
dernier un peu plus grand, déprimé-arrondi, non
comprimé en dessous, ni dilaté ni déclive à l'extrémité;
suture marquée; sommet peu saillant; ombilic assez
grand, évasé au dernier tour; ouverture oblique, échancrée, subarrondie-transverse; péristome simple, à
bords arrondis un peu convergents; test solide, assez brillant, fauve-
brun, à peine plus clair en dessous, orné de stries fines à peine visibles.
— H. 3 à 5; D. 5 à 7 millimètres.

Fig. 60-61.

Commun; presque partout.

Hyalinia Parisiaca, J. MABILLE.

Zonites Paris., Mab., *in* Lallem. et Serv., 1859. *Moll. Jaulg.*, p. 15. — *Hyal.
Paris.*, Loc., 1882. *Prodr.*, p. 43.

Convexe-subdéprimé, assez convexe en dessus, assez bombé en dessous; 5 à 5 1/2 tours convexes, les premiers petits à croissance rapide
s'accélérant considérablement chez les suivants, le dernier grand, arrondi,
non comprimé, ni dilaté ni déclive à l'extrémité; suture accusée; ombilic
très grand, évasé au dernier tour; ouverture un peu oblique, échancrée,
arrondie; péristome simple, à bords bien arqués, bien convergents; test
brillant, corné roux-brun, orné de stries très fines, très serrées, un peu
irrégulières, peu visibles. — H. 3 1/2 à 4; D. 7 à 7 1/2 millimètres.

Peu commun; Aisne, Seine-et-Marne, Oise, Aube, etc.

Hyalinia Chauveliana, BOURGUIGNAT.

Hyal. Chauvel., Brgt. *Nov. sp. in coll.*

Déprimé-convexe, faiblement convexe en dessus, bombé en dessous;
5 1/2 tours convexes, croissance rapide, s'accélérant encore au dernier
tour, celui-ci gros, arrondi, plus convexe dessous que dessus, s'épa-
nouissant un peu à l'extrémité et légèrement déclive; suture marquée;
ombilic très grand, bien évasé au dernier tour; ouverture oblique,
échancrée, subarrondie-transverse, un peu déclive; péristome simple à
bords convergents, le columellaire arqué et très légèrement réfléchi; test

brillant, corné-roux en dessus, blanc-lactescent en dessous, orné de stries élégantes très fines et serrées. — H. 4 1/2; D. 9 millimètres.

Rare; Troyes (Aube), Courcelles près Metz, le Puy (Haute-Loire, etc.).

Hyalinia Oltisiana, P. Fagot.

Hyal. Oltis., Fagot, 1883. *Bull. Soc. hist. nat. Toulouse*, p. 219.

Convexe-subdéprimé, bien convexe en dessus, assez bombé en dessous; 5 tours faiblement convexes, croissance lente et régulière, le dernier grand et très gros, peu convexe en dessus, renflé en dessous, ni dilaté ni déclive à l'extrémité; suture bien marquée; ombilic étroit, subinfundibuliforme, à peine évasé; ouverture oblique, échancrée, ovalaire-transverse, non déclive; péristome simple, à bords arqués et un peu convergents, le columellaire plus allongé; test corné-jaunâtre très brillant, orné de stries fines au voisinage de la suture. — H. 3 1/2; D. 5 millim.

Rare; mas d'Agenais (Lot-et-Garonne).

Hyalinia nitidula, Draparnaud.

Helix nitidula, Drap., 1805. *Hist. moll.*, p. 117. — *Hyal. nitidula*, Albers, 1860. *Helic.*, p. 69. — Loc. *Prodr.*, p. 40.

Subglobuleux-déprimé, assez convexe en dessus, un peu bombé en dessous; 4 à 5 tours assez convexes, croissance assez graduelle, le dernier sensiblement plus grand, un peu arrondi surtout en dessous, dilaté et non déclive à l'extrémité; suture accusée; ombilic un peu étroit, infundibuliforme, non évasé; ouverture oblique, arrondie, à peine ovalaire-transverse, non déclive; péristome à bords écartés assez convergents; test peu brillant, fauve-roux en dessus, blanc-bleuâtre ou verdâtre en dessous, orné de stries peu marquées. — H. 4 à 5; D. 7 à 8 mill.

Rare; Vosges, Savoie, Isère, Var, Gironde, Finistère, etc.

II. — Groupe du *H. nitidosa*.

Très petit; déprimé; test corné, lisse ou strié; ombilic assez ouvert.

Hyalinia nitidosa, de Ferussac.

Helix nitidosa, Fer., 1823. *Tabl. system.*, p. 45. — *Hyal. nitidosa*, Loc., 1880. *Et. variat.*, I, p. 54. — *Prodr.*, p. 45.

Galbe déprimé, légèrement convexe-tectiforme en dessus, à peine bombé en dessous; 4 à 5 tours légèrement convexes, croissance graduelle,

le dernier un peu plus grand, arrondi, peu haut, un peu plus convexe
dessous que dessus, à peine dilaté et non déclive à l'extrémité; suture
peu marquée; sommet très légèrement renflé;
ombilic assez large, un peu évasé; ouverture
oblique, échancrée, arrondie, à peine transverse; péristome simple, tranchant, à bords
écartés, l'inférieur plus arrondi que le supérieur; test très mince, fragile, un peu bril-

Fig. 62-63.

lant, corné-ambré ou roux-clair, orné de stries fines, presque égales,
à peine sensibles en dessus, obsolètes en dessous. — H. 1 1/2 à 2; D. 2 1/2
à 3 1/2 millimètres.

Peu commun; partout, surtout le Nord et l'Est.

Hyalinia Pilatica, BOURGUIGNAT.

Zonites Pilaticus, Brgt., 1862. *Malac. Quatre-Cantons*, p. 7, pl. I, fig. 6 à 10.
— *Hyal. Pilat.*, West., 1886. *Fauna palæar.*, p. 43.

Comprimé, aplati en dessus, peu bombé en dessous; 4 1/2 à 5 tours
aplatis, croissance lente et très régulière, le dernier plus grand, peu haut,
un peu convexe en dessus, arrondi, puis un peu renflé en dessous, dilaté
mais non déclive à l'extrémité; suture peu profonde; ombilic médiocre,
infundibuliforme; ouverture peu oblique, échancrée, un peu ovalaire-
transverse; péristome simple, bord inférieur notablement plus long et
plus arqué que le supérieur; test pellucide, très brillant, corné blanc-
lactescent uniforme, paraissant lisse. — H. 1; D. 4 millimètres.

Rare; Savoie, Haute-Savoie, Jura, Isère, etc.

Hyalinia Lenarrosta, BOURGUIGNAT.

Hyal. Lenarrosta, Brgt. *Nov. sp. in coll.*

Déprimé, très légèrement convexe en dessus, faiblement bombé en
dessous; 4 1/2 tours faiblement convexes, croissance graduelle, le dernier
beaucoup plus grand, assez haut, un peu méplan en dessus et très faiblement convexe en dessous, arrondi à la périphérie, bien dilaté, mais non
déclive à l'extrémité; suture médiocre; ombilic assez petit, bien évasé au
dernier tour; ouverture échancrée, subovalaire-transverse, un peu
déclive; péristome simple, bords peu arqués; test très mince, fragile, orné
de stries fines, un peu irrégulières, peu sensibles. — H. 1 3/4;
D. 3 millimètres.

Très rare; Estaing (Aveyron).

Hyalinia radiatula, ALDER.

Helix radiat., Ald.,1830. *Catal.*, p. 12.— *Hyal. radiat.*, Loc.,1880. *Et. variat.*, I, p. 57. — *Prodr.*, p. 44.

Déprimé, un peu convexe en dessus, assez aplati en dessous ; 4 à 5 tours légèrement convexes, croissance lente, régulière, le dernier sensiblement plus grand, peu haut, plus convexe dessous que dessus, légèrement dilaté et à peine déclive vers l'extrémité ; suture peu profonde ; ombilic grand, évasé ; ouverture un peu oblique, échancrée, subovalaire-transverse, un peu déclive ; péristome simple, à bords un peu écartés, le columellaire plus arqué ; test très mince, très brillant, corné-fauve plus ou moins foncé, plus clair en dessous, orné de stries fines, égales, nettement accusées. — H. 1 1/2 à 2 ; D. 3 à 4 millimètres.

Fig. 64-65.

Rare ; un peu partout, surtout le Nord-Est.

Hyalinia macralsobia, BOURGUIGNAT.

H. macralsobia, Brgt. *Nov. sp. in coll.*

Subdéprimé, faiblement convexe en dessus, assez aplati en dessous ; 4 à 5 tours peu convexes, croissance lente, régulière, le dernier notablement plus grand, peu haut, plus convexe dessous que dessus, dilaté et non déclive à l'extrémité ; suture médiocre ; ombilic très grand, très évasé au dernier tour ; ouverture très peu oblique, échancrée, ovalaire-transverse, déclive ; péristome simple, à bords écartés ; test très mince, très brillant, corné très clair, plus pâle en dessous, orné de stries fines, inégales, accusées surtout vers la suture. — H. 1 1/2 ; D. 3 1/4 millim.

Rare ; forêt d'Orient (Aube), Bionville près Metz, etc.

Hyalinia subradiatula, P. FAGOT.

Zonites subradiat., Fagot, 1879. *Soc. Hist. nat. Toul.*, p. 22. — *Hyal. subradiat.*, Gourdon, 1889. *Vallée Pique*, p. 25.

Très déprimé, très peu convexe en dessus, un peu aplati en dessous ; 4 tours peu convexes, presque plans, croissance rapide, régulière, le dernier un peu plus grand, peu haut, à peine comprimé, tectiforme, subdilaté et non déclive à l'extrémité ; suture profonde ; ombilic étroit, dilaté au dernier tour ; ouverture très oblique, échancrée, un peu ovalaire-transverse, à peine déclive ; test mince, corné-fauve, plus clair en dessous,

orné en dessus de stries élégantes, très serrées, assez régulières, minces
et visibles, très atténuées en dessous. — H. 1 1/2 ; D. 2 millimètres.

Rare ; région pyrénéenne, Haute-Garonne et Hautes-Pyrénées.

Hyalinia Petronella, DE CHARPENTIER.

Helix Petronel., Charp., *in* Pfeiff., 1853. *Mon. Helic.*, III, p. 95. — *Hyal.
Petron.*, Stab., 1864. *Moll. Piem.*, p. 32. — Loc. *Prodr.*, p. 45.

Subdéprimé, assez convexe-tectiforme en dessus, un peu bombé en
dessous ; 4 1/2 à 5 tours presque plans, croissance lente et régulière, le
dernier arrondi, peu haut, bien convexe-bombé en dessous, à peine dilaté
et un peu déclive vers l'extrémité ; suture un peu profonde ; ombilic assez
grand, très dilaté au dernier tour ; ouverture peu oblique, échancrée,
arrondie, à peine ovalaire-transverse, assez déclive ; péristome à bords
un peu convergents et rapprochés ; test mince, brillant, corné-verdâtre,
plus clair en dessous, orné de stries assez fortes, rapprochées, irrégulières, costulées vers la suture. — H. 2 1/2 à 3 ; D. 4 1/2 à 5 1/2 mill.

Rare ; cités alpestres, Savoie et Haute-Savoie.

Hyalinia Dumontiana, BOURGUIGNAT.

Zonites Dumont., Brgt., 1864. *Malac. Gr.-Chartreuse*, p. 43, pl. 3, fig. 9 à 14
— *Hyal. Dumont.*, Loc., 1880. *Et. variat.*, I, p. 60. — *Prodr.*, p. 46.

Déprimé, à peine convexe en dessus, un peu bombé en dessous ; 4 à
4 1/2 tours convexes, croissance rapide, régulière, le dernier très grand,
assez haut, exactement arrondi, presque aussi convexe dessus que
dessous, non déclive à l'extrémité ; suture peu profonde ; ombilic un peu
petit, peu évasé ; ouverture échancrée, à peine oblique, bien arrondie ;
péristome simple, bord columellaire très légèrement réfléchi ; test mince,
brillant, corné roux-clair, orné de costulations régulières, s'irradiant
vers la suture, avec stries intermédiaire fines. — H. 2 ; D. 3 millim.

Rare ; Savoie, Haute-Savoie, Isère, etc.

Hyalinia viridula, MENKE.

Helix viridula, Menke, 1870. *Syn. Meth.*, 2ᵉ édit., p. 127. — *Hyal. virid.*,
Loc., 1880. *Et. variat.*, I, p. 59. — *Prodr.*, p. 45.

Comprimé, très faiblement convexe-tectiforme en dessus, à peine
bombé en dessous ; 4 à 5 tours très peu convexes, croissance lente, régulière, le dernier comprimé, très peu haut, même vaguement subanguleux
à sa naissance, plus convexe dessous que dessus, s'élargissant à l'extré-

mité; suture peu profonde; ombilic très grand, bien évasé; ouverture
échancrée, ovalaire-transverse, un peu déclive; péristome simple, bord
inférieur plus arqué que le supérieur ; test brillant, corné-verdâtre, orné
de stries fines, subégales, assez accusées. — H. 2; D. 4 1/2 à 5 mill.

Rare ; Seine-et-Marne, Nièvre, Allier, Hautes-Pyrénées, etc.

Hyalinia Alderi, Bourguignat.

Hyal. Alderi, Brgt. *Nov. sp. in coll.*

Comprimé, faiblement convexe-tectiforme en dessus, légèrement bombé
en dessous ; 4 à 5 tours un peu convexes, croissance lente, régulière, le
dernier comprimé, très peu haut, subanguleux, aussi convexe dessus que
dessous, élargi, mais non déclive à l'extrémité ; suture profonde ; ombilic
assez petit, infundibuliforme, à peine évasé au dernier tour ; ouverture
échancrée, très oblique, ovalaire-transverse, un peu déclive; péristome
simple, le bord supérieur projeté en avant ; test très mince, vitrinoïde,
brillant, corné extra-clair en dessus comme en dessous, orné de stries
très fines, assez régulières, peu accusées. — H. 2 ; D. 4 millimètres.

Très rare ; environs de Dinan (Côtes-du-Nord).

Hyalinia Udvarica, Servain.

Zonites Udvar., Serv., 1881. *Lac Balaton*, p. 17. — *Hyal. Udvar.*, West.
1886. *Fauna Palœar.*, I, p. 44.

Très comprimé, discoïde, complètement ou presque complètement
plan en dessus, faiblement bombé en dessous; 3 1/2 tours très peu convexes, croissance rapide, le dernier grand, peu haut, arrondi, plus
renflé dessous que dessus, un peu élargi, mais non déclive à l'extrémité ;
suture un peu marquée; ombilic étroit, non évasé ; ouverture peu échancrée, presque droite, semi-ovalaire-transverse, non déclive; péristome
simple, à bord inférieur bien arqué; test corné-clair, brillant, orné de
stries fines, un peu irrégulières, assez accusées. — H. 2; D. 4 millimètres.

Rare ; Savoie, Meurthe-et-Moselle, etc.

I. — Groupe du *H. pseudohydatina*.

Petit; comprimé; test hyalin ; ombilic petit.

Hyalinia pseudohydatina, Bourguignat.

Zonites pseudohydat., Brgt., 1855. *Amén. malac.*, 1, p. 185. — *Hyal. pseudohydat.*, Westerl., 1876. *Fauna Prodr.*, p. 27. — *Loc. Prodr.*, p. 46.

Galbe déprimé, légèrement convexe en dessus, à peine convexe en dessous; 6 tours un peu convexes, croissance assez rapide, le dernier un peu plus grand, plus gros, arrondi-comprimé, ni dilaté ni déclive à l'extrémité; suture peu marquée; sommet presque aplati; ombilic très petit, non évasé; ouverture oblique, déclive, échancrée, ovalaire-transverse; péristome mince, tranchant, à bords écartés, l'inférieur plus arqué que le supérieur; test mince, fragile, hyalin, très brillant, à peine striolé. — H. 3; D. 6 millimètres.

Fig. 66-67.

Peu commun; surtout dans les régions submontagneuses.

Hyalinia radina, BOURGUIGNAT.

Hyal. radina, Brgt. *Nov. sp. in coll. — Hyal. nov. sp*, Loc., 1880. *Et. variat.*, I, p. 63, pl. 3, fig. 5 à 6.

Bien déprimé, très faiblement convexe en dessus, à peine convexe en dessous; 6 tours peu convexes, croissance assez rapide, le dernier bien plus grand, très peu gros, arrondi, bien comprimé à sa naissance, un peu élargi non déclive à l'extrémité; suture subcanaliculée; ombilic petit; ouverture oblique, échancrée, bien ovalaire-transverse, non déclive; péristome simple, bord inférieur plus arqué que le supérieur, le columellaire légèrement réfléchi; même test. — H. 3; D. 7 millimètres.

Rare; Finistère, Côte-d'Or, Savoie, Rhône, Drôme, etc.

Hyalinia exæquata, LOCARD.

Hyal. exæquata, Loc., 1885. *Nov. sp.*

Comprimé, complètement plan en dessus, faiblement convexe en dessous; 6 tours aplatis, croissance lente et régulière, le dernier beaucoup plus grand, assez gros, aplati en dessus, assez convexe en dessous, arrondi à la périphérie, un peu dilaté, mais non déclive vers l'extrémité; suture subcanaliculée; ombilic très petit, punctiforme; ouverture oblique, échancrée, subarrondie-transverse, non déclive; péristome simple, à bords arqués, le supérieur très court, le columellaire un peu réfléchi; test mince, très brillant, hyalin, orné, surtout en dessus, de petites striations très fines, assez régulières. — H. 3; D. 8 millimètres.

Très rare; alluvions du Rhône à Lyon, Valence (Drôme).

Hyalinia illauta, BOURGUIGNAT.

Zonites illautus, Brgt., *in Serv.*, 1880. *Moll. Esp.*, p. 22. — *Hyal. illauta*. Loc. 1881. *Catal. Ain*, p. 29. — *Prodr.*, p. 46.

Déprimé, convexe en dessus, à peine bombé en dessous ; 5 tours peu convexes, croissance régulière, plus serrée chez les 4 premiers tours, un peu plus rapide au dernier tour, celui-ci d'abord convexe un peu comprimé à l'origine, devenant peu à peu presque rond vers l'ouverture ; suture médiocre, accusée au dernier tour ; ombilic très étroit, non évasé ; ouverture oblique, échancrée, presque ronde ; péristome simple, à bords convergents ; test mince, très brillant, b'anchâtre, hyalin, finement striolé, comme radié vers la suture. — H. 3 ; D. 5 millimètres.

Rare ; Rhône, Ain, Isère, Savoie, Bouches-du-Rhône, etc.

Hyalinia Anceyi, WESTERLUND.

Hyal. Anceyi, West., 1886. *Fauna Palæar.*, I, p. 37.

Très déprimé, à peine convexe-tectiforme en dessus, très peu bombé en dessous ; 6 tours faiblement convexes, croissance régulière, un peu rapide, le dernier plus grand, plus convexe dessous que dessus, surtout à l'extrémité, légèrement déclive en dessus ; suture peu marquée ; ombilic petit, en partie masqué ; ouverture échancrée, peu oblique, arrondie ; péristome simple, bord supérieur arqué et saillant en avant, le columellaire réfléchi ; test brillant, blanc-verdâtre, orné de stries fines et serrées. — H. 3 ; D. 6 1/2 millimètres.

Rare ; Lestelle (Haute-Garonne).

Hyalinia sedentaria, BOURGUIGNAT.

Zonites sedentar., Brgt., *in* Serv., 1880. *Moll. Esp.*, p. 23. — *Hyal. sedentar.*, Loc., 1881. *Ét. variat.*, II, p. 544. — *Proľr.*, p. 46.

Bien déprimé, faiblement convexe en dessus, peu bombé en dessous ; 5 tours peu convexes, croissance progressive, assez rapide, le dernier un peu comprimé à l'origine, très plat en dessus, bien convexe en dessous, plus gros et plus arrondi à l'extrémité ; suture accentuée ; ombilic assez étroit non évasé ; ouverture très oblique, échancrée, suboblongue, arrondie-transverse ; péristome simple, le bord supérieur très avancé en avant, l'inférieur arrondi ; test brillant, hyalin, orné en dessus sauf sur les deux premiers tours de striations élégantes, serrées, radiées, ressemblant à des côtes aplaties. — H. 2 1/4 ; D. 5 millimètres.

Rare ; alluvions du Rhône, entre Lyon et Vienne.

Hyalinia hypogæa, BOURGUIGNAT.

Hyal. hypogæa, Brgt., *in* Ancey, 1884. *Bull. Soc. malac.*, I, p. 158.

Bien déprimé, légèrement convexe en dessus, peu bombé en dessous ;

5 tours légèrement convexes, croissance régulière, non rapide, le dernier
un peu renflé, bien arrondi, aussi convexe dessus que dessous, ni dilaté
ni déclive à l'extrémité ; suture peu profonde ; ombilic petit, non évasé ;
ouverture échancrée, un peu oblique, suboblongue-transverse ; péristome simple, arrondi dans le bas ; test brillant, subhyalin, blanc-lactescent, orné en dessus de stries obsolètes. — H. 2 1/2 ; D. 6 millimètres.

Rare ; Bouches-du-Rhône, Var, Alpes-Maritimes, Haute-Garonne, etc.

Hyalinia zanclea, Bourguignat.

Zonites zancleus, Brgt., *in* Serv., 1880. *Moll. Esp.*, p. 23. — *Hyal. zanclea*,
West., 1886. *Fauna Palæar.*, I, p. 38.

Très déprimé, à peine convexe en dessus, très peu bombé en dessous ;
5 tours très faiblement convexes, croissance progressive assez rapide, le
dernier sensiblement plus grand, arrondi, plus convexe dessous que
dessus, ni dilaté ni déclive à l'extrémité ; suture accentuée ; ombilic très
petit, punctiforme ; ouverture peu oblique, médiocrement échancrée,
oblongue-arrondie, transverse ; péristome simple, bord externe légèrement avancé ; test brillant, hyalin, lisse en dessus et en dessous. —
H. 2 1/2 ; D. 6 millimètres.

Rare ; îles du Frioul, Arles (Bouches-du-Rhône), Var, Gard, etc.

Hyalinia noctuabunda, Bourguignat.

Zonites noctuab., Brgt., *in* Serv., 1880. *Moll. Esp.*, p. 23. — *Hyal. noctuab.*,
Loc., 1882. *Prodr.*, p. 46.

Assez déprimé, presque plan en dessus, très peu bombé en dessous ;
4 tours peu convexes, les 3 premiers à croissance régulière, peu rapide,
le dernier croissant très rapidement, très grand, peu haut, un peu déclive
en dessus vers l'ouverture, bien convexe en dessous ; suture accentuée ;
ombilic très petit, non évasé ; ouverture faiblement oblique, échancrée,
grande, transversalement oblongue-arrondie ; péristome simple, tranchant, le bord inférieur plus arqué que le supérieur ; test hyalin, peu
brillant, orné sur les 2 derniers tours de striations très fines, serrées,
régulières, nulles en dessous. — H. 2 ; D. 3 1/2 millimètres.

Rare ; alluvions du Gapeau à Hyères (Var).

Hyalinia Mentonica, Nevill.

Hyal. Ment., Nev., 1880. *Pr. z. S. Lond.*, p. 107, pl. 13, fig. 3. — Loc. *Pr.*, p. 47.

Subdéprimé, un peu convexe-tectiforme en dessus, légèrement bombé en dessous; 6 tours légèrement convexes, croissance régulière et progressive, le dernier assez gros, comprimé à sa naissance, un peu plus arrondi en dessous qu'en dessus, déclive, non dilaté à l'extrémité; suture accusée; ombilic très petit, non dilaté; ouverture oblique, échancrée, subarrondie-transverse; péristome à bords arrondis, un peu épaissis; test corné, brillant, orné de stries obsolètes. — H. 3 1/2; D. 5 3/4 mill.

Rare; environs de Menton (Alpes-Maritimes).

Hyalinia Othonia, BOURGUIGNAT.

Hyal. Othonia, Brgt. *Nov. sp. in coll.*

Comprimé, presque plan en dessus, très peu convexe en dessous; 5 tours très peu convexes, croissance progressive, le dernier un peu plus grand, peu haut, comprimé à sa naissance, très peu convexe en dessus, assez arrondi en dessous, ni dilaté, ni déclive à l'extrémité; suture peu marquée; ombilic assez étroit, à peine un peu dilaté; ouverture échancrée, à peine oblique, subarrondie-transverse; péristome simple, bord supérieur court et un peu arqué, l'inférieur bien arrondi; test brillant, hyalin, à peine un peu striolé. — H. 1 3/4; D. 4 millimètres.

Rare; Alpes-Mar., Var, Bouches-du-Rhône, Hérault, Vaucluse, Vendée.

Hyalinia Vapincanensis, BOURGUIGNAT.

Hyal. Vapincan., Brgt. *Nov. sp. in coll.*

Déprimé, très peu convexe en dessus, à peine bombé ou même un peu concave en dessous; 5 tours très faiblement convexes, croissance lente et régulière, le dernier notablement plus grand, pas très haut, comprimé en dessus, faiblement convexe en dessous, un peu déclive, mais non élargi à l'extrémité; suture peu profonde; ombilic grand, évasé; ouverture échancrée, peu oblique, déclive, ovalaire-transverse; péristome simple, le supérieur arqué-déclive, l'inférieur assez arrondi; test brillant, hyalin, presque lisse. — H. 2; D. 5 millimètres.

Très rare; Gap (Hautes-Alpes).

J. — Groupe du *H. crystallina*.

Très petit; déprimé; test hyalin; ombilic très petit.

Hyalinia crystallina, MÜLLER.

Helix crystall., Müll., 1774. *Verm. Hist.*, II, p. 23. — *Hyal. crystall*, Albers, 1860. *Helic.*, 2e édit., p. 69. — Loc. *Prodr.*, p. 47.

Galbe déprimé, légèrement convexe-tectiforme en dessus, à peine
convexe en dessous ; 5 à 5 1/2 tours légè-
rement convexes, croissance graduelle, lente,
le dernier à peine plus grand, assez haut,
comprimé-arrondi, ni dilaté, ni déclive à
l'extrémité ; suture peu profonde ; sommet
très peu saillant ; ombilic petit, à peine un peu

Fig. 68-69.

évasé ; ouverture fortement échancrée, peu oblique, arrondie-transverse ;
péristome simple à bords écartés, le supérieur très court et arqué ; test
très mince, très fragile, transparent, très brillant, presque incolore, à
peine striolé. — H. 1 à 1 1/2 ; D. 2 à 3 millimètres.

Assez commun ; presque partout.

Hyalinia humulicola, J. Mabille.

Zonites hum., Mab., 1870. *Mal. Par.*, p. 128. — *H. hum.*, Loc. 1882. *Pr.*, p. 47.

Déprimé, plan en dessus, à peine convexe en dessous ; 5 à 5 1/2 tours
presque plans en dessus, croissance presque graduelle, le dernier un peu
plus grand, assez haut, déprimé en dessus, non comprimé en dessous, non
dilaté et à peine déclive à l'extrémité ; suture peu profonde ; ombilic
petit, à peine évasé ; ouverture très fortement échancrée, peu oblique,
arrondie-transverse ; péristome simple, à bords très convergents, le supérieur court et peu arqué ; même test. — H. 1 à 1 1/4 ; D. 2 à 3 mill.

Peu commun ; Seine-et-Marne, Seine-et-Oise, Aisne, Aube, etc.

Hyalinia subterranea, Bourguignat.

Zonites subterr., Brgt., 1856. *Amén. malac.*, I, p. 194, pl. 20, fig. 13 à 18. —
Hyal. subterr, Kregl., 1870. *Syst. Deutsch.*, p. 45. — Loc. *Pr.*, p. 47.

Déprimé, à peine convexe en dessus, légèrement bombé en dessous ;
5 tours convexes, croissance régulière, le dernier haut, ventru-arrondi,
non comprimé en dessous, à peine dilaté et non déclive à l'extrémité ;
suture profonde, surtout aux 2 derniers tours ; ombilic petit, mais évasé
au dernier tour ; ouverture peu oblique, fortement échancrée, arrondie ;
péristome bordé en dedans, bord supérieur court ; test mince, diaphane,
lisse. — H. 1 1/2 ; D. 3 millimètres.

Rare ; un peu partout, Aube, Manche, Rhône, Haute-Garonne, etc.

Hyalinia secreta, Bourguignat.

Zonites secretus, Brgt., *in* Serv., 1880. *Moll. Esp.*, p. 25. — *Hyal. secreta*,
Loc., 1881. *Prodr.*, p. 48.

Déprimé, plat en dessus et en dessous ; 5 tours à peine convexes, les 4 premiers à croissance très lente, le dernier plus grand, arrondi, bien convexe, le maximum de convexité reporté dans le haut, ni dilaté, ni déclive à l'extrémité ; ouverture peu oblique, très échancrée, arrondie, aussi haute que large ; péristome bordé en dedans, bord supérieur arqué, porté presque au sommet du dernier tour ; test hyalin, brillant, finement radié en dessus. — H. 1 1/2 ; D. 3 millimètres.

Rare ; Jaulgonne (Aisne).

Hyalinia Narbonnensis, S. Clessin.

Hyal. Narbonn., Cless., 1877. *Mal. Blätt.*, p. 129, pl. 1, fig 6. — Loc. *Pr.*, p. 48.

Bien déprimé, légèrement convexe-tectiforme en dessus, presque plan en dessous ; 5 tours un peu convexes, serrés, croissance lente et régulière, le dernier comprimé, puis plus grand, un peu étroitement arrondi, à peine plus convexe dessus que dessous, non dilaté, ni déclive à l'extrémité ; suture accusée ; ombilic petit, non évasé ; ouverture très échancrée, à peine oblique, étroitement subarrondie ; péristome un peu épaissi en dedans, bord inférieur allongé et arqué ; test hyalin, à peine striolé. — H. 1 1/2 ; D. 3 1/2 millimètres.

Rare ; le Midi, Hérault, Tarn-et-Garonne, etc.

Hyalinia Botteri, Parreys.

Helix Botteri, Parr., *in* Pfeiff., 1833. *Mon. Hel., Suppl.*, III, p. 66. — *Hyal. Botteri*, Cless., 1877. *Malac. Blätt.*, p. 137, pl. I, fig. 2. — Loc. *Pr.*, p. 48.

Très déprimé, plan en dessus, à peine bombé en dessous ; 4 1/2 à 5 tours plans, croissance lente et régulière, le dernier un peu plus grand, arrondi, assez haut, renflé en dessous, surtout vers l'extrémité ; suture peu marquée ; ombilic assez petit, évasé au dernier tour ; ouverture peu oblique, échancrée, petite, arrondie ; péristome un peu encrassé en dedans, bien arrondi dans le bas ; test hyalin, brillant, presque lisse. — H. 1 ; D. 2 1/2 millimètres.

Rare ; environs de Montpellier (Hérault).

Hyalinia mica, Westerlund.

Hyal. mica, West., 1886. *Fauna palæar.*, p. 35.

Très déprimé, à peine très légèrement convexe-tectiforme en dessus, très peu bombé en dessous ; 4 1/2 tours un peu convexes, croissance lente, progressive, le dernier un peu arrondi, peu haut, peu développé en largeur, plus convexe dessous que dessus, ni dilaté, ni déclive à l'extrémité, mais un peu renflé en dessous ; suture bien marquée ; ombilic petit, infundibuliforme ; ouverture échancrée, étroite, oblique ; péristome simple, le bord columellaire arqué ; même test, mince, orné de stries serrées, très fines. — H. 1 ; D. 2 1/4 millimètres.

Rare ; environs de Marseille (Bouches-du-Rhône).

Hyalinia contracta, WESTERLUND.

Zonites crystall., var. contracta, West, 1876. *Fauna Prodr.*, p. 56. — *Hyal. contract.*, Cless., 1877. *Mal. Blätt.*, p. 126, pl. 1, fig. 2. — Loc. *Pr.*, p. 48.

Déprimé, à peine convexe-tectiforme en dessus, presque plan en dessous ; 5 à 6 tours très peu convexes, croissance très lente, progressive, le dernier à peine plus grand, assez haut, arrondi-convexe latéralement, comme subanguleux en haut et en bas, ni dilaté, ni déclive à l'extrémité ; suture peu profonde ; ombilic très petit, à peine dilaté ; ouverture étroite, droite, très échancrée, subarrondie; péristome à peine encrassé, bord inférieur à peine arqué ; même test. — H. 1 ; D. 2 1/2 millimètres.

Rare ; le Midi, alluvions du Rhône à Lyon.

Hyalinia Dubreuilli, S. CLESSIN.

Hyal. Dubreuilli, Cless., 1877. *Malac. Blätt.*, p. 128, pl. 1, fig. 4. — Loc. *Pr.*, p. 48.

Très déprimé, à peine convexe tectiforme en dessus, aplati en dessous ; 5 tours presque plans, croissance très lente, le dernier peu haut, un peu plus large que l'avant-dernier, arrondi, non déclive et à peine un peu dilaté à l'extrémité ; suture peu profonde ; ombilic petit, à peine évasé au dernier tour; ouverture étroite, très échancrée, peu oblique ; péristome simple, à bords très écartés, à contour un peu arrondi vers le haut et vers le bord externe ; même test. — H. 1 ; D. 2 1/2 millimètres.

Rare ; environs de Montpellier (Hérault).

Hyalinia vitreola, BOURGUIGNAT.

Zonites vitreolus, Brgt., *in* Serv., 1880. *Moll. Esp.*, p. 27. — *Hyal. vitreola*, Loc., 1882. *Prodr.*, p. 49.

Déprimé, à peine convexe en dessus, presque plan en dessous ; 5 tours peu convexes, serrés, à croissance lente, le dernier à peine plus grand, convexe-arrondi ; plus convexe dessus que dessous ; suture médiocre ; ombilic petit, assez évasé, infundibuliforme; ouverture très échancrée, peu oblique, subarrondie-transverse ; péristome à peine épaissi, droit, bord supérieur légèrement déclive-arrondi ; même test. — H. 1 ; D. 2 1/2 millimètres.

Rare ; Savoie, Haute-Garonne, Alpes-Maritimes, etc.

Hyalinia subrimata, REINHARDT.

Hyal. subrim., Reinh., 1870. *Fauna studeten*, p. 13. — Loc. *Prodr.*, p. 48.

Très déprimé, presque plan en dessus et en dessous ; 5 tours assez convexes, croissance lente, le dernier peu haut, presque deux fois plus large que l'avant-dernier, ni évasé, ni déclive à l'extrémité ; suture peu profonde ; ombilic extra-petit, punctiforme ; ouverture très échancrée, très étroite, à peine oblique, subarrondie ; péristome mince, tranchant, très peu arqué en haut, aplati en bas ; test brillant, hyalin, orné de stries régulières très fines. — H. 1 1/3 ; D. 2 1/2 millimètres.

Rare ; alluvions du Rhône au nord de Lyon.

Hyalinia pseudodiaphana, COUTAGNE.

Zonites pseudodiaph , Cout., 1881. *Bassin du Rhône*, p. 33. — *Hyal. pseudo-diaph.*, Loc., 1882. *Prodr.*, p. 69.

Bien déprimé, à peine convexe-tectiforme en dessus, presque plan en dessous ; 4 tours presque plans, croissance lente et régulière, le dernier à peine plus grand, arrondi, ni dilaté, ni déclive à l'extrémité ; suture accusée, comme bifide ; ombilic extra-étroit, punctiforme, à peine évasé, ouverture très échancrée, légèrement oblique, un peu arrondie ; péristome un peu encrassé en dedans, bord supérieur légèrement déclive et projeté en avant, plus arqué que l'inférieur ; test hyalin, brillant, lisse ou à peine striolé. — H. 1 à 1 1/2 ; D. 2 1/2 à 3 millimètres.

Rare ; vallon de Rognac (Bouches-du-Rhône).

Hyalinia tarda, BOURGUIGNAT.

Hyal. tarda, Brgt. *Nov. sp. in coll.*

Très déprimé, presque plan en dessus et en dessous, ou à peine très légèrement convexe ; 5 tours presque plans, croissance lente et régu-lière, le dernier un peu plus grand, vaguement subanguleux à sa nais-sance, notablement plus convexe dessous que dessus, ni dilaté, ni déclive à l'extrémité ; ombilic extra-petit, comme nul, avec les bords évasés ; suture accusée ; ouverture très échancrée, peu oblique, un peu arrondie ; péristome à peine encrassé en dedans, bord supérieur très

court, l'inférieur arrondi ; même test, orné de stries régulières très fines.
— H. 1 ; D. 2 millimètres.

Rare ; environs d'Aix-les-Bains (Savoie).

Hyalinia diaphana, STUDER.

Helix diaphana, Stud., 1810. *Kurz. verzeich.*, p. 86. — *Hyal. diaph.*,
Reinb., 1870. *Moll. studeten*, p. 16. — Loc. *Prodr.*, p. 49.

Déprimé, un peu convexe-tectiforme en dessus; presque plan en dessous; 5 1/2 tours un peu convexes, croissance
lente et régulière, le dernier grand, déprimé-
arrondi, à peine comprimé en dessous, ni dilaté,
ni déclive à l'extrémité ; suture apparente;
ombilic à peine visible, avec les bords un peu
évasés; ouverture peu oblique, échancrée,
ovalaire; péristome simple, bord columellaire

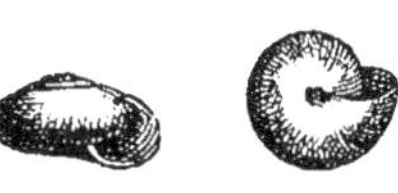

Fig. 70-71.

très faiblement évasé; même test, lisse ou orné de quelques stries très
fines vers la suture. — H. 1/2; D. 2 à 2 1/2 millimètres.

Peu commun; un peu partout.

Genre ARNOULDIA, Bourguignat.

Coquille petite; galbe conique-globuleux ; ombilic nul; test très mince,
lisse, brillant, corné-roux ; épiphragme nul.

Arnouldia fulva, MÜLLER.

Helix fulva, Müll., 1774. *Verm. hist.*, II, p. 56. — *Conulus fulvus*, Loc.
Prodr., p. 50.— *Arn. fulva*, Brgt., 1890. *Bull. Soc. mal.*, p. 331, pl. 8, fig. 1.

Galbe obtusément conoïde en dessus, peu
convexe en dessous; 6 tours faiblement convexes, le dernier très légèrement subcaréné,
croissance graduelle; sommet assez obtus; suture
bien marquée; ouverture ovalaire, plus large que
haute, fortement échancrée; test orné de stries
très fines, régulières. — H. 2 1/2; D. 3 millim.

Fig. 72.

Assez commun ; presque partout, surtout le Nord et le Centre.

Arnouldia callopistica, BOURGUIGNAT.

Zonites callopist., Brgt., *in* Serv., 1880. *Moll. Esp.*, p. 30. — *Conulus call.*,
Loc. *Pr.*, p. 50. — *Arn. call.*, Brgt., 1890. *Bull. Soc. mal.*, p. 332, pl. 8, fig. 3.

Conoïde-globuleux, peu convexe en dessous; 7 tours bien convexes, à croissance serrée, le dernier non anguleux, un peu étroitement arrondi; sommet gros et obtus; suture très marquée, ouverture ovalaire très étroite en hauteur, très fortement échancrée, arrondie à la base; test orné de stries très fines. — H. 3 à 3 1/2; D. 3 à 3 1/4 millimètres.

Fig. 73.

Assez rare; Rhône, Ain, Aube, Var, etc.

Arnouldia vesperalis, BOURGUIGNAT.

Zonites vesper., Brgt., *in* Serv., 1880. *Moll. Esp.*, p. 31. — *Conulus vesper.*, Loc. *Pr.*, p. 50. — *Arn. vesp.*, Brgt., 1890. *Bull. Soc. mal.*, p. 333, pl. 8, fig. 5.

Conoïde-globuleux, bien convexe en dessous; 7 tours assez convexes, à croissance serrée, le dernier non anguleux, bien arrondi; sommet gros et obtus; ouverture un peu arrondie, un peu échancrée; bord columellaire recouvrant en partie une petite perforation ombilicale. — H. et D. 3 à 3 1/4 millimètres.

Rare; environs de Toulouse (Haute-Garonne).

Arnouldia Mortoni, JEFFREYS.

Helix Mort., Jeff., 1830. *Linn. trans.*, p. 332. — *Conulus Mort.*, Loc. *Prodr.*, p. 51. — *Arn. Mort.*, Brgt., 1890. *Bull. Soc. mal.*, p. 335, pl. 8, fig. 14.

Déprimé, faiblement conoïde, presque aussi convexe en dessus qu'en dessous; spire peu élevée; 5 tours non serrés, assez convexes, à croissance régulière; le dernier subanguleux dans le haut et convexe en dessous; sommet relativement gros, comme mamelonné; ouverture échancrée, arrondie à la base; bord columellaire robuste, recouvrant la perforation. — H. 1 1/2; D. 2 à 2 1/2 millimètres.

Assez rare; le Midi, Var, Hautes-Pyrénées, Haute-Garonne, etc.

Genre LEUCOCHROA, Beck.

Coq. globuleuse, assez grosse; ombilic petit; test crétacé, très épais, opaque; épiphragme épais et crétacé.

Leucochroa candidissima, DRAPARNAUD.

Helix candidissima, Drap., 1801. *Tabl. moll.*, p. 75 — *L. cand.*, Beck, 1837. *Ind. moll.*, p. 17. — Loc. *Prodr.*, p. 51.

Galbe globuleux, très bombé en dessus, légèrement aplati en dessous ;
5 à 6 tours très peu convexes, crois-
sance graduelle, le dernier parfois
obtusément caréné, déclive à l'extrémité ; suture superficielle ; sommet
obtus ; ouverture arrondie, très oblique, échancrée ; péristome un peu
épaissi, à bords assez écartés , à
peine réfléchi sur l'ombilic ; test

FIG. 74-75.

blanc-porcelanisé orné de stries longitudinales à demi effacées. — H.
10 à 15 ; D. 12 à 22 millimètres.

Très commun ; dans toute la région méditerranéenne, surtout à l'Est.

Genre HELIX, Linné.

Coq. globuleuse ou subdéprimée, dextre, à spire peu haute ; dernier
tour gros ; ombilic variable ; test solide ; épiphragme variable.

A. — Groupe de l'*H. aperta*.

Grand, subglobuleux ; ombilic nul ; ouverture grande ; test mince.

Helix aperta, Born.

H. aperta, Born, 1778. *Ind. Mus.*, p. 399. — Loc. *Pr.*, p. 52.

Galbe ovoïde-globuleux, convexe en dessus,
très obliquement saillant et allongé en dessous ;
3 1/2 à 4 1/2 tours convexes, croissance très rapide, le dernier énorme, arrondi ; suture assez
forte ; sommet convexe ; ouverture oblique, ovalaire, très peu échancrée ; péristome à peine
épaissi, à bords écartés, le columellaire arqué ;
test mince, peu solide, peu luisant, avec stries
sensibles, grossières, inégales, d'un brun-olivâtre ; épiphragme blanc, épais, bombé. — H. 24
à 30 ; D. 20 à 25 millimètres.

FIG. 76.

Commun ; dans tout le Midi.

Helix Ko__ægælia__, Bourguignat.

H. Koræg., Brgt., *in* Loc., 1882. *Prodr.*, p. 52 et 302.

Ovoïde-ventru ; spire comme sphérique ; 3 tours très convexes, à croissance très rapide, le dernier extra-ample, constituant presque toute la coquille ; sommet exigu ; suture peu marquée ; ouverture oblique, très ample, arrondie-oblongue ; péristome évasé à la partie supérieure du labre et à la base de la columelle ; même coloration. — H. 29 ; D. 25 mill.

Rare ; environs d'Hyères et de Toulon (Var).

B. — Groupe de l'*H. aspersa*.

Grand ; subglobuleux ; ombilic nul ; ouverture assez grande.

Helix aspersa, Müller.

H. aspersa, Müll., 1774. *Verm. hist.*, II, p. 59. — Loc. *Prodr.*, p. 52.

Fig. 77.

Galbe conoïde-globuleux, ventru, très convexe en dessus, très obliquement bombé en dessous ; 4 à 5 tours très convexes, croissance rapide, le dernier très grand ; suture profonde ; sommet assez élevé ; ouverture oblique, ovale, peu échancrée ; péristome interrompu, réfléchi, épaissi, à bords assez rapprochés, le columellaire très arqué ; test mince, assez solide, peu strié, chagriné, fauve-brun, avec zigzags plus clairs, irréguliers. — H. 25 à 40 ; D. 24 à 45 millimètres.

Très commun partout ; surtout le Centre et le Midi.

C. — Groupe de l'*H. pomatia*.

Grand ; globuleux ; perforé ; ouverture grande.

Helix pomatia, Linné.

H. pomatia, L., 1758. *Syst. nat.*, p. 771. — Loc. *Prodr.*, p. 53.

Galbe globuleux-ventru, conique-convexe en dessus, obliquement bombé en dessous ; 5 à 6 tours très convexes, croissance rapide, le dernier grand et ventru ; suture profonde ; sommet élevé ; ombilic oblique, en partie couvert ; ouverture oblique, arrondie, peu échancrée ; péristome interrompu, évasé, épaissi, à bords un peu rapprochés, le columellaire très arqué ; test assez épais, très solide, à peine luisant, assez strié, d'un roux-jaunacé avec 3 ou 4 bandes fauves peu distinctes. — H. 30 à 47 ; D. 32 à 48 millimètres.

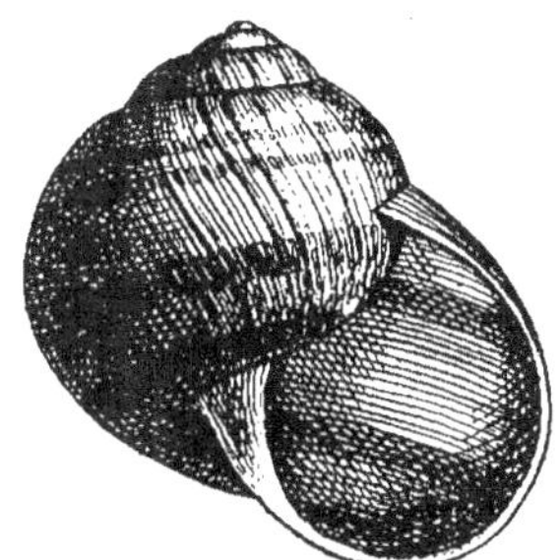

Fig. 78.

Très commun ; partout, sauf dans le Midi.

Helix Gesneri, HARTMANN.

H. Gesneri, Hart., 1844. *Gast. Schw.*, p. 100, pl. 29 (V), fig. 2 *(non* Kobelt, *nec* Westerl.,) — Loc. *Prodr.*, p. 53.

Taille un peu plus petite ; galbe plus trapu ; spire un peu moins haute ; tours beaucoup plus convexes, plus étagés les uns au-dessus des autres ; le dernier un peu méplan sous la suture, ensuite arrondi, puis bien droit sur toute la hauteur et enfin arrondi dans le bas ; suture très accusée ; ouverture subarrondie ; même test. — H. et D. 45 millimètres.

Très rare ; le Jura.

Helix pyrgia, BOURGUIGNAT.

H. pyrgia, Brgt., *in* Loc., 1882. *Prodr.*, p. 53 et 305.

Globuleux-subturbiné ; spire élevée, subconoïde ; 6 tours convexes, à croissance assez lente, bien étagés les uns au-dessus des autres, relativement gros et développés en hauteur, le dernier médiocre, arrondi, lentement déclive sur presque toute sa longueur ; sommet bien élevé ; suture très marquée, ombilic oblique, en partie masqué ; ouverture légèrement oblique, presque semi-circulaire, un peu oblongue ; columelle arquée, un peu courte, labre bien arqué ;

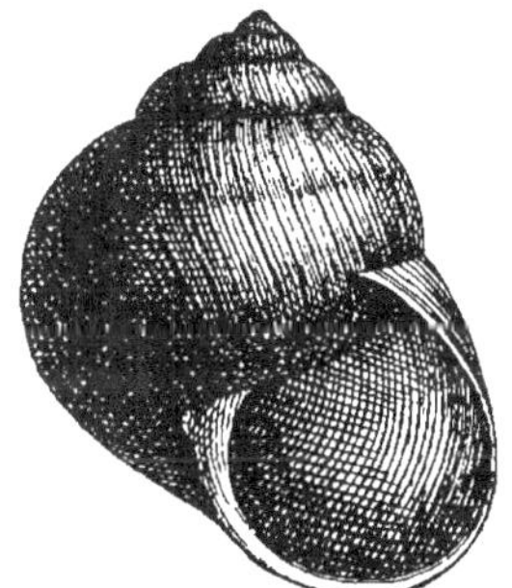

Fig. 79.

même test, mais rarement aussi épais. — H. 38 à 40 ; D. 33 à 34 millimètres.

Assez commun ; un peu partout, Vosges, Aube, Ain, Rhône, Drôme, etc.

Helix Segalaunica, SAYN.

H. Segalaun., Sayn, 1888. *Bull. Soc. malac.*, V, p. 142.

Galbe général du *pyrgia ;* dernier tour très globuleux, plus haut et moins large ; ouverture beaucoup plus oblongue, plus haute et moins large ; bord columellaire plus droit et plus allongé ; labre plus droit et plus haut ; même test. — H. 40 à 45 ; D. 35 à 40 millimètres.

Rare ; Peyras, Montvendre (Drôme).

Helix Edmondi, LOCARD.

H. Edmondi, Loc. 1882. *Nov. sp.*

Ovoïde-conique ; spire très haute, subconoïde ; 6 tours très convexes, un peu étagés, comme subscalaires, le dernier très gros et ventru, étroit dans le haut, atténué dans le bas ; sommet obtus, proéminent ; suture très accusée ; ouverture oblique avec le grand axe un peu incliné, arrondi-oblong ; columelle très arquée. — H. 40 à 47 ; D. 37 à 39 mill.

Rare ; Seine-Inférieure, Jura, Seine-et-Marne, etc.

Helix promæca, BOURGUIGNAT.

H. promæca, Brgt., *in* Loc., 1882. *Prodr.*, p. 53 et 303.

Presque régulièrement ovoïde-allongé ; spire haute, conoïde ; 6 tours convexes, à croissance rapide et régulière ; le dernier très grand, oblong-arrondi, lentement déclive ; suture assez peu accusée ; sommet obtus proéminent ; ouverture à peine oblique, oblongue, peu échancrée ; bord columellaire droit. — H. 45 à 50 ; D. 37 à 40 millimètres.

Assez rare ; Jura, Ain, Rhône, Saône-et-Loire, Isère, Drôme, etc.

D. — Groupe de l'*H. melanostoma*

Taille moyenne ; globuleux ; ombilic nul ; ouverture grande.

Helix melanostoma, DRAPARNAUD.

H. melanostom., Drap., 1801. *Tabl. moll.*, p. 77. — Loc. *Prodr.*, p. 54.

Galbe globuleux-ventru, très convexe en dessus, obliquement bombé en dessous; 4 à 4 1/2 tours assez convexes, croissance rapide, le dernier grand, bien arrondi; suture peu marquée; sommet un peu élevé; ouverture oblique, arrondie, peu échancrée; péristome interrompu, droit, un peu épaissi, le columellaire arqué; test épais, très solide, avec stries sensibles, gris avec une large bande brune en haut, péristome pourpre-noir. — H. 25 à 30; D. 22 à 30 millimètres.

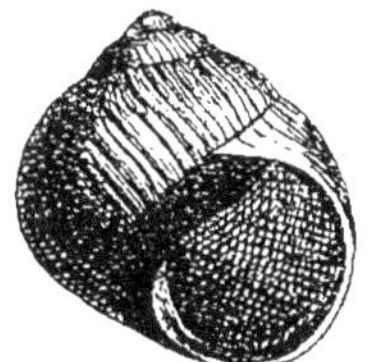

Fig. 80.

Commun; presque toute la Provence.

Helix pachypleura, BOURGUIGNAT.

H. pachypl., Brgt., *in* Loc., 1882. *Prodr.*, p. 54 et 305.

Même galbe; dernier tour plus convexe dans le haut, moins régulièrement arrondi, moins fortement descendant en dessous; péristome plus encrassé, plus bordé à l'intérieur; sommet beaucoup plus gros, proéminent et mamelonné; test grossièrement costulé. — H. et D. 26 millim.

Rare; environs de Grasse (Alpes-Maritimes).

E. — Groupe de l'*H. vermiculata.*

Assez grand; subdéprimé; ombilic couvert.

Helix vermiculata, MÜLLER.

H. vermic., Müll., 1774. *Verm. hist.*, II, p. 21. — Loc. *Prodr.*, p. 54.

Galbe subdéprimé-globuleux, très convexe en dessus, assez bombé en dessous; 5 à 6 tours assez convexes, croissance progressive, le dernier arrondi; suture médiocre, profonde au dernier tour; sommet un peu élevé; ouverture très oblique, transversalement ovalaire, assez échancrée; péristome discontinu, un peu réfléchi, à bords très peu convergents, le columellaire un peu convexe; test épais, très solide, chagriné, très peu strié,

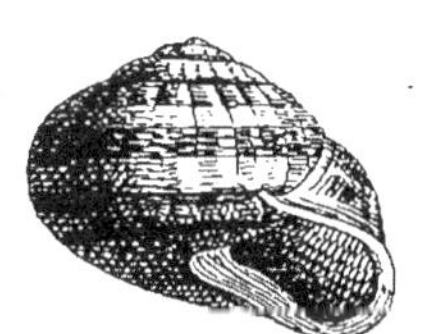

Fig. 81.

blanc-grisâtre avec 4 à 5 bandes brunes plus ou moins interrompues ou soudées. — H. 16 à 27; D. 22 à 30 millimètres.

Très commun; toute la région méridionale.

Helix apalolena, BOURGUIGNAT.

H. apal., Brgt., 1867. *Moll. lit.*, p. 231, pl. 35, fig. 1-5. — Loc. *Prodr.*, p. 54.

Déprimé-globuleux, assez convexe en dessus, du peu bombé en dessous ; 5 à 6 tours faiblement convexes, le dernier fortement déclive à l'extrémité ; ouverture très oblique, transversalement oblongue ; bord columellaire droit non tuberculeux, mince ; bords réunis par un callum marron ; test gris-marron, très sombre vers l'ouverture, avec 2 ou 3 bandes peu accusées et plus pâles, le tout pointillé de blanc ; ouverture marron-foncé. — H. 20 à 24 ; D. 33 à 36 millimètres.

Assez rare ; Pyrénées-Orientales, Aude.

F. — Groupe de l'*H. splendida*.

Taille moyenne ; déprimé ; ombilic couvert.

Helix splendida, DRAPARNAUD.

H. splend., Drap., 1801. *Tabl. moll.*, p. 83. — Loc. *Prodr.*, p. 56.

Galbe assez déprimé, un peu bombé en dessous ; 5 tours peu convexes,

croissance progressive ; suture marquée surtout vers le sommet ; sommet obtus ; ouverture très oblique, ovalaire-transverse, un peu échancrée ; péristome interrompu, à peine évasé, un peu épais, à bords un peu rapprochés ; test mince, assez solide, avec stries demi-effacées, fines ; légèrement luisant, blanchâtre,

Fig. 82.

avec 5 bandes brunes étroites, continues, soudées ou ponctuées, les 3 premières plus étroites. — H. 8 à 13 ; D. 15 à 23 millimètres.

Commun ; région méridionale.

Helix Cossoni, LETOURNEUX.

H. Coss., Let., 1877. *Rev. mag. zool.*, p. 341. — Loc. *Prodr.*, p. 56.

Plus déprimé ; spire très surbaissée, médiocrement convexe ; 4 tours à croissance plus rapide, le dernier plus grand, bien plus développé, déclive à son extrémité ; ouverture moins oblique, moins transverse ; bords marginaux plus écartés ; même test. — H. 10 ; D. 19 millimètres.

Assez rare ; Hérault, Aude, Pyrénées-Orientales, etc.

Helix calæca, BOURGUIGNAT.

H. calæca, Brgt., *in* Fagot, 1888. *Catal. raz. Esera*, p. 6.

Subdéprimé, également convexe-déprimé en dessus et en dessous; 4 1/2 tours convexes, amples, à croissance rapide, mais régulière, le dernier plus grand, un peu dilaté et déclive à l'extrémité, convexe en dessus, arrondi sur le côté, renflé en dessous, mais comprimé vers la région ombilicale; suture assez accusée; ouverture ample, subarrondie; péristome aigu légèrement évasé; même test avec 2 bandes brun-clair en dessus et 2 brun-foncé en dessous. — H. 9 à 10; D. 18 à 22 mill.

Rare; Arles, Béziers, Lamaloue, Montpellier, etc.

Helix Cantæ, BOURGUIGNAT.

H. Cantæ, Brgt., *in* Serv., 1880. *Moll. Esp.*, p. 41. — Loc. *Prodr.*, p. 56.

Assez globuleux; spire assez élevée, convexe-arrondie; 5 tours convexes, à croissance rapide et régulière, le dernier peu dilaté, convexe-globuleux, lentement déclive, puis brusquement infléchi à l'extrémité; suture profonde aux derniers tours; ouverture presque ronde, oblique; péristome un peu évasé; test faiblement strié, blanchâtre, avec 5 bandes brunes. — H. 12; D. 18 millimètres.

Rare; cap Cerbère (Pyrénées-Orientales).

Helix Clairi, BOURGUIGNAT.

H. Clairi, Brgt., 1880. *S. Martin-de-Lent.*, p. 4. — Loc. *Prodr.*, p. 56.

Assez convexe, surtout en dessus; 5 tours convexes, à croissance rapide et régulière, le dernier assez ample, convexe-arrondi, déclive vers l'extrémité; suture accusée; ouverture oblique, transverse-oblongue, un peu droite dans le bas, bien arrondie au labre; bord columellaire droit, épaissi, réfléchi; callum léger; test strié surtout au dernier tour, blanc-carnéolé avec 5 bandes subpellucides presque effacées, péristome blanc. — H. 25; D. 35 millimètres.

Rare; Saorgio et Saint-Martin-de-Lentosque (Alpes-Maritimes).

Helix Companyoi, ALÉRON.

H. Compan., Aler., 1837. *Soc. Phil. Perp*, III, p. 91. — Loc. *Prodr.*, p. 55.

Subglobuleux-déprimé, peu convexe en dessus, assez bombé en dessous; 4 1/2 à 5 1/2 tours un peu convexes, à croissance progressive; suture médiocre; sommet un peu mamelonné; ouverture très oblique, ovale-transverse, un peu échancrée; péristome évasé, épaissi; test blanc-jaunâtre, avec 3 bandes interrompues, brunes, en dessus, et 2 en dessous. — H. 8 à 12; D. 15 à 20 millimètres.

Assez rare; les Albères (Pyrénées-Orientales).

Helix Niciensis, DE FERUSSAC.

H. Niciens., Fer., 1822. *Tabl. syst.*, p. 36. — Loc. *Prodr.*, p. 55.

Un peu convexe en dessus, assez bombé en dessous; 5 à 6 tours, un
peu convexes, croissance progressive; le dernier
arrondi, un peu plus convexe dessous que dessus;
suture bien marquée; sommet submamelonné; ouverture ovalaire-transverse, peu échancrée; péristome interrompu, épaissi, légèrement réfléchi; test
mince, un peu opaque, strié, blanc gris-jaunacé,

Fig. 83.

avec taches anguleuses brunes réparties en 5 zones interrompues, péristome lilas. — H. 10 à 15; D. 20 à 25 millimètres.

Peu commun; la Provence, Var, Alpes-Maritimes.

Helix Niepcei, LOCARD.

H. Niepcei, Loc., 1893. *L'Échange*, IX, p. 76.

Très déprimé, à peine un peu convexe en dessus, assez bombé en
dessous; 5 à 6 tours presque plans, croissance progressive, le dernier
subanguleux à sa naissance, bien plus convexe en dessous qu'en dessus,
arrondi quoique méplan en dessus et très fortement déclive à l'extrémité;
suture superficielle; ouverture subarrondie-transverse, peu échancrée;
péristome interrompu, réfléchi surtout en bas; test strié, blanc-grisâtre,
avec taches anguleuses brunes réparties en quatre ou cinq zones interrompues; péristome violacé. — H. 12; D. 27 millimètres.

Rare; Saint-Auban, Briançonnet, Grasse, Nice (Alpes-Maritimes).

Helix trica, PAULUCCI.

H. serpentina, var. trica, Paul., 1882. *Mal. Sardegna*, p. 71. — *H. Ma-
gnettii*, Loc. *Prodr.*, p. 55.

Assez bombé en dessus, un peu convexe en dessous; 4 à 5 tours, un
peu convexes, croissance progressive; suture assez marquée; sommet un
peu saillant; ouverture très oblique, ovale-transverse, médiocrement
échancrée; péristome interrompu, subréfléchi; test avec stries sensibles,
blanchâtre, orné de taches brunes en zigzag, disposées en zones et entre-
mêlées de taches plus petites. — H. 9 à 10; D. 15 à 20 millimètres.

Assez rare; environs de Toulon et de Saint-Cyr (Var).

Helix Orgonensis, PHILBERT.

H. Orgon., Philb., *in* Moq., 1855. *Hist. moll.*, p. 143. — Loc. *Prodr.*, p. 55.

Assez convexe en dessus, un peu bombé en dessous ;
4 à 5 tours assez convexes, croissance progressive ; suture
assez marquée ; sommet submamelonné ; ouverture très
oblique, ovale transverse, très échancrée ; péristome interrompu, réfléchi ; test très ridé, blanchâtre, avec taches
fauves ou grises, irrégulières. — H. 8 à 10 ; D. 15 à 20 mill.

Fig. 84.

Assez rare ; environs d'Orgon (Bouches-du-Rhône).

G. — Groupe de l'*H. nemoralis.*

Taille moyenne ; globuleux ; ombilic couvert.

Helix nemoralis, Linné.

H. nemoral., L., 1758. *Syst. nat.*, p. 773. — Loc. *Prodr.*, p. 56.

Galbe globuleux, très convexe en dessus et en dessous ; 5 à 6 tours
convexes, croissance progressive ; suture pro-
fonde ; sommet élevé ; ouverture très oblique,
subarrondie, assez échancrée par l'avant-dernier
tour ; péristome interrompu, légèrement réfléchi,
avec un léger bourrelet basal, à bords écartés
non convergents, le columellaire presque droit
et allongé ; test finement strié, un peu mince, solide, jaune, rose ou brun, avec de 1 à 5 bandes
brunes, dont 3 en dessus, continues, disconti-
nues ou soudées, péristome brun. — H. 12 à 25 ; D. 18 à 30 millimètres.

Fig. 85.

Très commun ; partout, plus rare dans le Midi.

Helix hortensis, Müller.

H. hortens., Müll., 1774. *Verm. hist.*, II, p. 52. — Loc. *Prodr.*, p. 57.

Taille plus petite, même galbe un peu plus globuleux ;
5 tours plus convexes, à croissance un peu plus rapide ;
le dernier bien rond, proportionnellement plus haut et
moins large ; ouverture plus petite, moins ovalaire ; péristome sans bourrelet basal, à bords écartés, à peine
convergents, columellaire moins épaissi, moins droit ;
même coloration, péristome le plus souvent blanc. — H.
12 à 20 ; D. 15 à 20 millimètres.

Fig. 86.

Commun ; régions centrale et septentrionale.

Helix subaustriaca, BOURGUIGNAT.

H. subaustr., Brgt., 1830. *Moll. St-Martin-de-Lent.*, p. 1. — Loc. *Prodr.*, p. 58.

Galbe encore plus globuleux, plus convexe-conique en dessus ; 5 à 6 tours, le dernier très arrondi vers son extrémité et notablement plus rapidement déclive ; ouverture presque ronde, bord columellaire arqué ; test orné de stries plus accusées et plus régulières ; même coloration et ornementation, souvent la seconde bande à partir du sommet est ponctuée. — H. 14 à 17 ; D. 19 à 21 millimètres.

Fig. 87.

Peu commun ; un peu partout, surtout le Nord, le Centre et l'Est.

Helix sylvatica, DRAPARNAUD.

H. sylvatica, Drap., 1801. *Tabl. moll.*, p. 79. — Loc. *Prodr.*, p. 58.

Subdéprimé globuleux ; très convexe en dessus, assez bombé en des-

sous ; 5 à 6 tours assez convexes, le dernier arrondi, un peu déclive à l'extrémité ; suture assez profonde ; sommet élevé ; ouverture très oblique, subarrondie, médiocrement échancrée ; péristome à bords peu convergents, légèrement réfléchi, le columellaire un peu arrondi ; test solide, avec stries fortes, inégales, d'un blanc jaunacé avec 5 bandes brunes, les 2 supé-

Fig. 88.

rieures souvent interrompues, péristome violacé. — H. 12 à 20 ; D. 18 à 25 millimètres.

Assez commun ; le Centre, l'Est et le Midi.

Helix Condatina, BOURGUIGNAT.

H. Condatina, Brgt. *Nov. sp. in coll.*

Voisin du *sylvatica*, taille grande, galbe déprimé, spire peu haute, dernier tour un peu aplati, surtout en dessus, à section ovalaire, bien déclive à son extrémité ; ouverture bien oblique, ovalaire-transverse, à bords très peu convergents, le columellaire faiblement arrondi ; même test. — H. 14 à 15 ; D. 24 à 26 millimètres.

Rare ; Saint-Claude (Jura), Beaume-d'Hostun (Drôme), Grande-Char-treuse (Isère).

H. — Groupe de l'*H. arbustorum*.

Taille moyenne ; globuleux ; ombilic très petit.

Helix arbustorum, LINNÉ.

H. arbustorum, L., 1758. *Syst. nat.*, p. 771. — Loc. *Prodr.*, p. 58.

Galbe globuleux, conoïde-convexe en dessus, très bombé en dessous ; spire élevée, obtusément acuminée ; 5 à 6 tours convexes, croissance rapide ; suture profonde ; sommet obtus ; ouverture très oblique, hémisphérique, peu ample, peu échancrée ; péristome réfléchi, interrompu, à bords peu écartés, à peine convergents ; test mince, finement strié, jaune-roux avec petites flammes brunes, souvent avec une bande brune étroite, péristome blanc. — H. 18-19 ; D. 20 millimètres.

Fig. 89.

Commun ; régions septentrionale, centrale et orientale.

Helix trochoidalis, ROFFIAEN.

H. arbust., var. trochoidalis, Rof., 1868. *Soc. malac. Belg.*, III, p. 69, pl. I, fig. 2. — *H. trochoidalis*, Servain, 1887. *Bull. Soc. malac.*, VI, p. 378.

Trochoïdal ; spire plus élevée, 6 à 7 tours convexes, moins gros, le dernier bien rond, déclive à l'extrémité ; suture peu profonde, sauf au dernier tour ; ouverture oblique, petite, hémisphérique ; péristome plus robuste et plus réfléchi, bord columellaire plus épais, dilaté ; test plus solide et plus opaque, jaunâtre avec marbrures peu apparentes et une bande brune très foncée ; stries plus accusées. — H. 20 ; D. 19 millim.

Rare ; Savoie, Haute-Savoie, Meurthe-et-Moselle, Seine-et-Marne, Isère.

Helix Alpicola, DE CHARPENTIER.

H. Alpicola, Charp., 1837. *Moll. Suisse*, p. 6.

Petit, globuleux ; spire relativement élevée, obtusément subacuminée ; 6 tours convexes, croissance plus rapide au dernier tour, celui-ci globuleux-arrondi, assez déclive à l'extrémité ; ouverture oblique, échancrée, hémisphérique ; péristome épais, bordé, bien réfléchi, bord columellaire dilaté ; test solide, un peu épais, peu brillant,

Fig. 90.

avec stries bien accusées, jaunâtre, peu marbré, avec ou sans bande brune. — H. 14 ; D. 17 millimètres.

Peu commun ; régions montagneuses, Jura, Dauphiné, Savoie, Auvergne.

Helix picea, ZIEGLER.

H. picea, Ziegl., *teste* Ross., 1835. — *H. arbust., var. fusca*, Ross., 1837. Icon., fig. 297, D.

Voisin de l'*arbustorum*, spire moins haute, moins obtusément arrondie-acuminée ; tours plus ventrus ; suture plus profonde ; ombilic fermé ; ouverture bien ronde, moins échancrée ; péristome un peu plus épais et plus réfléchi ; coloration de la poix, ou semblable à celle de l'*arbustorum*. — H. 16 à 18 ; D. 17 à 19 millimètres.

Rare ; çà et là, dans les régions granitiques.

Helix thamnivaga, J. MABILLE.

H. thamn., Mab., 1887. *Bull. Soc. philom. Paris*, p. 42.

Globuleux-sphérique ; spire obtuse-arrondie, relativement élevée ; 6 tours peu convexes, croissance plus rapide à partir de l'avant-dernier, le dernier gros, volumineux, exactement cylindrique, déclive ; ouverture oblique, subhémisphérique un peu plus haute que large ; péristome fortement bordé en dedans, médiocrement réfléchi, bord columellaire dilaté en haut ; test mince, subtransparent, fauve-marron, avec une bande brune et des marbrures jaunacées. — H. 18 ; D. 20 millimètres.

Rare ; environs de Plombières (Vosges).

Helix hypnicola, J. MABILLE.

H. hypnic., Mab., 1882. *Bull. Soc. phil., Paris*, p. 22.

Globuleux, à peine subdéprimé ; spire bien convexe-arrondie, assez saillante au sommet ; 5 à 6 tours peu convexes, le dernier arrondi, déclive à l'extrémité, à croissance un peu rapide ; suture superficielle, accusée vers l'ouverture ; ouverture peu oblique, subhémisphérique ; péristome peu réfléchi, droit à son bord supérieur, bord columellaire assez robuste, dilaté en haut ; test solide, assez épais, jaune ou roux, sans marbrures, parfois avec une bande étroite. — H. 13 à 14 ; D. 17 à 18 mill.

Rare ; Savoie, Dauphiné, le mont Cenis, etc.

Helix Canigonensis, BOUBÉE.

H. Canig., Boubée, 1833. *Bull. hist. nat.*, p. 36. — Loc. *Prodr.*, p. 60.

Globuleux ; spire convexe-arrondie, notablement proéminente ; 5 à 6 tours convexes à croissance un peu rapide, régulière, le dernier volumineux, bien rond, déclive ; suture assez profonde ; ouverture presque exactement hémisphérique ; péristome bien bordé et réfléchi, bord columellaire dilaté en haut ; test mince, très striolé, très brillant, marron-verdâtre ou roux, avec bande peu apparente. — H. 14 ; D. 19 mill.

Peu commun ; Saint-Martin-du-Canigou (Pyrénées-Orientales).

Helix Albulana, BOURGUIGNAT.

H. Albulana, Brgt., 1889. *Bull. Soc. malac.*, VI, p. 388.

Trochoïde ; spire élancée, pyramidale ; 6 tours subconvexes, presque méplans-tectiformes, sensiblement serrés, croissance régulière, le dernier fortement déclive à l'insertion, obscurément subanguleux ; ouverture très oblique, semioblongue-arrondie, avec son grand axe oblique ; péristome assez réfléchi, bord columellaire légèrement dilaté en haut ; test très brillant, coloration de l'*arbustorum*. — H. 20 ; D. 24 millimètres.

Peu commun ; Aube, Seine-et-Marne, Marne, Isère, Basses-Alpes.

Helix Feroeli, BOURGUIGNAT.

H. Feroeli, Brgt., 1889. *Bull. Soc. malac.*, VI, p. 389.

Trochoïde, spire coniforme ; 6 tours assez convexes, croissance assez lente aux premiers tours, beaucoup plus rapide aux derniers, le dernier tour cylindrique, très volumineux ; ouverture oblique, aussi haute que large ; bord columellaire peu dilaté au sommet, ne recouvrant pas entièrement la région ombilicale ; test de coloration variable, marbré, zoné ou non. — H. 18 ; D. 22 millimètres.

FIG. 91.

Assez rare ; Isère, Aube, Ain, Savoie, Haute-Savoie, Ardèche, etc.

Helix Vibrayana, BOURGUIGNAT.

H. Vibrayana, Brgt., 1889. *Bull. Soc. malac.*, VI, p. 391.

Subtrochoïde ; spire subconique, obtuse-arrondie au sommet ; 5 à 6 tours légèrement convexes, à croissance un peu rapide, le dernier faiblement comprimé, renflé en dessous vers l'ombilic ; suture assez profonde ; ouverture très oblique, semi-oblongue ; péristome fort, épais, largement réfléchi, le columellaire faiblement dilaté en haut, couvrant entièrement l'ombilic ; coloration variable. — H. 17 ; D. 24 mill.

Rare ; Arcis-sur-Aube (Aube), Auxonne (Côte-d'Or), etc.

Helix Xatarti, FARINES.

H. Xatar., Far., 1834. *Coq. Pyr.-Or.*, p. 6 *(pars)*, fig. 7-9 *(sinistra), non* Farines, *in Bull. Soc. phil. Perp.* — *Loc. Prodr.*, p. 59.

Globuleux, perforé; spire conoïde; 6 tours convexes, à croissance accélérée, régulière; suture profonde; ouverture oblique, semi-ovalaire, avec son axe oblique; péristome médiocrement évasé, à bords marginaux convergents; test jaune-verdâtre, moucheté de quelques marbrures, avec une bande foncée. — H. 18; D. 19 millimètres.

Peu commun; Pratz-de-Mollo (Pyrénées-Orientales).

Helix Nazarina, BOURGUIGNAT.

H. Nazar., Brgt., 1889. *Bull. Soc. malac.*, VI, p. 394.

Convexe-arrondi et très obtus en dessus, également convexe en dessous; 6 tours médiocrement convexes, croissance accélérée, mais régulière; dernier tour anguleux, convexe dessus et dessous, déclive; suture étroite, profonde; ouverture oblique, semi-ronde; péristome obtus, peu évasé, rectiligne en haut, bord columellaire robuste, bien dilaté, recouvrant les 3/4 de la région ombilicale; test jaune-paille, non marbré, avec une bande brune. — H. 16; D. 20 millimètres.

Assez rare; Saint-Nazaire (Loire-Inférieure), Haute-Savoie, Isère, etc.

Helix Illusana, SERVAIN.

H. Illus., Serv., 1889. *Bull. Soc. malac.*, VI, p. 395.

Convexe-subconoïde en dessus, convexe en dessous; 6 tours peu convexes, le dernier subdéprimé, obscurément subanguleux, faiblement déclive; ouverture oblique, semi-ronde; péristome aigu, non évasé ni réfléchi, fortement bordé en dedans, bord columellaire robuste, triangulairement dilaté en haut, ne recouvrant pas la perforation; test jaunacé, marbré en plus clair et zoné de brun. — H. 15; D. 20 millimètres.

Rare; environs de Nancy et de Lunéville (Meurthe-et-Moselle).

Helix themita, J. MABILLE.

H. themita, Mab., 1883. *Bull. Soc. phil.*, p. 24.

Déprimé, conoïde en dessus, peu convexe en dessous; 5 à 6 tours convexes, croissance rapide, le dernier développé, peu convexe, à peine déclive; suture prononcée; ouverture oblique, semi-oblongue, à bords subparallèles; péristome épais, obtus, non réfléchi, un peu patulescent; test couleur de suie. — H. 12 à 15; D. 22 millimètres.

Rare; environs de Bourg (Ain).

Helix Repellini, DE CHARPENTIER.

H. Repell., Charp., *in* Loc., 1882. *Prodr.*, p. 59.

Déprimé, spire surbaissée, légèrement subconoïde ; 6 tours peu convexes, croissance régulière, un peu accélérée,
le dernier légèrement comprimé, subarrondi,
étranglé vers le bord péristomal ; suture prononcée ;
ouverture semi-oblongue, un peu méplane à la
base ; péristome bien dilaté-réfléchi, bord columellaire dilaté en haut, ne recouvrant que le tiers
d'une perforation ouverte ; test épais, brillant,
brun-olivâtre ou ocracé, avec marbrures plus
claires et bandes brunes. — H. 17 ; D. 26 millimètres.

FIG. 92.

Assez rare ; Alpes Dauphinoises, Isère, Ain, Rhône, H.-Alpes, Drôme.

Helix Camprodunica, KOBELT.

H. Canigonica, Fag., 1879. *Esp. Pyr.*, p. 4 *(non* Farines). — *H. Campr.*,
Kob., 1883. *Icon.*, I, p. 37, fig. 108.

Subdéprimé un peu ventru, plus convexe dessus que dessous ; spire
surbaissée ; 5 tours médiocrement convexes, croissance régulière, un peu
plus rapide au dernier tour, celui-ci subcomprimé-arrondi, étranglé
vers l'ouverture, déclive ; suture assez profonde ; ouverture oblique, semi-
oblongue ; péristome épais, bien dilaté, bord columellaire réfléchi, recouvrant en partie une perforation ouverte ; test brillant, marron, le plus
souvent sans marbrures, avec une bande brune. — H. 12 ; D. 19 millim.

Assez rare ; Montlouis, La Preste (Pyrénées-Orientales).

Helix Fagoti, BOURGUIGNAT.

H. Fagoti, Brgt., *in* Loc., 1882. *Prodr.*, p. 60 et 306.

Globuleux-déprimé, spire arrondie, peu élevée ; 5 tours assez convexes,
croissance régulière, le dernier tour plus grand, arrondi, peu déclive ;
suture assez accusée ; ouverture oblique, échancrée, semi-ronde ;
péristome droit, très fragile, à peine subpatulescent en bas, bord columellaire assez fort, réfléchi sur une perforation masquée ; test très mince,
fragile, transparent, avec côtes pliciformes émoussées, olivâtre, sans
bandes ni marbrures. — H. 10 ; D. 15 millimètres.

Rare ; Costa-Bona (Pyrénées-Orientales).

I. — Groupe de l'*H. Pisana*.

Taille moyenne; globuleux-ventru; ombilic très petit; test chagriné.

Helix Pisana, MÜLLER.

H. Pis., Müll., 1774. *Verm. hist.*, II, p. 60. — Loc. *Prodr.*, p. 118.

FIG. 6

Galbe globuleux-ventru, conoïde-convexe en dessus, très bombé en dessous; 5 à 6 tours assez convexes, croissance peu rapide, régulière, le dernier médiocre, arrondi, plus convexe dessous que dessus; suture médiocre, accusée au dernier tour; ombilic petit; ouverture oblique ovalaire arrondie, peu échancrée; péristome droit, mince, un peu encrassé en dedans; bords écartés, convergents, le columellaire arqué et réfléchi; test mince, assez solide, luisant, chagriné, jaunâtre, avec bandes et lignes brunes très variables. — H. 15 à 20; D. 12 à 25 millimètres.

Commun; toute la région méridionale.

Helix Pisanella, SERVAIN.

H. Pisanella, Serv., 1880. *Moll. Esp.*, p. 113 *(sine descr.)*.

Globuleux-déprimé, très déprimé ou même presque plat en dessus, très bombé-ventru en dessous; 5 à 6 tours plans, le dernier grand, caréné en haut, non déclive, beaucoup plus bombé-convexe dessous que dessus; suture presque superficielle; ombilic petit; ouverture oblique, un peu étroitement ovalaire-arrondie; péristome droit, encrassé en dedans, bords assez convergents; même coloration. — H. 10 à 12; D. 14 à 20 millim.

Peu commun; toute la région méridionale.

Helix Cuttati, BOURGUIGNAT.

H. Cut., Brgt.., *in* Let. et Brgt., 1887. *Prodr. Tunisie*, p. 80 *(sine descr.)*.

Globuleux-subdéprimé, un peu déprimé-convexe en dessus, très bombé-ventru en dessous; 5 à 6 tours plans, croissance régulière, le dernier faiblement caréné vers le haut, non déclive; suture presque superficielle; ombilic petit; ouverture oblique, ovalaire-arrondie; péristome droit, encrassé en dedans, bords écartés un peu convergents; même coloration. — H. 12 à 14; D. 14 à 20 millimètres.

Peu commun; toute la région méridionale.

Helix Carpiensis, LETOURNEUX ET BOURGUIGNAT.

H. Carp., Let. et Brgt., 1887. *Prodr. Tunisie*, p. 80 et 86.

Subsphéroïde-globuleux ; spire conique, élevée ; 5 1/2 à 6 tours faiblement convexes, croissance régulière, le dernier grand, cylindroïde,
vaguement subanguleux à sa naissance, déclive ; suture assez marquée ;
ouverture peu oblique, presque circulaire ; péristome droit, encrassé en
dedans, bords convergents ; test blanc, opaque, rosé à l'intérieur. —
H. 11 à 14 ; D. 14 à 19 millimètres.

Rare ; toute la région méridionale et le sud de la région océanique.

Helix Bertini, BOURGUIGNAT.

H. Bert., Brgt., *in* Loc., 1882. *Prodr.*, p. 103 et 329.

Globuleux-sphérique ; spire convexe-globuleuse ; 5 tours convexes,
croissance rapide, le dernier très grand, renflé-globuleux, rectiligne ;
suture accusée ; ombilic très petit, bien recouvert ; ouverture peu oblique,
échancrée, semi-circulaire ; péristome droit, tranchant, avec léger bourrelet blanc-rosé, interne et profond, bord columellaire épaissi et dilaté ;
test blanc à peine rosé, orné de stries transverses et de linéoles spirales
obsolètes. — H. 14 ; D. 16 millimètres.

Rare ; golfe Juan près Antibes (Alpes-Maritimes), Rians, Toulon (Var).

J. — Groupe de l'*H. fruticum*.

Taille moyenne ; globuleux ; ombilic un peu cuvert.

Helix fruticum, MÜLLER.

H. frutic., Müll., 1774. *Verm. Hist.*, II, p. 71. — Loc. *Prodr.*, p. 69.

Galbe globuleux, très convexe en dessus, assez bombé en dessous ;
spire assez haute, 5 à 6 tours très
convexes, croissance progressive,
le dernier médiocre, très vaguement subanguleux ; suture assez
profonde ; sommet élevé ; ouverture oblique-arrondie, plus large
que haute, faiblement échancrée ;

péristome interrompu, évasé, épaissi, à bords convexes, le columellaire
arqué et assez réfléchi ; test solide, un peu transparent, blanc-laiteux,

parfois jaunacé ou rosé, avec ou sans bande brune étroite, orné de stries peu apparentes. — H. 13 à 16 ; D. 17 à 22 millimètres.

Commun ; régions septentrionale et centrale.

Helix Mosellica, Bourguignat.

H. Mosell., Brgt., 1878. *Test. nov.*, n° 131. — Loc. *Prodr.*, p. 60 et 307.

Taille plus forte, spire plus haute, élevée-conique ; tours supérieurs plus développés en hauteur et plus étagés, le dernier plus régulièrement arrondi ; sommet plus gros et plus obtus ; ouverture plus oblique, plus haute que large ; bord columellaire plus allongé et plus droit ; même test. — H. 14 à 19 ; D. 18 à 23 millimètres.

Assez rare ; Meurthe-et-Moselle, Isère, Ain, Rhône, etc.

Helix Aubiniana, Bourguignat.

H. Aubin., Brgt., 1878. *Test. nov.*, n° 132. — Loc. *Prodr.*, p. 60 et 307.

Globuleux, un peu déprimé ; spire conique ; 7 tours à croissance très régulière ; ombilic petit, à moitié recouvert ; ouverture très oblique, largement oblongue-transverse ; péristome peu bordé, bord columellaire médiocre, obliquement convexe, à peine dilaté, sauf dans le haut ; test brillant, strié-martelé ; même coloration. — H. 13 à 14 ; D. 17 à 18 mill.

Rare ; Saint-Cézaire (Alpes-Maritimes).

Helix Lemonia, Bourguignat.

H. Lemon., Brgt., 1878. *Test. nov.*, n° 133. — Loc. *Prodr.*, p. 60 et 303.

Haut, bien conique ; spire élevée ; 6 tours bien convexes, étagés, le dernier bien rond ; ombilic très profond ; ouverture petite, presque exactement ronde, fort peu échancrée ; péristome épais, bien patulescent à la base ; même coloration. — H. 13 ; D. 16 millimètres.

Rare ; marais tourbeux près Troyes (Aube).

Helix subfruticum, Locard.

H. subfrut., Loc., 1893. *L'Échange*, IX, p. 86.

Petit, exactement sphérique, aussi haut que large ; 5 tours très peu convexes, serrés, à croissance lente, le dernier gros, bien arrondi, déclive à l'extrémité ; suture très peu profonde ; ombilic ouvert ; ouverture petite, bien ronde ; péristome épaissi en dedans, très peu réfléchi ; bord columellaire très arqué, un peu renversé ; même test. — H. et D. 11 à 13 mill.

Rare ; Sassenage (Isère), Isernore (Ain), etc.

Helix Gratianensis, BOURGUIGNAT.

H. Gratian., Brgt. *Nov. sp. in coll.*

Globuleux-déprimé, faiblement conique en dessus, très bombé en dessous ; 5 1/2 à 6 tours peu convexes, le dernier très gros, arrondi-comprimé, déclive ; ombilic rétréci, ouverture petite, bien ronde ; péristome épaissi en dedans, bien réfléchi, bord columellaire très arqué ; même test. — H. 13 ; D. 20 millimètres.

Rare ; Aix-les-Bains (Savoie) ; les environs de Lyon, etc.

Helix Dumorum, BOURGUIGNAT.

H. Dumor., Brgt., 1878. *Test. nov.*, n° 134. — Loc. *Prodr.*, p. 60 et 308.

Taille forte, globuleux-déprimé ; spire peu élevée, convexe ; 6 tours à croissance rapide, le dernier très gros, largement développé, lentement déclive ; ombilic assez ouvert ; ouverture peu oblique, grande, échancrée, semi-circulaire ; péristome épais, bien bordé en dedans, patulescent et largement méplan en bas, ensuite réfléchi ; test solide, assez épais, blanc-lactescent, faiblement striolé. — H. 11 à 14 ; D. 17 à 23 millim.

Rare ; environs de Grenoble (Isère).

K. — Groupe de l'*H. strigella*.

Médiocre ; déprimé ; ombilic ouvert.

Helix strigella, DRAPARNAUD.

H. strig., Drap., 1801. *Tabl. moll.*, p. 81. — Loc. *Prodr.*, p. 61 et 308.

Galbe globuleux-déprimé, convexe en dessus, bombé en dessous ; spire obtusément conoïde, 5 à 5 1/2 tours peu convexes, croissance lente, le dernier avec le maximum de convexité un peu supra-médian, déclive à l'extrémité ; ombilic très ouvert, laissant voir tout l'enroulement spiral ; ouverture très oblique, peu échancréo, à peine transversalement

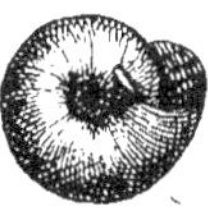

Fig. 96-97.

oblongue, bords rapprochés et convergents ; péristome fortement bordé, patulescent à la base ; test striolé-ondulé, mince, assez solide, corné-clair, avec une zone laiteuse médiane au dernier tour. — H. 11 ; D. 15 millim.

Peu commun ; parties montagneuses et submontagneuses des régions centrale et septentrionale.

Helix Saparica, BOURGUIGNAT.

H. Separica, Brgt., 1878. *Test. nov.*, n· 141. — Loc. *Prodr.*, p. 62 et 309.

Plus petit, plus globuleux ; spire moins haute, plus tectiforme ; tours moins convexes, le dernier vaguement subanguleux jusqu'à l'ouverture, à peine déclive ; ombilic profond, très petit; ouverture moins oblique, plus fortement échancrée; péristome moins patulescent, bords non convergents, peu écartés, non infléchi sur l'ouverture ; même coloration. — H. 9 à 10 ; D. 12-14 millimètres.

Peu commun; Deux-Sèvres, Aveyron, Loire, Ain, Rhône, etc.

Helix Vellavorum, BOURGUIGNAT.

H. Vellavor., Brgt., *in* Loc., 1882. *Pr.*, p. 62; p. 309 *(sub nome Separica)*.

Plus grand que le *strigella ;* dernier tour notablement renflé autour de l'ombilic, moins déclive ; ombilic étroit, taillé à pic; ouverture plus grande, plus sphérique, un peu plus haute que large ; bords moins rapprochés; bord columellaire plus dilaté en haut, péristome peu bordé et moins patulescent à la base ; test plus fortement strié. — H. 12 ; D. 18 mill.

Peu commun ; Haute-Loire, Puy-de-Dôme, Allier, Isère, etc.

Helix lepidophora, BOURGUIGNAT.

H. lepidoph., Brgt., 1878. *Test. nov.*, n· 139. — Loc. *Prodr.*, p. 62 et 310.

Voisin du *strigella ;* déprimé en dessus ; dernier tour déclive, avec deux maxima de convexité, un en dessous autour de l'ombilic, l'autre en dessus de la ligne médiane ; ombilic moins ouvert ; ouverture plus transverse, sphérico-oblongue; péristome très dilaté en haut ; test finement striolé, hérissé vers la suture de petites écailles épidermiques. — H. 9 ; D. 15 mill.

Assez rare; H.-Loire, Puy-de-Dôme, Allier, Indre-et-Loire, Isère, Savoie.

Helix Buxetorum, BOURGUIGNAT.

H. Buxetor., Brgt., 1878. *Test. nov.*, n· 143. — Loc. *Prodr.*, p. 62 et 310.

Déprimé; dernier tour relativement très grand, subanguleux-renflé autour d'un ombilic en entonnoir, brusquement et courtement déclive à l'extrémité, anguleux à l'origine; ouverture bien sphérique, un peu plus haute que large, à bords assez distants ; péristome bordé, bien dilaté à la base; test assez fortement strié. — H. 10 ; D. 16 millimètres.

Assez rare; Allier, Isère, etc.

Helix nemetuna, BOURGUIGNAT.

H. nemetuna, Brgt., 1878. *Test. nov.*, n· 142. — Loc. *Prodr.*, p. 62 et 311.

Encore plus déprimé; spire à peine convexe; dernier tour très grand,
arrondi vers l'ouverture, un peu plus anguleux à sa naissance dans
le haut et tout autour de l'ombilic; ombilic très étroit, ne laissant pas
voir l'enroulement; ouverture semi-circulaire, très échancrée; péristome
tranchant, faiblement bordé, à peine patulescent; bord columellaire dilaté
en dessus; test ridé, très finement striolé. — H. 9 ; D. 16 millimètres.

Rare; Clermont-Ferrand (Puy-de-Dôme), Moulins, Bressolles (Allier).

Helix Cussetensis, Bourguignat.

H. Cussetensis, Brgt., *in* Loc., 1882. *Prodr.,* p. 62 et 311.

Globuleux-déprimé; presque aussi convexe en dessus qu'en dessous;
spire convexe-arrondie; 6 tours peu convexes, croissance lente, dernier
tour énorme, brusquement déclive à l'extrémité, un peu anguleux à sa
naissance et autour de l'ombilic; suture assez accusée; ombilic peu
ouvert, très profond; ouverture oblique, assez échancrée, exactement
circulaire; péristome mince, aigu, à peine patulescent avec bourrelet blanc
interne; bord columellaire dilaté vers l'ombilic. — H. 9 ; D. 13 millim.

Rare; environs de Cusset (Allier).

Helix Russinica, Bourguignat.

H. Russinica, Brgt., 1878. *Test. nov.,* n° 140. — Loc. *Prodr.,* p. 62 et 311.

Subdéprimé; spire convexe-conoïde; dernier tour un peu subanguleux
à l'origine, fortement déclive; ombilic profond, médiocrement ouvert;
ouverture oblique, échancrée, transversalement oblongue-arrondie, avec
le grand axe oblique; péristome mince, bien patulescent à la base, légèrement dilaté-réfléchi dans tout son contour; test jaune-rougeâtre, avec
bande transparente sur la carène. — H. 12; D. 17 millimètres.

Rare ; Pyrénées-Orientales, Aude, Corbières, etc.

Helix Ceyssoni, Bourguignat.

H. Ceyssoni, Brgt., *in* Loc., 1882. *Prodr.,* p. 62 et 312.

Globuleux-conique; croissance très régulière, dernier tour très déclive,
obscurément subanguleux à l'origine, bien convexe en dessous, non
renflé autour de l'ombilic; ombilic très étroit et très profond; ouverture
oblique, régulièrement circulaire, peu échancrée; péristome mince, tranchant, dilaté-réfléchi seulement à sa base; test finement strié. — H. 12 ;
D. 15 millimètres.

Rare ; L · Puy-en-Velay (Haute-Loire).

L. — Groupe de l'*H. Cantiana*.

Assez petit; subdéprimé; ombilic petit.

Helix Cantiana, MONTAGU.

H. Cantiana, Mtg., 1803. *Test. Brit.*, p. 422, pl. 13, fig. 1. — Loc. *Pr.*, p. 63.

Galbe subdéprimé, convexe en dessus, bombé en dessous; 6 à 7 tours

FIG. 98-99.

convexes, croissance progressive, le dernier assez grand, assez arrondi; suture bien marquée; sommet un peu mamelonné; ombilic très étroit; ouverture oblique, subovale-arrondie, un peu échancrée; péristome interrompu, évasé, avec bourrelet interne, bords peu rapprochés, très convergents, le columellaire très arqué, recouvrant un peu l'ombilic; test mince, transparent, corné-fauve. — H. 14; D. 18 millimètres.

Rare; région septentrionale.

Helix Cantianiformis, BOURGUIGNAT.

H. Cantianif., Brgt., *in* Ancey, 1884. *Bull. Soc. malac.*, I, p. 158.

Déprimé, un peu plus convexe en dessus qu'en dessous; 6 tours peu convexes, le dernier légèrement comprimé à sa naissance, bien arrondi à l'extrémité; ombilic étroit; ouverture ovalaire-transverse; péristome interrompu, évasé, bords rapprochés, convergents, le columellaire très arqué; même coloration. — H. 10 à 12 1/2; D. 16 à 20 millimètres.

Peu commun; régions septentrionale et moyenne.

Helix rubella, RISSO.

Theba rubella, Risso, 1826. *Eur. mer.*, IV, p. 75. — *H. rubella*, Brgt., 1861. *Alpes-Marit.*, p. 38. — Loc. *Prodr.*, p. 63.

Déprimé, peu convexe en dessus, assez bombé en dessous; spire peu haute; 6 tours convexes, croissance régulière, le dernier arrondi, élargi à l'extrémité et un peu déclive; suture bien accusée; ombilic très petit; ouverture très oblique, bien ovalaire-transverse; péristome discontinu, très peu évasé, avec bourrelet interne, bords très convergents; test striolé, corné très clair ou rosé. — H. 9 à 12; D. 14 à 17 millimètres.

Peu commun; le Sud-Est depuis Lyon jusqu'à la mer.

Helix cemenelea, RISSO.

Theba cemenelea, Risso, 1826. *Eur. mer.*, IV, p. 75. — *H. cemenelea*, Brgt ,
1861. *Alpes-Marit.*, p. 38. — Loc. *Prodr.*, p. 63.

Globuleux-déprimé, un peu plus convexe en dessus qu'en dessous ; spire un
peu haute ; 6 tours bien convexes, le
dernier bien arrondi, à peine plus grand ;
ombilic très petit ; ouverture très oblique, à peine plus large que haute ;
péristome discontinu, à bords très convergents ; test striolé, corné-clair ou
rougeâtre. — H. 8 à 10 ; D. 12 à 14 millimètres.

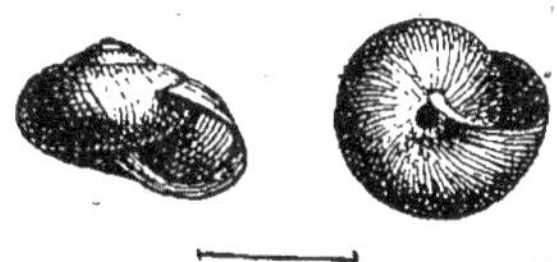

Fig. 100-101

Peu commun ; le Sud-Est, de Lyon à la mer, Aude, Pyr.-Orientales,etc.

Helix Iadola, BOURGUIGNAT.

H. Iadola, Brgt., *in* Loc., 1882. *Prodr.*, p. 64 et 312.

Globuleux, convexe en dessus ; spire convexe-déprimée, légèrement
conoïde ; 6 tours convexes, croissance rapide, le dernier grand, bien
développé, arrondi, très ventru en dessous, droit en dessus vers l'ouverture ; suture accusée ; sommet petit ; ouverture à peine oblique, échancrée, exactement semi-circulaire ; péristome simple, droit, très aigu, avec
léger bourrelet interne ; bord columellaire très court ; test mince, fragile,
vitrinoïde, blanc-lactescent. — H. 10 ; D. 14 millimètres.

Rare ; Santa-Clara près Saorgio (Alpes-Maritimes).

Helix d'Anconæ, ISSEL.

H. d'Anconæ, Issel, 1876. *App. moll. Pisa*, p. 8. — Loc. *Prodr.*, p. 64.

Globuleux ; un peu plus convexe en dessous qu'en dessus ; spire
conique ; 6 tours peu convexes, croissance rapide, le dernier gros, bien
arrondi et peu déclive à l'extrémité ; ombilic réduit à un point ; ouverture bien arrondie, bord columellaire très court ; péristome épaissi en
dedans, un peu réfléchi sur l'ombilic ; test solide, un peu épais, subtransparent, corné-rosé. — H. 8 à 10 ; D. 12 à 14 millimètres.

Peu commun ; la Provence, des Alpes-Maritimes à l'Hérault.

Helix Putoniana, J. MABILLE.

H. Put., Mab., *in* Loc., 1880. *Et. variat.*, I, p. 124, pl.3, fig.12-14. — *Pr.*, p. 64.

Bien déprimé, presque aussi convexe dessus que dessous ; spire subconique, peu haute; 6 à 7 tours assez convexes, croissance régulière, le dernier un peu comprimé à la naissance, bien arrondi, déclive à l'extrémité ; ombilic punctiforme; ouverture très oblique, à peine un peu plus large que haute ; péristome interrompu, presque droit, un peu bordé en dedans, légèrement réfléchi à la columelle ; test mince, assez solide, subtransparent, corné-pâle. — H. 8 ; D. 13 millimètres.

Rare ; Rhône, Vaucluse, Alpes-Mar., B.-du-Rhône, Meurthe-et-Moselle.

Helix Delacourti, J. Mabille.

H. Delac., Mab., *in* Brgt.,1873. *Sc. nat. Cannes*, III, p. 279. — Loc. *Pr.*, p. 64.

Subglobuleux-déprimé; spire conique, peu élevée ; 6 à 6 1/2 tours peu convexes, croissance régulière et rapide, le dernier grand, arrondi-comprimé, un peu renflé en dessous, un peu subanguleux, dilaté et déclive à l'extrémité ; ombilic très étroit ; ouverture oblique, ovale-oblongue; péristome droit, avec bourrelet rosé interne; bord columellaire arqué et réfléchi ; test mince, assez fragile, subpellucide, corné-jaunâtre. — H. 8 à 9 ; D. 13 1/2 à 15 millimètres.

Très rare ; tumulus de Nove, près Menton (Alpes-Maritimes).

Helix Langsdorffi, Milliere.

H. Langsd., Mill., *in* Loc., 183?. *Prodr.*, p. 64 et 313.

Petit, déprimé, aussi convexe dessus que dessous ; spire convexe, 6 1/2 tours peu convexes, croissance régulière, le dernier subanguleux, un peu déclive; sommet très petit; ombilic étroit et profond ; ouverture oblique, échancrée, semi-circulaire, un peu oblongue-déclive ; péristome mince, droit, très aigu, le columellaire un peu dilaté ; test très mince, fragile, transparent, d'un corné-jaune, finement striolé, avec petits poils rudimentaires. — H. 6 ; D. 10 millimètres.

Rare; Saint-Martin-de-Lantosque (Alpes-Maritimes).

Helix fusca, Montagu.

H. fusca, Mtg., 1803. *Test. Brit.*, p. 424, pl. 13, fig. 1. — Loc. *Prodr.*, p. 66.

Subglobuleux, convexe dessus et dessous; 4 à 5 tours assez convexes, croissance assez rapide, le dernier grand, obtusément subcaréné à l'origine ; ombilic extra-petit; ouverture oblique, peu échancrée, subarrondie ; péristome interrompu,

FIG. 102-103.

droit, très mince, bord columellaire très arqué ; test très mince, fragile, très luisant, jaune-ambré, striolé. — H. 4 à 5 ; D. 6 à 8 millim.

Assez rare ; région océanique, de Boulogne-sur-Mer à Dax.

Helix cotinophila, BOURGUIGNAT.

H. cotin., Brgt., *in* Loc., 1882. *Prodr.*, p. 64 et 313.

Assez petit, un peu globuleux, convexe-subconoïde en dessus, bien bombé en dessous ; 6 tours, les premiers peu convexes, croissance lente et régulière, le dernier bien arrondi en dessous, bien déclive à l'extrémité ; ombilic punctiforme ; ouverture peu oblique, échancrée, largement semi-ovalaire ; péristome aigu, droit, bordé profondément à l'intérieur ; bord columellaire très court, très dilaté ; test assez solide, blanc-violacé, un peu cendré, finement striolé. — H. 8 ; D. 10 millimètres.

Rare ; gorges d'Ollioules, près Toulon (Var).

M. — Groupe de l'*H. Telonensis*.

Petit ; déprimé ; ombilic très étroit.

Helix Telonensis, MITRE.

H. Telon., Mitre, 1842. *An. sc. nat.*, XVIII, p. 188. — Loc. *Prodr.*, p.

Galbe déprimé, plus convexe dessous que dessus ; spire un peu convexe ; 5 à 6 tours subanguleux, faiblement convexes, croissance régulière et assez rapide, le dernier plus grand, déprimé, convexe en dessus, arrondi en dessous, déclive à l'extrémité ; suture profonde ; sommet petit, non saillant ; ouverture

Fig. 101-103.

très oblique, échancrée, subovale-arrondie ; péristome aigu, droit, avec léger bourrelet interne ; bord columellaire court, peu dilaté ; test mince, brillant, transparent, striolé, corné-pâle. — H. 5 à 5 1/2 ; D. 10 mill.

Assez rare ; Var, Alpes-Maritimes, Hautes-Alpes, etc.

Helix glabella, DRAPARNAUD.

H. glab., Drap., 1801. *Tabl. Moll.*, p. 87. — Loc. *Prodr.*, p. 71.

Subdéprimé-globuleux, assez convexe-conique en dessus, bien bombé en dessous ; spire assez haute, conique ; 5 à 5 1/2 tours peu convexes, croissance progressive, le dernier obtusément caréné, un peu plus bombé dessous que dessus, surtout autour de l'ombilic ; ombilic petit, un peu évasé; ouverture bien arrondie, aussi large que haute; péristome droit, tranchant, avec bourrelet interne; bord columellaire arqué, à peine évasé, ne recouvrant pas l'ombilic; test corné-roux, avec bande médiane plus claire, peu apparente. — H. 6; D. 9 millimètres.

Rare; le Lyonnais, la Drôme, etc.

Helix suberima, BERENGUIER.

H. suberima, Ber., 1882. *Malac. Var*, p. 67 et 88.

Globuleux, subconoïde en dessus, bien bombé en dessous; 5 à 5 1/2 tours peu convexes, croissance lente, le dernier subarrondi à l'origine, rond et très déclive à l'extrémité; ouverture très oblique, presque semi-circulaire; péristome mince, aigu, coloré, peu épaissi en dedans, non réfléchi; bord columellaire dilaté; test mince, fauve-roux, avec poils épidermiques écailleux. — H. 7; D. 8 millimètres.

Rare; les Maures, Roquebrune, Carnoules (Var).

Helix acuaria, BOURGUIGNAT.

H. acuaria, Brgt. *Nov. sp. in coll.*

Globuleux-subconoïde, plus bombé dessus que dessous; 5 à 5 1/2 tours presque plans, croissance régulière, un peu plus rapide à l'extrémité; dernier tour nettement anguleux et lentement déclive; ombilic très petit; ouverture très oblique, semi-circulaire; péristome mince, à peine épaissi en dedans, non réfléchi, bord columellaire très peu dilaté; test un peu mince, roux-jaunacé, striolé. — H. 7; D. 10 millimètres.

Très rare; Carnoules (Var).

Helix Moutoni, MITRE.

H. Mout., Mit., *in* Dup., 1848. *Hist. moll.*, p. 178, pl. 9, fig. 7. — *Lcc. Pr.*, p. 15.

Assez déprimé; convexe dessus et dessous; spire déprimée, peu élevée; 6 tours médiocrement convexes, sub-anguleux, croissance rapide, le dernier très développé, déprimé-arrondi, bien renflé en dessous, déclive; suture accentuée; ouverture à peine échancrée, oblongue, très oblique; bord supérieur tranchant, l'inférieur réfléchi, le columellaire court, assez dilaté, bords très rapprochés; test corné-pâle ou roux-corné. — H. 6; D. 10 millimètres.

FIG. 106-107.

Assez rare; Var, Alpes-Maritimes, Basses-Alpes, etc.

Helix Mitrei, LOCARD.

H. Mitrei, Loc., 1892. *Nov. sp.*

Très déprimé, plus bombé dessous que dessus; spire faiblement conique, à profil presque droit; 5 tours à peine convexes, le dernier fortement anguleux sur plus de sa demi-longueur, bien plus convexe dessous que dessus, brusquement dilaté à l'extrémité; suture assez marquée; ouverture subarrondie; péristome droit, aigu, à peine bordé; bord supérieur à peine arqué, le columellaire plus arrondi et un peu dilaté, test corné-roux, plus pâle sur la carène. — H. 5 à 5 1/2; D. 9 à 10 millim.

Rare; environs de Toulon (Var).

Helix Druentina, BOURGUIGNAT.

H. Druent., Brgt., 1877. *Rev. mag. zool.*, p. 235. — Loc. *Prodr.*, p. 65.

Déprimé; spire convexe, très peu haute, 5 tours subanguleux, peu convexes en dessus, croissance rapide, le dernier plus développé, déprimé-arrondi, assez convexe dessus, exactement arrondi dessous, peu déclive; suture assez profonde; ouverture oblique, échancrée, subovale-arrondie; péristome aigu, droit, à peine bordé; bord supérieur droit, descendant, l'inférieur droit, le columellaire court et peu dilaté; test corné avec zonule blanchâtre médiane. — H. 6; D. 10 millimètres.

Rare; Hautes-Alpes, Alpes-Maritimes, Var, Drôme, etc.

Helix lavandulæ, BOURGUIGNAT.

H. lavand., Brgt., 1863. *Moll. nouv.*, p. 55, pl. 8, fig. 1-5. — Loc. *Prodr.*, p. 65.

Assez déprimé; spire convexe; 6 tours peu convexes, subanguleux, croissance rapide, le dernier grand, dilaté, faiblement anguleux, bien arrondi dessous, brusquement déclive à l'extrémité; suture prononcée; ouverture oblique, échancrée, transversalement oblongue; péristome droit, aigu, avec bourrelet interne; bord inférieur légèrement évasé, le columellaire réfléchi; test fauve-foncé, comme costulé. H. 6 1/2, D. 11 millimètres.

Fig. 108-109.

Rare; Isère, Savoie, Drôme, Hautes et Basses-Alpes, etc.

Helix Diæga, BOURGUIGNAT.

H. Diæga, Brgt., 1877. *Rev. mag. zool.*, p. 233. — Loc. *Prodr.*, p. 66.

Déprimé, plus convexe en dessous qu'en dessus; spire déprimée, peu élevée; 6 tours faiblement convexes, croissance d'abord très lente, le dernier très grand, subanguleux, convexe dessus, arrondi dessous, un peu déclive à l'extrémité ; suture prouoncée, surtout au dernier tour ; ouverture oblique, assez échancrée, oblongue-arrondie ; péristome droit, bord inférieur à peine réfléchi, le columellaire court ; test corné-roux, strié, avec bande blanc-mat sur la partie anguleuse. — **H.** 6; **D.** 11 mill.

Rare ; Alpes-Maritimes, Drôme, etc.

Helix gelida, Bourguignat.

H. gelida, Brgt., 1877. *Rev. mag. zool.*, p. 242. — Loc. *Prodr.*, p. 66.

Assez déprimé, convexe, un peu conique en dessus, convexe-arrondi en dessous ; spire un peu conoïde; 6 tours faiblement convexes, subanguleux, croissance rapide, le dernier très développé, convexe en dessus, arrondi et légèrement renflé en dessous autour de l'ombilic, non déclive; suture accentuée ; ouverture peu oblique, grande, bien ouverte, échancrée et bien arrondie ; péristome droit, non réfléchi, aigu ; test corné avec zonule blanc-mat, strié. — **H.** 7 ; **D.** 10 millimètres.

Rare ; Briançonnet (Alpes-Maritimes).

Helix concreta, Bourguignat.

H. concr., Brgt., 1877. *Rev. mag. zool.*, p. 244. — Loc. *Prodr.*, p. 66.

Peu déprimé, convexe dessus et dessous ; spire peu élevée ; 5 à 6 tours légèrement convexes, croissance rapide et régulière, le dernier bien développé, presque arrondi, très peu déclive ; suture peu profonde; ouverture un peu oblique, échancrée, arrondie ; péristome droit, aigu, bord columellaire à peine dilaté; test assez terne, corné-blanchâtre, peu transparent, striolé. — **H.** 5 ; **D.** 9 millimètres.

Rare ; Basses-Alpes, Alpes-Maritimes, etc.

Helix crimoda, Bourguignat.

H. crimoda, Brgt., 1877. *Rev. mag. zool.*, p. 246. — Loc. *Prodr.*, p. 66.

Subdéprimé, convexe dessus et dessous ; spire convexe ; 5 tours un peu subanguleux, croissance régulière, faiblement convexes en dessus, le dernier un peu plus grand, exactement arrondi en dessous, peu déclive ; suture peu profonde; ouverture bien oblique, peu échancrée, arrondie ; péristome aigu, droit, bord columellaire très peu dilaté ; test brillant, transparent, corné, avec vague zone blanchâtre. — **H.** 4 ; **D.** 7 à 8 mill.

Rare ; Basses-Alpes, Alpes-Maritimes, Var, etc.

Helix Toarsa, BOURGUIGNAT.

H. Toarsa, Brgt. *Nov. sp. in col.*

Légèrement déprimé, un peu conique en dessus, bien bombé en dessous ; 6 tours faiblement convexes, les premiers à croissance lente, le
dernier grand, arrondi, très légèrement comprimé, aussi convexe dessus
que dessous, s'élargissant encore et légèrement déclive à l'extrémité ;
suture peu profonde ; ombilic très petit ; ouverture très oblique, petite,
arrondie, à peine transverse, un peu déclive ; péristome droit, avec très
léger bourrelet interne, non réfléchi ; test corné-clair, avec zonule
carénale blanchâtre peu distincte, striolé. — H. 7 1/2 ; D. 11 millim.

Très rare ; le Puget-Théniers (Alpes-Maritimes).

N. — Groupe de l'*H. incarnata*.

Assez petit ; subcaréné ; ombilic extra-petit.

Helix incarnata, MÜLLER.

H. incarn., Müll., 1774. *Verm. Hist.*, II, p. 63. — Loc. *Prodr.*, p 67.

Galbe subdéprimé-globuleux, assez convexe en dessus, bombé en dessous ; spire un peu haute, conique ; 5 à
6 tours convexes, croissance progressive, le
dernier un peu grand, déclive, avec carène
obtuse ; suture médiocre ; ombilic petit ;
ouverture oblique, ovalaire-arrondie, transverse, peu échancrée ; péristome légèrement

Fig. 110-111.

réfléchi, avec bourrelet interne roux et bande fauve externe ; bords
écartés, convergents, le columellaire arqué ; test mince, solide, luisant,
corné roux-rosé, avec stries granuleuses. — H. 9 à 11 ; D. 13 à 15 millim.

Commun ; régions septentrionale et moyenne.

Helix veprium, BOURGUIGNAT.

H. vepr., Brgt., in Loc., 1882. *Prodr.*, p. 67 et 314.

Même galbe ; dernier tour déclive seulement tout à fait à l'extrémité ;
ouverture moins oblique, avec labre moins projeté en avant ; péristome
médiocrement bordé, à peine évasé et seulement à la base ; test jaune-
verdâtre très clair. — H. 9 à 11 ; D. 13 à 16 millimètres.

Rare ; le Midi, Basses-Pyrénées, Alpes-Maritimes, etc.

A. LOCARD, Coq. terr.   7

Helix Tholiformis, Bourguignat.

H. Tholifor., Brgt. *Nov. sp. in coll.*

Déprimé, aussi convexe dessus que dessous; spire haute; 5 à 6 tours faiblement convexes, croissance un peu lente, le dernier plus grand, déprimé, caréné, à peine déclive; suture peu marquée; ombilic petit; ouverture ovalaire-transverse; péristome légèrement réfléchi, avec bourrelet interne; bords écartés, peu convergents, le columellaire faiblement arqué; même test que l'*incarnata*. — H. 7 à 9; D. 13 à 15 millimètres.

Assez commun, régions septentrionale et centrale, surtout dans l'Est.

Helix permira, Bourguignat.

H. permira, Brgt. *Nov. sp. in coll.*

Subglobuleux, plus développé dessus que dessous; spire conique; 6 tours convexes, croissance d'abord lente, plus rapide au dernier tour, celui-ci subarrondi, très obtusément subcaréné sur sa demi-longueur, bien déclive à l'extrémité; suture marquée; ombilic très petit; ouverture subarrondie; péristome faiblement réfléchi, avec bourrelet interne; bords convergents, le columellaire arqué; même test, souvent plus clair. — H. 9 à 10; D. 11 à 13 millimètres.

Rare; Ain, Côte-d'Or, Savoie, Isère, Meurthe-et-Moselle, etc.

Helix opimata, Locard.

H. opimata, Loc., 1893. *L'Échange*, IX, p. 86.

Subconique-globuleux, très bombé-conique en dessus, bien convexe en dessous; spire haute, conique-subtectiforme; 6 1/2 tours bien convexes, croissance lente et régulière, le dernier très gros, très arrondi, bien déclive; suture très accusée; ouverture fortement oblique, un peu étroitement ovalaire-transverse; péristome réfléchi, sauf en haut; bord columellaire très arqué; test épais, même coloration. — H. 9 1/2; D. 13 mill.

Très rare; l'Aumusse, près Mâcon (Ain).

Helix Juriniana, Bourguignat.

H. Jurin., Brgt., 1864. *Mal. Aix-les-Bains*, p. 32, pl. 1, fig. 1-5. — Loc. *Pr.*, p. 67.

Petit, conoïde-tectiforme en dessus, convexe en dessous; spire élevée, obtuse; 6 1/2 tours à peine convexes, croissance régulière, très lente, le dernier obtusément caréné, bien convexe en dessous, lentement déclive; suture profonde; ombilic extra-petit; ouverture très-ova-

FIG. 112-113.

laire-transverse; péristome droit, aigu, avec bourrelet interne; bord columellaire réfléchi; test terne, corné-fauve. — H. 7; D. 9 millimètres.

Rare; environs d'Aix-les-Bains (Savoie).

Helix Silanica, BOURGUIGNAT.

H. *Silan*, Brgt., *in* Loc., 1882. *Prodr.*, p. 67 et 314.

Petit, galbe de l'*incarnata;* dernier tour presque rectiligne; ombilic un peu ouvert; péristome droit, aigu, non dilaté-patulescent, épaissi et bordé seulement au bord columellaire; même test. — H. 7; D. 9 mill.

Rare; bords du lac de Silan (Ain).

O. — Groupe de l'H. bidens.

Petit; turbiné-conique; ombilic perforé; ouverture denticulée.

Helix bidens, CHEMNITZ.

Trochus bidens, Chemn., 1786. *Conch. cab.*, IX, p. 50, pl. 122, fig. 1053. — *H. bidens*, Ziegl., 1839. *Verz. conch.*, p. 39. — Loc. *Prodr.*, p. 67.

Galbe conique-globuleux, conique en dessus, bien bombé en dessous; 7 à 8 tours un peu bombés, croissance très progressive, le dernier gros, arrondi, très obtusément caréné à sa naissance, déclive à l'extrémité; suture médiocre; ouverture oblique, arquée, trilobée, bidentée, très étroite, très échancrée; péristome

Fig. 114-115.

interrompu, réfléchi, avec bourrelet interne; test mince, solide, corné-fauve avec zone médiane blanche, striolé. — H. 6 à 7; D. 7 à 8 millim.

Peu commun; régions montagneuses de l'Est.

Helix Falsani, LOCARD.

H. *Falsani*, Loc., 1893. *L'Échange*, IX, p. 86.

Conique-globuleux déprimé; conique-convexe en dessus, bien convexe en dessous; 7 à 8 tours convexes, croissance progressive, le dernier un peu plus gros, subanguleux sur toute sa longueur; suture peu profonde; ouverture peu oblique, peu rétrécie, à contours arrondis, anguleux en bas et en haut; même coloration. — H. 4 1/2 à 5; D. 6 1/2 à 7 millim.

Rare; régions montagneuses des Alpes.

Helix Cobresina, VON ALTEN.

H. Cobr., Alt., 1812. *Syst. abandl.*, p. 79, pl. 9, fig. 18. — Loc. *Prodr* , p. 68.

Subconique-globuleux, très convexe en dessus, légèrement aplati en dessous ; 6 à 7 tours, croissance progressive, le dernier un peu étroitement arrondi ; suture médiocre ; ouverture oblique, subtrigone-semilunaire, avec 1 dent basale ; péristome presque droit, avec bourrelet interne ; test mince, solide, velu, peu luisant, fauve. — H. 5 à 6 ; D. 6 à 8 mill.

Rare ; régions montagneuses des Alpes.

Helix edentula, DRAPARNAUD.

H. edent., Drap., 1805. *Hist. Moll.*, p. 80, pl. 8, fig. 14.— Loc. *Prodr.*, p. 68.

Conoïde-globuleux, très conique-convexe en dessus, assez aplati en dessous ; spire conique, haute ; 7 à 8 tours un peu

FIG. 116-117.

convexes, croissance progressive, le dernier obtusément caréné ; suture médiocre ; ouverture un peu oblique, comprimée-transverse, avec une callosité basale ; péristome réfléchi à bords écartés ; test presque opaque, fauve-corné, avec poils caducs. — H. 4 1/2 à 5 1/2 ; D. 7 à 8 millimètres.

Peu commun ; Alsace, Vosges, Savoie, Dauphiné, Loire, etc.

Helix Lorteti, LOCARD.

H. Lorteti, Loc., 1893. *Nov. sp.*

Globuleux-conoïde, hautement bombé en dessus, assez aplati en dessous ; spire presque semi-globuleuse, haute ; 7 à 8 tours très convexes, l'avant-dernier un peu gros, le dernier bien arrondi ; suture accusée ; ouverture peu oblique, assez comprimée-transverse, subovalaire, avec callosité basale sensible ; péristome réfléchi à bords très écartés ; test fauve-corné, parfois avec traces de zone médiane blanchâtre au dernier tour, poils caducs. — H. 6 ; D. 7 millimètres.

Rare ; régions montagneuses du Dauphiné et de la Savoie.

P. — Groupe de l'*H. rupestris*.

Très petit ; globuleux-conoïde ; ombilic large ; test lisse.

Helix rupestris, STUDER.

H. rupestr., Stud , *in* Coxe, 1789. *Trav. Switz.*, III, p. 430. — Loc. *Pr.*, p. 84.

Galbe subglobuleux, très convexe en dessus, un peu bombé en dessous; 5 à 6 tours très convexes, croissance graduelle, le dernier plus grand, subarrondi; suture
profonde; ouverture oblique, arrondie, à peine
échancrée; péristome droit, mince, à bords très
convergents, le columellaire à peine réfléchi; test
luisant. — H. 1 à 1 1/2; D. 2 à 2 1/2 millimètres.

Fig. 118-119.

Commun; presque partout, surtout dans les contrées montagneuses.

Q. — Groupe de l'*H. aculeata*.

Très petit; globuleux-turbiné; ombilic médiocre; test lamelleux.

Helix aculeata, Müller.

H. acul., Müll., 1774. *Verm. hist.*, II, p. 81. — Loc. *Prodr.*, p. 85.

Galbe globuleux-turbiné, élevé en dessus, un peu convexe en dessous;
3 1/2 à 4 1/2 tours convexes, croissance gra-
duelle, le dernier subarrondi; suture profonde;
ouverture subovalaire-arrondie; à peine échancrée; bords un peu rapprochés, le columellaire
un peu réfléchi; test mince, roux, orné de lamelles longitudinales obliques, saillantes, avec
pointe comprimée et recourbée dans le milieu.— H. et D. 1 1/2 à 2 mill.

Fig. 120-121.

Rare; presque partout, surtout le Nord et l'Est.

R. — Groupe de l'*H. limbata*.

Assez petit; subglobuleux-caréné; ombilic petit, oblique.

Helix limbata, Draparnaud.

H. limb., Drap., 1805. *Hist. Moll.*, p. 100, pl. 6, fig. 29. — Loc. *Pr.*, p. 69.

Galbe subglobuleux un peu déprimé, très convexe dessus, assez bombé
dessous; spire conique-subtectiforme; 5
à 6 tours assez convexes, croissance progressive, le dernier un peu grand, avec
carène médiane obtuse; suture assez
marquée; ouverture très oblique, ovalaire-
transverse, peu échancrée; péristome

Fig. 122-123.

réfléchi, avec bourrelet interne, bord columellaire presque droit, masquant en partie l'ombilic ; test assez mince, solide, blanc-jaunâtre avec une zone blanche sur la carène. — H. 12 à 14 ; D. 12 à 17 millimètres.

Assez commun ; régions centrale et méridionale ; acclimaté dans le Nord.

Helix odeca, BOURGUIGNAT.

H. odeca, Brgt., *in* Loc., 1882. *Prodr.*, p. 69 et 314.

Plus globuleux, plus renflé ; spire plus haute, en dôme subconique-arrondi, dernier tour moins anguleux, plus convexe-arrondi en dessous, un peu déclive à l'extrémité ; ouverture moins oblique, moins allongée-transverse, relativement plus haute ; bord columellaire recouvrant la perforation ; même coloration sans bande claire. — H. 9 à 12 ; D. 12 à 14 mill.

Peu commun ; régions pyrénéenne et océanique.

Helix Hylonomya, BOURGUIGNAT.

H. Hylonom., Brgt., *in* Loc., 1882. *Prodr.*, p. 69 et 315.

Plus petit, lenticulaire très renflé, aussi convexe en dessus qu'en dessous ; spire exactement convexe-tectiforme, tours très peu convexes, le dernier plus anguleux, déclive à l'extrémité, assez renflé autour de la perforation ; suture linéaire ; ouverture médiocrement oblique, semi-oblongue, régulièrement convexe-arrondie en bas ; péristome bien bordé et dilaté sauf au labre ; même coloration, avec bande claire. — H. 9 à 10 ; D. 11 à 13 millimètres.

Peu commun ; les Pyrénées, Gironde, Vienne, Aveyron, Charente, etc.

Helix sublimbata, BOURGUIGNAT.

H. sublimb., Brgt., *in* Loc., 1882. *Prodr.*, p. 69 et 315.

Plus petit que le *limbata*, plus haut et plus renflé ; dernier tour globuleux-arrondi, à peine anguleux à la naissance, bien bombé en dessous, ombilic très étroit, presque entièrement recouvert ; ouverture plus oblique, moins transverse, plus ronde ; péristome plus épais et moins dilaté ; bords plus distants ; test jaune-clair sans bande. — H. 10 ; D. 12 millimètres.

Rare ; région pyrénéenne, environs de Poitiers (Vienne).

Helix Tassyi, BOURGUIGNAT.

H. Tassyi, Brgt., 1884 *Bull. Soc. malac.*, I, p. 357.

Petit, subdéprimé-globuleux, arrondi-convexe en dessus, assez renflé

en dessous ; spire convexe-gibbeuse, comme plane vers le sommet ;
6 tours, subconvexes-tectiformes, croissance lente, le dernier médiocre,
subanguleux à sa naissance, convexe-subtectiforme en dessus, plus convexe en dessous, légèrement déclive à l'extrémité ; ombilic recouvert ;
ouverture un peu oblique, lunaire transverse, semi-ovale ; péristome.
fragile, non épaissi, dilaté sur l'ombilic, test fragile, transparent, vitrinoïde. — H. 6 ; D. 9 millimètres.

Rare ; pic de Montcalme (Ariège).

Helix cinctella, DRAPARNAUD.

H. cinctel., Drap., 1801. *Tabl. moll.*, p. 87. — Loc. *Prodr.*, p. 70.

Subglobuleux-déprimé, un peu conique en dessus, bombé en dessous ;
5 à 6 tours aplatis, croissance progressive, le
dernier avec carène assez aiguë ; suture peu
marquée ; sommet un peu mamelonné ; ombilic
très étroit ; ouverture très oblique, transversalement ovalaire, un peu échancrée ; péristome interrompu, droit, mince ; bord colu-
mellaire arqué, réfléchi à sa naissance ; test très mince, fragile,
transparent, corné-clair avec fine zone blanche sur la carène. — H. 6 à
7 ; D. 10 à 12 millimètres.

FIG. 124-125.

Peu commun ; régions centrale et méridionale.

Helix ciliata, VENETZ.

H. ciliata, Ven., *in* Stud., 1820. *Kurz. Verz.*, p. 86. — Loc. *Prodr.*, p. 70.

Globuleux-déprimé, un peu conique en dessus, assez convexe en
dessous ; 5 tours aplatis, le dernier grand, avec
carène aiguë, hérissé de cils raides ; suture
peu marquée ; ouverture très oblique, ovalaire-
transverse, peu échancrée ; péristome interrompu, réfléchi, à peine épaissi ; bords un peu
rapprochés, très convergents, le columellaire
arqué, réfléchi sur un ombilic très petit ; test mince, assez solide, brun-
roux, hérissé de petites écailles piliformes. — H. 4 à 6 ; D. 9 à 12 mill.

FIG. 126-127.

Assez rare ; le long de la chaîne des Alpes depuis la Savoie jusqu'à la mer.

Helix Guevariana, BOURGUIGNAT.

H. Guevar., Brgt , 1870. *Soc. Cannes*, I, p. 49. — Loc. *Prodr.*, p. 71.

Voisin du *ciliata*, taille plus petite; spire plus plane en dessus; tours plus bombés, à croissance spirale plus lente et plus régulière, le dernier moins développé, à peine plus grand que l'avant-dernier; perforation moins ouverte; suture plus profonde; ouverture avec bord inférieur réfléchi; test corné-brun, épiderme caduc — H. 4 1/2; D. 8 millim.

Rare; gorge de la Roja (Alpes-Maritimes).

S. — Groupe de l'*H. carthusiana*.

Assez petit; déprimé-globuleux; ombilic très petit.

Helix carthusiana, Müller.

H. carthus., Müller, 1774. *Verm. hist.*, II, p. 15. — Loc. *Prodr.*, p. 71.

Galbe déprimé, un peu convexe en dessus, assez bombé en dessous;

spire peu haute; 6 à 7 tours légèrement convexes, croissance un peu irrégulière, le dernier grand, légèrement comprimé, faiblement déclive en dessus, fortement descendant à l'extrémité; suture assez marquée; sommet mamelonné; ombilic

Fig. 128-129.

très petit; ouverture oblique, ovalaire-transverse, à peine échancrée; péristome interrompu, peu évasé, fauve-brun, avec bourrelet interne fauve, bords très peu convergents, le columellaire presque droit, à peine réfléchi; test solide, peu strié, corné-laiteux. — H. 6 à 9; D. 10 à 17 mill.

Commun; presque partout.

Helix stagnina, Bourguignat.

H. stagnina, Brgt. *Nov. sp. in coll.*

Petit; bien déprimé, légèrement conique-tectiforme en dessus, assez bombé en dessous; spire très peu haute; 6 tours faiblement convexes, croissance d'abord lente, plus rapide au dernier, celui ci subanguleux dans le haut, à peine convexe en dessus, bien convexe en dessous, à peine déclive à l'extrémité; ouverture oblique, légèrement ovalaire, bord columellaire un peu arqué; même test. — H. 4 à 6; D. 7 à 9 millim.

Assez rare; Aube, Cher, Rhône, Ain, Drôme, Gers, Var, etc.

Helix Sarriensis, MARTORELL Y PEÑA.

H. carthusiana, var. Sarriensis, Martor., 1870. *Apunt. arqueol.*, p. 78 —
H. Sarriensis, Brgt., *in* Serv., 1880. *Moll. Esp.*, p. 52.

Voisin du *carthusiana*, taille un peu forte ;
même galbe, à peine un peu plus déprimé ; dernier tour encore plus bombé en
dessous, plus arrondi et moins déclive vers
son extrémité ; ouverture bien convexe, à
peine plus large que haute ; bord supérieur

Fig. 130-131.

court et droit, bord inférieur arqué, labre bien arrondi. — H. 8 ; D. 15 m.

Rare ; les Albères, Collioure (Pyrénées-Orientales).

Helix Ventiensis, BOURGUIGNAT.

H. Ventiens., Brgt , *in* Fag., 1879. *Soc. h. nat. Toul.*, p. 14. — Loc. *Pr.*, p. 72.

Voisin du *carthusiana*, déprimé, spire légèrement convexe, 6 tours à
croissance peu régulière ; suture assez profonde ; ouverture droite, très
fortement semi-lunaire, comprimée, arrondie au bord externe ; bord
columellaire allongé, presque droit, fortement réfléchi sur l'ombilic. —
H. 7 ; D. 11 à 14 millimètres.

Rare ; Vence (Alpes-Maritimes).

Helix innoxia, BOURGUIGNAT.

H. innoxia, Brgt., *in* Loc , 1882. *Prodr.*, p. 72 et 316.

Spire peu haute, mais plus conique ; dernier tour bien arrondi-globuleux, très développé, aussi bien renflé en dessus qu'en dessous, à peine
déclive à l'extrémité ; ouverture exactement semi-circulaire et peu
oblique ; bord columellaire rectiligne, non dilaté, avec un faible bourrelet
assez profondément logé ; même coloration. — H. 6 à 9 ; D. 11 à 18 mill.

Peu commun ; Aube, Savoie, Alpes-Maritimes, etc.

Helix diurna, BOURGUIGNAT

H. diur., Brgt., *in* Loc., 1880. *Ét. variat.*, p. 123, pl. 3, fig. 11-12. — *Pr.*, p.72.

Taille assez petite ; un peu plus bombé ; spire plus haute, plus conique.
5 à 6 tours plus convexes, le dernier plus grand, bien arrondi, bien
déclive à son extrémité ; sommet un peu saillant ; suture accusée ; ouverture très oblique, bien ovalaire-transverse, à contours arrondis ; bord

supérieur court et un peu arqué, le columellaire bien réfléchi ; test assez épais, un peu flammulé. — H. 7 ; D. 11 1/4 millimètres.

Rare ; alluvions du Rhône, au nord de Lyon.

Helix episema, BOURGUIGNAT.

H. episema, Brgt , *in* Serv., 1880. *Moll. Esp.*, p. 53. — Loc. *Prodr.*, p. 72.

Assez petit, convexe-conique en dessus, bien bombé en dessous ; 6 tours assez convexes, le dernier grand, ventru-globuleux, arrondi en dessous, brusquement déclive à l'extrémité ; suture accusée ; ouverture à peine oblique, exactement circulaire ; péristome droit avec fort bourrelet interne ; bord columellaire très réfléchi recouvrant entièrement l'ombilic ; même test. — H. 9 ; D. 13 millimètres.

Peu commun ; Hérault, Pyrénées-Orient., Haute-Garonne, B.-Pyrénées.

Helix leptomphala, BOURGUIGNAT.

H. Leptomph., Brgt., *in* Loc., 1882. *Prodr.*, p. 72 et 316.

Petit, déprimé, aussi convexe dessus que dessous ; croissance bien régulière, le dernier tour à peine plus grand en dessus que l'avant-dernier, peu développé, à peine déclive ; perforation ombilicale ellipsoïde ; ouverture oblique, transversalement ovalaire ; péristome peu dilaté, même test. — H. 4 1/2 ; D. 8 millimètres.

Rare ; Loire-Inférieure, Haute-Garonne, etc.

Helix rufilabris, JEFFREYS.

H. rufil., Jeffr., 1830. *Trans. Lin.*, XVI, p. 509. — Loc. *Prodr.*, p. 73.

Petit, globuleux-déprimé ; spire conique, 5 à 6 tours un peu convexes, le dernier plus grand, subdilaté, déclive ; ouverture subarrondie ; péristome à peine épaissi, bourrelet peu accusé ; test strié et malléé, blanc-laiteux, avec une ou deux bandes lactescentes peu accusées. — H. 6 à 8 ; D. 8 à 10 millim.

FIG. 132-133.

Peu commun ; un peu partout.

Helix Lamalouensis, J. REYNES.

L. Lamalou., Reyn., 1870. *Ann. malac.*, I, p. 34. — Loc. *Prodr.*, p. 73.

Petit, convexe-globuleux ; spire haute, convexe-conoïde ; 6 1/2 tours peu convexes, croissance lente, le dernier à peine plus grand, arrondi, déclive ; suture bien marquée ; ouverture peu oblique, arrondie ; péristome droit, avec bourrelet interne, bords réunis par un callum très mince, le columellaire un peu dilaté dans le haut. — H. 6 1/2 ; D. 9 millimètres.

Rare ; Lamalou (Hérault), Avignon (Vaucluse), Décine (Isère), etc.

Helix Guerboisi, BOURGUIGNAT.

H. Guerboisi, Brgt. *Nov. sp. in coll.*

Petit, conoïde-globuleux ; spire relativement très haute, conique, 6 1/2 tours assez convexes, croissance lente, le dernier plus grand, bien arrondi, très déclive vers l'extrémité ; suture très accusée ; ouverture bien oblique, subarrondie ; péristome droit avec léger bourrelet interne ; bords convergents réunis par un mince callum ; test subtransparent, corné-sublactescent. — H. 7 ; D. 8 millimètres.

Très rare ; Lamalou (Hérault), Issoudun (Indre).

Helix Avarica, LOCARD.

H. Avarica, Loc., 1893. *L'Echange*, IX, p. 86.

Très petit, subglobuleux-déprimé, légèrement convexe en dessus, bien bombé en dessous, 4 1/2 à 5 tours assez convexes, croissance lente, régulière, le dernier à peine plus grand, gros, très obtusément subanguleux à sa naissance et dans le haut, un peu dilaté, arrondi et déclive à l'extrémité ; suture bien accusée ; ombilic presque nul ; ouverture oblique, arrondie ; péristome droit avec un léger bourrelet roux-interne ; bords réunis par un très mince callum, le columellaire très faiblement dilaté. — H. 4 ; D. 6 millimètres.

Rare ; environs de Bourges (Cher).

T. — Groupe de l'*H. revelata*.

Petit ; subglobuleux ; ombilic petit ; test velu.

Helix revelata, DE FERUSSAC.

H. revelata, Fer., 1821. *Prodr.*, p. 44. — Loc. *Prodr.*, p. 73.

Galbe subglobuleux, assez convexe en dessus et en dessous ; 4 à 5 tours assez convexes, croissance rapide, le dernier un peu grand ; suture profonde ; sommet obtus ; ouverture oblique, arrondie, avec bourrelet interne blanc ; bords très rapprochés, très convergents, le columellaire très 

FIG. 134-135.

arqué et réfléchi sur l'ombilic ; callum accusé, test mince ; fragile, couvert de poils courts et raides, peu luisant, transparent, corné-fauveverdâtre. — H. 4 à 6 ; D. 5 1/2 à 7 millimètres.

Peu commun ; littoral océanique, s'étendant vers la région centrale.

Helix montivaga, WESTERLUND.

H. montivaga, West., 1876. *Fauna prodr.*, p. 66. — Loc. *Prodr.*, p. 73.

Globuleux-conoïde ; spire élevée, conoïde ; 5 tours convexes, le dernier assez grand, arrondi, comprimé et déclive vers l'extrémité ; suture profonde ; ouverture un peu oblique, presque exactement circulaire ; péristome très mince, faiblement bordé à l'intérieur, bords presque jointifs ; test finement striolé, corné vert-pâle, poils rares. — H. 5 à 6 ; D. 7 mill.

Rare ; Morbihan, Loire-Inférieure, Maine-et-Loire, etc.

Helix Venetorum, BOUGUIGNAT.

H. Venetor., Brgt., *in* Loc., 1882. *Prodr.*, p. 73 et 316.

Semi-globuleux ; spire plane ; tours aplatis, notablement renflés et comme tuméfiés le long de la suture, le dernier excessivement déclive, comme surplombé par l'avant-dernier ; ouverture très oblique ; ombilic très étroit ; même test. — H. 5 ; D. 7 millimètres.

Rare ; Morbihan, Loire-Inférieure, Ille-et-Vilaine.

Helix villula, BOURGUIGNAT.

H. villula, Brgt., *in* Loc., 1882. *Prodr.*, p. 74 et 317.

Subsemi-globuleux ; spire déprimée, presque méplane ; tours convexes à croissance assez rapide, le dernier déclive ; suture profonde ; ouverture très échancrée, relativement très ample, à bords peu écartés ; ombilic bien ouvert ; test entièrement couvert de longs poils. — H. 5 ; D. 7 millimètres.

Rare ; Morbihan, Deux-Sèvres, etc.

Helix ptilota, BOURGUIGNAT.

H. ptilota, Brgt., 1860. *Mal. Bret.*, p. 55, pl. 1, fig. 5-8. — Loc. *Pr.*, p. 74.

Subglobuleux-déprimé, convexe en dessus et en dessous ; 4 tours convexes, à croissance très rapide, le dernier très dilaté, à peine déclive ; suture profonde ; ombilic très étroit ; ouverture arrondie, échancrée ;

péristome simple, aigu, bord colu nellaire peu réfléchi ; test fragile, brun-
verdâtre, avec petits poils blancs et raides. — H. 4 ; D. 5 1/2 millim.

Rare ; environs de Vannes (Morbihan).

U. — Groupe de l'*H. Becasis.*

Petit ; subglobuleux-déprimé ; ombilic assez grand ; test velu.

Helix Becasis, RAMBUR.

H. Becas., Ramb., 18 8. *J. conch.*, XVI, p. 267 ; XVII, pl. 9, fig. 3. — Loc. *Pr.*, p. 74.

Galbe subglobuleux-déprimé ; plus convexe en dessous qu'en dessus ;
spire peu haute, 4 1/4 tours convexes, le dernier
un peu plus grand, un peu étroitement arrondi à
sa naissance ; suture assez profonde ; ombilic
petit, évasé, laissant voir l'avant-dernier tour ;
ouverture arrondie, peu oblique ; péristome
simple ; bords assez rapprochés, le columellaire
à peine réfléchi ; test mince, pellucide, fortement
strié, vert-jaunacé, légèrement hispide. — H. 2 1/4 ; D. 4 millimètres.

Fig. 136-137.

Rare ; la région pyrénéenne.

Helix Martorelli, BOURGUIGNAT.

H. Martor., Brgt., 1870. *Moll. lit.*, p. 21, pl. 2, fig. 12-16. — Loc. *Pr.*, p. 104.

Déprimé, convexe dessus, assez renflé dessous ; spire peu haute,
4 1/2 à 5 tours subanguleux, légèrement comprimés dessus, presque
arrondis dessous, le dernier à peine plus grand, subanguleux, faiblement
et lentement déclive ; suture accusée, surtout au dernier tour ; ombilic
profond, un peu élargi à sa naissance ; ouverture oblique, transversalement suboblongue arrondie ; péristome tranchant, un peu bordé à l'intérieur ; bord basal légèrement réfléchi ; callum très mince ; test strié,
translucide, corné-foncé, avec poils lamelliformes très courts et très
caducs. — H. 3 1/2 ; D. 6 millimètres.

Très rare ; Amélie-les-Bains (Pyrénées-Orientales).

Helix Bofilliana, P. FAGOT.

H. Bofill., Fagot, 1884. *Ann. malac.*, II, p. 177.

Déprimé en dessus, peu renflé en dessous ; spire presque aplatie, à peine convexe; 5 tours comprimés, le dernier subanguleux, à peine gonflé en dessous, brusquement déclive; suture très prononcée; ombilic peu élargi, très profond; ouverture oblique, peu échancrée, transversalement arrondie-comprimée; péristome simple; bord columellaire très réfléchi sur l'ombilic; callum à peine perceptible; test assez fortement strié, corné roux ou verdâtre, avec poils très courts, très caducs. — H. 2 1/2 à 2 3/4; D. 6 millimètres.

Rare; région pyrénéenne.

V. — Groupe de l'*H. sericea*.

Petit; subglobuleux; ombilic très étroit; test velu.

Helix sericea, DRAPARNAUD.

Helix seric., Drap., 1801. *Tabl. moll.*, p. 85. — Loc. *Prodr.*, p. 75.

Galbe subglobuleux, un peu conique-convexe en dessus, bombé en dessous; spire médiocre, 5 à 6 tours un peu convexes, croissance progressive, le dernier gros, très vaguement subanguleux à sa naissance, un peu plus convexe dessous que dessus, non déclive;

Fig. 138-139.

suture accusée; ombilic très petit, presque punctiforme; ouverture oblique, arrondie, médiocrement échancrée; péristome interrompu, droit, avec léger bourrelet interne blanc, le columellaire arqué, un peu réfléchi; test mince, fragile, cornépâle, orné de poils courts, peu caducs. — H. 5; D. 8 millimètres.

Assez rare; un peu partout, surtout l'Est et le Sud-Est.

Helix liberta, WESTERLUND.

H. liberta, West., 1870. *Syn. crit. Moll.*, p. 54. — Loc. *Prodr.*, p. 75.

Presque globuleux, assez convexe en dessus, bombé en dessous; spire un peu haute, 5 à 6 tours convexes, croissance progressive, le dernier subarrondi, presque aussi convexe dessus que dessous, lentement déclive à l'extrémité; suture assez marquée; ombilic très petit, non évasé; ouverture oblique, arrondie, peu échancrée; péristome interrompu, mince, concolor, bord columellaire arqué et réfléchi; test corné-clair ou fauve, orné de poils raides, longs, peu caducs. — H. 6; D. 8 millim.

Assez rare; un peu partout, surtout l'Est et le Sud-Est.

Helix Sarinica, BOURGUIGNAT.

H. Sarinica, Brgt., *in* Loc., 1887. *Bull. Soc. malac.*, IV, p. 171.

Subglobuleux, un peu déprimé, un peu convexe en dessus, assez bombé en dessous; spire peu élevée, 5 à 6 tours convexes, croissance lente et régulière, le dernier presque arrondi, plus convexe dessous que dessus, très peu déclive vers l'extrémité; ombilic très petit, un peu évasé au dernier tour; ouverture oblique, assez fortement échancrée, très légèrement ovalaire; péristome droit, à peine bordé, bord supérieur court et arrondi, le columellaire un peu réfléchi; test fauve-corné un peu roux, avec poils petits, frisés, caducs. — H. 4 1/2 à 5; D. 7 à 8 1/2 mill.

Peu commun; l'Est, Côte-d'Or, Jura, Ain, H.-Saône, H.-Marne, Nièvre.

Helix urbana, COUTAGNE.

H. urbana, Cout., *in* Loc., 1881. *Contr.*, II, p. 15. — Loc. *Prodr.*, p. 77.

Subdéprimé, un peu convexe en dessus, un peu bombé en dessous; spire peu haute, 5 tours convexes, croissance assez rapide, le dernier grand, très vaguement subanguleux à sa naissance, notablement plus convexe dessous que dessus, arrondi et un peu déclive vers l'extrémité; suture assez marquée; ombilic petit, non évasé; ouverture oblique, peu échancrée, bien arrondie, aussi haute que large; péristome avec bourrelet interne fort, blanchâtre, bord columellaire un peu réfléchi; test roux-corné, orné de poils caducs. — H. 5 à 5 1/2; D. 8 à 9 millimètres.

Peu commun; Seine, S.-et-Oise, S.-et-Marne, H.-Marne, Marne, etc.

Helix Latiniacensis, LOCARD.

H. Latiniac., Loc., 1881. *Catal. Lagny*, p. 16. — *Prodr.*, p. 78.

Déprimé, faiblement convexe en dessus, un peu bombé en dessous; 5 tours peu convexes, croissance assez régulière, le dernier plus grand, légèrement subanguleux à sa naissance, un peu comprimé, un peu plus convexe dessous que dessus, dilaté, mais non déclive à l'extrémité; suture assez marquée, ombilic étroit, à peine évasé; ouverture oblique, échancrée, subarrondie-transverse; péristome avec bourrelet blanc interne et basal, bord columellaire légèrement réfléchi; test corné-fauve avec stries grossières et rapprochées, orné de poils raides, courts et caducs. — H. 4 1/2 à 5; D. 7 à 10 millimètres.

Peu commun; Seine, Seine-et-Oise, Seine-et-Marne, Haute-Marne, etc.

Helix montigena, LOCARD.

H. montigena, Loc., 1892. *Nov. sp.*

Subdéprimé, aussi convexe en dessus qu'en dessous ; spire peu haute, 5 1/2 tours très peu convexes, croissance lente et progressive, le dernier nettement anguleux sur sa première moitié, ensuite arrondi, aussi convexe dessus que dessous ; suture très peu marquée ; ombilic très petit, punctiforme ; ouverture oblique, assez échancrée, petite, bien arrondie ; péristome avec très léger bourrelet interne blanchâtre, à bords bien arrondis, le columellaire bien réfléchi ; test roux-clair, strié, orné de poils courts, rapprochés, peu caducs. — H. 6 ; D. 10 millimètres.

Rare ; Ste-Foy à Lyon, Chevry, Hauteville (Ain), sources du Doubs.

Helix Segusiana, LOCARD.

H. Segus., Locard, 1890. *Nov. sp.*

Très déprimé, légèrement convexe en dessus, bien bombé en dessous ; spire un peu haute, 5 1/2 tours très peu convexes, croissance régulière, lente, progressive, le dernier subarrondi, notablement plus convexe dessous que dessus, s'arrondissant à l'extrémité ; suture peu profonde ; ombilic très petit, non évasé ; ouverture oblique, échancrée, subarrondie-transverse ; péristome avec un très léger bourrelet interne dans le bas, bords convergents, le columellaire un peu réfléchi ; test assez mince, corné-clair, avec bande carénale blanchâtre, à peine striolé, orné de poils courts, peu caducs. — H. 5 ; D. 9 millimètres.

Rare ; Ain, Isère, Savoie, Haute-Saône, etc.

Helix plebeia, DRAPARNAUD.

H. plebeia, Drap., 1805. *Hist. moll.,* p. 103, pl. 7, fig. 5. — Loc. *Pr.,* p. 75.

Subglobuleux, assez convexe en dessus, bombé en dessous ; spire assez

haute, 5 à 6 tours un peu convexes, croissance progressive, un peu lente, le dernier subcaréné, presque aussi convexe dessus que dessous, arrondi et à peine déclive à l'extrémité ; suture assez accusée ; ombilic très petit, non évasé, ouverture oblique, échancrée, arrondie ; péristome avec bourrelet blanc interne, à bords convergents, le columellaire un peu réfléchi ; test corné-roux, avec bande carénale blanchâtre, à peine striolé, orné de poils raides et courts, assez caducs. — H. 6 à 7 ; D. 9 à 10 millimètres.

Fig. 140-141.

Commun ; régions moyenne et septentrionale.

Helix autumnalis, BOURGUIGNAT.

H. autumn., Brgt. *Nov. sp. in coll.*

Subgloboleux, un peu déprimé, assez convexe en dessus, bien bombé
en dessous ; spire assez haute, 5 tours bien convexes, croissance lente et
progressive, le dernier obtusément subcaréné à sa naissance, à peine
plus convexe dessous que dessus, bien arrondi et un peu déclive à l'extrémité ; suture bien marquée ; ombilic très petit ; ouverture oblique, échancrée, arrondie ; péristome avec bourrelet blanc interne, bords réunis
par un mince callum, le columellaire bien réfléchi ; test corné-roux, finement striolé, avec bande carénale plus pâle, peu marquée, orné de poils
très courts, peu caducs. — H. 5 ; D. 8 millimètres.

Assez rare ; surtout dans l'Est, Jura, Savoie, Isère, etc.

Helix Badiella, ZIEGLER.

H. Badiella, Ziegl., *teste* Brgt., *in* Loc., 1881. *Contr.*, II, p. 11.— *Pr.*, p. 76.

Subgloboleux, faiblement déprimé, un peu conique en dessus, bien
bombé en dessous ; spire peu haute, 5 tours assez convexes, un peu
étagés, les premiers croissant lentement, le dernier bien plus gros, faiblement convexe en dessus, fortement convexe en dessous, avec une
angulosité reportée dans le haut, déclive à l'extrémité ; suture profonde ;
ombilic très petit ; ouverture oblique, échancrée, presque ronde ; péristome à contour bien arrondi, avec un demi-bourrelet basal très léger,
bord columellaire réfléchi ; test mince, à peine striolé sauf vers la suture,
corné très clair, avec poils caducs. — H. 5 ; D. 8 millimètres.

Rare ; Lagny (Seine-et-Marne), environs de Paris.

Helix Matronica, J. MABILLE.

H. Matron., Mab., 1877. *Bull. Soc. zool.*, p. 306. — Loc. *Prodr.*, p. 77.

Globuleux, conique en dessus, bien bombé en dessous ; spire un peu
élevée, 6 tours un peu convexes, non étagés, croissance régulière, le dernier grand, arrondi, parfois vaguement subanguleux à sa naissance, légèrement déclive à l'extrémité ; suture accusée ; ombilic petit, non évasé ;
ouverture oblique, peu échancrée, subarrondie-transverse ; péristome
avec léger bourrelet basal interne, bord columellaire assez faiblement
réfléchi ; test corné, avec stries assez régulières, un peu fines et rapprochées, orné de poils courts et caducs. — H. 5 à 6 ; D. 8 à 9 millimètres.

Assez commun ; Seine, S.-et-Oise, S.-et-Marne, Marne, H.-Marne, etc.

Helix subbadiella, BOURGUIGNAT.

H. subbadiella, Brgt., *in* Loc., 1882. *Prodr.*, p. 74 et 317.

Globuleux, un peu conique en dessus, bien bombé en dessous; spire peu haute, 5 tours, croissance régulière, faiblement étagés, le dernier très grand, subarrondi, à peine subanguleux, plus convexe dessous que dessus, un peu déclive à l'extrémité; suture accusée; ombilic très petit; ouverture oblique, faiblement échancrée, subarrondie; péristome avec un demi-bourrelet blanc basal, bord columellaire robuste et bien dilaté; test corné-roux, assez solide, avec ou sans bande carénale claire, avec stries assez fortes et régulières, orné de poils crochus en quinconce par lignes distantes et régulières. — H. 5 1/2; D. 7 millimètres.

Rare; Menton (Alp.-Marit.), Aix-les-Bains (Savoie), environs de Paris.

Helix psaturochæta, BOURGUIGNAT.

H. psaturoch., Brgt., 1860. *Malac. Bret.*, p. 97, pl. 1, fig. 14. – Loc. *Pr.*, p. 74.

Globuleux, un peu conique en dessus, très bombé-arrondi en dessous; spire un peu haute, 6 tours assez convexes, croissance régulière, le dernier gros, bien arrondi; suture marquée; ombilic punctiforme; ouverture oblique, assez échancrée, assez arrondie; péristome simple, tranchant, sans bourrelet interne; test très fragile, jaune très pâle, strié et mailéé, orné de poils blancs, courts, peu caducs. — H. 6 à 7; D. 9 mill.

Peu commun; la Bretagne, environs de Brest et de Morlaix.

Helix Bourniana, BOURGUIGNAT.

H. Bourn., Brgt., 1864. *Malac. Chartr.*, p. 55, pl. 7, fig. 13. — Loc. *Pr.*, p. 76.

Globuleux, un peu déprimé, assez conique en dessus, bien bombé en dessous; spire conoïde, 6 tours convexes, croissance   régulière, le dernier un peu plus grand, arrondi, à peine plus convexe dessous que dessus; suture très prononcée; ombilic très petit en partie masqué; ouverture oblique, subarrondie-transverse; péristome simple non bordé en dedans, bord columellaire bien réfléchi en haut; test corné-clair, avec bande carénale blanche, finement strié, orné de poils courts et caducs. — H. 6; D. 9 millimètres.

Fig. 142-143.

Assez rare; sites montagneux, Isère, Ain, Rhône, Jura, Savoie, etc.

Helix Vendoperanensis, BOURGUIGNAT.

H. Vendoper., Brgt., *in* Loc., 1882. *Prodr.*, p. 76 et 317.

Globuleux un peu conique, conique en dessus, bien bombé en dessous ;
spire haute, 5 tours convexes, étagés, croissance très lente et très régulière, le dernier grand, bien arrondi ; suture très accusée ; ombilic petit,
en partie masqué ; ouverture très oblique, échancrée, suboblongue-
transverse, un peu aplatie en bas ; péristome avec un très léger bourrelet
roux interne, bord columellaire réfléchi dans le haut ; test corné-roux,
très finement et presque régulièrement strié, orné de poils courts très
caducs. — H. 6 ; D. 7 millimètres.

Rare ; environs de Troyes (Aube) et de Lyon (Rhône).

Helix Axonana, J. Mabille.

H. Axon., Mab., 1877. *Bull. Soc. zool.*, p. 306. — Loc. *Prodr.*, p. 76.

Globuleux-conique, bien conique en dessus, bombé en dessous ; spire
haute, 6 tours un peu convexes, étagés, croissance régulière, le dernier
gros, arrondi, aussi convexe dessus que dessous, lentement déclive à
l'extrémité ; suture bien marquée ; ombilic punctiforme ; ouverture peu
oblique, échancrée, arrondie ; péristome avec bourrelet interne basal blanc
assez fort, bord columellaire peu réfléchi ; test jaune-corné, avec stries
assez fortes, orné de poils caducs. — H. 4 à 4 1/2 ; D. 7 à 7 1/2 mill.

Rare ; Jaulgonne (Aisne), Grande-Chartreuse (Isère), etc.

Helix Duesmensis, Locard.

H. Duesm., Loc., 1887. *Bull. Soc. malac.*, IV, p. 168.

Petit, globuleux-conique, conique en dessus, bien convexe en dessous ;
spire élevée, 5 à 5 1/2 tours convexes, un peu étagés, croissance régulière, le dernier gros, renflé, arrondi, mais plus convexe dessous que
dessus, à peine déclive ; suture bien marquée ; ombilic étroit ; ouverture
bien oblique, échancrée, à peine suboblongue-transverse ; péristome
avec un léger bourrelet roux interne et basal, bord columellaire peu
réfléchi ; test fauve-corné clair avec stries très fines, rapprochées, régulières, orné de poils courts et très caducs. — H. 4 1/2 à 4 3/4 ; D. 6 à 7 m.

Rare ; dans l'Est, Côte-d'Or, Jura, Ain, Isère, Savoie, etc.

X. — Groupe de l'*H. saporosa*.

Petit ; subdéprimé ; ombilic médiocre ; test velu.

Helix saporosa, J. Mabille.

H. sapor., Mab., 1877. *Bull. Soc. zool.*, p. 305. — Loc. *Prodr.*, p. 76.

Galbe subglobuleux-déprimé, faiblement conique en dessus, bien bombé en dessous ; spire peu haute, 5 à 6 tours convexes, croissance lente, régulière, le dernier à peine plus grand, subarrondi, plus convexe dessous que dessus, un peu dilaté à l'extrémité ;

Fig. 144-145.

suture assez accusée ; ombilic médiocre, un peu évasé ; ouverture oblique, bien échancrée, transversalement oblongue ; péristome avec léger bourrelet interne, bord columellaire réfléchi ; test un peu mince, corné-roux, avec stries assez fortes, irrégulières, orné de poils rares, courts, très caducs. — H. 4 ; D. 7 1/2 à 8 millimètres.

Assez rare ; Aisne, Jura, Saône-et-Loire, Nièvre, etc.

Helix Vocontiana, BOURGUIGNAT.

H. Vocont., Brgt., *in* Loc., 1882. *Prodr.*, p. 75 et 317.

Globuleux, convexe en dos d'âne en dessus, bien bombé en dessous ; spire haute, 6 tours bien convexes, croissance régulière, le dernier médiocre, exactement rond, lentement et faiblement déclive à l'extrémité ; suture bien marquée ; ombilic médiocre, un peu évasé à son extrémité ; ouverture très oblique, peu échancrée, presque circulaire ; péristome à peine bordé en dedans, bord columellaire très peu réfléchi ; test corné-roux, avec stries costulées fortes, ondulées. — H. 5 ; D. 7 millimètres.

Rare ; la Salette près Corps (Isère), mont Cenis, etc.

Helix Alixæ, BOURGUIGNAT.

H. Alixæ, Brgt. *Nov. sp. in coll.*

Globuleux-déprimé, convexe-aplati en dessus, bombé en dessous ; spire très peu haute ; 5 à 6 tours convexes, croissance très régulière, le dernier bien arrondi, non déclive ; suture bien marquée ; ombilic médiocre un peu infundibuliforme ; ouverture très oblique, relativement petite, subarrondie ; péristome bordé surtout dans le bas, bord columellaire un peu méplan, le supérieur très court ; test finement et très régulièrement striolé. — H. 4 ; D. 8 millimètres.

Très rare ; Lourdes (Hautes-Pyrénées).

Helix Beaudouini, LOCARD.

H. Beaud., Loc., 1887. *Bull. Soc. malac.*, IV, p. 165.

Subdéprimé, aussi développé en dessus qu'en dessous ; spire peu

élevée, légèrement conique, 5 à 6 tours bien convexes, croissance lente
et régulière, le dernier plus grand, bien arrondi, mais plus convexe
dessous que dessus, faiblement déclive à l'extrémité ; suture bien marquée ; ombilic médiocre, légèrement évasé ; ouverture oblique, assez
fortement échancrée, légèrement ovalaire ; péristome très faiblement bordé
en dedans et en bas sur une faible longueur, bord externe exactement
circulaire ; test fauve-corné, avec stries ondulées, fines, régulières, orné
de poils courts, flexibles, assez caducs. — H. 4 1/2 à 5 ; D. 7 à 8 1/2 mill.

Assez rare ; Châtillon-sur-Seine (Côte-d'Or), Mâcon (S.-et-Loire), etc.

Helix Drunasiana, LOCARD.

H. Drunas., Loc., 1890. *Nov. sp.*

Même galbe que le *Beaudouini*, 5 à 6 tours convexes, croissance lente
et progressive, le dernier plus grand, beaucoup plus convexe dessous que
dessus, vaguement subanguleux sur sa demi-longueur, l'angulosité étant
supérieure, non déclive à l'extrémité ; suture accusée ; ombilic médiocre,
à peine évasé au dernier tour ; ouverture bien oblique, peu échancrée,
arrondie ; péristome non bordé, à bords bien arrondis, le columellaire
un peu réfléchi ; test corné très clair, un peu jaunacé, avec stries peu
accusées, irrégulières, assez grossières, orné de poils rares et courts,
caducs. — H. 5 ; D. 8 1/2 millimètres.

Rare ; Die et col du Rousset (Drôme).

Helix Cularensis, BOURGUIGNAT.

H. Cular., Brgt., *in* Loc., 1882. *Prodr.*, p. 79 et 319.

Déprimé, très peu convexe en dessus, assez bombé en dessous ; spire
peu haute, 5 tours faiblement convexes, croissance assez rapide, le dernier relativement ample, subarrondi, un peu étroitement comprimé à sa
naissance, plus convexe dessous que dessus, très faiblement déclive ;
suture accusée ; ombilic médiocre, non évasé, en partie masqué ; ouverture oblique, grande, peu échancrée, subarrondie-transverse ; péristome
à peine un peu épaissi en dedans dans le bas, bord columellaire légèrement dilaté ; test corné-fauve, avec stries assez fines, assez régulières,
orné de poils courts, assez espacés, caducs. — H. 4 1/2 ; D. 7 1/2 mill.

Assez rare ; Isère, Savoie, Jura, Doubs, Loire-Inférieure, etc.

Helix microgyra, BOURGUIGNAT.

H. microg., Brgt., *in* Loc., 1882. *Prodr.*, p. 79 et 319.

Assez petit, subdéprimé, convexe en dessus, légèrement bombé-comprimé en dessous; spire un peu haute, 6 tours serrés, médiocrement convexes, croissance très lente, régulière, le dernier un peu plus grand, un peu comprimé, subanguleux à sa naissance, aussi convexe dessus que dessous, un peu déclive à l'extrémité; suture accusée; ombilic médiocre, non dilaté; ouverture très oblique, fortement échancrée, semi-circulaire; péristome avec un petit bourrelet blanc interne et basal, bord columellaire légèrement réfléchi; test fauve-corné, souvent encroûté, avec stries assez fortes et rapprochées, orné de poils nombreux et courts, un peu caducs. — H. 4; D. 6 millimètres.

Peu commun; un peu partout.

Helix hispidosa, BOURGUIGNAT.

H. hispidosa, Brgt., *in* Fagot, 1879. *Soc. hist. nat. Toul.*, p. 19.

Petit, globuleux-comprimé, assez convexe en dessus, légèrement bombé en dessous; spire assez haute, 6 tours légèrement convexes, un peu étagés, croissance lente, le dernier à peine plus grand, vaguement subanguleux, non comprimé, aussi convexe dessus que dessous, bien déclive à l'extrémité; suture accusée; ombilic médiocre, non évasé à la naissance; ouverture oblique, échancrée, ronde; péristome avec un léger bourrelet interne basal, bords presque égaux et également arqués; test corné-roux, avec stries très fines assez rapprochées et régulières, orné de poils très petits et caducs. — H. 3 1/2; D. 5 1/2 millimètres.

Rare; Loire-Inférieure, Aube, Loire, Haute-Loire, Nièvre, etc.

Helix Latiscensis, LOCARD.

H. Latisc., Loc., 1888. *Bull. Soc. malac.*, IV. p. 172.

Petit, déprimé, faiblement convexe en dessus, assez bombé en dessous; spire très surbaissée; 5 à 6 tours bien convexes, croissance très lente, le dernier arrondi-comprimé, mais plus convexe dessous que dessus, légèrement déclive à l'extrémité; suture bien accusée; ombilic étroit assez évasé au dernier tour; ouverture oblique, assez échancrée, ovalaire-transverse; péristome avec bourrelet blanc interne et basal, bord inférieur un peu allongé, le columellaire très court et réfléchi; test fauve-corné pâle, avec stries très fines, très serrées, très rapprochées, orné de poils courts, espacés, caducs. — H. 2 3/4 à 3; D. 5 à 6 millimètres.

Assez rare; Côte-d'Or, Rhône, Doubs, Meurthe-et-Moselle, etc.

Y. — Groupe de l'*H. hispida*.

Petit; déprimé; ombilic grand; test velu.

Helix hispida, LINNÉ.

H. hispida, Linn., 1758. *Syst. nat.*, p. 771. — Loc. *Prodr.*, p. 77.

Galbe déprimé, légèrement convexe en dessus, un peu bombé en
dessous; spire peu haute, 5 à 6 tours assez convexes, croissance progressive, le dernier obtusément caréné à sa naissance, la carène un peu
haute, plus convexe dessous que dessus, à peine
déclive à l'extrémité; suture assez accusée; ombilic grand, légèrement évasé au dernier tour;

Fig 146-147.

ouverture oblique, échancrée, ovalaire-transverse; péristome avec bourrelet interne roux, bords écartés, un peu convergents, le columellaire
réfléchi; test mince, corné-roux, parfois avec une zone plus claire au
dernier tour, orné de stries fines, inégales, atténuées, et de poils raides,
courts, caducs. — H. 5; D. 8 millimètres.

Très commun; presque partout.

Helix concinna, JEFFREYS.

H. concin., Jeffr., 1830. *Trans. Lin.*, XVI, p. 336. — Loc. *Prodr.*, p. 78.

Très déprimé, très légèrement convexe en dessus, assez bombé en
dessous; spire très peu haute, 5 à 6 tours un peu
convexes, croissance régulière, le dernier subanguleux dans le haut à sa naissance, bien plus
convexe dessous que dessus; suture accusée;
ombilic très grand, très évasé; ouverture oblique,
échancrée, subovalaire-transverse; péristome

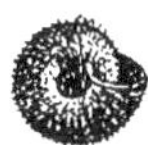

Fig. 148-149.

avec bourrelet interne roux-clair, bord inférieur un peu allongé, droit,
le columellaire réfléchi; même test, plus clair. — H. 4; D. 8 millim.

Commun; presque partout, mais plutôt dans le Nord et l'Ouest.

Helix Ataxiaca, P. FAGOT.

H. Ataxiaca, Fag., 1883. *Soc. Hist. nat. Toul.*, p. 230.

Subdéprimé, légèrement convexe en dessus, faiblement bombé en
dessous; spire peu haute, 6 1/2 tours un peu convexes, croissance lente

et régulière, le dernier à peine plus grand, comprimé, subanguleux, plus convexe dessous que dessus, déclive à l'extrémité; suture profonde; ombilic grand, non évasé; ouverture peu oblique, échancrée, ovalaire-transverse; péristome avec bourrelet blanc interne, bords régulièrement arqués, le columellaire un peu réfléchi; test corné-roux, orangé vers l'ouverture, avec stries assez fortes, rapprochées, orné de poils courts et espacés. — H. 6; D. 10 1/2 millimètres.

Rare; forêt des Fanges près Quillan (Aude).

Helix Goossensi, J. Mabille.

H. Gooss., Mab., 1877. *Bull. Soc. zool.*, p. 306. — Loc. *Prodr.*, p. 78.

Subdéprimé, légèrement convexe en dessus, assez bombé en dessous; spire peu haute, 6 1/2 à 7 tours convexes, croissance régulière, le dernier plus grand, bien arrondi, aussi convexe dessus que dessous, non déclive; suture bien marquée; ombilic très grand, très évasé; ouverture oblique, échancrée, subrhomboïdale-arrondie; péristome droit, tranchant, sans bourrelet; test avec stries costulées atténuées.

Rare; alluvions de l'Essonne à Menecey (Seine-et-Oise).

Helix Elaverana, Bourguignat.

H. Elaver., Brgt., *in* Mab., 1877. *Bull. Soc. zool.*, p. 305. — Loc. *Prodr.*, p. 78.

Déprimé, faiblement convexe en dessus, bien bombé en dessous; spire un peu haute, sommet saillant, 5 à 6 tours convexes-arrondis, croissance lente et régulière, le dernier un peu plus grand, très vaguement subanguleux, beaucoup plus convexe en dessous qu'en dessus, faiblement dilaté, mais non déclive à l'extrémité; suture assez marquée; ombilic assez grand, évasé; ouverture oblique, échancrée, oblongue-transverse; péristome avec un très léger bourrelet blanc interne, bord columellaire réfléchi; test corné, avec stries assez fortes et assez régulières, orné de poils rares, blancs et caducs. — H. 4; D. 7 1/2 à 8 millimètres.

Peu commun; Allier, Côtes-du-Nord, Lozère, S.-et-Oise, Savoie, etc.

Helix Vendeana, Letourneux.

H. Vendea., Let., 1869. *Cat. Moll. Vendée*, p. 17. — Loc. *Prodr.*, p. 78.

Déprimé, faiblement convexe en dessus, assez bombé en dessous; spire peu haute, 6 tours peu convexes, croissance régulière et très lente, le dernier à peine plus grand, arrondi, dilaté à l'extrémité; suture prononcée; ombilic assez grand, infundibuliforme; ouverture peu oblique, échancréc, ovalaire-transverse ; péristome avec un bourrelet interne basal, bord inférieur recto-allongé, le columellaire réfléchi ; test corné-fauve ou vineux, avec stries accusées, fines et serrées, orné de poils blancs extra-courts, peu caducs. — H. 5 ; D. 10 millimètres.

Rare ; Morbihan, Vendée, Deux-Sèvres, etc.

Helix Steneligma, BOURGUIGNAT.

H. Stenel., Brgt., *in* Mab., 1877. *Bull. Soc. zool.*, p. 305. — Loc. *Prodr.*, p. 79.

Déprimé-subconoïde, légèrement convexe en dessus, bien bombé en dessous ; spire assez haute, 6 tours convexes, croissance assez lente et régulière, le dernier à peine plus grand, presque rond, à peine dilaté, un peu aplati en dessous vers l'ouverture ; suture profonde ; ombilic grand, évasé ; ouverture un peu oblique, échancrée, oblongue-transverse ; péristome avec bourrelet interne blanc, bien accusé dans le bas, bord columellaire arqué, réfléchi ; test corné-roux, avec stries fines un peu irrégulières, orné de poils courts, espacés, caducs. — H. 4 ; D. 9 mill.

Assez commun ; Oise, Ariège, H.-Pyrén., Loire-Inf., Meurthe-et-Moselle.

Helix chonomphalina, LOCARD.

H. chonomphala, Brgt., *in* Loc., 1882. *Prodr.*, p. 79 et 318 *(non* Brgt., 1876. *Sp. nov.*, p. 75, n. 55). — *H. chonomphalina*, Loc., 1893. *Nov. sp.*

Très déprimé, à peine convexe en dessus, bombé, mais légèrement comprimé en dessous ; spire très peu haute, 6 tours serrés, bien convexes, le dernier pas plus grand, assez haut, subanguleux à sa partie supérieure, bien rectiligne à l'extrémité ; suture profonde ; ombilic très grand, infundibuliforme ; ouverture presque verticale, fortement échancrée, sub-oblongue-transverse ; péristome avec un bourrelet interne basal, bord externe arrondi, bord inférieur méplan ; test corné-fauve, avec stries assez fortes, orné de poils courts très caducs. — H. 4 ; D. 8 millimètres.

Peu commun ; Ain, Rhône, Isère, Côtes-du-Nord, Vienne, Haute-Vienne, Deux-Sèvres, etc.

Helix Darcelonnettensis, BOURGUIGNAT.

H. Barcelonnett, Brgt. *Nov. sp. in coll.*

Voisin du *chonomphalina*, très déprimé, à peine convexe en dessus, faiblement bombé en dessous ; spire très peu haute ; 6 tours serrés, convexes, le dernier pas plus grand, peu haut, subarrondi, rectiligne ; ombilic extra-grand, très évasé au dernier tour ; ouverture un peu oblique, subarrondie-transverse; péristome avec léger bourrelet interne blanchâtre; test corné-roux sombre, avec stries grossières et régulières, orné de poils courts, espacés, caducs. — H. 3 à 4; D. 8 à 9 millimètres.

Rare; Hauteville (Ain), Albertville (Savoie), Barcelonnette (H.-Alpes).

Helix Bellovacina, J. MABILLE.

H. Bellovac., Mab., 1877. *Bull. Soc. zool.*, p. 305. — Loc. *Prodr.*, p. 78.

Subdéprimé, convexe-conoïde en dessus, assez bombé en dessous; spire haute, 6 1/2 tours convexes-arrondis, croissance régulière, le dernier à peine plus grand, un peu comprimé-arrondi, presque aussi convexe dessus que dessous, à peine dilaté-arrondi à l'extrémité et lentement déclive; suture accusée; ombilic grand, légèrement évasé; ouverture oblique, subarrondie-transverse; péristome avec un bourrelet interne basal médiocre, bord columellaire réfléchi; test corné-roux, finement striolé, orné de poils courts, espacés, assez caducs. — H. 4 à 5; D. 8 à 9 mill.

Peu commun; Oise, Haute-Marne, Meurthe-et-Moselle, Rhône, Isère.

Helix hypsellina, PONS D'HAUTERIVES.

H. hypsell., P. d'Haut., *in* Loc., 1882. *Prodr.*, p. 78 et 378.

Subdéprimé, légèrement convexe-subconoïde en dessus, assez bombé en dessous; spire assez haute, 6 1/2 tours peu convexes, croissance régulière, lente, le dernier à peine plus grand, subanguleux à sa naissance, avec l'angulosité presque médiane, un peu méplan en dessous, rectiligne à l'extrémité; suture assez profonde; ombilic grand, infundibuliforme; ouverture peu oblique, échancrée, subovalaire; péristome non bordé en dedans, bord inférieur légèrement méplan, le columellaire réfléchi; test corné-roux, finement striolé, orné de poils courts, espacés, assez caducs. — H. 5; D. 8 millimètres.

Peu commun; Aveyron, Var, Charente, Rhône, Meurthe, etc.

Helix fœni, LOCARD.

H. fœni, Loc., 1890. *Nov. sp.*

Assez petit, subdéprimé, assez convexe en dessus, bien bombé en dessous; spire un peu haute, 6 tours convexes, croissance lente et régulière, le dernier à peine plus grand, gros, bien arrondi, aussi convexe dessus que dessous, un peu dilaté et légèrement déclive à l'extrémité; suture bien marquée; ombilic grand, évasé au dernier tour; ouverture oblique, échancrée, subarrondie-transverse; péristome avec un léger bourrelet interne basal ; bord externe bien arrondi, bord inférieur un peu méplan ; test corné-roux, très finement striolé, orné de poils courts, caducs. — H. 4 1/2 à 5 ; D. 7 à 8 millimètres.

Assez commun ; presque partout.

Helix Pictavica, BOURGUIGNAT.

H. Pictav., Brgt. *Nov. sp. in coll.*

Assez petit, subglobuleux-déprimé, assez conique en dessus, bien bombé en dessous ; spire haute, 6 tours bien convexes, croissance lente, le dernier assez gros, arrondi, mais plus convexe dessous que dessus, très lentement déclive ; ombilic grand, à peine évasé au dernier tour ; ouverture bien oblique, petite, subarrondie ; péristome avec un épais bourrelet dans le bas, bords bien arrondis ; test corné-roux avec bande carénale plus claire, orné de stries assez fortes, rapprochées, et de poils très caducs. — H. 4 ; D. 6 1/2 millimètres.

Rare ; vallée du Clain, entre Poitiers et Saint-Benoît (Vienne).

Helix hispidella, BOURGUIGNAT.

H. hispidell., Brgt. *in* Loc., 1882. *Prodr.*, p. 79.

Assez petit, déprimé, faiblement convexe en dessus, un peu bombé en dessous ; spire peu haute, 6 tours légèrement convexes, croissance lente et régulière, le dernier un peu plus grand, comprimé, vaguement suban-guleux dans le haut, déclive-court à l'extrémité ; suture peu profonde ; ombilic assez grand, faiblement évasé ; ouverture oblique, échancrée, subtétragone-transverse ; péristome simple ou avec un très léger bour-relet interne basal ; test corné-fauve, avec stries fines, orné de poils très petits, assez caducs. — H. 3 1/4 ; D. 6 1/2 millimètres.

Peu commun ; Loire-Infér., Aube, Nièvre, Deux-Sèvres, Côte-d'Or, Ain.

Helix Niverniaca, LOCARD.

H. Nivern., Loc., 1892. *Nov. sp.*

Assez petit, très déprimé, presque complètement plat en dessus, un peu bombé en dessous ; spire presque nulle, 6 tours faiblement convexes, croissance lente et régulière, le dernier un peu plus grand, peu haut, anguleux dans le haut, bien convexe-arrondi dans le bas, à peine déclive à l'extrémité ; suture assez marquée ; ombilic grand, évasé ; ouverture peu oblique, échancrée, ovalaire-transverse ; péristome avec bourrelet interne blanc, plus fort en bas, bord inférieur peu arqué ; test corné-roux, très finement striolé, avec poils rares et caducs. — H. 3 ; D. 7 mill.

Rare ; environs de Nevers (Nièvre), Fléac (Charente), etc.

Z. — Groupe de l'*H. striolata*.

Assez petit ; subdéprimé ; ombilic grand, variable ; test peu velu.

Helix striolata, C. Pfeiffer.

H. striolata, Pfeiff., 1828. *Nat. Deutsch.*, III, p. 28, pl. 6, fig. 8. — Loc. 1888, *Contr.*, XII, p. 15.

Galbe très déprimé, un peu plus développé dessus que dessous ; spire peu haute, 6 tours assez convexes, à croissance lente et régulière, dernier tour plus développé, arrondi en dessus, assez renflé en dessous, avec ligne carénale plus pâle bien accusée ; suture bien marquée ; sommet peu saillant ; ombilic grand, évasé, visible jusqu'au sommet ; ouver-ture oblique, un peu ovalaire, plus large que haute, avec mince bourrelet blanchâtre interne ; péristome mince, droit, à bords très convergents, le columellaire légèrement réfléchi ; test un peu mince, solide, corné-pâle ou roux, un peu flammulé, striolé. — H. 6 1/2 à 7 ; D. 11 à 14 mill.

Fig. 150-151.

Assez rare ; le Nord et l'Est, Dieppe, Boulogne, Lille, Mézières, etc.

Helix rufescens, Pennant.

H. ruf., Penn., 1777. *Br. z.*, IV, p. 116, pl. 85, fig. 127. — Loc. *Contr.*, XII, p. 21.

Subconique, légèrement déprimé, conique-convexe en dessus, assez bombé en dessous ; spire assez haute ; 6 tours bien convexes, croissance lente, puis plus rapide, le dernier haut, arrondi en dessus, renflé en des-sous, avec ligne carénale aux 2/5 de sa hauteur et peu visible, légèrement déclive ; ombilic un peu petit, évasé ; ouverture oblique, un peu ovalaire, avec bourrelet interne blanc-violacé ; péristome discontinu, droit ; bord columellaire à peine réfléchi ; test corné-fauve ou roux-foncé, parfois flammulé. — H. 6 1/2 à 7 1/2 ; D. 11 à 13 millimètres.

Rare ; dans le Nord, Boulogne, Valenciennes, etc.

Helix rufescentella, Bourguignat.

H. rufescentella, Brgt. *Nov. sp. in coll.*

Subdéprimé, faiblement conique en dessus, assez bombé en dessous ;
spire peu haute ; 6 tours légèrement convexes, croissance d'abord lente,
plus rapide au dernier tour, celui-ci caréné dans le haut, beaucoup plus
renflé-convexe dessous que dessus, non déclive ; ombilic assez petit ;
ouverture oblique, légèrement ovalaire, avec bourrelet interne blanc à
peine violacé ; péristome discontinu, à bords convergents ; test corné-clair
avec la carène blanchâtre. — H. 6 ; D. 11 1/2 millimètres.

Assez rare ; Valenciennes, Lille (Nord).

Helix abludens, LOCARD.

H. abludens, Loc., 1888. *Contr.*, XII, p. 30.

Conique-subglobuleux, bien conique en dessus, bombé en dessous ;
spire haute, 6 tours arrondis, étagés, à croissance très lente, le dernier
aussi rond dessus que dessous, avec traces de ligne carénale médiane,
non déclive ; ombilic assez grand, à peine évasé ; ouverture oblique
exactement ronde, avec bourrelet interne blanc-violacé ; péristome simple,
droit, à bords rapprochés, le columellaire un peu évasé ; test roux-foncé,
presque flammulé. — H. 7 à 7 1/2 ; D. 10 à 11 millimètres.

Rare ; Boulogne-sur-Mer (Pas-de-Calais).

Helix montana, STUDER.

H. mont., Stud., *in* Coxe, 1790. *Voy. Suisse*, III, p.429. — Loc. *Contr.*, XII. p.34.

Subglobuleux un peu déprimé, légèrement conique en dessus, bien
bombé en dessous ; spire un peu haute, 6 tours
arrondis, croissance progressive, le dernier bien
arrondi, un peu plus renflé dessous que dessus,
parfois avec bande carénale supra-médiane, peu
déclive ; ombilic assez petit ; ouverture oblique,
arrondie, avec bourrelet interne plus saillant en

FIG. 152 153.

has qu'en haut, bord columellaire réfléchi ; test corné-pâle ou fauve,
vaguement flammulé, un peu terne. — H. 6 à 6 1/2 ; D. 10 à 12 millim.

Peu commun ; l'Est, Haute-Marne, Jura, Isère, Ain, Côte-d'Or, etc.

Helix Dubisiana, COUTAGNE.

H. Dubisiana, Cout., *in* Loc., 1882. *Prodr.*, p. 77 et 318.

Subglobuleux ; légèrement conique en dessus, bien bombé en dessous ;
spire assez haute, 6 tours arrondis, croissance progressive, le dernier
subarrondi, un peu plus renflé dessous que dessus, avec bande carénale

supra-médiane ; ombilic assez petit ; ouverture non oblique, arrondie, avec bourrelet interne régulier ; bord columellaire réfléchi ; test corné-pâle ou fauve, un peu terne. — H. 7 ; D. 11 millimètres.

Rare ; le Haut-Doubs (Jura), Tenay, Hauteville (Ain), etc.

Helix submontana, J. MABILLE.

H. submont., Mab., 1867. *Arch. malac.*, p. 29. — Loc. *Contr.*, XII, p. 40.

Subglobuleux, un peu conique, bien conique en dessus, assez bombé en dessous ; spire haute, 6 tours bien étagés, bien arrondis, à croissance progressive, le dernier exactement rond, aussi renflé dessus que dessous ; ombilic relativement très petit ; ouverture assez oblique, presque circulaire, avec bourrelet interne blanc-roux, plus fort en bas ; péristome mince, droit ; bord columellaire court, légèrement réfléchi ; test corné-pâle, vaguement flammulé. — H. 7 à 7 1/2 ; D. 11 à 11 1/2 millimètres.

Assez rare ; l'Est, Jura, Ain, Isère, etc.

Helix cælata, STUDER.

H. cælata, Stud., 1790. *Fauna Helv.*, p. 430. — Loc., *Contr.*, XII, p. 43.

Très déprimé, légèrement convexe en dessus, un peu bombé en dessous ; spire peu haute, 5 1/2 tours bien convexes, croissance d'abord lente, puis plus rapide à l'extrémité, le dernier arrondi dessus, bien renflé dessous, avec ligne carénale plus pâle, peu accusée, très supérieure ; ombilic moyen, à peine évasé ; ouverture largement ovalaire, oblique, aplatie en bas, avec faible bourrelet interne roux-rosé ; péristome mince, droit, bord columellaire très court, un peu réfléchi ; test corné-roux clair, terreux en dessous. — H. 4 à 4 1/2 ; D. 8 1/2 à 10 millim.

Peu commun ; le Nord et l'Est, C.-du-Nord, Côte-d'Or, Ain, Isère, Rhône.

Helix cœlomphala, LOCARD.

H. cœlomph., Loc. 1888. *Contr.*, XII, p. 48.

Bien déprimé, légèrement convexe en dessus, bien bombé en dessous ; spire peu haute, 6 tours à croissance très lente, très régulière, bien arrondis, le dernier bien haut, arrondi, à peine plus grand, un peu plus renflé dessous que dessus, avec ligne carénale émoussée supra-médiane, blanchâtre ; ombilic très grand, évasé ; ouverture arrondie, un peu aplatie en bas ;

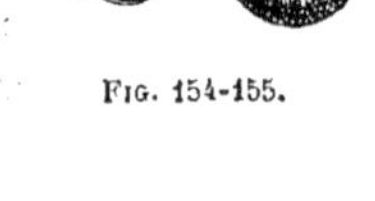

FIG. 154-155.

péristome faiblement bordé en dedans, bord columellaire très peu réfléchi; test corné-clair ou fauve-luisant. — H. 4 à 4 1/2 ; D. 9 à 10 mill.

Peu commun ; l'Est, Savoie, Isère, Ain, Jura, C.-d'Or, Seine, Finistère.

Helix cælatina, LOCARD.

H. cælatina, Loc., 1888. *Contr.*, XII, p. 51.

Subconique-déprimé, convexe-conique en dessus, bien bombé en dessous ; spire assez haute, mais non acuminée ; 5 1/2 tours bien arrondis, croissance lente et régulière, le dernier un peu plus rapide, assez haut, plus renflé dessous que dessus, avec ligne carénale un peu supra-médiane, peu marquée, blanchâtre; ombilic moyen, à peine évasé; ouverture un peu plus large que haute, avec mince bourrelet interne blanchâtre ; bord columellaire à peine réfléchi; test fauve-clair ou roux, peu luisant. — H. 5 à 7; D. 8 à 10 millimètres.

Peu commun; Isère, Savoie, Rhône, Ain, Jura, Meurthe-et-Moselle, Indre, Manche, Calvados, etc.

Helix clandestina, HARTMANN.

H. clandest., Hartm., 1821. *Neue Alpina*, I, p. 236. — Loc. *Contr.*, XII, p. 54.

Déprimé, faiblement convexe en dessus, assez bombé en dessous ; spire déprimée, très faiblement acuminée; 6 tours légèrement convexes, 2 ou 3 à croissance lente, les suivants à croissance de plus en plus rapide, le dernier haut, notablement plus renflé dessous que dessus, avec carène supra-médiane presque nulle ; ombilic étroit, très évasé; ouverture à peine plus large que haute, avec bourrelet blanchâtre interne ; bord columellaire à peine réfléchi; test corné-clair, parfois roux, un peu flammulé. — H. 4 3/4 à 5 1/2 ; D. 9 1/2 à 10 1/2 millimètres.

Assez rare; Isère, Ain, Rhône, Côte-d'Or, Doubs, Drôme, etc.

Helix Salinæ, BOURGUIGNAT.

H. Salinæ, Brgt. *Nov. sp. in coll.*

Voisin du *clandestina ;* très déprimé, à peine convexe en dessus, assez bombé en dessous; spire presque plane, 4 tours très légèrement convexes, le dernier plus grand, presque plan-convexe en dessus, bombé en dessous, surtout autour de l'ombilic, avec carène supérieure bien accusée à la naissance ; ombilic étroit, très évasé ; ouverture subrectangulaire, bords supérieur et inférieur presque parallèles, le columellaire à peine réfléchi dans le haut; même test. — H. 4 à 4 1/2; D. 8 à 10 mill.

Rare; Salins (Jura).

Helix Isarica, Locard.

H. Isarica, Loc., 1882. *Prodr.*, p. 319. — *Contr.*, XII, p. 59.

Subconique, conique en dessus, assez bombé en dessous ; spire à tours bien étagés, un peu haute, un peu acuminée ; 6 tours bien convexes, croissance progressive, plus rapide aux 2 derniers, le dernier assez haut, un peu plus renflé dessous que dessus, avec carène très obtuse indiquée par une bande plus claire un peu supra-médiane ; ombilic étroit, évasé ; ouverture presque exactement circulaire, avec bourrelet interne blanchâtre ; bord columellaire court un peu réfléchi ; test corné-clair, vaguement flammulé. — H. 6 à 6 1/2 ; D. 9 1/2 à 10 1/2 millimètres.

Assez rare ; Isère, Ain, Savoie, Drôme, Aube, Doubs, etc.

Helix plebicola, Locard.

H. plebicola, Loc., 1883. *Contr.*, XII, p. 62.

Subdéprimé, assez convexe dessus, assez bombé dessous ; spire peu haute, 6 tours faiblement convexes, croissance lente et régulière, le dernier assez haut, plus renflé dessous que dessus, obtusément caréné, avec ligne plus pâle supra-médiane ; ombilic très étroit, à peine évasé ; ouverture un peu plus large que haute, avec bourrelet interne peu saillant ; péristome mince, bord columellaire à peine réfléchi ; test corné-clair ou roux, vaguement flammulé. — H. 5 à 5 1/4 ; D. 9 1/2 à 10 millim.

Assez rare ; l'Est, Ain, Jura, Savoie, Haute-Savoie, Aube, etc.

Helix Lentiaca, Sayn.

H. Lentiaca, Sayn, 1888. *Bull. Soc. malac.*, V, p. 152.

Subdéprimé ; convexe en dessus, un peu comprimé en dessous ; spire conoïde, 6 1/2 tours assez convexes, croissance régulière, le dernier en retraite sur l'avant-dernier, cylindrique, subitement déclive à l'extrémité, déprimé vers l'ombilic ; ombilic médiocre ; ouverture presque droite, arrondie ; péristome simple, bord columellaire réfléchi ; test corné-verdâtre. — H. 6 1/2 à 7 ; D. 9 à 10 millimètres.

Rare ; forêts de Lente et de Lioncel (Drôme), Hauteville (Ain), etc.

AA. — Groupe de l'*H. villosa*.

Assez petit ; déprimé ; ombilic grand ; test très velu.

Helix villosa, Studer.

H. villosa, Stud., *in* Coxe, 1789. *Trav. Switz*, III, p. 429. — Loc. *Pr.*, p. 81.

Galbe déprimé, légèrement convexe en dessus, un peu bombé en dessous ; 6 à 6 1/2 tours peu convexes, croissance progressive, le dernier très obtusément caréné à sa naissance ; suture médiocre ; ombilic large ; sommet presque plat ; ouverture très oblique, transversalement ovalaire, peu échancrée ; péristome interrompu, évasé, avec bourrelet interne blanc, à bords assez rapprochés et convergents, le columellaire très arqué,

Fig. 156-157.

peu réfléchi ; test très mince, fragile, corné-jaunâtre, couvert de longs poils mous. — H. 6 à 7 ; D. 10 à 14 millimètres.

Peu commun ; régions septentrionale et moyenne.

Helix phorochætia, BOURGUIGNAT.

H. phoroch., Brgt., 1864. *Mal. Gr.-Char.*, p. 52, pl. 6, fig. 9-14. — *Loc. Pr.*, p. 81.

Plus petit, 5 1/2 tours moins convexes en dessus, moins étagés ; ouverture plus grande et plus échancrée, à bords plus distincts ; péristome simple, droit, aigu, sans bourrelet interne ; bord columellaire non évasé ; ombilic plus petit ; test très fragile, fortement costulé, orné de poils courts. — H. 5 ; D. 9 millimètres.

Rare ; régions montagneuses du Dauphiné, Isère, Ain, etc.

BB. — Groupe de l'*H. pygmæa*.

Extra-petit ; déprimé, non caréné ; ombilic large.

Helix pygmæa, DRAPARNAUD.

H. pygm., Drap., 1801. *Tabl. moll.*, p. 93 — *Loc. Prodr.*, p. 83.

Galbe déprimé ; spire convexe, peu élevée ; 4 1/2 tours peu convexes, croissance lente, très régulière, le dernier arrondi ; suture accusée ; ombilic très ouvert, évasé ; ouverture légèrement oblique, arrondie, assez fortement échancrée ; péristome simple, droit, aigu ; test très finement strié, corné-roux, uniforme. — H. 1 1/4 ; D. 2 millim.

Fig. 158-159.

Rare ; presque partout, surtout le Centre et l'Est.

Helix micropleura, Paget.

H. micr., Pag., 1854. *Mag. nat. Hist.*, p. 454. — Loc. *Prodr.*, p. 83.

Comprimé, un peu plan en dessus, convexe en dessous ; 4 tours peu convexes, croissance assez rapide, régulière, le dernier assez grand, peu convexe en dessus, bombé en dessous, non déclive ; ombilic large ; ouverture oblique, oblongue-arrondie, peu échancrée ; péristome simple ; test corné, orné de petites lamelles épidermiques saillantes. — H. 1 ; D. 2 millimètres.

Rare ; le Midi, Pyrénées, Hérault, Bouches-du-Rhône, Gard, etc.

Helix elachia, Bourguignat.

H. elach., Brgt., 1863. *Moll. lit.*, p. 35, pl. 5, fig. 14-17. — Loc. *Prodr.*, p. 83.

Fig. 160-161.

Très comprimé, presque plan en dessus, convexe en dessous ; 3 1/2 tours, croissance rapide et serrée, le dernier subanguleux, avec une trace de carène vers l'ombilic ; ombilic large ; ouverture ovale-arrondie, peu échancrée ; péristome simple, bord columellaire légèrement évasé ; test corné-pâle, crystallin, sillonné de petites côtes épidermiques. — H. 3/4 ; D. 1 1/2 mill.

Rare ; environs d'Angers (Maine-et-Loire).

Helix Servaini, Bourguignat.

H. Serv., Brgt., in Lall. et Serv., 1869. *Moll. Jaulg.*, p. 20. — Loc. *Pr.*, p. 83.

Comprimé, convexe en dessus et en dessous ; spire peu haute ; 4 tours peu renflés, croissance régulière, le dernier subanguleux vers le haut, arrondi en dessous, renflé vers l'ombilic ; ombilic grand, évasé ; ouverture peu oblique, suboblongue ; péristome simple ; test corné-pâle, avec lamelles épidermiques saillantes surtout sur la partie anguleuse du dernier tour. — H. 1 ; D. 2 millimètres.

Rare ; forêt de Riz (Aisne).

Helix Saint Simoniana, Bourguignat.

H. Simon., Brgt., 1870. *Moll. lit.*, p. 17. — Loc. *Prodr.*, p. 83.

Comprimé, plus convexe dessus que dessous ; 3 1/2 tours convexes, croissance très lente, le dernier à peine plus grand, arrondi ; suture comme canaliculée ; ombilic large, évasé ; ouverture oblique, presque ronde ; bord columellaire à peine dilaté ; test jaune-corné, lisse, à peine striolé à la suture, plus strié au dernier tour. — H. 3/4 ; D. 1 millimètre.

Rare ; Haute-Garonne, Ariège, etc.

Helix Massoti, BOURGUIGNAT.

H. Massoti, Brgt., 1863. *Moll. lit.*, p. 30, pl. 5, fig. 5-8. — Loc. *Prodr.*, p. 83.

Très comprimé, presque plat en dessus ; spire presque nulle en hauteur ; 1 1/2 tour bien bombé, croissance lente et très régulière, le dernier arrondi, à peine plus grand que l'avant-dernier ; suture subcanaliculée ; ombilic très ouvert, évasé ; ouverture peu oblique, très échancrée, arrondie ; bord columellaire très peu dilaté ; test corné-pâle, lisse ou presque lisse. — H. 1 ; D. 1 1/2 millimètre.

Rare ; Pyrénées-Orientales.

CC. — Groupe de l'*H. rotundata*.

Petit ; déprimé, caréné ; glabre ; ombilic large.

Helix rotundata, MÜLLER.

H. rotund., Müll., 1774. *Verm. hist.*, II, p. 29. — Loc. *Prodr.*, p. 82.

Galbe bien déprimé, convexe en dessus, légèrement bombé en dessous ; 6 à 7 tours légèrement convexes, croissance très progressive, le dernier obtusément caréné ; suture profonde ; ombilic très large ; sommet très obtus ; ouverture légèrement oblique, ovalaire-transverse, un peu échancrée ; péristome droit, mince, à bords peu écartés ; test mince, assez

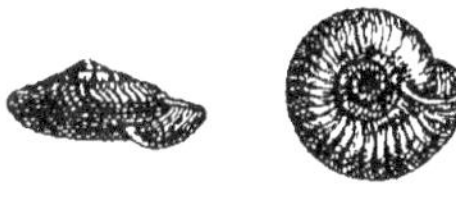

Fig. 162-163.

solide, orné de petites côtes, d'un corné-roux, avec taches longitudinales brunes. — H. 2 à 4 ; D. 5 à 8 millimètres.

Commun ; presque partout, surtout les régions septentrionale et centrale.

Helix·Omalisma, BOURGUIGNAT.

H. Omal., Brgt., in Fagot, 1879. *Bull. Soc. hist. Toul.*, p. 12. — Loc. *Pr.*, p. 82.

Très déprimé, aplati en dessus, légèrement bombé en dessous ; 6 tours presque plans, le dernier pas plus grand que le précédent, un peu dilaté, non déclive, caréné au milieu, convexe-gonflé en dessous ; ombilic plus large ; même ouverture ; test plus grisâtre. — H. 2 ; D. 6 mill. — Rare ; région pyrénéenne, Haute-Garonne, Dordogne, etc.

Helix abietina, BOURGUIGNAT.

H. abiet., Brgt., 1854. *Mal. Alger.*, I, p. 170, pl.19, fig. 17-20. — Loc. *Pr.*, p.82.

Galbe du *rotundata ;* 6 tours plus convexes, le dernier moins anguleux plus grand et plus dilaté ; ombilic moins évasé ; ouverture ronde, moins échancrée ; test orné de costulations plus larges, aussi épaisses ; même coloration. — H. 2 1/2 ; D. 5 millimètres.

Rare ; Morlaix (Finistère), Cherbourg (Manche), etc.

Helix lenticula, DE FERUSSAC.

H. lentic., Fer., 1822. *Tabl. syst.*, p. 41. — Loc. *Prodr.*, p. 83.

Très déprimé, légèrement convexe en dessus, un peu bombé en dessous ; 4 1/2 à 5 tours assez aplatis, croissance progressive, le dernier avec carène aiguë ; ombilic assez grand ; ouverture très oblique, ovalaire-transverse, peu échancrée ; péristome subréfléchi, avec léger bourre'et interne blanc roux ; test corné-mat, avec petites côtes peu saillantes. — H. 3 à 4 ; D. 7 à 9 millimètres.

Assez commun ; littoral méditerranéen.

Helix ruderata, STUDER.

H. ruder., Stud., 1820. *Kurz. verz.*, p. 86. — Loc. *Prodr.*, p. 82.

Déprimé, convexe en dessus, assez bombé en dessous ; 4 à 5 tours convexes, croissance progressive, le dernier non caréné, arrondi ; ombilic très large ; ouverture oblique, subarrondie, un peu échancrée ; péristome droit, à bords peu rapprochés ; test mince, peu solide, corné jaune-verdâtre, sans taches ni maculatures. — H. 2 à 3 1/2 ; D. 4 à 6 m.

Assez rare ; Savoie, Haute-Savoie, Jura, Ain, Isère, Basses-Alpes, etc.

DD. — Groupe de l'*H. lapicida.*

Taille moyenne ; lenticulaire, caréné ; péristome continu.

Helix lapicida, LINNÉ.

H. lapicida, L , 1758. *Syst. nat.*, p. 763. — Loc. *Prodr*, p. 89.

Galbe déprimé-lenticulaire, assez bombé en dessus, un peu convexe
en dessous; 5 à 6 tours aplatis, croissance progressive, le dernier subdilaté, très déclive, avec carène mé-
diane aiguë; suture linéaire; sommet
obtus; ombilic assez large; ouverture
très oblique, ovale-transverse, très
peu échancrée; péristome continu, réfléchi, mince, blanchâtre; test assez
solide, chagriné, mat, corné-brun,
avec taches ou flammes ferrugineuses. — H. 7 à 9; D. 13 à 20 millim.

Fig. 164-165.

Commun; presque partout.

Helix Andorica, BOURGUIGNAT.

H. Andor., Brgt., 1876. *Spic. malac.*, p. 33.

Taille plus petite, même galbe; 5 tours plans en dessus, le dernier
caréné, un peu aplati et subconvexe en dessus, convexe en dessous,
brusquement déclive à l'extrémité; ombilic assez petit; ouverture
oblique, presque exactement circulaire; mêmes péristome et coloration.
— H. 7; D. 15 millimètres.

Assez rare; région pyrénéenne, Haute-Garonne, Ariège, etc.

Helix Lecoqi, PUTON.

H. Lecoquii, Put., *in* Moq., 1855. *Hist. moll.*, II, p. 138.

Assez petit, bien déprimé, très peu bombé, même presque plan en
dessus, un peu convexe en dessous; spire très peu haute; 5 tours plans,
le dernier moins fortement caréné que le *lapicida*, peu déclive; ombilic
plus petit; ouverture moins grande et plus arrondie; même coloration,
souvent plus pâle. — H. 6; D. 14 millimètres.

Assez rare; Auvergne, Haute-Savoie, Ain, Isère, etc.

Helix lychnucha, LOCARD.

H. lychnucha, Loc., 1888. *Nov. sp.*

Convexe-déprimé, très convexe-tectiforme en dessus, très peu convexe
en dessous; spire haute; 5 1/2 tours à peine convexes, le dernier bien
caréné, presque plan en dessus, bombé en dessous, surtout au voisinage
de l'ouverture, non déclive; ombilic petit, bien évasé; ouverture ronde;
mêmes péristome et coloration. — H. 9; D. 16 millimètres.

Rare; environs de Lyon.

EE. — Groupe de l'*H. Rangi*.

Assez petit; déprimé, avec ou sans carène; ouverture très étroite.

Helix Rangi, DE FERUSSAC.

H. Rangi, Fer , *in* Desh., 1830. *Encycl. meth.*, 2e éd., p. 129. — *Loc. Pr.*, p. 87.

Galbe lenticulaire, presque aplati en dessus, assez convexe en dessous;

7 à 8 tours aplatis, croissance progressive, le dernier avec carène supérieure très aiguë; suture linéaire; sommet obtus; ombilic médiocre; ouverture droite, fortement sinueuse, très rétrécie; péristome non continu, réfléchi, avec une saillie rostriforme dans le haut, et une dent obtuse dans le milieu, bourrelet

FIG. 166-167.

interne roux-blanchâtre, bords très écartés; test mince, peu solide, striolé, fauve-corné, peu luisant. — H. 3 à 3 1/2; D. 7 à 10 millimètres.

Assez rare; le Midi, Pyrénées-Orientales, Var, etc.

Helix constricta, BOUBÉE.

H. constr , Boub., 1833. *Echo monde Sav.*, p. 220. — *Loc. Prodr* , p. 88.

Déprimé, plat en dessus, très convexe en dessous; 5 à 6 tours un peu bombés, le dernier avec une carène obtuse en haut; suture assez accusée; sommet plat; ombilic petit; ouverture à peine oblique, en croissant étroit, presque régulier; péristome continu, réfléchi, bords unis par une lame étroite logée sur l'avant-dernier tour, avec un bourrelet interne blanchâtre; test mince, peu solide, costulé-lamelleux, corné-mat. — H. 3 à 4; D. 7 à 8 millimètres.

Rare; Hautes et Basses-Pyrénées, Landes, etc.

FF. — Groupe de l'*H. isognomostoma*.

Assez petit; ombilic presque nul; ouverture trilobée.

Helix isognomostoma, GMELIN.

H. isognom., Gmel., 1788. *Syst. nat.*, p. 3621. — *Loc. Prodr.*, p 86.

Galbe déprimé-globuleux, assez convexe en dessus, bien bombé en dessous; 5 à 6 tours un peu convexes, croissance progressive, le dernier bien plus convexe-bombé en dessous qu'en dessus; suture médiocre; sommet obtus; ombilic réduit à une très petite fente; ouverture oblique, arquée, subtrilobée, avec 2 dents et 1 lame, fortement échancrée par l'avant-dernier tour; péristome continu, réfléchi avec un fort bourrelet interne roux-clair; test velu, solide, mince, à peine luisant, corné ou fauve. — H. 4 à 6; D. 7 à 10 millimètres.

Fig. 168-169.

Peu commun; régions montagneuses de l'Est, de l'Alsace à la Drôme.

GG. — Groupe de l'*H. obvoluta*.

Assez petit; haut et aplati, non caréné; ouverture subtrigone.

Helix obvoluta, Müller.

H. obvol., Müll., 1774. *Verm. hist.*, II, p. 27. — Loc. *Prodr.*, p. 86.

Galbe haut, un peu concave en dessus, convexe-plan en dessous; spire non saillante; 6 à 7 tours assez convexes, croissance très progressive; le dernier égal en hauteur à toute la hauteur de la coquille, arrondi, un peu déclive à l'extrémité; suture bien accusée; ombilic grand, ouvert; ouverture oblique, subtrigone, bien ondulée; péristome interrompu, réfléchi, vaguement bidenté, rose-violacé, à bords écartés; test assez solide, fauve-roux, mat, velu. — H. 5 à 7; D. 12 à 15 millimètres.

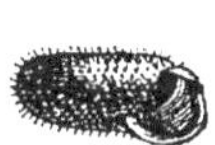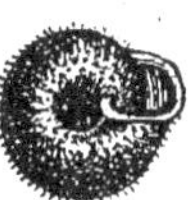

Fig. 170-171.

Assez commun; presque partout, plus rare dans le Midi.

Helix angigyra, Ziegler.

H. angig., Ziegl., *in* Rossm., 1835. *Icon.*, p. 70, pl. I, fig. 21. — Loc., 1884, *Bull. Soc. malac.*, I, p. 200.

Plus petit, même galbe; tours plus étroitement serrés; suture plus profonde; ombilic plus étroit, un peu moins évasé; ouverture subtrigone, peu ondulée; péristome inégalement épaissi, mais moins fortement réfléchi, avec bourrelet interne moins épais et moins découpé; test fauve-clair, mat, velu. — H. 4 1/2; D. 9 à 10 millimètres.

Rare; le Faucigny (Savoie).

Helix holoserica, STUDER.

H. holoser., Stud., 1820. *Kurz. vers.*, p. 87. — Loc. *Prodr.*, p. 87.

Plan, à peine convexe en dessus, convexe-plan en dessous; spire à peine saillante; 5 à 6 tours assez convexes; ombilic médiocre; ouverture trigone, très ondulée; péristome interrompu, réfléchi, bidenté, roux-clair; test fauve-roux, assez velu. — H. 5 à 6; D. 9 à 10 millimètres.

Rare; l'Est, Isère, Savoie, Haute-Savoie, Jura, etc.

HH. — Groupe de l'*H. Quimperiana*.

Grand; haut et planorbique, non caréné; ouverture simple.

Helix Quimperiana, DE FERUSSAC.

H. Quimp., Fer., 1822. *Tabl. syst.*, p. 43. — Loc. *Prodr.*, p. 89.

Galbe haut, aplati-concave en dessus, un peu convexe en dessous; 5 à 6 tours convexes, croissance rapide, le dernier assez grand; suture profonde; ombilic large; ouverture un peu oblique, arrondie, médiocrement échancrée; péristome interrompu, avec bourrelet interne blanc-roux, à bords très convergents; test très mince, fragile, glabre, peu luisant, roux-fauve jaunacé, avec 2 ou 3 anneaux jaune-clair et verticaux. — H. 10 à 12; D. 20 à 30 millimètres.

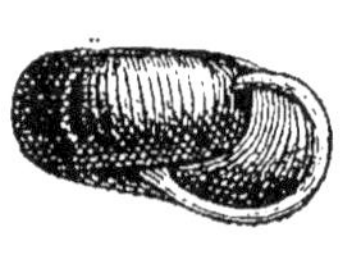

Fig. 172-173.

Peu commun; région occidentale, Pyrénées et Bretagne.

II. — Groupe de l'*H. Pyrenaica*.

Assez grand; déprimé, non caréné; ombilic médiocre; test corné.

Helix Pyrenaica, DRAPARNAUD.

H. Pyren., Drap., 1805. *Hist. moll.*, p. 111, pl. 13, fig. 7. — Loc. *Pr.*, p. 90.

Galbe déprimé, légèrement convexe dessus, faiblement aplati dessous;

5 à 6 tours peu convexes, croissance progressive, le dernier arrondi;
suture assez marquée; sommet très
obtus; ombilic médiocre; ouverture très oblique, transversalement
ovalaire, médiocrement échancrée;
péristome interrompu, réfléchi, avec
bourrelet interne blanc-rosé, à
bords écartés, peu convergents;
test un peu solide, finement striolé,
subtransparent, corné-verdâtre. — H. 7 à 11; D. 15 à 22 millimètres.

Fig. 174-175.

Peu commun; toute la région pyrénéenne.

Helix Xanthelea, Bourguignat.

H. Xanth., Brgt., *in* Fag., 1879. *Soc. Toul.*, p. 233. — *Loc. Prodr.*, p. 90.

Plus déprimé, à peine convexe en dessus; spire plus aplatie; suture
plus profonde; ouverture plus allongée-transverse, plus étroite, avec le
bord columellaire presque droit et encore moins convergent; test plus
mince. — H. 6 1/2 à 10; D. 15 à 21 millimètres.

Assez rare; Ax (Ariège), le Vernet, Port-Vendres, etc. (Pyr.-Orient.)

Helix subpyrenaica, Bourguignat.

H. subpyren., Brgt. *Nov. sp. in coll.*

Très déprimé, presque complètement plan en dessus; spire à peine
saillante; dernier tour vaguement subcaréné dans le haut, ensuite bien
arrondi dans le bas; suture très marquée; ouverture oblique, transversalement ovalaire, assez échancrée; péristome réfléchi, avec bourrelet
interne blanchâtre; test corné-verdâtre clair. — H. 7; D. 18 millimètres.

Rare; les Pyrénées, le Vernet, Amélie-les-Bains (Pyrénées-Orientales).

JJ. — Groupe de l'*H. cornea*.

Taille moyenne; subdéprimé, subcaréné; ombilic assez ouvert.

Helix cornea, Draparnaud.

H. cornea, Drap., 1801. *Tabl. moll.*, p. 89. — *Loc. Prodr.*, p. 90.

Galbe subdéprimé, peu convexe en dessus, assez bombé en dessous;
5 à 6 tours un peu aplatis, croissance progressive, le dernier obtusé-

F.G. 176-177.

ment caréné; suture peu profonde; sommet très obtus ; ombilic assez ouvert; ouverture très oblique, ovale-transverse, peu échancrée ; péristome interrompu, réfléchi, avec bourrelet interne blanc-rosé, bords très rapprochés ; test mince, solide, à peine striolé, un peu luisant, cornéroux avec bande brune médiane au dernier tour. — H. 6 à 8; D. 12 à 15 millim.

Assez commun; l'Ouest et les Pyrénées.

Helix squammatina, MARCEL DE SERRES.

H. squam., M. de Serres, *in* Moq., 1855. *H. moll.*, II, p. 134.— Loc. *Pr.*, p. 90.

Taille plus petite, galbe plus bombé; spire un peu plus haute; dernier tour plus déclive vers l'extrémité ; ouverture un peu moins ovalaire ; test plus solide, plus épais, moins transparent, d'un brun rougeâtre, avec bande médiane presque noirâtre. — H. 6 à 7; D. 13 à 14 millimètres.

Peu commun; Hérault, Pyrénées-Orientales, Haute-Garonne, Corrèze.

Helix Oltisiana, LOCARD.

H. Oltisiana, Loc., 1890. *Nov. sp.*

Bien déprimé, presque plat, à peine un peu convexe en dessus, assez bombé en dessous; 5 1/2 tours peu convexes, croissance régulière, le dernier avec carène extra-obtuse, tout à fait supérieure ; suture accusée; ombilic assez ouvert; ouverture peu oblique, subarrondie; péristome à bords assez rapprochés, bien convergents; test corné-roux clair, avec bande brune dans le haut du dernier tour. — H. 6; D. 14 millimètres.

Rare ; Port-Sainte-Marie (Lot-et-Garonne).

Helix Desmoulinsi, FARINES.

H. Desmoul., Farines, 1834. *Descr. coq.*, p. 5, fig. — *H. Desmoul.* et *H. acrosticha*, Loc. *Prodr.*, p. 91.

FIG. 178-179.

Comprimé-lenticulaire, presque aussi convexe dessus que dessous; 5 1/2 tours plans, croissance très progressive, le dernier avec carène médiane assez étroite, déclive à l'extrémité ; suture très peu accusée; ombilic assez élargi et évasé; ouverture très oblique, arrondie-ovalaire, un peu transverse; péristome continu,

mince, un peu évasé dans toute sa partie inférieure; test mince, subtransparent, corné-verdâtre, avec poils très caducs. — H. 5 à 6; D. 14
à 15 millimètres.

Assez rare; Pyrénées-Orientales, Hautes et Basses-Pyrénées, Ariège, etc.

Helix Crombezi, MILLIÈRE.

H. Cromb., Mill., *in* Loc., 1882. *Prodr.*, p. 91 et 320.

Voisin du *Desmoulinsi*, plus grand et plus déprimé; tour plus anguleux, le dernier avec une carène plus supérieure et plus émoussée, plus
déclive à son extrémité; suture plus profonde; ombilic plus étroit;
ouverture encore plus oblique et plus ovalaire-transverse; test orné de
stries plus fortes et de poils moins caducs. — H. 5 1/2; D. 14 à 16 mill.

Rare; Saint-Martin-de-Lantosque (Alpes Maritimes).

KK. — Groupe de l'*H. Gallica*.

Grand; subdéprimé, non caréné; ombilic médiocre.

Helix Gallica, BOURGUIGNAT.

H. Gallica, Brgt., *in* Loc., 1882. *Prodr.*, p. 92.

Galbe subdéprimé, un peu convexe en dessus, bombé en dessous; 5 à
6 tours peu convexes, croissance
un peu brusque, le dernier gros,
bien arrondi, peu déclive; suture
assez marquée; sommet obtus;
ombilic profond, médiocre; ouverture très oblique, un peu ovalaire-
transverse, assez échancrée; péristome interrompu, réfléchi, avec

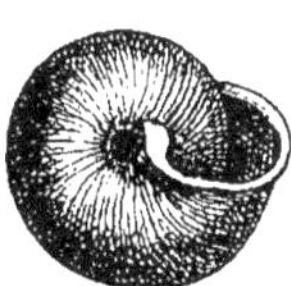

Fig. 180-181.

bourrelet interne blanc, à bords convergents, peu rapprochés; test
mince, transparent, luisant, substriolé, corné-verdâtre, avec une bande
brune étroite supra-médiane. — H. 10 à 14; D. 20 à 25 millimètres.

Peu commun; le Sud-Est, de la Savoie aux Alpes-Maritimes.

Helix Millierei, BOURGUIGNAT.

H. Millieri, Brgt., 1880. *S.-Mart. Lant.*, p. 5. — Loc. *Prodr.*, p. 92.

Subdéprimé, presque plan en dessus, assez bombé en dessous; 5 tours

très peu convexes, croissance régulière assez rapide, le dernier subanguleux à sa naissance, plus arrondi-bombé en dessous qu'en dessus ; suture
accusée ; ouverture exactement ovale-transverse, péristome légèrement
épaissi et subpatulescent, blanc-jaunâtre ; bords rapprochés, avec léger
callum ; test fragile, subpellucide, brillant, olivâtre, avec une bande
brun-roux supra-médiane. — H. 9 ; D. 20 millimètres.

Rare ; Saint-Martin-de-Lantosque (Alpes-Maritimes).

Helix Queyrasiana, Locard.

H. Queyras., Loc., 1890. *Nov. sp.*

Subglobuleux-déprimé, assez convexe en dessus, bombé en dessous ;
spire un peu haute, 6 tours convexes, croissance rapide, le dernier gros,
bien arrondi, un peu déclive, légèrement aplati vers l'omblic ; suture
accusée ; ombilic profond, étroit ; ouverture très oblique, subarrondie ;
péristome très épais, patulescent, blanc-jaunacé ; bords assez rapprochés, peu convergents ; test solide, épaissi, subopaque, striolé, jaunacé,
avec étroite bande brune supra-médiane. — H. 14 ; D. 29 millimètres.

Rare ; Le Queyras (Vaucluse).

Helix cingulata, Studer.

H. cingul., Stud., 1820. *Kurz. verz.*, p. 87. — Loc. *Prodr.*, p. 94.

Déprimé, peu convexe en dessus, peu bombé en dessous ; 5 tours

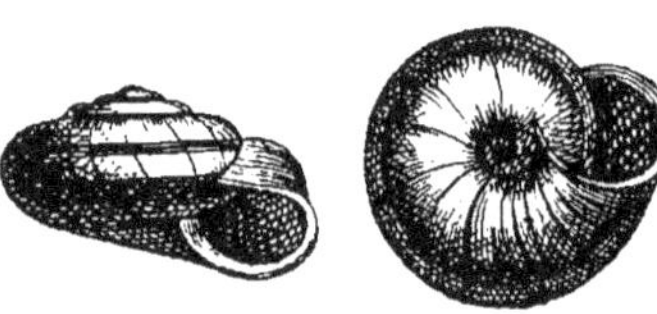

Fig. 182-183.

un peu convexes, croissance
rapide, le dernier grand, étroitement arrondi, comme comprimé, déclive ; suture assez
marquée ; ombilic profond, assez
large ; ouverture très oblique,
bien arrondie-transverse, très
peu échancrée ; péristome peu
épais, légèrement patulescent en bas, blanchâtre, bords très convergents,
réunis par un callum sensible ; test subopaque, blanchâtre, avec bande
brune supra-médiane. — H. 10 à 11 ; D. 20 à 25 millimètres.

Assez rare ; le Sud-Est, Basses-Alpes, Alpes-Maritimes, etc.

Helix amathia, Bourguignat.

H. amathia, Brgt., *in* Loc., 1882. *Prodr.*, p. 94 et 322.

Déprimé, presque plat, à peine convexe en dessus, un peu bombé en
dessous ; 5 tours presque plans, le dernier comme gonflé vers l'ouver-

turé, avec le maximum de convexité supra-médian, très déclive, surtout
à l'extrémité; ombilic assez étroit; ouverture très oblique, dilatée, arrondie-transverse; péristome épaissi, à bords à peine distans, le supérieur
bien arqué; test subopaque, blanchâtre, avec ban le brune supra-médiane.
— H. 10; D. 22 millimètres.

Rare; le Sud-Est, Alpes-Maritimes, etc.

L.L. — Groupe de l'*H. pulchella*.

Très petit; sub téprimé; ombilic très large; péristome très épaissi.

Helix pulchella, MÜLLER.

H. pulchel., Müll., 1774. *Verm. hist.*, II, p. 30. — Loc. *Prodr.*, p. 94.

Galbe subdéprimé, assez aplati en dessus, convexe en dessous; 4 à
5 tours un peu convexes, le dernier arrondi-comprimé,
plus bombé dessous que dessus; suture peu marquée;
sommet très obtus; ombilic très large; ouverture
oblique, exactement ronde, à peine échancrée; péri-
stome subcontinu, très réfléchi, épaissi; test mince, 
assez solide, semi-transparent, grisâtre, lisse. — H. 1
à 1 1/2; D. 1 1/2 à 2 1/2 millimètres.

Fig. 184-185.

Commun; presque partout.

Hellix costata, MÜLLER.

H. costata, Müll , 1774. *Verm. hist.*, II, p. 31. — Loc. *Prodr.*, p. 95.

Même galbe, taille un peu plus grande; ouverture un peu plus arrondie; péristome moins épais,
à bords très rapprochés; test mince, roux-gri- 
sâtre, orné de petites côtes saillantes, régulière-
ment espacées, un peu roussâtres. — H. 1 à 1 1/2;
D. 2 à 3 millimètres.

Fig. 186-187.

Commun; presque partout.

MM. — Groupe de l'*H. Fontenilli*.

Assez grand; subdéprimé, subcaréné; ombilic grand; test rugueux

Helix Fontenillei, MICHAUD.

H. Font., Mich., 1820. *Soc. Lin. Bord.*, III, p. 267, fig. 13-14. — Loc. *Pr.*, p. 92.

Galbe assez déprimé, un peu aplati en dessus, assez bombé en dessous ; 5 à 6 tours peu convexes, croissance progressive, le dernier

légèrement dilaté vers l'ouverture,
avec carène médiane obtuse ; suture
peu profonde ; sommet aplati ;
ombilic large ; ouverture très oblique, ovalaire-transverse, échancrée ; péristome interrompu, un peu
réfléchi, avec bourrelet interne peu
épais, blanchâtre, à bords très con-

Fig. 188-189.

vergents, le columellaire évasé sur l'ombilic ; test mince, strié, subtransparent, corné-roux, avec marbrures opaques. — H. 7 à 9 ; D. 15 à 22 mill.

Peu commun ; les Alpes dauphinoises entre 800 et 1300 mètres.

Helix Alpina, Faure-Biguet.

H. Alp., Faure-Big., *in* Fer., 1822. *Tabl. syst.*, p. 62. — Loc. *Prodr.*, p. 93.

Globuleux-déprimé, convexe en dessus, un peu bombé en dessous ;

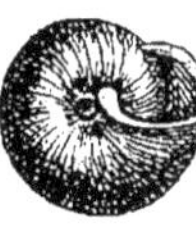

5 à 6 tours assez convexes, croissance
assez progressive, le dernier un peu dilaté
vers l'ouverture, avec carène courte et
très obtuse ; suture bien marquée ; sommet
un peu convexe ; ombilic assez large ;
ouverture très oblique, ovale-arrondie ;
péristome interrompu, légèrement réflé-

Fig. 190-191.

chi, à bords blancs, épais, très convergents, le columellaire très évasé ;
test strié, opaque, blanc-grisâtre. — H. 9 à 12 ; D. 16 à 20 millimètres.

Assez commun ; les Alpes de la Savoie et du Dauphiné, entre 1100 et
2200 mètres.

Helix peraltata, Locard.

H. Alpina, v. alpicola, West., 1876. *Pr.*, p. 69. — *H. peral.*, Loc. *Nov. sp.*

Globuleux, convexe-conique en dessus, un peu bombé en dessous ;
spire haute, 6 tours convexes, croissance progressive ; le dernier haut,
bien arrondi ou très obtusément caréné, très déclive ; suture accusée ;
ombilic assez étroit ; ouverture très oblique, presque circulaire ; péristome
interrompu, à peine réfléchi, épaissi ; bord columellaire évasé à sa naissance ; test striolé, opaque, blanc-grisâtre. — H. 10 ; D. 14 millimètres.

Rare ; le Grandson (Isère).

Helix glacialis, THOMAS.

H. glacial., Thom., *in* Fer., 1822. *Tabl. syst.*, p. 42. — Loc. *Prodr.*, p. 93.

Bien déprimé, presque aussi convexe en dessus qu'en dessous; 5 tours
peu convexes, croissance progressive, le der-
nier subcomprimé, à peine dilaté vers l'extrémité, très obtusément caréné; sommet un peu
convexe; ombilic large; ouverture très oblique,
subarrondie, assez échancrée; péristome interrompu, légèrement réfléchi, avec bourrelet

FIG 192-193.

interne blanc, peu épais, bords écartés, très convergents; test solide, un
peu luisant, blanc-grisâtre, jaunacé, avec une bande brune un peu supra-
carénale, orné de stries assez fortes. — H. 7 à 8; D. 14 à 16 millim.

Assez rare; les Alpes de la Savoie et du Dauphiné.

Helix chiophila, BOURGUIGNAT.

H. chioph., Brgt., *in* Loc., 1887. *Prodr.*, p. 93 et 321.

Voisin du *glacialis*, très bombé-convexe en dessus, un peu bombé en
dessous; 6 tours plus convexes, croissance plus lente et plus serrée, le
dernier déclive vers l'extrémité; ouverture plus oblique; test orné de costulations plus grossières et moins saillantes. — H. 8; D. 14 millimètres.

Rare; les Alpes, mont Thabor, mont Cenis, etc.

Helix Lautaretiana, BOURGUIGNAT.

H. Lautaret., Brgt., *in* Loc., 1887. *Prodr.*, p. 322.

Voisin du *glacialis*, aussi convexe en dessus qu'en dessous; 5 tours
méplans, croissance assez rapide, le dernier caréné, plus convexe dessous que dessus, très déclive; ombilic évasé; ouverture très oblique,
oblongue-allongée, un peu anguleuse au bord externe, peu échancrée;
péristome aigu, encrassé, droit en haut, dilaté en bas; test orné de grosses
côtes obliques, saillantes surtout en dessus. — H. 6; D. 13 millim.

Rare; les Alpes, col du Lautaret, mont Cenis.

Helix Pelvouxiana, BOURGUIGNAT.

H. Pelvoux., Brgt., *in* Loc., 1887. *Prodr.*, p. 322.

Voisin du *glacialis*, presque plat en dessus, un peu bombé en dessous;
5 tours peu convexes, le dernier comprimé, subanguleux, déclive à l'extrémité; suture peu accusée; ombilic assez largement dilaté; ouverture

oblique, subovalaire-transverse ; péristome droit, aigu, bordé en dedans, réfléchi à la base ; test orné de grosses côtes émoussées. — H. 6 ; D. 13 mill.

Rare ; le Pelvoux (Isère), Lans-le-Villard (Savoie).

Helix crymophila, Locard.

H. crymoph., Loc., 1892. *Nov. sp.*

Voisin du *glacialis*, taille plus petite, tours plus convexes, croissance très régulière, le dernier tour plus comprimé et plus arrondi ; ombilic plus petit ; ouverture plus ronde, avec péristome plus mince, plus tranchant, muni à l'intérieur d'un petit bourrelet blanchâtre ; bords non réfléchis ; test jaunâtre, un peu transparent, avec des costulations plus grossières. — H. 5 1/2 à 6 ; D. 12 à 13 millimètres.

Assez rare ; mont Genèvre (H.-Alpes), Chamounix (Savoie), m. Cenis.

NN. — Groupe de l'*H. subcantabrica*.

Assez petit ; subdéprimé ; ombilic assez étroit ; test velu, treillissé.

Helix subcantabrica, P. Fagot.

H. subcant., Fag., 1888. *Cron. cient.*, p. 33. — *H. Cantabr.*, Loc. *Pr.*, p. 93.

Galbe déprimé, à peine convexe en dessus, légèrement bombé en dessous ; 5 tours presque plans, croissance progressive, le dernier un peu dilaté vers l'extrémité, avec carène supra-médiane très obtuse ; suture peu accusée ; sommet peu saillant ; ombilic large ; ouverture oblique, ovalaire-transverse ; péristome discontinu, à bords rapprochés, le supérieur presque droit,

Fig. 194-195.

le columellaire peu dilaté ; test solide, épaissi, avec costulations ponctuées assez grossières, saillantes, orné de poils caducs, gris-jaunacé, marbré de roux. — H. 5 à 6 ; D. 13 à 15 millimètres.

Rare ; pic du Gar (Haute-Garonne).

Helix Trutatiana, P. Fagot.

H. Trut., Fag., 1883. *Bull. Soc. nat. Toulouse*, XVI, p. 72.

Déprimé, un peu convexe en dessus, assez bombé en dessous ; 5 tours peu convexes, croissance rapide, le dernier plus grand, arrondi, un peu comprimé, avec carène médiane très obtuse, non déclive à l'extrémité; ombilic assez petit; ouverture subquadrangulaire-arrondie; péristome tranchant, à peine épaissi, bords distants, le columellaire un peu réfléchi; test grisâtre avec maculatures corné-gris, orné de stries rugueuses, irrégulières et de poils courts, caducs. — H. 5; D. 8 à 9 millimètres.

Rare; pic du Gap (Haute-Garonne).

Helix Renei, P. FAGOT.

H. Renei, Fagot, 1883. *Bull. Soc. hist. nat. Toulouse*, XII, p. 72.

Déprimé-convexe, assez convexe en dessus, assez bombé en dessous; 5 tours convexes, les premiers à croissance lente, les suivants croissant plus rapidement, le dernier grand, arrondi, dilaté et déclive à l'extrémité; ombilic assez petit; ouverture subarrondie, à bords rapprochés, le columellaire subréfléchi; test gris ou fauve, sans maculatures, orné de stries rugueuses régulières et de poils rares. — H. 5; D. 7 millimètres.

Rare; pic du Gar (Haute-Garonne).

Helix Oreina, P. FAGOT.

H. Oreina, Fag., 1888. *Cronic. cientif.*, XI, p. 34.

Subdéprimé, conique-déprimé en dessus, subcomprimé en dessous; 5 tours aplatis, croissance rapide et régulière, le dernier un peu plus grand, comprimé, dilaté et déclive vers l'extrémité; suture assez accusée; ombilic étroit, dilaté-infundibuliforme; ouverture oblique, circulaire; péristome aigu, avec bourrelet interne blanc; bords rapprochés, convergents, le columellaire un peu réfléchi; test grisâtre, avec quelques maculatures cornées, irrégulièrement strié-rugueux. — H. 7; D. 12 mill.

Rare; vallée de la Barousse (Hautes-Pyrénées).

Helix submontivaga, LOCARD.

H. montivaga, Fag., 1888. *Cronic. cientif.*, XI, p. 34 (*non* Westerl.). — *H. submontiv.*, Loc., 1892. *Nov. sp.*

Subconvexe, aussi bombé dessus que dessous; 4 1/2 tours assez convexes, croissance lente et régulière, le dernier arrondi; ombilic un peu étroit, oblique, exactement infundibuliforme; ouverture peu oblique, ovalaire, à bords assez rapprochés; péristome simple, à peine épaissi; test cendré aux premiers tours, jaune au dernier, avec une bande brune en dessus et cinq bandes translucides en dessous, orné de stries costulées, régulières. — H. 7 1/2; D. 10 millimètres.

Rare; Gavarnie (Hautes-Pyrénées).

Helix suboreina, P. Fagot.

H. suboreina, Fag., 1888. *Cronic. cientif.*, XI, p. 35.

Déprimé ; 6 tours presque plans, croissance lente et régulière, le dernier plus grand, comprimé, ni dilaté ni déclive à l'extrémité ; suture accusée ; ombilic étroit, élargi au dernier tour; ouverture droite, oblongue-ovalaire à bords peu rapprochés ; péristome simple, aigu ; test grisâtre, maculé de rares points cornés, avec une zonule fauve supra-carénale, et orné de stries peu accusées. — H. 6; D. 10 millimètres.

Rare ; Gavarnie (Hautes-Pyrénées).

OO. — Groupe de l'*H. Carascalensis*.

Taille moyenne ; galbe subglobuleux, subcaréné ; ombilic très petit.

Helix Carascalensis, DE FERUSSAC.

H. Carasc., Fer., 1822. *Tabl. moll.*, p. 43. — Loc. *Prodr.*, p. 95.

Galbe subglobuleux-déprimé, convexe en dessus, assez bombé en dessous; 5 à 6 tours peu convexes, croissance assez progressive, le dernier un peu comprimé, légèrement dilaté à l'extrémité, subcaréné; suture très peu marquée; sommet très obtus; ombilic petit; ouverture très oblique, ovalaire, peu échancrée ; péristome interrompu, droit, mince, un peu plus clair

Fig. 193-197.

en dehors ; bords très convergents, un peu rapprochés, le columellaire légèrement réfléchi; test mince, un peu solide, gris-jaunâtre, orné de stries inégales, assez fortes. — H. 6 1/2 à 8; D. 10 à 12 millimètres.

Peu commun ; Hautes et Basses-Pyrénées.

Helix Carascalopsis, P. Fagot.

H. Carascal., Fag., 1884. *Ann. malac.*, II, p. 178. — Loc. *Prodr.*, p. 96.

Voisin du *Carascalensis*, plus aplati, spire moins haute, dernier tour plus large et plus dilaté en dessus, plus renflé en dessous ; ombilic encore plus étroit; ouverture plus ovalaire ; bord columellaire plus réfléchi sur l'ombilic; test plus strié. — H. 6 à 7; D. 10 à 12 millimètres.

Assez commun ; Haute-Garonne, Ariège, Aude, Pyrénées-Orientales, etc.

Helix Esserana, Bourguignat.

H. Esser., Brgt., *in* Fagot, 1888. *Cronic. cient.*, p. 32.

Subglobuleux, un peu conique en dessus, assez bombé en dessous; spire haute; 5 à 6 tours très peu convexes, le dernier gros, non comprimé, très obtusément subcaréné, dilaté-arrondi à son extrémité; suture très peu marquée; sommet un peu haut; ombilic assez petit; ouverture fortement oblique, subarrondie; péristome mince, bords rapprochés, très convergents, le columellaire faiblement réfléchi en haut; test gris-jaunacé un peu verdâtre, avec stries fortes. — H. 7 1/2; D. 11 1/2 millim.

Rare; Eaux-Chaudes (Basses-Pyrénées).

Helix Nansoutyana, P. Fagot.

H. Nansout., Fag., 1880. *Bull. Soc. Toul.*, XIV, p. 300. — Loc. *Prodr.*, p. 96.

Déprimé-globuleux, un peu élevé en dessus, assez bombé en dessous; spire haute, 5 1/2 tours un peu convexes, croissance lente et régulière, le dernier arrondi, non déclive; suture accusée; ouverture oblique, presque ronde; péristome tranchant; bord columellaire à peine réfléchi; test corné-jaunâtre, avec stries rugueuses. — H. 9 à 10; D. 12 à 14 mill.

Rare; environs de Barrèges (Hautes-Pyrénées).

Helix subvelascoi, Bourguignat.

H. Velascoi, Loc., *Pr.*, p. 96 (*n.* Hidalgo). — *H. subvel.*, Brgt. *Nov. sp. in coll.*

Orbiculaire-déprimé, peu convexe en dessus, un peu bombé en dessous; 5 1/2 tours convexes, croissance régulière, le dernier subdilaté, déclive, étroitement arrondi, obtusément subcaréné, déclive; suture peu profonde; ombilic très petit; ouverture très oblique, ovalaire-transverse; péristome simple, avec léger bourrelet interne; bords rapprochés, très convergents, le columellaire légèrement réfléchi; test gris-jaunacé, avec quelques flammes longitudinales brunes, orné de stries assez fines. — H. 8; D. 14 à 15 1/2 millimètres.

Peu commun; environs de Barrèges (Hautes-Pyrénées).

Helix Esterlei, Bourguignat.

H. Esterlei, Brgt. *Nov. sp. in coll.*

Voisin du *subvelascoi*, taille plus petite, galbe plus déprimé; 5 tours peu convexes, le dernier un peu comprimé, plus bombé dessous que dessus, avec carène assez accusée sur presque toute sa longueur, non déclive; ombilic petit; ouverture oblique, subarrondie-transverse; bords peu couvergents, le supérieur presque droit, péristome un peu mince ; test roux-verdâtre, orné de stries assez fortes. — H. 6 1/2 ; D. 11 à 12 mill.

Assez rare ; Pic du Midi, Ossau près Gabas (Hautes-Pyrénées).

Helix oppidi, P. Fagot.

H. oppidi, Fag., 1885. *Bull Soc. malac.*, II, p. 273.

Bien déprimé, presque plat en dessus, légèrement convexe en dessous ; 6 tours très peu convexes, les premiers à croissance lente et régulière, le dernier beaucoup plus grand, comprimé-dilaté, à peine déclive à l'extrémité, avec carène médiane; suture comme canaliculée ; ouverture grande, à peine oblique, ovalaire-transverse ; péristome simple, à bords rapprochés, également arqués ; test roux avec linéoles et carène jaunacées, irrégulièrement striolé. — H. 8 à 9 ; D. 15 millimètres.

Rare ; vallée d'Aspe (Basses-Pyrénées).

Helix transfuga, P. Fagot.

H. transf., Fag., 1885. *Bull. Soc. malac.*, II, p. 275.

Subdéprimé, aussi couvexe en dessus qu'en dessous ; 6 tours peu convexes, croissance lente et régulière, le dernier un peu plus gros, renflé en dessus et en dessous, dilaté et un peu déclive à l'extrémité, avec carène médiane obtuse; suture accusée ; ouverture oblique, subarrondie-transverse ; péristome blanc, simple, bords régulièrement convexes, le columellaire un peu réfléchi; test bien opaque, blanc, jaspé de gris ou de noir, passant au jaune vers l'ouverture, orné de costulations émoussées. — H. 7 à 8 ; D. 15 millimètres.

Rare ; Pont-d'Esquit, vallée d'Aspe (Hautes-Pyrénées).

PP. — Groupe de l'H. Bollenensis.

Taille moyenne ; galbe globuleux ; ombilic petit ; test subcrétacé.

Helix Bollenensis, Locard.

H. Bollen., Loc., 1882. *Prodr.*, p. 96 et 322. — 1884. *Contr.*, VII, p. 10, fig. 1-3.

Fig. 198-199.

Galbe globuleux, conique en dessus, assez fortement renflé en dessous; spire élevée, 5 à 4 1/2 tours bienconvexes, régulièrement et progressivement développés, étagés, le dernier bien arrondi, à peine déclive;

suture bien marquée ; ouverture très oblique, peu échancrée, circulaire ;
péristome discontinu, tranchant, avec bourrelet blanc-rosé interne ;
bords assez rapprochés ; test subopaque, blanc-jaunâtre, avec stries
fines, saillantes, régulières. — H. 10 à 11 1/2 ; D. 12 à 14 1/2 millim.

Peu commun ; Drôme, Basses-Alpes, Vaucluse, Aude, etc.

Helix Lauraciana, P. Fagot.

H. *Laur.*, Fag., 1883. *Soc. h. nat. Toul.*, p. 207. — Loc. *C.*, VII, p. 13, fig. 4-6.

Subglobuleux, subconique en dessus, un peu renflé en dessous ; spire
peu élevée ; 4 1/2 à 5 tours légèrement convexes, régulièrement étagés ;
croissance lente et régulière, le dernier arrondi, puis un peu aplati en
dessous à l'extrémité et légèrement déclive ; suture assez accusée ; ouverture oblique, un peu plus haute que large ; stries assez fortes, irrégulières. — H. 9 à 10 1/2 ; D. 11 à 14 millimètres.

Assez commun ; Haute-Garonne, Drôme, Vaucluse, etc.

Helix Carpensoractensis, P. Fagot.

H. Carp., Fag., 1884. *Soc. hist. nat. Toul.*, p. 221. — Loc. *Contr.*, VII, p. 15.

Globuleux-conique, très conique en dessus, bien renflé en dessous ;
spire très élevée, comme acuminée ; 5 à 6 1/2 tours bien convexes, étagés,
croissance lente, le dernier arrondi, un peu renflé en dessous, non
déclive à l'extrémité ; suture très accusée ; ouverture très peu oblique,
presque circulaire ; stries fines et régulières. — H. 9 ; D. 11 millimètres.

Peu commun ; Carpentras, Visan (Vaucluse), mont Alaric (Aude), etc.

Helix Robiniana, Bourguignat.

H. Robin., Brgt., *in* Loc., 1884. *Contr.*, VII, p. 16.

Subglobuleux-conique, un peu conique en dessus, assez renflé en dessous ; spire assez haute ; 4 1/2 à 5 tours convexes, croissance lente et
régulière, le dernier un peu arrondi-déprimé, plus renflé dessous que
dessus, déclive à l'extrémité ; suture assez accusée ; ouverture un peu
oblique, assez échancrée, à bords rapprochés, presque circulaire ; stries
fines, peu régulières. — H. 7 à 8 ; D. 8 à 10 millimètres.

Assez rare ; Alpes-Maritimes, Drôme, Vaucluse, Basses-Alpes, Aude, etc.

Helix foliorum, P. Fagot.

H. folior., Fag., *in* Loc., 1884. *Contr.*, VII, p. 19.

Un peu globuleux, subconique en dessus, assez renflé en dessous ;

spire un peu élevée ; 4 1/2 à 5 tours légèrement convexes, croissance ;
assez lente et assez régulière, le dernier arrondi, s'élargissant et s'ovalisant, légèrement déclive à l'extrémité ; suture peu accusée ; ouverture
assez oblique, assez échancrée, un peu plus large que haute ; stries fines,
peu régulières. — H. 6 1/2 à 8 ; D. 8 à 11 millimètres.

Rare ; Sallèle-d'Aude (Aude).

Helix prinohila, J. Mabille.

H. prin., Mab., 1881. *Soc. phil.*, V, p. 122. — Loc. *Contr.*, VII, p. 21.

Subglobuleux, un peu déprimé en dessus, bien renflé en dessous ;
spire peu élevée, 4 1/2 à 5 tours légèrement convexes, croissance lente
et régulière, le dernier plus gros, bien arrondi, un peu renflé en dessous,
à peine déclive ; suture bien accusée ; ouverture un peu oblique, presque
circulaire, assez fortement échancrée ; stries un peu fines, irrégulière s
— H. 4 1/2 à 5 ; D. 8 à 9 millimètres.

Assez rare ; Basses-Alpes, Drôme, Aude, etc.

Helix Perroudiana, Locard.

H. Perroud., Loc., 1884. *Contr.*, VII, p. 13, fig. 7-9.

Subdéprimé, légèrement conique en dessus, faiblement renflé en des-

sous ; spire peu haute, 4 1/2 à 5 tours convexes,
croissance lente et régulière, le dernier plus
gros, arrondi, un peu déprimé dessus et dessous, plus renflé et un peu déclive à l'extrémité ; suture bien accusée ; ouverture un peu
oblique, médiocrement échancrée, presque
ronde ; stries fines, assez régulières — H. 7 à

Fig. 200-201.

8 1/2 ; D. 10 à 12 millimètres.

Assez rare ; Drôme, Vaucluse, Basses-Alpes, Aude, etc.

Helix Visanica, P. Fagot.

H. Visan., Fag., *in* Loc., 1884. *Contr.*, VII, p. 25.

Subglobuleux, convexe en dessus, un peu renflé en dessous ; spire un
peu haute, 5 à 5 1/2 tours légèrement convexes, croissance d'abord un
peu lente, puis plus rapide, dernier tour un peu déprimé et subcaréné à
sa naissance, arrondi, non déclive à l'extrémité ; suture bien accusée ;
ouverture assez oblique, peu échancrée, à bords assez rapprochés,

presque circulaire ; stries assez fortes, assez régulières. — H. 7 à 8 1/2 ;
D. 10 à 12 millimètres.

Rare ; Visan, mont Leberon (Vaucluse).

Helix Tricastinorum, F. Florence.

H. Tricast., Flor., *in* Loc., 1884. *Contr.*, VII, p. 27, fig. 10-12.

Subdéprimé, déprimé en dessus, assez bombé en dessous ; spire très
peu haute, 4 1/2 à 5 tours légèrement convexes, croissance lente, puis
plus rapide, le dernier arrondi, puis subarrondi mais non déclive à l'extrémité, plus renflé dessous que dessus ; suture assez accusée ; ouverture
peu oblique, assez échancrée, à bords peu rapprochés, un peu ovalaire-
transverse ; stries assez fortes, irrégulières. — H. 7 1/2 ; D. 12 mill.

Rare ; Saint-Paul-Trois-Châteaux (Drôme).

QQ. — Groupe de l'*H. striata*.

Petit ; globuleux, non caréné ; ombilic assez étroit ; test costulé.

Helix striata, Müller.

H. striata, Müll., 1774. *Verm. Hist.*, II, p. 38. — Loc., 1883. *Contr,*, VI, p. 10.

Galbe subglobuleux, un peu conique en dessus, assez convexe en dessous ; 4 1/2 tours bien convexes, croissance très régulière, le dernier à
peine plus grand, exactement arrondi ; suture
assez profonde ; ombilic assez étroit ; ouverture oblique, peu échancrée, bien ronde ; péristome interrompu, à bords assez rapprochés,
presque droits, peu épais ; bord columellaire un
peu réfléchi ; test solide, épais, blanc-gris ou roux,

F.G. 202-203.

avec ou sans bandes brunes, orné de costulations serrées et accusées. —
H. 4 1/2 à 6 1/2 ; D. 7 à 9 millimètres.

Peu commun ; le Nord et l'Est.

Helix costulata, Ziegler.

H. cost., Ziegl., *in* Pfeiff., 1828. *D. Moll.*, p. 32, pl. 6, fig. 21-22. — Loc. *Pr.*, p. 115.

Globuleux-déprimé, un peu conique en dessus, très bombé en dessous ;
4 1/2 tours très convexes, le dernier arrondi-globuleux, un peu déclive à
l'extrémité ; suture très accusée ; ombilic assez étroit ; ouverture bien
ronde, peu échancrée ; péristome à bords très rapprochés, très conver-

gents, le columellaire à peine réfléchi ; test solide, crétacé, gris-corné, avec ou sans bande étroite et supra-médiane, orné de costulations grossières, rapprochées. — H. 5 à 6 ; D. 7 à 8 millimètres.

Peu commun ; le Nord et l'Est.

Helix deana, Tassy.

H. deana, Tassy, 1884. *Bull. Soc. malac.*, I, p. 354.

Globuleux, convexe-arrondi, assez élevé en dessus, bombé en dessous ; 5 tours légèrement convexes, croissance lente et régulière, le dernier assez ample et renflé, arrondi et légèrement déclive à l'extrémité ; suture marquée; ombilic étroit, subpunctiforme ; ouverture peu oblique, arrondie ; péristome droit, aigu, à peine encrassé à l'intérieur, légèrement réfléchi sur l'ombilic ; test crétacé, non brillant, opaque, d'un blanc sale, avec une bande brune droite interrompue, orné de costulations assez fortes, surtout en dessus. — H. 6 ; D. 8 millimètres.

Rare ; environs de Die (Drôme).

Helix pleurestha, Tassy.

H. pleures., Tassy, 1884. *Bull. Soc. malac.*, I, p. 355.

Déprimé-globuleux, convexe dessus et dessous, peu élevé ; 5 tours très légèrement convexes, croissance assez rapide, le dernier dilaté, assez grand, subanguleux à sa naissance, arrondi et à peine déclive à l'extrémité ; suture accusée ; ombilic étroit ; ouverture subverticale, semi-arrondie ; péristome droit, aigu, encrassé assez profondément ; bord columellaire dilaté ; test subcrétacé, vaguement subpellucide, blanc-sale, avec une bande brune variable et flammulée, costulé en dessus, strié en dessous. — H. 5 ; D. 6 millimètres.

Rare ; environs de Die (Drôme), Nancy (Meurthe-et-Moselle), etc.

Helix Ramburi, J. Mabille.

H. Ramb., Mab., 1867. *Arch. malac.*, p. 28. — Loc. *Prodr.*, p. 106.

Subglobuleux-déprimé, peu convexe en dessus, assez bombé en dessous ; 5 à 5 1/2 tours, croissance assez régulière, très rapide aux deux derniers tours, le dernier très grand, arrondi, un peu dilaté et déclive à l'extrémité ; ombilic assez large, déprimé ; ouverture oblique, arrondie, à bords peu rapprochés ; péristome droit, à peine tranchant, blanc, épaissi ; test solide, blanc, parfois avec quelques fascies brunes, strié-costulé. — H. 9 à 10 ; D. 3 à 4 millimètres.

Peu commun ; Seine, Seine-et-Oise, Haute-Loire, Rhône, Var, etc.

Helix Danieli, Bourguignat.

H. Dan., Brgt., 1860, *Mal. Bret.*, p. 101, pl. 1, fig. 9-11. — Loc. *Pr.*, p. 101

Globuleux-déprimé, un peu convexe en dessus, un peu bombé en dessous ; 6 tours convexes, croissance très régulière,
le dernier bien arrondi, un peu dilaté ; ombilic un
peu étroit ; ouverture très oblique, bien ronde, à
bords rapprochés ; péristome droit, aigu, bordé
blanc ; test blanc, orné de fortes stries saillantes·
— H. 7 ; D. 10 millimètres.

Fig. 204-205.

Assez rare ; Brest (Finistère); Arcueil près Paris, S.-Benoît (H.-Loire).

Helix Carcussiaca, J. Mabille.

H. Carcus., Mab., 1881. *Soc. Phil.*, V, p. 123. — Loc. *Prodr.*, p. 106.

Subglobuleux-déprimé, un peu conoïde en dessus, bien bombé en dessous ; 4 1/2 à 5 tours convexes, croissance assez régulière, le dernier
grand, arrondi-subcomprimé, renflé en dessous ; suture accusée ; ombilic
petit ; ouverture oblique, subarrondie, à bords subconvergents, le columellaire un peu évasé ; test solide, opaque, gris-blanchâtre, parfois avec
une bande brune médiane et une ou deux infra-médianes, orné de stries
costulées. — H. 5 ; D. 8 à 9 millimètres.

Peu commun ; environs de Carcassonne (Aude).

Helix Ycaunica, J. Mabille.

H. Ycaun., Mab., 1881. *Soc. Phil.*, V, p. 122. — Loc. *Prodr.*, p. 106.

Subglobuleux-conique, conoïdal en dessus, assez bombé en dessous ;
4 1/2 tours peu convexes, croissance régulière, le dernier grand, non
déclive, un peu aplati en dessous; suture accusée ; ombilic étroit ; ouverture oblique-arrondie ; péristome droit, aigu, un peu épaissi en dedans;
bord basal arqué, le columellaire évasé ; test solide, roux, avec flammes
jaunacées, orné de côtes fortes et irrégulières. — H. 4 ; D. 7 mill.

Rare ; Mailly-Château (Yonne).

Helix arceutophila, J. Mabille.

H. arceut., Mab., 1881. *Soc. Phil.*, V, p. 122. — Loc. *Prodr.*, p. 103.

Subglobuleux-conoïde, conique en dessus, bombé en dessous; 5 à
6 tours convexes-arrondis, croissance régulière et rapide, le dernier
grand, exactement arrondi, non déclive, renflé en dessous, non dilaté à

l'ouverture ; suture bien accusée ; ombilic très étroit ; ouverture peu oblique, à bord simple, le columellaire court ; test grisâtre, avec taches cornées, parfois zoné de brun au dernier tour, orné de côtes lamelleuses. — H. 5 1/2 à 6 ; D. 6 à 7 millimètres.

Rare ; environs de Fontainebleau (Seine-et-Marne).

Helix hypæana, BOURGUIGNAT.

H. hypæana, Brgt., *in* Loc., 1882. *Prodr.*, p. 106 et 331.

Déprimé-globuleux, peu convexe en dessus, assez bombé en dessous ; 5 tours assez bombés, le dernier exactement rond, ventru, droit à l'extrémité ; suture accentuée ; ombilic médiocre, un peu évasé ; ouverture presque verticale, exactement ronde, à bords peu distants ; péristome aigu, non bordé ; bord columellaire peu dilaté ; test blanc-grisâtre, finement striolé. — H. 4 ; D. 6 millimètres.

Rare ; Château d'If, près Marseille (Bouches-du-Rhône).

Helix philomiphila, J. MABILLE.

H. philom., Mab., 1881. *Soc. phil.*, V, p. 124. — Loc. *Prodr.*, p. 106.

Déprimé, convexe en dessus, bombé en dessous ; 4 à 4 1/2 tours peu convexes, les premiers petits, à croissance régulière, les suivants à croissance plus rapide, le dernier grand, subcomprimé vers la suture, un peu renflé à la périphérie et en dessous, déclive à l'extrémité ; suture accusée ; ombilic étroit ; ouverture oblique, arrondie ; péristome droit, à bords convergents, le columellaire épaissi et patulescent ; test subsolide, gris-blanchâtre, avec maculatures disposées en séries et parfois avec bande cornée, orné de stries costulées. — H. 3 1/2 à 4 ; D. 7 à 8 millimètres.

Rare ; environs de Carcassonne (Aude).

Helix Requieni, MOQUIN-TANDON.

H. apicina, var. Req., Moq., 1855. *H. moll.*, II, p. 232. — Loc. *Prodr.*, p. 105.

Globuleux-subdéprimé, assez convexe en dessus, bien bombé en dessous ; 4 à 5 tours, croissance progressive, le dernier bien arrondi, un peu grand ; suture profonde ; ombilic un peu étroit ; ouverture peu oblique, arrondie ; péristome droit, à bords rapprochés, le columellaire très arqué ; test blanc-grisâtre, avec maculatures vers la suture et zones concentriques en dessous, d'un corné-roux, orné de stries irrégulières. — H. 4 1/2 à 5 ; D. 6 1/2 à 7 1/2 millimètres.

Très commun ; la Provence, Var, Bouches-du-Rhône, etc.

Helix Marsiana, BOURGUIGNAT.

H. Mars., Brgt., *in* Serv., 1880. *Moll. Esp.*, p. 79. — Loc. *Prodr.*, p. 105.

Globuleux-déprimé, déprimé à peine convexe en dessus, bien bombé en dessous; 5 tours convexes, à croissance progressive, le dernier grand, arrondi-ventru, s'élargissant vers l'ouverture, à peine déclive, gibbeux autour de l'ombilic; ombilic assez élargi; ouverture presque verticale, subcirculaire; péristome droit, aigu, à peine épaissi; test blanc, avec maculatures grises autour de la suture, orné de stries grossières. — H. 3 1/2; D. 7 millimètres.

Rare; Hyères (Var), Château d'If (Bouches-du-Rhône), etc.

Helix apicina, DE LAMARCK.

H. apicina, Lamck., 1823. *An. s. vert.*, VI, II, p. 93. — Loc. *Prodr.*, p. 104.

Globuleux très déprimé, légèrement aplati en dessus, bien bombé en dessous; 4 à 5 tours convexes, croissance progressive, le dernier grand, étroitement arrondi en haut, largement convexe sur le flanc, gibbeux-arrondi en dessous; suture profonde; ombilic assez élargi; ouverture peu oblique, ronde, un peu échancrée; péristome droit, mince, à bords très convergents, le columellaire très arqué; test un peu épais, blanc-grisâtre, avec petites maculatures vers la suture et quelques bandes plus transparentes en dessous, orné de stries sensibles et de poils caducs. — H. 3 1/2 à 4; D. 6 1/2 à 7 1/2 mill.

Fig. 206-207.

Commun; presque tout le Midi.

Helix Citharistensis, BOURGUIGNAT.

H. Cithar., Brgt., *in* Loc., 1882. *Prodr.*, p. 105 et 330.

Globuleux-déprimé, légèrement aplati en dessus, très bombé en dessous; 5 tours très convexes, croissance régulière, le dernier gros, arrondi-ventru, bien déclive sur sa demi-longueur; ombilic un peu étroit; ouverture oblique, plus haute que large; péristome un peu patulescent; test blanc-grisâtre, avec quelques maculatures vers la suture, orné de stries irrégulières. — H. 5; D. 8 millimètres.

Rare; la Ciotat (Bouches-du-Rhône).

RR. — Groupe de l'*H. Paladilhei.*

Petit; subglobuleux, caréné; ombilic petit; test costulé.

Helix Paladilhei, Bourguignat.

H. Palad., Brgt., 1866. *Moll. litig.*, p. 180, pl. 30, fig. 1-4. — Loc. *Pr.*, p. 107.
— 1885. *Contr.*, IX, p. 16.

Galbe subglobuleux-déprimé, un peu conoïde en dessus, bien bombé

Fig. 208-209.

en dessous; 5 à 5 1/2 tours légèrement convexes, croissance lente et très régulière, le dernier très nettement anguleux-caréné à sa
naissance; suture assez profonde; ombilic étroit;
ouverture très oblique, oblongue-arrondie,
transverse; péristome subdiscontinu, droit, un
peu épaissi à l'intérieur et en bas; bord colu-
mellaire à peine réfléchi; test solide, subcrétacé, blanc-corné, flammulé
ou zoné, orné de stries costulées, devenant comme noueuses sur la carène.
— H. 3 1/2 à 4 1/2; D. 6 1/2 à 7 1/2 millimètres.

Peu commun; le Sud-Est, Hérault, B.-du-Rhône, Var, Alpes-Marit., etc.

Helix Jeanbernati, Bourguignat.

H. Jeanb., Brgt., *in* Loc., 1882. *Prodr.*, p. 112 et 336. — *Contr.*, IX, p. 15.

Déprimé, subconoïde en dessus, un peu bombé en dessous; 5 à
5 1/2 tours peu convexes, croissance lente et régulière, le dernier anguleux à sa naissance, plus convexe dessous que dessus; ombilic très petit;
ouverture très oblique, peu échancrée, oblongue-transverse; péristome
discontinu, droit, avec gros bourrelet blanc interne; test crétacé, blanc-
jaunacé, avec flammes fauves très pâles et traces de bandes semblables,
orné de stries costulées-ondulées assez fines. — H. 3; D. 5 mill.

Rare; la Sainte-Beaume (Var), Sainte-Lucie (Aude), etc.

Helix rugosiuscula, Michaud.

H. rugos., Mich., 1831. *Compl.*, p. 14, pl. 15, fig. 11-14. — *Contr.*, IX, p. 19.

Subdéprimé, subconoïde en dessus, légèrement bombé en dessous;

Fig. 210-211.

5 à 5 1/2 tours légèrement convexes, croissance d'abord
lente et très régulière, le dernier tour subanguleux à sa
naissance, puis arrondi, à peine déclive, plus convexe
dessous que dessus; ombilic très étroit; ouverture très
oblique, subrectangulaire-transverse; péristome épaissi
en dedans; test subcrétacé, blanc-grisâtre, avec ou sans

bandes brunes, orné de stries assez fortes en dessus comme en dessous.
— H. 4 1/2 à 4 3/4 ; D. 5 1/2 à 7 1/2 millimètres.

Assez commun ; toute la Provence, Gard, Hérault, etc.

Helix Deferiana, BOURGUIGNAT.

H. Defer., Brgt., *in* Loc., 1882. *Prodr.*, p. 105 et 332.

Subglobuleux, subconique-élevé en dessus, assez bombé en dessous ;
6 tours médiocrement convexes, croissance très lente, très régulière, le
dernier subanguleux, déprimé, déclive à l'extrémité ; suture prononcée ;
ombilic étroit ; ouverture petite, très oblique, peu échancrée, oblongue-
allongée, transverse ; péristome droit, faiblement bordé en dehors, à
peine patulescent à la base ; test blanchâtre, assez transparent, strié
ondulé. — H. 5 1/2 ; D. 7 millimètres.

Rare ; Aveyron, Bouches-du-Rhône, Drôme, etc.

Helix erema, BOURGUIGNAT.

H. erema, Brgt., *in* Loc., 1882. *Prodr.*, p. 112 et 338.

Subglobuleux, un peu conique en dessus, assez bombé en dessous ;
6 tours convexes, croissance lente, le dernier à croissance un peu plus
rapide, subanguleux à sa naissance, puis arrondi, droit à l'extrémité,
bien convexe dessous, formant saillie par son développement ; ombilic
étroit ; ouverture peu oblique, peu échancrée, semi-circulaire ; péristome
droit, épaissi en dedans ; test crétacé, finement striolé. — H. 5 ; D. 7 mill.

Rare ; Aube, Seine-et-Oise, Seine-et-Marne, Drôme, etc.

Helix Vicianica, BOURGUIGNAT.

H. Vician., Brgt., *in* Loc., 1882. *Prodr.*, p. 106 et 331.

Subdéprimé-globuleux, aussi convexe dessus que dessous ; 5 tours
convexes, croissance régulière, le dernier anguleux-caréné au-delà de sa
naissance, arrondi à l'extrémité ; suture très accusée ; ombilic petit ; ouverture presque verticale, très échancrée, semi-circulaire ; péristome peu
bordé ; test opaque, crétacé, avec costulations grossières. — H. 4 ; D. 7 mill.

Rare ; Vichy (Allier), Florac (Lozère), Nancy (Meurthe-et-Moselle).

Helix Frayssiana, BOURGUIGNAT.

H. Frayss., Brgt., *in* Loc., 1882. *Prodr.*, p. 112 et 337.

Subdéprimé, subconoïde en dessus, convexe en dessous ; 5 tours convexes à croissance lente, le dernier anguleux, plus convexe dessous que dessus, arrondi et très peu déclive à l'extrémité ; suture assez accusée ; ombilic exigu ; ouverture peu oblique, peu échancrée, presque semi-circulaire, transverse ; péristome droit, rectiligne, fortement bordé en dedans ; test subcrétacé, transparent, gris-sale, finement strié.— H. 3 ; D. 5 1/2 mill.

Rare ; environs de Toulon (Var), Toulouse, Villefranche (H.-Garonne).

Helix idiophya, F. FLORENCE.

H. idiophya, Flor., 1886. *Bull. Soc. malac.*, III, p. 228.

Déprimé, peu convexe en dessus, un peu bombé en dessous ; 5 tours légèrement convexes, croissance lente, le dernier médiocre, anguleux, plus convexe dessous que dessus, à peine déclive à l'extrémité ; suture relativement profonde ; ombilic étroit ; ouverture peu oblique, semi-arrondie, légèrement relevée dans le haut ; péristome droit, aigu, avec bourrelet interne blanc ; test solide, blanc-sale, avec une zone brune supérieure et 3 à 4 inférieures plus petites et atténuées, orné de côtes blanches robustes, plus fortes sur la carène. — H. 3 ; D. 6 millimètres.

Rare ; Le Luc (Var).

Helix callestha, BÉRENGUIER.

H. calles., Bér., 1884. *Bull. Soc. malac.*, I, p. 285.

Déprimé-globuleux, déprimé-conique en dessus, bombé en dessous ; 6 tours un peu convexes, croissance lente, le dernier subanguleux, sub-comprimé, plus convexe dessous que dessus, arrondi et un peu déclive à l'extrémité ; suture assez accusée ; ombilic petit ; ouverture oblique, semi-ovalaire transverse ; péristome droit, patulescent au bord columelaire, avec un bourrelet blanc interne et profond, bords réunis par un léger callum ; test opaque, fauve-roux, avec quelques zones en dessous orné de stries assez grossières. — H. 4 ; D. 7 millimètres.

Rare ; bois de Valaury, Le Luc (Var).

SS. — Groupe de l'*H. conspurcata*.

Petit ; déprimé, subcaréné ; ombilic médiocre ; test velu, costulé.

Helix conspurcata, DRAPARNAUD.

H. consp., Drap., 1801. *Tabl. moll.*, p. 93. — Loc. *Prodr.*, p. 109.

Galbe déprimé, peu convexe en dessus, légèrement bombé en dessous;
5 à 6 tours un peu convexes, croissance progressive,
le dernier plus grand, obtusément caréné à sa naissance; suture assez marquée; ombilic médiocre;
ouverture oblique, ovale-arrondie; péristome interrompu, droit, mince, à bords peu écartés, convergents,
le columellaire un peu réfléchi; test mince, peu solide,
velu, gris-roux avec petites taches brunes, orné de
côtes inégales peu fortes. — H. 3 à 5; D. 5 à 8 millim.
Commun; toute la région méridionale.

Fig. 212-214.

Helix illuviosa, NEVILL.

H. illuviosa, Nev., 1880. *Proc. zool. Soc.*, p. 113. — Loc. *Prodr.*, p. 104.

Déprimé, faiblement convexe en dessus, assez bombé en dessous;
5 à 6 tours convexes, croissance progressive, le dernier plus grand, très
obtusément subcaréné, plus convexe dessous que dessus; suture assez
marquée; ombilic assez étroit, ouverture oblique, ovale-arrondie; péristome droit, mince, bord columellaire très peu réfléchi; test mince, gris-
roux moucheté de brun, avec un épiderme épais, adhérent, écailleux,
recouvrant des côtes grossières et inégales. — H. 4; D. 6 millimètres.
Rare; Menton, Cannes (Alpes-Maritimes), Saint-Tropez (Var), etc.

Helix Moricola, PALADILHE.

H. Moric., Palad., 1875. *Ann. sc. nat.*, p. 1, pl. 2, fig. 1-6. — Loc. *Pr.*, p. 103.

Plus petit, un peu déprimé, peu convexe en dessus, légèrement bombé
en dessous; 5 tours assez convexes, suture bien marquée; ombilic petit;
ouverture exactement ronde, avec bord columellaire bien renflé; même
coloration. — H. 2; D. 4 à 4 1/2 millimètres.
Rare; Hérault, petites Pyrénées, Albères, Corbières, etc.

Helix psaropsis, LOCARD.

H. psaropsis, Loc., 1882. *Prodr.*, p. 105 et 330.

Déprimé, aplati en dessus, peu bombé en dessous; 5 tours un peu
convexes, croissance régulière, le dernier déclive, subcaréné à sa naissance, arrondi à l'extrémité; suture peu marquée; ombilic étroit; ouverture oblique, subovale; bord columellaire un peu évasé vers l'ombilic;

test mince, blanc-sale, avec taches cornées, finement striolé, orné de poils courts. — H. 3 à 4; D. 7 à 8 millimètres.

Rare; Hyères (Var), Montpellier (Hérault), etc.

Helix congentilis, LOCARD.

H. congentilis, Loc., 1892. *Nov. sp.*

Très déprimé, presque discoïde, à peine convexe en dessus, peu bombé en dessous; 5 tours assez convexes, croissance progressive, le dernier nettement caréné sur plus de sa demi-longueur, plus convexe dessous que dessus, non déclive; suture assez profonde; ombilic assez grand; ouverture peu oblique, subarrondie, peu échancrée; péristome droit, tranchant, bords très convergents; test assez mince, blanc-sale, avec fascies rousses, orné de côtes fines et serrées. — H. 3 à 3 1/2; D. 5 1/2 à 6 1/2 millimètres.

Rare; environs de Montpellier (Hérault).

Helix Honorati, BOURGUIGNAT.

H. Honor., Brgt., *in* Loc., 1883. *Prodr.*, p. 104 et 329.

Déprimé, plus convexe dessous que dessus; 4 à 5 tours peu convexes, croissance rapide, le dernier fortement anguleux, très convexe en dessous, renflé autour de l'ombilic; suture accusée; ombilic très étroit; ouverture oblique, droite en haut, bien arrondie en bas; péristome droit, mince, tranchant, à bords légèrement convergents; test blanc-grisâtre, avec taches cornées, couvert de poils courts. — H. 3; D. 4 1/2 mill.

Rare; Saint-Honorat près Cannes (Alpes-Maritimes), Hyères (Var), etc.

Helix conspersa, LOCARD.

H. conspersa, Loc., 1890. *Nov. sp.*

Conoïde, assez élevé en dessus, un peu bombé en dessous; 5 tours assez étagés, assez convexes, croissance progressive, le dernier subcaréné sur presque toute sa longueur, aussi convexe dessus que dessous, faiblement déclive; suture marquée; ombilic petit; ouverture arrondie, assez oblique, peu échancrée; péristome droit, bords très convergents, le columellaire un peu réfléchi; test mince, peu solide, un peu velu, gris-roux avec petites taches brunes, orné de stries fines. — H. 4; D. 6 mill.

Rare; environs de Carcassonne (Aude).

TT. — Groupe de l'*H. unifasciata.*

Petit ; subdéprimé, subcaréné ; ombilic variable ; test strié.

Helix unifasciata, POIRET.

H. unifasc., Poiret, 1801. *Coq. Aisne*, p. 41. — Loc. 1885. *Contr.*, IX, p. 30.

Galbe subglobuleux, légèrement déprimé, un peu conique en dessus, assez renflé en dessous ; 5 à 5 1/2 tours à peine convexes, croissance lente et régulière, à peine plus rapide à l'extrémité, le dernier arrondi, plus convexe dessous que dessus ; suture bien marquée ; sommet obtus ; ombilic moyen ; ouverture oblique, faiblement échancrée, arrondie, un peu plus large que haute ; péristome discontinu, tranchant, épaissi en bas, à bords parfois reliés par un faible callum, avec bourrelet interne ; bord columellaire court, légèrement réfléchi ; test solide, crétacé, avec une étroite bande supra-médiane, orné de stries très fines. — H. 3 1/2 à 5 ; D. 5 1/2 à 7 mill.

Fig. 215-216.

Commun ; les régions septentrionale, moyenne et subméridionale.

Helix gratiosa, STUDER.

H. gratiosa, Stud., 1820. *Kurz. verz.*, p. 87. — Loc. *Contr.*, IX, p. 28.

Plus grand, subglobuleux-déprimé, un peu conique en dessus, un peu bombé en dessous ; 5 1/2 à 6 tours peu convexes, croissance d'abord lente et régulière, ensuite plus rapide, le dernier bien arrondi, plus convexe dessous que dessus, un peu déclive ; ombilic moyen ; ouverture oblique, peu échancrée, presque ronde ; péristome bordé en dedans par un épais bourrelet blanchâtre ; test crétacé, un peu brillant, parfois avec une bande brune supra-médiane, orné de stries très fines. — H. 5 à 6 ; D. 9 à 11 millim.

Fig. 217-218.

Assez commun ; surtout le Centre, le Nord et l'Est.

Helix invicta, LOCARD.

H. invicta, Loc., 1890. *Nov. sp.*

Assez grand, subconoïde-déprimé, un peu conique en dessus, bien bombé en dessous ; 5 1/2 à 6 tours bien convexes, un peu étagés, le dernier plus gros, obtusément subcaréné à sa naissance, plus convexe dessous que dessus ; ombilic petit; ouverture un peu oblique, à peine un peu ovalaire-transverse ; péristome avec un faible bourrelet interne ; test crétacé, un peu brillant, orné de stries très fines. — H. 6; D. 9 millim.

Peu commun ; Alsace-Lorraine, Meurthe-et-Moselle, Gard, etc.

Helix spirilla, WESTERLUND.

H. candid., var. spiril., West., 1876. *Fauna Europ.*, p. 107. — *H. spirilla*, West., *in* Pfeiff., 1876. *Mon. Helic.*, VII, p. 574. — *Loc. Contr.*, IX, p. 22.

Petit, subglobuleux-déprimé, légèrement conoïde en dessus, bien renflé en dessous; 5 à 5 1/2 tours légèrement convexes, le dernier plus grand, subanguleux à sa naissance, puis arrondi, plus convexe dessous que dessus, bien déclive; ombilic étroit ; ouverture très oblique, subarrondie, aussi haute que large; péristome avec fort bourrelet interne ; test un peu mince, subcrétacé, blanc-gris ou fauve-clair, avec bande brune supra-carénale, orné de stries assez fines. — H. 3 1/4 à 3 1/2; D. 5 à 6 mill.

Rare ; la Provence, Var, Alpes-Maritimes, etc.

Helix Belloquadrica, J. MABILLE.

H. Belloq., Mab., 1881. *Soc. phil.*, V, p. 123. — Loc. *Contr.*, IX, p. 31.

Subglobuleux, légèrement déprimé, un peu conique en dessus, très bombé en dessous ; 4 1/2 à 5 tours bien convexes, le dernier très obtusément subanguleux à sa naissance, un peu méplan en dessus, très convexe en dessous, à peine déclive ; ombilic étroit ; ouverture oblique, arrondie, un peu plus large que haute ; péristome avec bourrelet interne assez gros ; test crétacé, blanc-grisâtre, un peu brillant, avec une bande brune étroite et parfois quelques bandes larges en dessous, orné de fines stries. — H. 3 1/2 à 4 ; D. 5 à 6 millimètres.

Assez rare ; la Provence, environs de Beaucaire et de Tarascon.

Helix Mouqueroni, BOURGUIGNAT.

H. Mouq., Brgt., *in* Loc., 1882. *Prodr.*, p. 112 et 337. — *Contr.*, IX, p. 25.

Globuleux, légèrement déprimé, subconique en dessus, très bombé en dessous ; 5 1/2 tours, croissance lente, régulière, le dernier obtusément caréné à sa naissance, plus convexe dessous que dessus, déclive ; ombilic étroit ; ouverture très oblique, ovale-arrondie, transverse ; péristome avec bourrelet interne plus épais en bas qu'en haut; test crétacé, épais, blanc-jaunacé ou grisâtre, parfois avec une ou plusieurs bandes brunes, orné de stries assez fortes. — H. 4 à 4 1/2 ; D. 6 à 7 1/2 millimètres.

Assez commun ; tout le Midi, Ariège, Allier, etc.

Helix Cenisia, DE CHARPENTIER.

H. Cenis., Charp., 1837. *Moll. Suisse*, p. 12, pl. I, fig. 21.— Loc. *Contr.*, IX, p 34.

Subglobuleux-conique, subdéprimé en dessus, très bombé en dessous ; 5 tours peu étagés, assez convexes, croissance lente, le dernier subangu-leux à sa naissance, plus convexe dessous que dessus, légèrement déclive ; ombilic moyen ; ouverture oblique, presque ronde ; péristome bordé à l'intérieur, plus épais en bas qu'en haut ; test subcrétacé, blanc-sale, avec bande brune supra-médiane et plusieurs petites bandes infé-rieures, orné de stries assez fortes. — H. 3 1/4 à 3 1/2 ; D. 5 à 6 mill.

Rare ; les Alpes, le mont Cenis, etc.

Helix acosmia, BOURGUIGNAT.

H. acosm., Brgt., *in* Loc., 1882. *Prodr.*, p. 119 et 336. — *Contr.*, IX, p. 36.

Subglobuleux-déprimé, aussi convexe dessus que dessous ; 5 tours bien convexes, croissance à peine un peu plus rapide à l'extrémité, le dernier subanguleux à sa naissance, aussi convexe dessus que dessous ; ombilic moyen ; ouverture un peu oblique, presque ronde ; péristome avec léger bourrelet interne ; test un peu mince, subcrétacé, fauve très clair, avec une bande brune et plusieurs bandes inférieures flammulées, orné de stries assez fortes. — H. 3 1/2 à 4 1 1/2 ; D. 5 1/2 à 7 millim.

Peu commun ; presque tout le Midi.

Helix Alavana, BOURGUIGNAT.

H. Alav., Brgt., *in* Fag., 1883. *Bull. Soc. hist. nat. Toul.*, p. 212.

Subglobuleux, un peu déprimé, aussi convexe dessus que dessous ; 5 tours peu convexes, croissance lente et régulière, le dernier plus grand, un peu déprimé en dessus, caréné au milieu, renflé en dessous, ni dilaté ni déclive vers l'extrémité ; suture peu profonde ; ombilic étroit ; ouver-ture peu oblique, ovalaire, à bords peu rapprochés ; péristome simple, bord externe très court, régulièrement arqué, le columellaire plus allongé ; test un peu mince, subcrétacé, blanchâtre, avec une bande brune en dessus et plusieurs bandes variables flammulées en dessous, orné de stries assez fortes. — H. 4 ; D. 5 millimètres.

Rare ; Mazère (Ariège).

Helix Badigerensis, P. Fagot.

H. Badiger., Fag., 1883. *Bull. Soc. hist. nat. Toul.*, p. 214.

Subconique, conique en dessus, renflé en dessous; 5 1/2 à 6 tours assez convexes, croissance lente et régulière, le dernier à peine plus grand, presque cylindrique, un peu dilaté et déclive à l'extrémité ; suture profonde, ombilic infundibuliforme; ouverture droite, ovalaire, péristome avec un léger bourrelet interne ; bords rapprochés, le bord externe court, arrondi, le columellaire plus allongé, arqué et descendant sur l'ombilic; test brillant, pellucide, corné-jaune, avec bandes fauve-orangé à l'intérieur, orné de côtes régulières, comme gravées, fortes et espacées. — H. 5; D. 6 1/2 millimètres.

Rare ; Montgiscard (Haute-Garonne).

Helix microphana, Bourguignat.

H. microph., Brgt., *in* Loc., 1889. *Contr.*, IX, p. 39.

Subdéprimé, légèrement conique en dessus, assez bombé en dessous ; 5 à 5 1/2 tours bien convexes, le dernier obtusément subanguleux sur sa demi-longueur, plus convexe en dessous qu'en dessus ; ombilic moyen ; ouverture peu oblique, exactement ronde; péristome non bordé en dedans ; test subcrétacé, blanc-sale ou roux très clair, parfois avec rares flammes cornées et une bande brune étroite, orné de stries assez fortes. — H. 3 à 3 1/2; D. 5 1/2 à 6 millimètres.

Rare ; régions montagneuses, Savoie, Isère, H.-Alpes, Aude, Lot-et-Gar.

Helix ilicetorum, J. Mabille.

H. ilicet., Mab., 1881. *Soc. phil.*, V, p. 123. — Loc. *Contr.*, IX, p. 41.

Subglobuleux, un peu déprimé, un peu plus convexe dessus que dessous; 5 à 5 1/2 tours bien convexes, croissance plus rapide aux deux derniers tours, le dernier bien arrondi, également convexe dessus et dessous, à peine déclive ; ombilic moyen ; ouverture un peu oblique, arrondie ; péristome avec un léger bourrelet interne ; test épais, crétacé, blanc brillant, parfois avec une étroite bande ou plusieurs petites, orné de stries assez fines. — H. 3 1/2 à 4; D. 7 à 8 millimètres.

Rare ; le Midi, Alpes-Maritimes, Hautes-Alpes, Ariège, etc.

Helix Garoceliana, Locard.

H. Garocel., Loc., 1889. *Contr.*, IX, p. 43.

Subconique-globuleux , conique en dessus, assez convexe en dessous
5 à 5 1/2 tours convexes, croissance lente et régulière, le
dernier très obtusément caréné à sa naissance, plus
convexe dessous que dessus, lentement déclive; ombilic
moyen; ouverture peu oblique, exactement circulaire;
péristome simple; test épais, crétacé, blanc-grisâtre ou jaunacé, avec une bande brune et plusieurs
petites discontinues, orné de stries assez fortes. — H. 4 à 5; D. 6 à 7 mill.

Fig. 219-220.

Rare; Savoie, Haute-Savoie, Isère, Lot-et-Garonne, etc.

Helix Tarasconensis, BOURGUIGNAT.

H. Tarasc., Brgt., *in* Loc., 1889. *Contr.*, IX, p. 44.

Conique-globuleux, bien conique en dessus, assez bombé en dessous ;
5 1/2 tours assez convexes, bien étagés, croissance d'abord lente, puis
plus rapide, le dernier obtusément caréné à sa naissance, à peine déclive ;
ombilic moyen; ouverture un peu oblique, exactement ronde; péristome
non bordé; test subcrétacé, blanc-roux, avec une bande brune et plusieurs autres petites discontinues, orné de stries assez accusées. —
H. 4 1/2 à 5; D. 5 1/2 à 6 1/2 millimètres.

Rare; Ariège, Haute-Garonne, etc.

Helix Elimberisiana, LOCARD.

H. Elimber., Loc., 1889. *Contr.*, IX, p. 46.

Conique-subpyramidal, nettement conique en dessus, médiocrement
bombé en dessous ; 5 à 5 1/2 tours bien étagés, convexes, à crois-ance
lente et très régulière, le dernier presque arrondi à sa naissance, un peu
plus convexe en dessus qu'en dessous, lentement déclive; ombilic assez
large; ouverture un peu oblique, suboblongue-arrondie; péristome bordé
en dedans; test épais, crétacé, blanc-gris ou jaunacé, avec une bande
brune et plusieurs petites bandes infra-carénales, orné de stries fortes. —
H. 4 1/2; D. 5 1/2 millimètres.

Assez rare; Aude, Gers, Lot-et-Garonne, etc.

Helix Aurigerana, P. FAGOT.

H. Auriger., Fag., 1883. *Soc. Hist. nat. Toul.*, p. 211. — Loc. *Contr.*, IX, p. 48.

Subglobuleux, presque aussi convexe dessus que dessous; 5 à 5 1/2 tours
nettement étagés, convexes, croissance lente à peine plus rapide à l'extré-

mité, le dernier bien arrondi, aussi convexe dessus que dessous ; ombilic large ; ouverture oblique, suboblongue-arrondie; péristome bordé en dedans ; test épais, subcrétacé, blanc-roux clair, avec une bande brune parfois flammulée et d'autres petites bandes infra-carénales, orné de stries fortes. — H. 3 1/2 à 4 1/2 ; D. 6 à 7 millimètres.

Assez rare ; Ariège, Haute-Garonne, etc.

Helix Ussatensis, BOURGUIGNAT.

H. Ussat., Brgt., *in* Fag., 1883. *Bull. Soc. hist. nat. Toulouse*, p. 213.

Subglobuleux légèrement déprimé, un peu plus convexe dessous que dessus ; 5 à 5 1/2 tours peu étagés, peu convexes, croissance lente et très régulière, le dernier très obtusément anguleux à sa naissance, puis arrondi, à peine plus convexe dessous que dessus, bien déclive à l'extrémité ; ombilic bien élargi ; ouverture oblique, circulaire ; péristome bordé en dedans ; test épais, crétacé, blanc-gris jaunacé, parfois avec une bande brune étroite et plusieurs bandes ponctuées infra-carénales, orné de stries assez fines. — H. 3 1/2 ; D. 6 millimètres.

Assez rare ; Ariège, Haute-Garonne, etc.

Helix acmella, BERTHIER.

H. acmella, Berth. *Nov. sp. in coll.* Brgt.

Subglobuleux-déprimé, légèrement convexe en dessus, bien bombé en dessous ; spire peu haute, 5 à 5 1/2 tours peu convexes, croissance lente et régulière, le dernier obtusément anguleux dans le haut, bien plus convexe dessous que dessus, faiblement déclive ; ombilic élargi ; ouverture oblique, presque circulaire ; péristome bordé en dedans ; test épais, crétacé, blanc-jaunacé, avec ou sans bande brune médiane étroite, orné de stries assez fines. — H. 3 ; D. 6 millimètres.

Rare ; Limoux, Carcassonne (Aude).

Helix Arelatensis, LOCARD.

H. Arelat., Loc., 1889. *Contr.*, IX, p. 51.

Globuleux-conique, conique-convexe en dessus, assez convexe en dessous ; 5 tours bien étagés, à peine convexes, croissance d'abord lente, puis plus rapide à l'extrémité, le dernier obtusément subanguleux, puis bien arrondi, un peu plus convexe dessous que dessus, un peu déclive ; ombilic très large ; ouverture oblique, circulaire ; péristome non bordé en dedans ; test solide, subcrétacé, blanc-grisâtre, avec une bande brune et des bandes infra-carénales ponctuées, orné de stries assez fortes. — H. 3 3/4 ; D. 5 millimètres.

Peu commun ; la Provence, Var, Alpes-Maritimes, B.-du-Rhône, etc.

UU. — Groupe de l'*H. Tolosana*.

Assez petit ; subdéprimé ; test crétacé, strié, terne ; ombilic petit.

Helix Tolosana, BOURGUIGNAT.

H. Tolos., Brgt., *in* Serv., 1880. *Moll. Esp.*, p. 87. — Loc. 1883. *Contr.*, VI, p. 18

Galbe subdéprimé-globuleux, légèrement conique en dessus, bien convexe en dessous, 5 à 5 1/2 tours un peu convexes, croissance assez lente et régulière, à peine plus rapide à l'extrémité, le dernier subanguleux sur le premier quart et bien plus convexe en dessous qu'en dessus, s'arrondissant ensuite ; suture bien marquée ; ombilic très

Fig. 221-222.

étroit ; ouverture oblique, à bords rapprochés, aussi haute que large ; péristome interrompu, droit, mince, bien épaissi en dedans ; test épais, crétacé, roux, strié. — H. 4 à 6 ; D. 8 à 15 millimètres.

Assez commun ; presque tout le Midi.

Helix Groboni, BOURGUIGNAT.

H. Grob., Brgt., *in* Serv., 1880. *Moll. Esp.*, p. 83. — Loc. *Contr.*, VI, p. 10.

Déprimé-globuleux, faiblement convexe-tectiforme en dessus, plus convexe en dessous ; 5 1/2 tours à peine convexes, croissance régulière, assez rapide, le dernier obtusément subanguleux à sa naissance, puis arrondi, non déclive ; suture peu profonde ; ombilic très étroit ; ouverture oblique, assez échancrée, bien arrondie ; péristome fortement bordé en dedans, bord inférieur un peu patulescent ; test assez épais, subcrétacé, roux avec bandes brunes variables. — H. 5 à 5 1/4 ; D. 5 à 8 1/2 m.

Peu commun ; Haute-Loire, Gard, Aude, Bouches-du-Rhône, Var, etc.

Helix Xenelica, SERVAIN.

H. Xen., Serv., 1880. *Moll. Esp.*, p. 81 et 83. — Loc. *Contr.*, VI, p. 21.

Un peu déprimé, aussi convexe dessus que dessous ; 5 1/2 à 6 tours assez convexes, les premiers croissant lentement, le dernier à croissance rapide, s'élargissant sur sa dernière moitié, puis arrondi, aussi convexe dessus que dessous, elliptique vers l'ouverture, fortement déclive; suture bien marquée; ombilic très étroit; ouverture oblique, suboblongue-transverse, à bords très rapprochés; péristome épaissi en dedans, bord inférieur patulescent; test épais, blanc-roux, parfois orné de bandes fauves variables. — H. 5 à 5 1/2; D. 10 à 10 1/2 millimètres.

Rare; Haute-Garonne, Basses-Alpes, Seine-Inférieure, Aube, etc.

Helix Lieuranensis, BOURGUIGNAT.

H. Lieur., Brgt., *in* Serv., 1880. *Moll. Esp.*, p. 83. — *Loc. Contr.*, VI, p. 27.

Un peu déprimé, un peu plus convexe dessous que dessus; spire peu élevée, 5 1/2 à 6 tours assez convexes, les premiers à croissance lente et régulière, le dernier s'élargissant à partir du dernier tiers, plus convexe dessous que dessus, nettement anguleux à l'origine, ensuite arrondi, à peine déclive; suture bien marquée; ombilic très étroit; ouverture un peu oblique, à peine échancrée, à bords rapprochés, presque circulaire; péristome avec bourrelet interne blanc-rosé, bord inférieur un peu patulescent; test épais, jaune-grisâtre, parfois avec une ou plusieurs bandes brunes. — H. 4 à 5 1/4; D. 7 à 10 millimètres.

Assez commun; tout le Sud-Est et le Midi.

Helix saxæa, BOURGUIGNAT.

H. saxæa, Brgt. *Nov. sp. in coll.*

Très déprimé, à peine convexe-conique en dessus, assez bombé en dessous; spire très surbaissée; 6 tours très peu convexes, le dernier notablement plus grand, surtout tout à fait vers l'extrémité, beaucoup plus convexe dessous que dessus, comme renflé autour de l'ombilic, non déclive; ombilic très petit mais s'évasant au dernier tour; suture peu profonde; ouverture très oblique, ovalaire-transverse; péristome à bords très rapprochés, convergents, avec épais bourrelet rosé interne, un peu patulescent dans le bas; même test. — H. 4 à 4 1/2; D. 8 à 10 millimètres.

Rare; Le Luc (Var).

Helix Margieriana, P. FAGOT.

H. Margier., Fag., 1883. *Bull. Soc. hist. nat. Toul.*, p. 210.

Conoïde-déprimé, plus renflé en dessous qu'en dessus; 5 tours presque plans, croissance lente et régulière, le dernier plus gros, dilaté et déclive à l'extrémité, un peu caréné, beaucoup plus bombé-renflé en dessous qu'en dessus; suture peu marquée; ombilic étroit; ouverture bien oblique, ovalaire; péristome avec bourrelet interne rosé, bords rapprochés; test solide, d'un jaunacé-gris, avec bandes brunes en nombre variable, parfois interrompues. — H. 6; D. 8 millimètres.

Assez rare; Odars, Villefranche (Haute-Garonne).

Helix Pauli, BOURGUIGNAT.

H. Pauli, Brgt., *in* Loc., 1883. *Contr.*, VI, p. 25.

Déprimé, presque aussi convexe en dessus qu'en dessous; 5 à 5 1/2 tours assez convexes, croissance lente, plus rapide au dernier tour, celui-ci subanguleux à sa naissance, un peu aplati dessus et dessous à son extrémité, à section elliptique-transverse; suture bien marquée; ombilic étroit; ouverture très oblique, ovale-arrondie, peu échancrée; péristome avec bourrelet interne blanchâtre, patulescent en bas; test un peu mince, blanc-jaunâtre, avec bande supracarénale brune flammulée et plusieurs petites bandes ponctuées en dessous. — H. 5 à 5 1/2; D. 10 à 12 mill.

Assez rare; Haute-Garonne, Alpes-Maritimes, Aude, etc.

Helix Valcourtiana, BOURGUIGNAT.

H. Valcourt., Brgt., *in* Serv., 1880. *Moll. Esp.*, p. 80. — Loc. *Contr.*, VI, p. 26.

Subdéprimé, un peu conique-convexe en dessus, convexe en dessous 5 à 5 1/2 tours peu convexes, croissance lente, plus rapide au dernier tour, celui-ci légèrement subanguleux à sa naissance, ensuite arrondi, plus convexe dessous que dessus, un peu déclive; suture bien marquée; ombilic étroit; ouverture un peu oblique, bords très rapprochés; péristome avec bourrelet interne blanchâtre, subpatulescent en bas; test épais, jaune-roux, parfois avec bandes brunes. — H. 5 à 6; D. 8 1/2 à 10 mill.

Peu commun; Drôme, Bouches-du-Rhône, Vaucluse, Var, Aude, etc.

Helix Crouziliana, P. FAGOT.

H. Crouzil., Fag., 1883. *Bull. soc. hist. nat. Toul.*, p 209.

Déprimé, à peine conoïde, presque plat en dessus, assez convexe en dessous; 5 tours à peine convexes, comme aplatis vers la suture, le dernier plus grand, caréné, s'arrondissant vers l'ouverture, bien plus renflé dessous que dessus, non déclive; suture accusée; ombilic petit; ouverture suboblique, arrondie, avec péristome bordé de blanc à l'intérieur; test blanc-grisâtre, avec zones fauves atténuées. — H. 5; D. 8 millim.

Assez rare; Montgiscard (Haute-Garonne).

Helix Veranyi, BOURGUIGNAT.

H. Veran., Brgt., *in* Serv., 1880. *Moll. Esp.*, p. 83. — *Loc. Contr.*, VI, p. 28.

Subdéprimé-conique, un peu conique en dessus, convexe en dessous ; 5 1/2 à 6 tours étagés, convexes dans le haut du tour, croissance régulière, un peu lente, le dernier bien arrondi, aussi convexe dessous que dessus, très déclive ; suture bien accusée ; ombilic étroit ; ouverture bien oblique, à peine plus large que haute ; péristome avec bourrelet blanc interne, patulescent en bas ; test blanc-grisâtre, avec bandes brunes assez larges, dont une supracarénale. — H. 6 à 8 ; D. 8 à 11 millimètres.

Peu commun ; le Sud-Est, Vaucluse, Bouches-du-Rhône, Gard, Var, etc.

Helix Solaciaca, J. MABILLE.

H. Solac., Mab., 1877. *Bull. Soc. zool.*, p. 304. — *Loc. Contr.*, VI, p. 30.

Subdéprimé, subconique-déprimé en dessus, convexe en dessous ; 5 à 6 tours légèrement convexes, croissance d'abord lente, plus rapide au dernier tour, celui-ci bien subanguleux sur sa demi-longueur, ensuite arrondi, plus convexe dessous que dessus, légèrement déclive ; ombilic assez étroit ; ouverture oblique, à peine plus large que haute, ar-

Fig. 223-224.

rondie ; péristome avec bourrelet interne blanchâtre, subpatulescent en bas ; test solide, blanc-grisâtre, parfois avec une ou plusieurs bandes brunes plus ou moins atténuées. — H. 4 1/2 à 6 1/2 ; D. 8 à 14 mill.

Peu commun ; France centrale et septentrionale.

Helix Loroglossicola, J. MABILLE.

H. Lorogl., Mab., 1877. *Bull. Soc. zool.*, p. 304. — *Loc. Contr.*, VI, p. 31.

Déprimé-convexe, déprimé en dessus, bien convexe en dessous ; 5 1/2 à 6 tours assez convexes, croissance d'abord lente, plus rapide au dernier tour, celui-ci à peine subanguleux à sa naissance, plus convexe dessous que dessus, plus renflé et plus globuleux en bas vers l'extrémité ; suture bien marquée ; ombilic étroit ; ouverture oblique, arrondie ; péristome un peu épaissi en dedans, subpatulescent en bas ; test épais, blanc-gris ou roux, parfois avec des bandes brunes étroites rarement continues. — H. 4 1/2 à 5 ; D. 12 à 14 millimètres.

Peu commun ; surtout les régions septentrionale et centrale.

VV. — Groupe de l'*H. Heripensis*.

Même galbe; même test; ombilic moyen.

Helix Heripensis, J. Mabille.

H. Herip., Mab., 1877. *Bull. Soc. zool.*, p. 304. — Loc. *Contr.*, VI, p. 43.

Galbe subdéprimé, un peu déprimé-convexe en dessus, convexe en dessous; 5 1/2 à 6 tours légèrement convexes, croissance lente, à peine plus rapide vers la fin, dernier tour arrondi, presque aussi convexe dessous que dessus, légèrement déclive; suture médiocre; ombilic moyen; ouverture oblique, à bords assez rapprochés, peu échancrée, à peine

Fig. 225-226.

transversalement plus large que haute, arrondie; péristome discontinu, avec bourrelet interne blanc, subpatulescent en bas; test épais, blanc-gris ou roux-clair, parfois avec quelques bandes atténuées, discontinues dans le bas. — H. 5 1/2 à 7; D. 8 à 15 millimètres.

Commun; presque partout, surtout le Centre et le Nord.

Helix poephaga, P. Fagot.

H. poephaga, Fag. *Nov. sp. in coll.* Brgt.

Subdéprimé-conique, assez conique en dessus, bien convexe en dessous; 5 1/2 tours, croissance d'abord lente et régulière, le dernier plus grand, surtout vers l'extrémité, avec carène centrale accusée sur sa demi-longueur, non déclive; suture bien marquée, ombilic petit, mais évasé au dernier tour; ouverture un peu oblique, subarrondie; péristome bordé légèrement à l'intérieur, subpatulescent en bas; test solide, blanc-jaunacé, avec quelques bandes étroites en dessous, souvent effacées, stries très fines et régulières. — H. 8; D. 11 millimètres.

Rare; Ségala (Aude).

Helix Gesocribatensis, Bourguignat.

H. Gesocrib., Brgt., *in* Serv., 1880. *Moll. Esp.*, p. 83. — Loc. *Contr.*, VI, p. 34.

Conique-globuleux, bien conique en dessus, bien convexe en dessous; 5 à 5 1/2 tours, croissance lente et régulière, le dernier arrondi ou à peine subanguleux à sa naissance, aussi convexe dessus que dessous, à peine déclive; suture médiocre; ombilic moyen; ouverture bien oblique, arrondie ; péristome légèrement bordé en dedans, subpatulescent en bas ; test solide, blanc-grisâtre ou jaunâtre, parfois orné de bandes brunes étroites. — H. 5 à 6 1/2 ; D. 8 à 11 millimètres.

Peu commun ; Aisne, Aube, Finistère, Loire-Inf., H.-Loire, Rhône, etc.

Helix Lugduniaca, J. MABILLE.

H. Lugd., Mab., *in* Loc., 1882. *Prodr.*, p. 109 et 334. — Loc. *Contr.*, VI, p. 35.

Subdéprimé-convexe, subconique-déprimé en dessus, un peu convexe en dessous ; 4 à 5 tours convexes, croissance lente et régulière, le dernier subanguleux-arrondi sur sa demi-longueur, un peu plus convexe en dessous qu'en dessus, ensuite arrondi, peu déclive ; suture bien marquée ; ombilic moyen ; ouverture peu oblique, à bords très convergents, ova-laire-transverse ; péristome avec fort bourrelet interne blanchâtre, patu-lescent en bas ; test épais, jaune-terreux, presque toujours avec une large bande brune continue en dessus, et plusieurs petites bandes en des-sous. — H. 3 à 4 ; D. 6 à 7 millimètres.

Peu commun ; Rhône, Ain, S.-et-Loire, Isère, Ardèche, Aveyron, etc.

Helix philora, BOURGUIGNAT.

H. philora, Brgt., *in* Loc., 1883. *Contr.*, VI, p. 37.

Subglobuleux-déprimé, un peu convexe-subconique en dessus, bien convexe en dessous ; 5 à 5 1/2 tours bien convexes, un peu étagés, croissance à peine plus rapide à l'extrémité, dernier tour arrondi, presque aussi convexe dessous que dessus, assez déclive ; suture profonde ; ombilic moyen ; ouverture peu oblique, presque exactement circulaire ; péristome avec un fort bourrelet blanchâtre interne, patulescent en bas ; test épais, jaune-roux, avec bandes brunes dont une supérieure large et continue, les autres inférieures. — H. 4 1/2 à 5 1/2 ; D. 8 à 9 millimètres.

Rare ; Rhône, Ain, Isère, Saône-et-Loire, Aube, etc.

Helix Thuillieri, J. MABILLE.

H. Thuill., Mab., 1877. *Bull. Soc. zool.*, p. 304. — Loc. *Contr.*, VI, p. 38.

Subconique-convexe, subconique en dessus, convexe en dessous ; 5 1/2 à 6 tours, croissance lente et presque régulière, le dernier arrondi, un peu comprimé, aussi convexe dessus que dessous, arrondi-convexe à l'extrémité, bien déclive ; suture assez profonde ; ombilic moyen ;

FIG. 227-228.

ouverture oblique, presque circulaire ; péristome à peine épaissi en dedans, légèrement patulescent en bas ; test épais, blanc-grisâtre ou jaunâtre, parfois avec bandes brunes assez étroites. — H. 6 à 7; D. 10 à 12 m.

Assez commun ; partout, surtout le Nord et l'Est.

Helix Taillandieri, BOURGUIGNAT.

H. Tailland., Brgt. *Nov. sp. in coll.*

Subglobuleux-déprimé, subconique en dessus, assez bombé en dessous ; 5 1/2 à 6 tours, croissance lente et régulière, le dernier gros, bien arrondi, à peine déclive ; suture très marquée ; ombilic moyen ; ouverture ronde ; péristome épaissi en dedans, à peine patulescent en bas ; même test. — H. 6 à 6 1/2; D. 8 à 9 millimètres..

Rare ; le Puy-en-Velay (Haute-Loire), Lagny (Seine-et-Marne), etc.

Helix nomephila, BOURGUIGNAT.

H. nomeph., Brgt., *in Serv.*, 1880. *Moll. Esp.*, p. 83. -- *Loc. Contr.*, VI, p. 41

Subdéprimé-globuleux, presque aussi convexe dessus que dessous ; 5 1/2 tours bien convexes, croissance régulière, peu rapide, le dernier à peine plus grand à l'extrémité, arrondi, plus bombé dessous que dessus, bien déclive sur le dernier quart ; suture assez profonde ; ombilic moyen ; ouverture oblique, presque circulaire ; péristome fortement bordé en dedans, légèrement patulescent en bas; test épais, jaune-roux, avec bandes brunes continues ou non. — H. 5 1/2 à 5 3/4 ; D. 8 à 10 millimètres.

Peu commun ; Aube, S.-et-Marne, Ain, Rhône, H.-Gar., H.-Pyrénées.

Helix ruida, BOURGUIGNAT.

H. ruida, Brgt., *in Serv.*, 1880. *Moll. Esp.*, p. 83. — *Loc. Contr.*, VI, p. 66.

Subdéprimé, subconique un peu déprimé en dessus, assez convexe en dessous ; 5 à 5 1/2 tours assez convexes, croissance lente, assez régulière, le dernier à peine plus grand, légèrement subanguleux à l'origine, un peu plus convexe dessous que dessus, arrondi à l'ouverture, assez déclive; suture médiocre ; ombilic moyen ; ouverture presque exactement circulaire ; péristome avec bourrelet interne blanc-rosé, patulescent en bas ; test un peu mince, roux-clair, souvent comme marbré ou zoné de brun. — H. 4 1/4 à 6 ; D. 7 1/2 à 10 millimètres.

Peu commun ; Seine-et-Marne, Drôme, Gard, Vaucluse, Var, etc.

Helix Gavarnica, BOURGUIGNAT.

H. Gavarnica, Brgt. *Nov. sp. in coll.*

Petit, très déprimé, presque plan en dessus, assez bombé en dessous ; 5 à 5 1/2 tours, croissance d'abord lente, le dernier plus grand, surtout vers l'extrémité, à peine convexe en dessus, bien convexe-renflé en dessous, faiblement déclive, très obtusément subcaréné dans le haut ; ombilic moyen ; ouverture oblique, bien circulaire ; péristome avec épais bourrelet interne, à peine patulescent en bas ; test épais, blanc-grisâtre avec une étroite bande carénale interrompue. — H. 3 1/2 ; D. 7 millim.

Assez rare ; Hautes-Pyrénées, Ariège, Seine-et-Marne, etc.

Helix Pouzouensis, P. FAGOT.

H. Pouzou., Fag., 1881. *Bull. Soc. zool.*, p. 137. — Loc. *Contr.*, VI, p. 48.

Déprimé-globuleux, presque plan ou subconvexe en dessus, bien convexe en dessous ; 5 1/2 tours un peu convexes, croissance lente et régulière, le dernier à peine plus grand, subanguleux à sa naissance, convexe en dessus, bien arrondi en dessous, à peine déclive ; suture assez profonde ; ombilic moyen ; ouverture bien arrondie ; péristome fortement épaissi par un bourrelet blanchâtre, subpatulescent en bas ; test épais, blanc-jaunâtre, parfois avec bandes brunes ponctuées et obsolètes. — H. 3 3/4 à 4 ; D. 7 1/2 à 8 millimètres.

Rare ; Charente-Inf., Vendée, Aisne, H.-Loire, Allier, Rhône, Loire-Inf.

Helix Coutagnei, BOURGUIGNAT.

H. Coutagn., Brgt., *in* Loc., 1882. *Prodr.*, p. 109 et 334. — *Contr.*, VI, p. 49.

Déprimé, presque plan en dessus, à peine subconvexe, convexe en dessous ; 5 1/2 tours presque plans, croissance d'abord lente puis plus rapide, le dernier subanguleux à sa naissance, légèrement convexe en dessus, bien arrondi en dessous, à peine déclive ; suture assez profonde ; ombilic moyen ; ouverture peu oblique, semi-circulaire, un peu méplane en haut ; péristome avec faible bourrelet jaunâtre interne, à peine subpatulescent en bas ; test un peu mince, blanc-jaunacé avec une bande brune étroite et plusieurs bandes infra-carénales, effacées. — H. 4 1/2 à 5 1/2 ; D. 12 à 13 millimètres.

Rare ; Seine-Inférieure, Rhône, Isère, etc.

Helix acentromphala, BOURGUIGNAT.

H. acentr., Brgt., *in* Serv., 1880. *Moll. Esp.*, p. 81. — Loc. *Contr.*, VI, p. 51.

Déprimé, presque plan en dessus ou à peine convexe, assez convexe en dessous ; 5 à 6 tours presque plans, croissance d'abord lente, plus rapide au dernier tour, celui-ci nettement subanguleux à sa naissance, ensuite arrondi, presque rectiligne ; suture peu profonde ; ombilic moyen ; ouverture semi-circulaire, à bords assez distants ; péristome avec bourrelet interne blanchâtre, patulescent en bas ; test épais, blanc-grisâtre, jaunacé, avec quelques bandes brunes infra-carénales très étroites. — H. 5 ; D. 11 m.

Rare ; Var, Rhône, Isère, Allier, Drôme, etc.

Helix Mauriana, BOURGUIGNAT.

H. Maur., Brgt., *in* Serv., 1880. *Moll. Esp.*, p. 83. — Loc. *Contr.*, VI, p. 52.

Très déprimé, presque complètement plan en dessus, assez convexe en dessous ; 5 à 6 tours, légèrement convexes, croissance d'abord lente, plus rapide au dernier tour, celui-ci anguleux à l'origine, d'abord à peine convexe en dessus et bien convexe en dessous, puis arrondi à l'ouverture et bien déclive ; suture assez profonde ; ombilic moyen ; ouverture très oblique, arrondie, un peu transverse ; péristome avec bourrelet interne blanchâtre, à peine subpatulescent en bas ; test épais, blanc-jaunacé, avec quelques bandes brunes étroites. — H. 4 1/2 ; D. 10 millimètres.

Rare ; la Provence, environs de Cannes et de Draguignan, les Maures.

XX. — Groupe de l'*H. Diniensis*.

Même taille ; même galbe ; ombilic large.

Helix Diniensis, RAMBUR.

H. Din., Ramb., 1868. *Journ. Conch.*, XVI, p. 267. — Loc. *Contr.*, VI, p. 63.

Galbe subconique-déprimé, un peu conique en dessus, déprimé-convexe en dessous ; 5 1/2 tours convexes, un peu étagés, croissance d'abord lente, beaucoup plus rapide au dernier tour, celui-ci arrondi à sa naissance, puis de plus en plus elliptique-transverse, très déclive ; suture assez profonde ; ombilic très large ; ouverture très oblique, à bords très convergents, ovalaire-transverse ; péristome avec bourrelet interne blanchâtre, un peu patulescent en bas ; test blanc-grisâtre ou jaunâtre, avec bandes brunes assez larges dessus et dessous. — H. 6 à 6 1/2 ; D. 10 à 12 millimètres.

FIG. 229-230.

Peu commun ; surtout dans le Sud-Est, B.-Alpes, Var, Rhône, Ain, etc.

Helix Gigaxii, DE CHARPENTIER.

H. Gigaxii, Charp., *in* Pfeiff., 1850. *Zeitsch.*, p. 85. — Loc. *Contr.*, VI, p. 54.

Subdéprimé-globuleux, un peu moins convexe dessous que dessus ; 4 1/2 à 5 tours convexes, croissance assez régulière, le dernier bien arrondi, aussi convexe dessous que dessus, bien déclive ; suture assez profonde ; ombilic large ; ouverture assez oblique, presque circulaire ; péristome avec fort bourrelet interne blanchâtre, patulescent en bas ; test jaune-roux clair, avec bandes brunes assez étroites, variables. — H. 3 1/2 à 4 3/4 ; D. 5 1/2 à 9 millimètres.

Assez commun ; un peu partout, surtout dans le Midi.

Helix Lauraguaisiana, LOCARD.

H. Laurag., Loc., 1883. *Contr.*, VI, p. 57.

Subdéprimé, légèrement subconique, déprimé en dessus, un peu convexe en dessous ; 4 1/2 à 5 tours assez convexes, croissance lente et régulière, plus rapide sur la moitié du dernier tour, celui-ci arrondi, mais d'abord beaucoup plus convexe en dessous qu'en dessus, ensuite plus régulier et légèrement déclive à l'extrémité ; suture médiocre ; ombilic largement ouvert ; ouverture arrondie ; péristome épaissi avec bourrelet jaunâtre-roux, à peine subpatulescent en bas ; test solide, blanc-grisâtre ou jaunacé, orné de bandes brunes souvent effacées. — H. 5 ; D. 9 millim.

Peu commun ; Villefranche-Lauraguais (Haute-Garonne).

Helix Le Mesli, J. MABILLE.

H. Le Mesli, Mab., *in* Loc., 1882, *Prodr.*, p. 335. — Loc. *Contr.*, XI, p. 58.

Très déprimé, presque complètement plan en dessus, légèrement convexe en dessous ; 5 tours convexes-déprimés, croissance un peu lente et assez régulière, le dernier aplati en dessus et de plus en plus convexe en dessous, anguleux à l'origine, subanguleux à l'extrémité, non déclive ; suture peu profonde ; ombilic large, ouverture très peu oblique, subarrondie, un peu irrégulière vers le haut ; péristome légèrement épaissi en dedans, à peine subpatulescent en bas ; test épais, blanc-jaunâtre, parfois avec traces de flammes plus sombres. — H. 3 ; D. 8 1/2 millimètres.

Rare ; Saint-Zacharie (Var).

Helix scrupea, BOURGUIGNAT.

H. scrupea, Brgt., *in* Serv., 1880. *Moll. Esp.*, p. 83. — Loc. *Contr.*, VI, p. 59.

Subdéprimé-conique, subconique en dessus, déprimé-convexe en dessous; 5 à 6 tours bien convexes, les premiers plus étagés que les suivants; croissance d'abord lente, ensuite beaucoup plus rapide au dernier tour, celui-ci un peu subanguleux à sa naissance et comprimé dessus et dessous, s'élargissant ensuite vers l'extrémité et faiblement déclive; suture assez profonde; ombilic large; ouverture un peu oblique, allongée-transverse; péristome avec bourrelet interne blanchâtre, légèrement subpatulescent en bas; test épais, blanc-grisâtre, jaunacé, parfois avec rares bandes brunes obsolètes. — H. 5 1/2 à 6; D. 9 1/2 à 11 millimètres.

Assez rare; le Midi, Hérault, Aveyron, Corrèze, Var, etc.

Helix scrupellina, P. FAGOT.

H. scrupell., Fag., *in* Loc., 1883. *Contr.*, VI, p. 61.

Subdéprimé, subconvexe légèrement conique en dessus, convexe en dessous; 4 1/2 à 5 tours convexes, croissance assez lente, plus rapide à l'extrémité du dernier tour, celui-ci à peine subanguleux à sa naissance, arrondi à l'extrémité et peu déclive, convexe dessus et dessous; suture assez profonde; ombilic large; ouverture peu oblique, à peine plus large que haute; péristome avec bourrelet interne blanc-rosé, subpatulescent en bas; test blanc-jaunacé, avec bande brune en dessus, et plusieurs zones interrompues en dessous. — H. 3 1/2 à 4 1/2; D. 7 à 8 millimètres.

Peu commun; le Midi, H.-Garonne, Aude, Ariège, Lozère, Drôme, etc.

Helix siticulosa, P. FAGOT.

H. sitic., Fagot, 1883. *Bull. Soc. hist. nat. Toul.*, p. 211.

Conoïde-déprimé, un peu conique en dessus, assez renflé en dessous; 5 tours convexes-plans, croissance rapide et assez régulière, le dernier subcaréné, peu convexe en dessus, renflé en dessous, arrondi, à peine dilaté et déclive à l'extrémité; suture profonde; ombilic large; ouverture peu oblique, arrondie; péristome avec bourrelet blanc interne, légèrement subpatulescent en bas; test épais, blanc-grisâtre, avec une seule bande brune médiane. — H. 4 1/2; D. 6 millimètres.

Rare; alluvions de la Garonne, près Toulouse.

Helix Idanica, LOCARD.

H. Idan., Loc., 1881. *Cat. Ain*, p. 54. — Loc. *Contr.*, VI, p. 65.

Subconique-déprimé, un peu subconique en dessus, convexe en dessous; 5 1/2 à 6 tours bien convexes, croissance lente et régulière, plus rapide à l'extrémité du dernier tour, celui-ci très obtusément subanguleux à sa naissance, aussi convexe dessous que dessus, arrondi et à peine déclive à l'extrémité ; suture assez profonde ; ombilic très large ; ouverture presque circulaire ; péristome avec bourrelet interne jaunâtre-rosacé, subpatulescent en bas ; test jaune-grisâtre, souvent orné d'une bande brune supracarénale et de plusieurs autres infracarénales variables. — H. 4 1/2 à 5 1/2 ; D. 9 à 10 millimètres.

Peu commun ; Ain, Isère, Rhône, Saône-et-Loire, etc.

YY. — Groupe de l'*H. intersecta*.

Assez petit ; globuleux-déprimé ; ombilic petit ; test mince, strié.

Helix intersecta, POIRET.

H. inters., Poir., 1801. *Prodr.*, p. 81. — Loc. *Prodr.*, p. 113.

Galbe globuleux-déprimé, légèrement conique, convexe en dessus, un

peu bombé en dessous ; 5 à 6 tours un peu aplatis, croissance progressive, le dernier peu grand, obtusément caréné à sa naissance, plus convexe dessous que dessus ; suture assez marquée ; ombilic petit ; ouverture oblique, ronde, un peu échancrée ; péristome interrompu, droit, avec bourrelet blanc ou roux, bords très convergents

FIG. 231-232.

test mince, solide, peu luisant, blanc-grisâtre, avec bandes fauves interrompues sous forme de taches irrégulières. — H. 6 à 8 ; D. 7 à 10 mill.

Commun ; presque partout, surtout les régions septentr. et occident.

Helix subintersecta, BOURGUIGNAT.

H. subinters., Brgt., *in* Loc., 1881. *Prodr.*, p. 113 et 338.

Assez gros, ventru, globuleux-conoïde en dessus, bombé en dessous ; 6 1/2 tours convexes, croissance régulière, le dernier plus grand, à peine subanguleux à sa naissance, ensuite arrondi et un peu déclive ; ombilic très étroit ; ouverture oblique, échancrée, semi-circulaire ; péristome droit, aigu, avec fort bourrelet interne ; même test. — H. 7 ; D. 10 millimètres.

Rare ; environs de Vannes (Morbihan).

Helix Olisippensis, SERVAIN.

H. Olisipp., Serv., 1880. *Moll. Esp.*, p. 93.

Déprimé, aussi convexe dessus que dessous; spire gibbeuse-convexe, peu élevée; 6 tours légèrement convexes, le dernier subanguleux, lentement déclive; suture peu accusée; ouverture oblique, suboblongue-arrondie, transverse; péristome droit, aigu, non bordé, à bords arqués, le columellaire légèrement dilaté dans le haut; test gris-jaunacé avec flammes plus sombres. — H. 5; D. 9 millimètres.

Rare; Manche, Calvados, Hautes-Pyrénées, etc.

Helix herbarum, SERVAIN.

H. herbar., Serv., 1880. *Moll. Esp.*, p. 92. — Loc. *Prodr.*, p. 113.

Globuleux-subdéprimé, convexe-conoïde en dessus, bombé en dessous; 5 tours légèrement convexes, croissance régulière, le dernier caréné, plus convexe dessous que dessus, arrondi et lentement déclive à l'extrémité ombilic étroit; ouverture oblique, presque ronde; péristome droit, aigu, avec bourrelet interne; même test. — H. 5; D. 7 millimètres.

Rare; le Puy-en-Velay (Haute-Loire).

Helix Pictonum, BOURGUIGNAT.

H. Picton., Brgt., *in* Loc., 1882. *Prodr.*, p. 113 et 338.

Subdéprimé, conique-tectiforme en dessus, bombé en dessous; 6 tours croissance lente, subconvexes ou subm);plans, le dernier anguleux à sa naissance, bien convexe en dessous, lentement déclive; ombilic étroit; ouverture un peu oblique, semi-circulaire, subanguleux en haut; péristome droit, aigu, avec bourrelet interne; test costulé-lamellé, même coloration. — H. 4 à 7; D. 6 à 9 millimètres.

Peu commun; Vienne, Vendée, Deux-Sèvres, etc.

ZZ. — Groupe de l'*H. neglecta*.

Assez petit; subglobuleux-déprimé; ombilic assez grand.

Helix subneglecta, BOURGUIGNAT.

H. subnegl., Brgt., *in* Serv., 1880. *Moll. Esp.*, p. 103. — Loc. *Prodr.*, p. 115.

Globuleux légèrement déprimé, assez conique-convexe en dessus, bombé en dessous; 5 à 6 tours convexes, croissance très régulière, le dernier pas plus grand, bien arrondi; suture bien marquée; ombilic petit; ouverture oblique, arrondie; péristome avec bourrelet interne roux;

test solide, crétacé, blanchâtre, tantôt monochrome, parfois avec bandes brunes variables. — H. 6 à 9; D. 8 à 11 millimètres.

Peu commun ; un peu partout dans le Midi.

Helix neglecta, DRAPARNAUD.

H. neglec., Drap., 1805. *Hist. moll.*, p. 108, pl. 6, fig. 12-13. — Loc. *Pr.*, p. 99.

Galbe globuleux, un peu déprimé, subconique-convexe en dessus, bombé en dessous; 5 à 6 tours convexes, croissance progressive, le dernier un peu plus grand, arrondi; suture bien marquée; ombilic assez grand; sommet convexe; ouverture oblique, arrondie, peu échancrée; péristome interrompu, droit, avec bourrelet interne roux, bords assez rapprochés, très convergents, le columellaire évasé à la base; test mince,

Fig. 233-234.

blanchâtre, avec bandes brunes variables. — H. 6 à 8 ; D. 9 à 11 millim.

Commun ; presque tout le Midi.

Helix pseudenhalia, BOURGUIGNAT.

H. pseudenh., Brgt., 1860. *Château d'If*, p. 15, fig. 17-21. — Loc. *Pr.*, p. 115

Semi-globuleux, conique-convexe en dessus, bombé en dessous ; 6 tours légèrement convexes, croissance régulière, le dernier rond, à peine déclive; suture assez accusée; ombilic assez ouvert, évasé au dernier tour ; ouverture oblique, à peine échancrée, bien ronde, péristome droit, avec fort bourrelet interne rosacé, bords assez rapprochés; test cré-

Fig. 235-236.

tacé, blanc sale, parfois maculé de petites taches noirâtres, finement strié. — H. 8 à 9 ; D. 10 à 11 millimètres.

Rare; littoral de Provence, Bouches-du-Rhône, Var, Alpes-Maritimes.

Helix acosmeta, BOURGUIGNAT.

H. acosm., Brgt., *in* Loc., 1882. *Prodr.*, p. 99 et 325.

Plus grand, subglobuleux-déprimé, subconique en dessus, assez bombé en dessous; 6 tours convexes, croissance rapide, le dernier très ample, arrondi, non déclive; suture marquée; ombilic bien ouvert; ouverture oblique, un peu transverse; péristome tranchant avec léger bourrelet interne, bords rapprochés, convergents; test blanchâtre, brillant, avec bandes brunes variables. — H. 8 à 9; D. 12 à 14 millimètres.

Commun; presque tout le Midi.

Helix ericetorella, SERVAIN.

H. ericetorella, Serv. *Nov. sp. in coll.* Brgt.

Subglobuleux bien déprimé, légèrement conique en dessus, assez bombé en dessous; 6 tours faiblement convexes, croissance rapide, le dernier très ample, arrondi, un peu plan en dessus, faiblement déclive; suture peu profonde; ombilic assez ouvert; ouverture bien oblique, presque ronde, relativement petite; péristome tranchant avec léger bourrelet interne, bords très convergents et très rapprochés; test blanchâtre, brillant, avec bandes brunes variables. — H. 7 à 8; D. 12 à 14 millim.

Assez rare; Toulon, Saint-Raphaël (Var), Foix (Ariège), etc.

Helix Aginnica, LOCARD.

H. Aginn., Loc., 1882. *Prodr.*, p. 341.

Conique-déprimé, conique peu élevé en dessus, un peu bombé en dessous; 6 tours peu convexes, croissance lente et régulière, le dernier un peu plus grand, arrondi, un peu déclive; suture peu profonde; ombilic large, en entonnoir; ouverture oblique, peu échancrée, semi-circulaire; péristome avec bourrelet interne violacé; test blanc-jaunâtre, un peu brillant, avec une bande brune dessus et de 3 à 5 bandes plus minces dessous. — H. 6 1/2 à 7; D. 13 à 14 millimètres.

Peu commun; Lot-et-Garonne, Ariège, Alpes-Maritimes, etc.

Helix Lersiana, P. FAGOT.

H. Lers., Fag., 1883. *Soc. hist. nat. Toulouse*, p. 208.

Déprimé, tectiforme-comprimé en dessus, peu bombé en dessous; 6 tours presque plans, croissance assez régulière, le dernier plus grand, dilaté et un peu déclive vers l'ouverture, comprimé et convergent vers l'ombilic; suture peu profonde; ombilic largement évasé, dilaté surtout au dernier tour; ouverture assez large, ovale-arrondie; péristome aigu, fauve-vineux, avec bourrelet interne blanc, bords très rapprochés; test assez solide, blanchâtre, orné de bandes fauves comme effacées, irrégulièrement striolé. — H. 9; D. 14 millimètres.

Rare; bords de l'Hers (Haute-Garonne).

Helix Cahuzaci, BOURGUIGNAT.

H. Cahuz., Brgt., *in* Fag., 1883. *Soc. hist. nat. Toulouse*, p. 208.

Subglobuleux-déprimé, subdéprimé en dessus, bombé en dessous; 6 tours, presque plans, croissance régulière, le dernier plus grand, convexe dessus et dessous, à peine dilaté et un peu déclive à l'extrémité; suture bien marquée; ombilic assez large; ouverture suboblique, arrondie, presque circulaire, à bords également convergents; péristome droit, bordé de blanc; test grisâtre, avec fascies jaunes ou brunes, irrégulières, orné de stries régulières, accusées. — H. 8; D. 13 millimètres.

Rare; Haute-Garonne, Tarn, Lot-et-Garonne, etc.

Helix nubigena, DE CHARPENTIER.

H. nubig., Charp., *in* Saulcy, 1852. *Journ. Conch.*, p. 432. — Loc. *Pr.*, p. 93.

Subglobuleux-déprimé, convexe en dessus, bombé en dessous; 5 tours   très peu convexes, croissance régulière, le dernier grand, arrondi, plus convexe dessous que dessus, déclive à l'extrémité; ombilic grand, évasé; ouverture presque ronde, très peu échancrée; péristome simple, avec large bourrelet,

FIG. 237-238.

roux interne; test mince, blanchâtre, avec ou sans bandes brunes. — H. 6; D. 11 millimètres.

Peu commun; régions montagneuses des Pyrénées.

Helix Salaunica, P. FAGOT.

H. Salaun., Fag., 1884. *Ann. malac.*, II, p. 180.— Loc. *Prodr.*, p. 98.

Subglobuleux un peu déprimé, convexe-conique en dessus, bombé en dessous; 6 tours peu convexes, croissance régulière, le dernier exactement arrondi, à peine dilaté, brusquement déclive; suture assez marquée; ombilic grand; ouverture exactement ronde; péristome tranchant, non réfléchi, avec bourrelet roux interne, bords très convergents; test corné-grisâtre, avec bandes brunes variables. — H. 7; D. 12 millimètres.

Assez rare; région pyrénéenne, vers 2000 mètres d'altitude.

Helix nephæca, P. FAGOT.

H. nephæca, Fag., 1881. *Bull. Soc. zool.*, p. 138.

Subglobuleux-déprimé, convexe-tectiforme en dessus, bien bombé en dessous; 5 1/2 tours convexes, croissance rapide, régulière, le dernier

grand, arrondi, dilaté et déclive à l'extrémité; ombilic large; suture
accusée; ouverture oblique, presque arrondie; péristome mince, légèrement réfléchi, à bords très rapprochés, très convergents; test mince, peu
solide, grisâtre, d'un jaune-rougeâtre vers l'ouverture. — H. 5 à 6; D. 7 m.

Rare; au dessus d'Axat, à 1000 mètres d'altitude (Aude).

Helix enhalia, BOURGUIGNAT.

H. enhal., Brgt., 1860. *Mal. Bret.*, p. 59. — Loc. *Prodr.*, p. 98.

Globuleux-subdéprimé, un peu conique en dessus, peu bombé en
dessous; 5 à 6 tours convexes, croissance graduelle, le dernier plus grand et un peu renflé, plus
convexe dessous que dessus, bien arrondi à l'extrémité; suture assez profonde; ouverture arrondie,
à peine échancrée, bords convergents, très rapprochés; péristome droit, sans bourrelet interne;
test un peu mince, blanchâtre, avec bandes brunes très variables, légèrement striolé. — H. 5 à 7; D. 7 à 9 millimètres.

Fig. 239-240.

Peu commun; surtout le sud-ouest, B.-Pyrénées, Gironde, Landes, etc.

Helix ericetella, JOUSSEAUME.

H. ericet., Jouss., 1879. *Bull. S. z.*, p. 229, pl. 3, fig. 11-12. — Loc. *Pr.*, p. 98.

Subconoïde-déprimé, conique-surbaissé en dessus, assez bombé en
dessous; 5 1/2 tours convexes, croissance assez lente, très régulière, le
dernier bien arrondi, dilaté vers l'extrémité et bien déclive; suture bien
accusée; ombilic grand; ouverture assez oblique, presque circulaire;
péristome mince, droit, avec faible bourrelet interne, un peu évasé; test
mince, blanc-laiteux ou jaunacé, avec bandes brunes ou corné-fauve,
souvent transparentes, variables. — H. 7; D. 13 millimètres.

Peu commun; S.-et-Marne, Côte-d'Or, Rhône, Ain, Gers, Var, etc.

AAA. — Groupe de l'*H. ericetorum*.

Taille moyenne; très déprimé; ombilic très grand.

Helix ericetorum, MÜLLER.

H. ericet., Müll., 1774. *Verm. hist.*, II, p. 33. — Loc. *Prodr.*, p. 97.

Galbe très déprimé; presque plat en dessus, légèrement bombé en
dessous; 6 à 7 tours peu convexes, croissance progressive, le dernier

arrondi, un peu dilaté et lentement déclive vers l'ouverture; suture assez marquée; ombilic extrêmement ouvert; sommet presque plat;

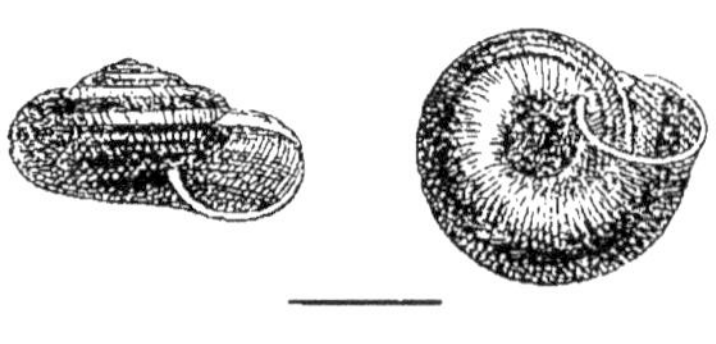

Fig. 241-242.

ouverture très oblique, arrondie, peu échancrée; péristome droit, interrompu, avec léger bourrelet interne blanc ou roux, bords rapprochés, très convergents, le columellaire très arqué, un peu évasé; test mince, solide, un peu luisant, blanc ou roux avec une ou plusieurs bandes brunes continues ou non, striolé. — H. 6 à 12; D. 10 à 15 millim.

Très commun; presque partout.

Helix virgultorum, BOURGUIGNAT.

H. virgult., Brgt., *in* Loc., 1882. *Prodr.*, p. 97 et 323.

Très déprimé, plat en dessus, assez bombé en dessous; 6 tours peu convexes, croissance peu régulière, le dernier arrondi, non déclive, avec deux maximum de convexité, l'un au dessus de la partie moyenne, l'autre autour de l'ombilic; suture assez profonde; ombilic extrêmement ouvert, très évasé; ouverture étroite, comme contractée, exactement circulaire; péristome droit, ni bordé, ni dilaté; test un peu mince, blanc-jaunacé avec bandes brunes ou fauves variables, opaques ou non, finement striolé. — H. 4 à 8; D. 10 à 18 millimètres.

Peu commun; Calvados, Gers, B.-Pyrénées, Lozère, Charente, etc.

Helix Morbihana, BOURGUIGNAT.

H. Morb., Brgt., *in* Loc., 1882. *Prodr.*, p. 97 et 324.

Déprimé-renflé, un peu conique en dessus, bien bombé en dessous; 6 à 7 tours bien convexes, croissance régulière, le dernier un peu grand, gros, exactement cylindrique, lentement déclive; ombilic très largement ouvert, évasé; ouverture presque circulaire; péristome droit, encrassé blanc à l'intérieur, bien dilaté-patulescent sauf en haut; test blanc, un peu brillant, parfois cerclé de deux zonules cornées transparentes, à peine striolé.— H. 14; D. 20 millimètres.

Rare; Morbihan, Gironde, Basses-Pyrénées, etc.

Helix Tardyi, BOURGUIGNAT.

H. Tardyi, Brgt., *in* Loc., 1882. *Prodr.*, p. 97 et 324.

Déprimé, presque plan en dessus, assez bombé en dessous ; 6 tours convexes, croissance régulière, le dernier subanguleux à l'origine, très dilaté et à peine déclive vers l'ouverture ; suture accusée ; ombilic très grand, évasé, ovalaire ; ouverture oblique, ovalaire-transverse ; péristome droit, avec léger bourrelet roux interne, bord inférieur subpatulescent ; test gris-jaunacé, avec bandes brunes variables, finement striolé. — H. 3 1/2 ; D. 8 millimètres.

Rare ; Saint-Claude (Jura).

Helix sabulivaga, J. Mabille.

H. sabul., Mab., 1881. *Bull. Soc. phil.*, V, p. 125. — Loc. *Prodr.*, p. 98.

Déprimé, subconvexe peu saillant en dessus, bombé en dessous ; 4 1/2 à 5 tours, les premiers à croissance subrapide, les suivants croissant plus rapidement, le dernier très grand, renflé en dessus vers la suture, à peine subanguleux à sa naissance, arrondi non déclive à l'extrémité ; suture accusée ; ombilic large ; ouverture peu oblique, ovalaire-transverse ; péristome droit, légèrement encrassé en dedans ; bord columellaire épanoui ; test un peu mince, opaque, gris-blanc, parfois avec bandes fauves variables, orné de stries atténuées. — H. 3 1/2 à 4 ; D. 8 à 9 1/2 mill.

Rare ; embouchure de la Bidassoa (Basses-Pyrénées).

Helix synerosa, Servain.

H. syner., Serv., 1883. *In Ann. malac.*, I, p. 367.

Subdéprimé, très peu convexe en dessus, assez bombé en dessous, 5 tours légèrement convexes, croissance régulière, le dernier plus grand ; obtusément caréné, plus convexe dessous que dessus, arrondi et à peine déclive à l'extrémité ; suture bien accusée ; ombilic très ouvert, peu évasé ; ouverture peu oblique, exactement ronde ; péristome droit, mince, à peine encrassé en dedans, peu réfléchi ; test mince, blanchâtre, parfois avec 3 ou 4 bandes cornées très claires, presque effacées, orné de stries grossières, distantes, très atténuées. — H. 5 à 6 ; D. 12 à 14 millimètres.

Rare ; environs de Cannes (Alpes Maritimes).

Helix Noviodunensis, Locard.

H. Noviodun., Loc., 1892. *Nov. sp.*

Un peu subglobuleux, conoïde en dessus, bien bombé en dessous ; 5 tours assez convexes, croissance un peu lente, le dernier renflé, aussi arrondi dessus que dessous, lentement déclive ; suture bien marquée; ombilic très large, bien évasé; ouverture très oblique, ronde ; péristome droit, mince, non encrassé en dedans, bords très convergents; test un peu épaissi, corné-roux, terne, avec d'étroites bandes subtransparentes, dont une carénale. — H. 7 ; D. 10 millimètres.

Rare ; environs de Nevers (Nièvre).

Helix arenosa, ZIEGLER.

H. aren., Ziegl., *in* Rossm. *Icon.*, VII, p. 34, fig. 519. — Loc. *Prodr.*, p. 96.

Subdéprimé, un peu conique-convexe en dessus, légèrement bombé en dessous; 6 à 7 tours faiblement convexes, croissance régulière, le dernier arrondi, un peu dilaté à l'extrémité et légèrement déclive, aussi convexe dessus que dessous; suture accusée ; ombilic très grand ; ouverture très

Fig. 243-244.

oblique, bien arrondie ; péristome droit, mince, sans bourrelet interne ; bord columellaire à peine évasé ; test mince, blanchâtre, avec bandes fauves variables, très finement striolé. — H. 8 à 10 ; D. 14 à 17 millimètres.

Assez rare ; région océanique, Somme, Finistère, Basses-Pyrénées, etc.

Helix Arvernorum, LECOQ.

H. Arvern., Lecoq. *Nov. sp. in coll.* Brgt.

Très déprimé, presque plat en dessus, assez bombé en dessous; spire peu haute ; 6 tours assez convexes, croissance régulière, le dernier gros, bien arrondi, non déclive, développé en hauteur à son extrémité de façon à ce que la partie supérieure de l'ouverture soit presque au niveau du sommet; suture profonde; ombilic extrêmement ouvert, évasé; ouverture grande, très oblique, arrondie; péristome droit, simple, bords très rapprochés, le columellaire un peu évasé ; test mince, blanchâtre, le plus souvent monochrome. — H. 9 à 10 ; D. 18 à 20 millimètres.

Rare; Clermont-Ferrand (Puy-de-Dôme), Biarritz (Basses-Pyrénées), etc.

BBB. — Groupe de l'*H. trepidula.*

Taille moyenne; subdéprimé; ombilic grand.

Helix trepidula, SERVAIN.

H. trepid., Serv., *in* Cout., 1881. *Faune Rhône*, p. 12. — Loc. *Prodr.*, p. 99.

Galbe subdéprimé, déprimé en dessus, assez bombé en dessous ; 5 à
5 1/2 tours peu convexes, croissance régulière le dernier plus grand,
caréné ou subcaréné à sa naissance, arrondi
ou subcaréné et non déclive à l'extrémité ;
suture peu profonde ; ombilic large ; ouverture à peine oblique, presque exactement
circulaire, peu échancrée ; péristome mince,
très légèrement évasé en bas, avec léger
bourrelet interne fauve-clair ; test assez

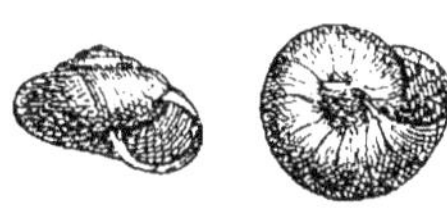

Fig. 245-246.

solide, blanc-fauve, parfois avec de petites bandes brunes atténuées, très
finement striolé. — H. 7 à 8 1/2 ; D. 14 à 16 millimètres.

Assez commun ; presque toute la Provence.

Helix trepidulina, Locard.

H. trepidulina, Loc., 1891. *Nov. sp.*

Plus petit, déprimé, presque plan en dessus, assez bombé en dessous ;
5 à 5 1/2 tours très peu convexes, croissance régulière, le dernier un peu
plus grand, fortement caréné sur sa première demi-longueur, bien plus
convexe dessous que dessus même à l'extrémité ; suture peu profonde,
ombilic assez large ; ouverture oblique, subarrondie ; péristome mince,
droit en haut, bien arrondi et à peine évasé en bas, avec un léger bourrelet interne fauve ; test blanc-fauve ou roux, très finement striolé. —
H. 4 à 6 1/2 ; D. 8 à 12 millimètres.

Peu commun ; presque toute la Provence.

Helix misarella, Pechaud.

H. misarella, Péch. *Nov. sp. in coll.* Brgt.

Assez petit, subglobuleux-déprimé, un peu conique en dessus, assez
bombé en dessous ; 5 à 5 1/2 tours un peu convexes, croissance régulière,
le dernier à peine plus grand, vaguement caréné à sa naissance, déclive
à l'extrémité, presque aussi convexe dessus que dessous ; suture bien
marquée ; ombilic assez large ; ouverture oblique, presque ronde, un peu
petite ; péristome tranchant, avec bourrelet interne roux assez fort, bords
convergents et rapprochés ; test blanc-fauve ou roux très clair, un peu
brillant. — H. 6 à 7 1/2 ; D. 9 à 10 1/2 millimètres.

Peu commun ; Alpes-Maritimes, Var, Bouches-du-Rhône, Aude, etc.

Helix Velaviana, Bourguignat.

H. Velav., Brgt., *in* Loc., 1882. *Prodr.*, p. 99 et 326.

Déprimé-convexe, peu convexe en dessus, assez bombé en dessous ;
5 tours, croissance assez rapide, régulière, le dernier très anguleux à sa
naissance, arrondi à l'extrémité, droit ou déclive sur une faible longueur,
plus convexe dessous que dessus ; suture assez accusée ; ombilic peu
ouvert ; ouverture un peu oblique, bien ronde, faiblement échancrée ;
péristome droit, aigu, avec gros bourrelet blanc interne ; test blanc, assez
solide, avec 5 ou 6 bandes marron-foncé, souvent réunies, orné de stries
saillantes et rapprochées. — H. 4 ; D. 7 millimètres.

Rare ; Le Puy-en-Velay (Puy-de-Dôme), Vichy, Moulins (Allier), etc.

Helix Xera, HAGENMÜLLER.

H. Xera, Hagenm., *in* Loc., 1882. *Prodr.*, p. 114 et 340.

Comprimé, très peu convexe en dessus ou même presque plan, un peu
bombé en dessous ; 6 tours, croissance rapide, les premiers à peine
convexes, les deux derniers arrondis-bombés, le dernier subanguleux,
dilaté transversalement, déclive sur sa demi-longueur ; suture accusée,
inégale ; ombilic grand, dilaté ; ouverture peu oblique, médiocrement
échancrée, suboblongue-arrondie ; péristome mince, faiblement bordé
en dedans ; test blanc-jaunacé, parfois avec traces de bandes brunes
inférieures, orné de grosses stries très atténuées. — H. 9 ; D. 14 millim.

Rare ; environs d'Hyères et de Toulon (Var).

Helix triphera, BOURGUIGNAT.

H. triph., Brgt., *in* Loc., 1882. *Prodr.*, p. 99 et 326.

Convexe-déprimé, convexe en dessus, bien renflé-convexe en dessous ;
6 tours peu convexes, croissance régulière, assez rapide, le dernier fortement anguleux, arrondi et faiblement déclive vers l'ouverture ; ombilic
peu élargi ; ouverture peu oblique, subcirculaire, légèrement méplane en
haut ; péristome droit, aigu, bord columellaire dilaté ; test blanc, avec
6 bandes brunes, dont une large en dessus et 5 étroites en dessous, orné
de stries émoussées, entre lesquelles on voit des rides. — H. 7 ; D. 12 m.

Rare ; Gonfaron, Roquebrune (Var), environs de Marseille (B.-Rhône).

Helix limara, BOURGUIGNAT.

H. limara, Brgt., *in* Loc., 1882. *Prodr.*, p. 114 et 340.

Subconoïde-déprimé, plus ou moins conoïde-déprimé en dessus, assez
bombé en dessous ; 6 tours peu convexes, croissance lente, le dernier

médiocre, arrondi, rectiligne, plus convexe dessous que dessus ; suture
peu profonde ; ombilic bien ouvert ; ouver-
ture faiblement oblique, peu échancrée,
semi-circulaire, à peine subtransverse ; péristome droit, aigu, avec bourrelet faible
assez enfoncé ; test brillant, blanc jaunacé,
en dessous traces de bandes effacées, orné
de stries émoussées souvent interrom-
pues par des parties méplanes. — H. 9 ; D. 13 millimètres.

Fig. 247-248.

Assez commun ; Alpes-Maritimes, Var, B.-du-Rhône, H.-Garonne, etc.

Helix talepora, BOURGUIGNAT.

H. talep., Brgt., *in* Loc., 1882. *Prodr.*, p. 98 et 325.

Subglobuleux, bien conique en dessus, assez bombé en dessous; 6 tours
serrés, plans, croissance un peu lente, le dernier grand, développé surtout
à l'extrémité, comprimé-subanguleux à sa naissance, ensuite subarrondi
et droit ; suture presque superficielle ; ombilic évasé ; ouverture transverse, légèrement méplane en haut et en bas ; péristome droit, aigu,
avec bourrelet interne carnéolé, bord columellaire légèrement dilaté ; test
blanc-brillant, avec bandes brunes variables, continues en dessus, finement striolé. — H. 11 ; D. 14 millimètres.

Peu commun ; le Midi, Haute-Garonne, Gers, Dordogne, etc.

Helix Dantei, BOURGUIGNAT.

H. Dantei, Brgt., *in* Serv., 1880. *Moll. Esp.*, p. 172. — Loc. *Prodr.*, p. 99.

Subglobuleux-déprimé, convexe-déprimé en dessus, assez bombé en
dessous ; 5 tours, croissance rapide, les premiers presque plans et comme
carénés à la suture, le dernier un peu subanguleux à la naissance, très
développé en hauteur vers l'ouverture, exactement cylindrique ; suture
superficielle ; ombilic dilaté au dernier tour ; ouverture à peine oblique,
bien circulaire, peu échancrée ; péristome droit, aigu, avec bourrelet
interne ; test blanchâtre, avec bandes brunes variables, orné de stries un
peu grossières. — H. 10 ; D. 16 millimètres.

Rare ; Roquefavour (Bouches-du-Rhône).

Helix eupalotina, BOURGUIGNAT.

H. eupalot., Brgt. *Nov. sp. in coll.*

Subglobuleux, bien régulièrement conique en dessus, assez large en dessous ; 6 tours convexes, serrés, croissance lente, le dernier très développé, surtout à l'extrémité, sub-arrondi, avec une carène assez accusée, à peine plus convexe dessous que dessus, arrondi et un peu déclive à l'extrémité ; suture marquée ; ombilic très ouvert ; ouverture oblique, nettement ovalaire-transverse ; péristome aigu, avec léger bourrelet interne,

Fig. 249-250.

bord columellaire faiblement dilaté ; test blanc, un peu mince, avec traces de bandes brunes pâles, orné de stries effacées. — H. 11 ; D. 18 m.

Rare ; Port-Sainte-Marie (Lot-et-Garonne), Céret (Pyrénées-Orientales).

Helix sublersiana, BOURGUIGNAT.

H. sublers., Brgt. *Nov. sp. in coll.*

Subglobuleux un peu déprimé, conique peu élevé en dessus, assez bombé en dessous ; 6 tours faiblement convexes, croissance lente, le dernier un peu plus grand, légèrement comprimé-subarrondi, très obtusément subcaréné, aussi convexe dessous que dessus, arrondi et un peu dilaté à l'extrémité ; suture peu marquée ; ombilic très ouvert, évasé ; ouverture oblique, un peu ovalaire-transverse, parfois subméplane en haut et en bas ; péristome aigu, avec bourrelet interne roux très clair, bord columellaire un peu évasé ; test blanc, assez épais, avec traces de bandes pâles en dessous, striolé. — H. 9 à 10 ; D. 15 à 18 millimètres.

Rare ; environs de Toulouse (Haute-Garonne).

Helix phila, BERTHIER.

H. phila, Berth., *Nov. sp. in coll.* Brgt.

Subglobuleux-conique en dessus, faiblement bombé en dessous ; 6 tours à peine convexes, croissance très lente, le dernier grand, peu haut, comprimé, obtusément subanguleux sur presque toute sa longueur, presque aussi convexe dessus que dessous, déclive ; suture très peu marquée ; ombilic large, mais peu évasé ; ouverture oblique, petite, presque ronde ; péristome droit avec bourrelet interne jaunacé, bords très rapprochés, convergents, le columellaire à peine évasé ; test mince, subtransparent, jaunacé-clair, avec une bande carénale jaune-clair étroite, vaguement flammulé de teintes corné, finement striolé. — H. 10 ; D. 12 millimètres.

Rare ; Caraman (Haute-Garonne).

Helix luteolina, Locard.

H. luteolina, Loc., 1890. *Nov. sp.*

Subdéprimé-conique, légèrement conique en dessus, faiblement bombé en dessous; 6 tours plans, croissance régulière, le dernier un peu comprimé, plus convexe dessous que dessus, obtusément caréné sur sa demi-longueur, à peine déclive; suture superficielle; ombilic grand, très dilaté; ouverture oblique, subarrondie-transverse, péristome droit, avec bourrelet interne blanc-violacé, bord columellaire réfléchi; test blanc-jaunacé, un peu brillant, avec traces en dessous de bandes plus teintées, à peine striolé. — H. 6 1/2; D. 11 millimètres.

Peu commun; Port-Sainte-Marie (Lot-et-Garonne), etc.

Helix Herbatica, P. Fagot.

H. Herb., Fag., 1883. *Soc. Hist. nat. Toul.*, p. 217.

Subglobuleux-déprimé, déprimé-conique en dessus, un peu gonflé et renflé en dessous; 6 tours peu convexes, croissance assez rapide et régulière, le dernier plus grand, aussi convexe dessous que dessus, comprimé, convergent en dessous vers l'ombilic, ni dilaté ni déclive à l'extrémité; ombilic assez ouvert; ouverture un peu oblique, arrondie, à bords rapprochés presque égaux; péristome droit, à peine épaissi en dedans; test blanc avec bandes brunes, presque lisse. — H. 8; D. 12 millimètres.

Peu commun; Haute-Garonne, Lot-et-Garonne, Corrèze, etc.

Helix Auscitanica, Gourdon.

H. Auscit., Gourd., 1889. *Moll. Pique*, p. 40. — *H. lauta (pars)*, Loc. *Pr.*, p. 117.

Subdéprimé-convexe, subconique-convexe en dessus, un peu bombé en dessous; 5 tours convexes, croissance rapide et régulière, le dernier plus grand, subcaréné à sa naissance, un peu dilaté et déclive à l'extrémité; suture assez profonde; ombilic grand, évasé; ouverture subovalaire-transverse, un peu plus haute que large; péristome mince, avec fort bourrelet interne blanchâtre ou lie-de-vin, bords éloignés, convergents; test opaque peu luisant, gris-jaunacé, avec bandes brunes variables, orné de stries assez serrées, irrégulières. — H. 6 à 9; D. 8 à 12 millimètres.

Peu commun; le sud-est et la région pyrénéenne.

Helix Tarbella, Berthier.

H. Tarbel., Berth., *Nov. sp. in coll.* Brgt.

Déprimé, légèrement subconique-convexe en dessus, un peu bombé en

dessous; 5 tours assez convexes, croissance rapide, le dernier notablement plus grand, bien arrondi, légèrement dilaté et déclive vers l'extrémité; suture assez marquée; ombilic assez grand, peu évasé; ouverture subarrondie-transverse; péristome mince avec épais bourrelet interne roux, bords rapprochés et très convergents; test opaque, blanchâtre,
épaissi, blanc-jaunacé avec bandes brunes étroites et variables, très finement striolé. — H. 6 1/2; D. 7 millimètres.

Rare; Villefranche, Aramon (Gard), etc.

Helix Odarsensis, P. FAGOT.

H. Odars., Fag., 1883. *Soc. hist. nat. Toul.*, p. 216.

Subconique-déprimé, presque aussi développé dessus que dessous;
déprimé-tectiforme en dessus, un peu bombé en dessous; 6 tours aplatis,
les premiers à croissance lente, les suivants croissant plus rapidement, le
dernier plus grand, arrondi-dilaté et non déclive; suture accusée; ombilic
assez petit, non dilaté; ouverture oblique, ovalaire; péristome droit, avec
bourrelet blanc-rosé interne, bords rapprochés, le columellaire plus long
et réfléchi; test comme vernissé, gris-jaunacé, parsemé de bandes translucides brunes, très finement striolé. — H. 8; D. 13 millimètres.

Rare; Odars (Haute-Garonne).

CCC. — Groupe de l'*H. Panescorsi.*

Taille moyenne; galbe subglobuleux-conique; ombilic grand.

Helix Panescorsi, BERENGUIER.

H. Panesc., Béreng., 1883. *Malac. Var*, Ad., p. 4.

Galbe subglobuleux-conique, bien conique en dessus, bombé en dessous;
6 tours, croissance régulière, le dernier à peine plus grand, le plus souvent
ventru et bien arrondi surtout à
l'extrémité; suture accusée seulement au dernier tour; ombilic
assez large, non évasé; ouverture assez oblique, peu échancrée, bien ronde; péristome
mince, avec bourrelet interne
blanc-carnéolé; bord columel-

FIG. 251-252.

laire dilaté en haut; test subtransparent, jaunacé, terne, souvent avec

bandes marron-noir, interrompues et effacées, orné de stries fortement
serrées, saillantes. — H. 13; D. 18 millimètres.

Peu commun; Var, Alpes-Maritimes, Bouches-du-Rhône, Hérault, etc.

Helix Varusensis, LOCARD.

H. Varus., Loc., 1892. *Nov. sp.*

Subglobuleux-conique, très conique en dessus, bombé en dessous;
6 tours, croissance régulière, le dernier gros, ventru-arrondi, renflé
autour de l'ombilic, à peine déclive; suture peu marquée; ombilic assez
large, non évasé; ouverture oblique, peu échancrée, circulaire; péristome
droit, avec léger bourrelet interne; test opaque, blanchâtre avec 12 à 14
bandes brun-foncé, le plus souvent mouchetées ou interrompues, orné
de stries assez fortes, serrées. — H. 12 1/2; D. 17 millimètres.

Rare ; île des Embiers (Var).

Helix Oswaldi, BERENGUIER.

H. Oswaldi, Béreng. *Nov. sp. in coll.* Brgt.

Subglobuleux-déprimé, assez conique en dessus, bombé en desssous;
6 tours, croissance régulière, les premiers peu distincts, le dernier subcylindrique, vaguement anguleux à la naissance, bien arrondi à l'extrémité, plus convexe-bombé dessous que dessus; suture accusée seulement
au dernier tour; ombilic un peu étroit, légèrement évasé; ouverture
oblique, subarrondie, subtransverse; péristome avec bourrelet interne
roux assez fort; test épais, roux-clair avec nombreuses bandes brunes
interrompues et très rapprochées, comme flammulées surtout en dessous,
orné de stries fortes, régulières, serrées et saillantes. — H. 9; D. 14 à 15 m.

Peu commun; Roquebrune, Saint-Mandrier, la Seyne, Toulon (Var).

Helix Marioniana, BOURGUIGNAT.

H. Marion., Brgt., *in* Loc., 1882. *Prodr.*, p. 102 et 327.

Subglobuleux-déprimé, convexe un peu subconoïde en dessus, bien
bombé en dessous; 6 tours convexes, croissance régulière et assez rapide,
le dernier exactement cylindrique à la naissance comme à l'extrémité,
peu déclive; suture peu profonde; ombilic assez grand, bien évasé;
ouverture suboblique, peu échancrée, presque circulaire; péristome
droit, avec bourrelet interne roux très épais; test solide, blanchâtre, avec
12 à 14 bandes, brun-foncé, les supérieures confondues et mouchetées,

les inférieures rarement interrompues, orné de stries, très vigoureuses,
régulières, serrées. — H. 8 à 10 ; D. 14 à 16 millim.

Peu commun ; environs de Marseille, le Luc, Saint-Mandrier (Var).

Helix nautica, LOCARD.

H. nautica, Loc. 1882. *Prodr.*, p. 102 et 328.

Subglobuleux, légèrement conique en dessus, bien bombé en dessous ;
5 1/2 à 6 tours faiblement convexes, croissance régulière et assez rapide,
le dernier un peu plus grand, haut et bien arrondi, légèrement déclive ;
suture très peu marquée ; ombilic assez grand, non évasé ; ouverture
oblique, arrondie ; péristome aigu, avec bourrelet fauve interne ; bord
columellaire réfléchi ; test blanc, subcrétacé, parfois avec bandes brunes
étroites, peu nombreuses, souvent effacées, orné de stries très fines et
irrégulières. — H. 10 à 12 ; D. 14 à 17 millimètres.

Rare ; environs de Toulon et de Nice.

Helix sphærita, HARTMANN.

H. sphær., Hartm., 1844. *Gaster.*, p. 147, pl. 46, fig. 4-6. — Loc. *Pr.*, p. 102.

Subglobuleux-déprimé, subdiscoïde, convexe en dessus, bombé en
dessous ; 6 tours faiblement convexes, croissance rapide, le dernier
grand, dilaté-arrondi, un peu méplan
vers la suture, légèrement déclive ;
suture peu profonde ; ombilic assez
grand, bien évasé ; ouverture peu
oblique, arrondie ; péristome droit,
avec bourrelet interne blanc-grisâtre,
bords rapprochés, le columellaire peu

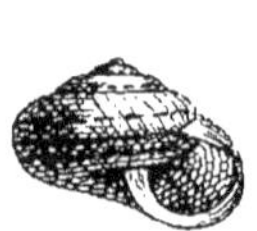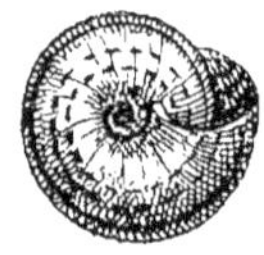

Fig. 253-254.

réfléchi ; test crétacé, blanc-gris, avec de 6 à 10 bandes brunes interrompues et fasciées, orné de stries fines, serrées, régulières. — H. 10
à 12 ; D. 17 à 18 millimètres.

Rare ; Locmariaker (Morbihan), Toulon (Var), etc.

Helix Naudieri, BOURGUIGNAT.

H. Naudieri, Brgt., *in* Loc., 1882. *Prodr.*, p. 118 et 346.

Subglobuleux-déprimé, renflé, convexe en dos d'âne en dessus, un peu
bombé en dessous ; 6 tours presque méplans, croissance rapide, le
dernier grand, ventru-arrondi ; suture superficielle ; ombilic étroit, un
peu dilaté ; ouverture oblique, semi-circulaire ; péristome droit, avec

léger bourrelet interne ; bord columellaire très dilaté en haut ; test opaque, crétacé, brillant, faiblement malléé, avec une bande brune supra-médiane, orné de stries un peu grossières. — H. 10 ; D. 16 millimètres.

Rare ; entre Menton et Monaco (Alpes-Maritimes).

Helix Gouini, DEBEAUX.

H. Gouini, Deb., *in* West., 1889. *Fauna palæar.*, I, p. 215.

Subglobuleux très déprimé, spire légèrement saillante, un peu bombé en dessous ; 6 tours très peu convexes, croissance rapide, le dernier arrondi ; suture très peu profonde ; ombilic très grand ; ouverture arrondie ; péristome tranchant, avec léger bourrelet interne ; test blanchâtre avec bandes brunes étroites, plus ou moins foncées et parfois maculées. — H. 8 à 10 ; D. 15 à 18 millimètres.

Rare ; Saint-Louis près Marseille (Bouches-du-Rhône), le Luc (Var).

DDD. — Groupe de l'*H. cespitum*.

Grand ; subdéprimé ; ombilic très grand.

Helix cespitum, DRAPARNAUD.

H. cespit, Drap., 1801. *Tabl. moll.*, p. 92. — Loc. *Prodr.*, p. 100.

Galbe subdéprimé, convexe peu élevé en dessus, bombé en dessous ; 5 à 6 tours convexes, croissance progressive, le dernier arrondi, peu dilaté et peu déclive vers l'ouverture ; suture bien marquée ; sommet convexe ; ombilic très ouvert ; ouverture oblique, arrondie, peu échancrée ; péristome interrompu, droit, avec léger bourrelet blanc

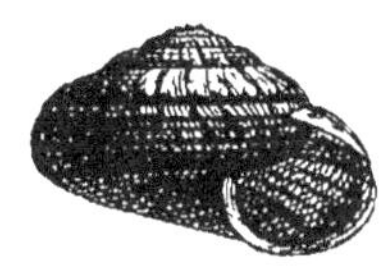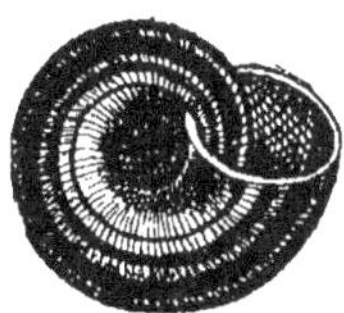

Fig. 255-256.

interne ; bords peu écartés, très convergents, le columellaire un peu évasé ; test mince, solide, blanc-roux, avec une ou plusieurs bandes brunes variables, à peine striolé. — H. 12 à 15 ; D. 20 à 26 mill.

Commun ; dans presque tout le Midi.

Helix Armoricana, BOURGUIGNAT.

H. Armoric., Brgt., *in* Loc., 1882. *Prodr.*, p. 100 et 327.

Subconique, conique en dessus, bombé en dessous; 5 à 6 tours peu convexes, croissance lente et régulière, le dernier plus rapide, lentement déclive sur sa dernière moitié, arrondi, plus convexe dessous que dessus; suture peu marquée; ombilic bien ouvert; ouverture bien oblique, un peu ovalaire-transverse, à peine échancrée; péristome droit, avec un épais bourrelet intérieur blanc-rosé; test un peu mince, solide, un peu luisant, blanc-roux, avec une ou plusieurs bandes brunes variables, à peine striolé. — H. 13 à 18; D. 21 à 26 millimètres.

Peu commun; un peu partout, dans l'Ouest et surtout dans le Midi.

Helix glebula, LOCARD.

H. gleb., Loc., 1892. *Nov. sp.*

Subconique, très régulièrement conique en dessus, assez bombé en dessous; 5 à 6 tours convexes, étagés, croissance très lente et très régulière, le dernier à peine plus grand, peu haut, arrondi, légèrement déclive; suture bien accusée; ombilic très ouvert; ouverture bien oblique, arrondie, peu échancrée; péristome droit avec léger bourrelet interne rosé; test un peu mince, solide, brillant, blanc, avec une ou plusieurs bandes brunes variables, très finement striolé. — H. 12 à 14; D. 20 à 21 mill.

Rare; Port Sainte-Marie (Lot-et-Gar.), Cannes (Alpes-Mar.), le Luc (Var).

Helix Hanryi, F. FLORENCE.

H. Hanryi, Flor. *Nov. sp. in coll.* Brgt.

Subglobuleux-trapu, assez conique en dessus, bien bombé en dessous; 6 tours assez convexes, croissance progressive, le dernier gros, haut, bien arrondi, déclive vers l'extrémité; suture accusée; ombilic bien ouvert; ouverture presque ronde; péristome tranchant avec bourrelet roux interne, bord columellaire un peu évasé; test roux-clair, un peu terne, assez épais, avec nombreuses bandes roux plus sombre, presque toujours mouchetées et interrompues, orné de stries très fines. — H. 14 à 15 D. 20 à 23 millimètres.

Peu commun; la Provence, de Nice à Toulon.

Helix introducta, ZIEGLER.

H. introd., Ziegl., *teste* Brgt., *in* Loc., 1882. *Prodr.*, p. 100 et 326.

Déprimé, à peine convexe en dessus, bien bombé en dessous; 5 à 6 tours peu convexes, le dernier arrondi, un peu plus convexe dessous que dessus, non dilaté ni déclive à l'extrémité; suture progressive, assez marquée; ombilic très grand ; ouverture peu oblique, arrondie, un peu échancrée; péristome un peu épais, droit, avec bourrelet interne blanc-roux rosé; test mince, solide, un peu luisant, blanc-roux, souvent avec une ou plusieurs bandes brunes variables. — H. 11 à 14; D. 20 à 26 millim.

Peu commun; un peu partout surtout dans le Midi.

Helix Sanarisensis, LOCARD.

H. Sanaris., Loc., 1892. *Nov. sp.*

Subglobuleux-déprimé, convexe légèrement conique en dessus, assez bombé en dessous; 7 tours faiblement convexes, croissance régulière, le dernier arrondi, très fortement déclive sur sa demi-longueur; suture peu marquée; ombilic assez grand, peu évasé; ouverture bien oblique, presque circulaire; péristome droit, avec bourrelet interne blanc-rosé, bord columellaire assez fortement dilaté et évasé; test blanc ou roux-clair, peu brillant, avec bandes brunes le plus souvent continues, variables en nombre, plus nombreuses dessous que dessus, orné de stries assez fines. — H. 15 à 16; D. 22 à 24 millimètres.

Peu commun; Sanaris, St-Raphaël, Draguignan (Var), Cannes (Alp.-M.).

Helix arenarum, BOURGUIGNAT.

H. arenar., Brgt., 1864. *Mal. Alger.*, I, p. 338, pl. 27, fig. 1-9. — Loc. *Pr.*, p. 100.

Globuleux-déprimé, légèrement convexe-conique en dessus, bien bombé en dessous; 7 tours peu convexes, croissance régulière, assez rapide, le dernier grand, assez dilaté-arrondi, plus convexe dessous que dessus, lentement et légèrement déclive vers l'extrémité; suture d'abord linéaire, ensuite plus marquée; ombilic grand, assez évasé ; ouverture peu oblique, faiblement échancrée, 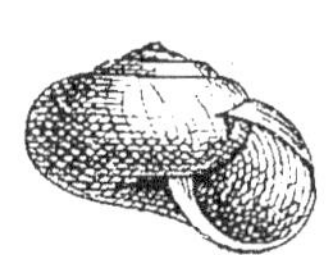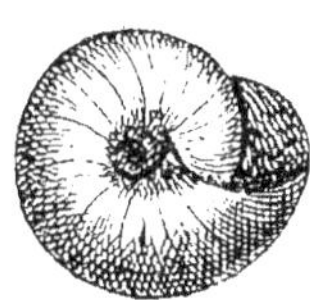

Fig. 257-258.

arrondie, un peu subelliptique; péristome droit, aigu, avec léger bourrelet interne; bord columellaire faiblement dilaté et évasé; test solide, subcrétacé, blanchâtre, avec bandes rousses variables, souvent atténuées, orné de striations grossières peu marquées. — H. 11 à 12; D. 19 à 20 millim.

Assez rare; Var, Aude, Pyr.-Orientales, Basses-Pyrénées, Morbihan.

Helix Adolfi, L. Pfeiffer.

H. Adolfi, Pfeiff., 1854. *Malac. Blätt.,* p. 264.

Subglobuleux-déprimé, assez convexe en dessus, bien bombé en dessous; spire un peu haute; 6 tours, croissance lente, un peu étagés, le dernier un peu plus grand, bien arrondi, aussi convexe dessus que dessous, déclive vers l'extrémité; suture bien marquée, ombilic grand, un peu évasé; ouverture oblique, arrondie, péristome aigu, avec bourrelet roux interne; bord supérieur peu arqué le columellaire bien arqué et un peu réfléchi, test roux-clair avec bandes brunes flammulées, variables, orné de stries assez fortes, irrégulières. — H. 12 à 14; D. 19 à 22 mill.

Peu commun; le Var et les Alpes-Maritimes.

Helix stiparum, Rossmässler.

H. stip., Rossm., 1854. *Icon.,* III, p. 20, fig. 820 et 821. — Loc. *Prodr.,* p. 102.

Subconoïde-déprimé, subconique en dessus, assez bombé en dessous;

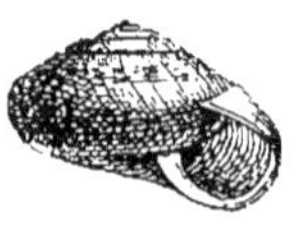 

Fig. 259-260.

6 tours peu convexes, croissance régulière, le dernier assez grand, renflé, arrondi, plus convexe dessous que dessus, un peu déclive à l'extrémité; suture bien marquée; ombilic grand, peu évasé; ouverture oblique-arrondie; péristome droit, aigu, avec bourrelet blanchâtre interne et profond, bord columellaire légèrement évasé; test solide, blanchâtre, brillant, avec bandes brunes minces, souvent mouchetées et interrompues, orné de stries très fines et serrées. — H. 11; D. 10 m.

Peu commun; Var, Vaucluse, B.-du-Rhône, Gard, Hérault, Drôme, etc.

Helix Vardonensis, Locard.

H. Vardon., Loc., 1890. *Nov. sp.*

Assez petit, subconoïde, conique en dessus, assez bombé en dessous;

Fig. 261-262

5 1/2 à 6 tours assez convexes, croissance régulière, le dernier assez grand, renflé-arrondi, moins convexe dessous que dessus, un peu déclive; suture bien marquée; ombilic assez grand, non évasé; ouverture oblique, arrondie-

transverse ; péristome droit, avec bourrelet interne blanchâtre ; bord columellaire évasé en haut ; test solide, blanchâtre, brillant, avec bandes brunes
minces, continues, très finement striolé.—H. 9 1/2 à 12 1/2 ; D. 15 à 18 m.

Peu commun ; Bouches-du-Rhône, Var, Gard, Drôme, etc.

Hélix subpampelonensis, LOCARD.

H. Pampelon., Loc., 1882. *Prodr.*, p. 101 *(non Schmidt)*.

Subgloluleux-déprimé, subconoïde un peu élevé en dessus, bien bombé
en dessous ; 6 1/2 tours légèrement convexes, le dernier plus grand,
arrondi, plus convexe dessous que dessus, légèrement déclive vers l'extrémité ; suture peu profonde ; ombilic élargi ; ouverture oblique-arrondie ;
péristome aigu, avec léger bourrelet interne blanc, bords fortement convergents, le columellaire dilaté en haut ; test brillant, blanc-jaunacé, avec
bandes brunes étroites, variables, très finement striolé, presque lisse. —
H. 10 à 12 ; D. 21 à 22 millimètres.

Rare ; Urugue, Bayonne, etc. (Basses-Pyrénées).

Helix Chardoni, BOURGUIGNAT.

H. Chardoni, Brgt. *Nov. sp. in coll.*

Subgloluleux légèrement déprimé, faiblement conique en dessus, bien
bombé en dessous ; 6 tours assez convexes, croissance régulière, le dernier plus grand, haut, bien arrondi, très peu déclive ; suture assez marquée ; ombilic ouvert, non évasé ; ouverture grande, très oblique, bien
arrondie ; péristome droit avec un ou deux forts bourrelets internes blanchâtres, bord columellaire arqué et renversé ; test roux-clair, le plus
souvent monochrome. — H. 13 ; D. 20 millimètres.

Rare ; le Luc, Toulon, la Seyne (Var).

Helix Pisanorum, BOURGUIGNAT.

H. Pisanor., Brgt., *in* Loc., 1882. *Prodr.*, p. 100 et 326.

Subgloluleux-déprimé, régulièrement convexe en dessus, bien bombé
en dessous ; 6 tours, les premiers à peine convexes, croissance régulière,
le dernier plus grand, légèrement anguleux à sa naissance, largement
développé, arrondi-ventru et rectiligne à l'extrémité ; suture superficielle ;
ombilic ouvert, non évasé ; ouverture grande peu oblique, assez échancrée, semi-circulaire, aussi haute que large ; péristome droit, avec fort
bourrelet roux interne, bords distants, non convergents ; test blanc-jaunacé terne, le plus souvent monochrome. — H. 10 ; D. 18 millimètres.

Peu commun ; Roquefavour (B.-du-R.), Ste-Baume (Var), Digne (B.-Alp.).

Helix Arigoi, Rossmässler.

H. Arig., Rossm., 1854. *Icon.*, III, p. 21, fig. 823-824. — *Loc. Prodr.*, p. 10.

Globulenx-déprimé, légèrement convexe en dessus, bien bombé en dessous ; 6 tours peu convexes, croissance assez régulière, le dernier

gros, arrondi, notablement plus convexe dessous que dessus, surtout vers l'ombilic, déclive à l'extrémité ; suture peu profonde ; ombilic médiocre, un peu évasé ; ouverture oblique, subovalaire-transverse, bien arrondie, surtout en bas ; péristome avec un ou deux

Fig. 263-264.

bourrelets internes blanc-rosé ; test un peu brillant, blanc-grisâtre, avec bandes fasciées rousses, variables, orné de stries très fines, atténuées. — H. 9 à 12 ; D. 16 à 18 millimètres.

Assez rare ; le Midi, Var, Pyrénées-Orientales, Basses-Pyrénées, etc.

Helix Mantinica, J. Mabille.

H. Mantin., Mab., 1881. *Bull. Soc. Phil.*, V, p. 128. — *Loc. Prodr.*, p. 101.

Subglobuleux-déprimé, assez convexe en dessus, bombé en dessous ; 6 tours convexes, les premiers à croissance assez régulière, le dernier grand, très obtusément subanguleux à sa naissance, ensuite bien arrondi, presque aussi convexe dessus que dessous, un peu dilaté non déclive à l'extrémité ; suture bien marquée ; ombilic grand, non évasé ; ouverture peu oblique, oblongue-arrondie ; péristome droit, avec bourrelet blanc interne, bords rapprochés, le columellaire à peine réfléchi ; test un peu mince, subpellucide, gris-jaunacé, moucheté de brun-corné, avec quelques fascies interrompues, orné de stries costulées peu régulières. — H. 10 à 12 ; D. 15 à 19 millimètres.

Assez commun ; littoral maritime de la Provence.

Helix bradypora, F. Florence.

H. bradyp., Flor. *Nov. sp. in coll.* Brgt.

Déprimé, faiblement conique en dessus, bien bombé en dessous ; 6 tours peu convexes, croissance régulière, le dernier plus grand, très obtusément subanguleux à sa naissance, un peu comprimé, un peu plus convexe dessous que dessus, très peu déclive ; suture accusée ; ombilic grand, faiblement évasé; ouverture très oblique, arrondie-transverse; péristome droit, avec bourrelet interne roux-clair, bord columellaire non réfléchi; test assez épais, roux-blanchâtre, avec larges bandes brunes soudées en dessus et en dessous, plus étroites vers l'ombilic, la carène blanchâtre, orné de stries fines, costulées. — H. 9 à 11; D. 16 à 18 mill.

Assez rare; Var, Bouches-du-Rhône, Vaucluse, Aveyron, etc.

Helix ilicis, F. FLORENCE.

H. ilicis, Flor., 1885. *Bull. Soc. malac.*, II, p. 51.

Très déprimé, à peine conique en dessus, bien bombé en dessous; 5 1/2 à 6 tours à peine convexes, non étagés, croissance lente et régulière, plus rapide au dernier tour, celui-ci bien arrondi, très notablement plus convexe dessous que dessus; suture assez marquée; ombilic large; ouverture un peu oblique, assez échancrée, presque circulaire; péristome droit, mince, avec bourrelet blanchâtre profond; test un peu mince, blanc-gris jaunacé, le plus souvent avec bandes brunes variables, continues ou non. — H. 10 à 11; D. 19 à 23 millimètres.

Peu commun; Var et Basses-Alpes.

EEE. — Groupe de l'*H. Terveri*.

Assez grand; subdéprimé; ombilic moyen.

Helix Terveri, MICHAUD.

H. Terv., Mich., 1831. *Compl.*, p. 26, pl. 19, fig. 20-21. — Loc. *Prodr.*, p. 114.

Galbe déprimé, arrondi en dôme en dessus, bombé en dessous; 6 tours un peu aplatis ou subconvexes, croissance régulière, le dernier subcomprimé-arrondi, souvent légèrement subanguleux à la naissance, notablement plus convexe dessous que dessus légèrement déclive sur sa dernière demi-longueur; suture accusée surtout au dernier tour; ombilic médiocre; ouverture légèrement oblique, subovale-arrondie; péristome aigu, avec de 1 à 3 bourrelets blanchâtres internes, bord columellaire légèrement réfléchi; test blanc ou roux-clair, souvent avec bandes brunes interrompues ou flammulées, orné de stries assez fortes. — H. 10 à 12; D. 16 à 19 millimètres.

Fig. 265-266

Peu commun; la Provence, le Luc, Toulon, Saint-Mandrier (Var), etc.

Helix Luci, F. Florence.

H. Luci, Flor., 1884. *Bull. soc. malac.*, I, p. 362.

Déprimé, convexe en dessus, bombé en dessous; 6 tours très légèrement convexes, croissance régulière, le dernier assez ample, subcomprimé à la naissance, renflé et exactement arrondi, à peine déclive à l'extrémité; suture assez profonde; ombilic un peu étroit; ouverture ample, un peu oblique, exactement ronde; péristome aigu, droit, non marginé ou parfois avec un ou deux bourrelets internes profonds, bord columellaire réfléchi; test blanc-jaunacé, avec bandes brunes continues ou non, orné de stries fortes. — H. 13; D. 20 millimètres.

Peu commun; le Luc, Hyères, Toulon, etc. (Var).

Helix Bavayi, Pollonera.

Xeroph. Bavayi, Pollon., 1893. *Bull. malac. Ital.*, XVIII, p. 38, pl. 2, fig. 9-10.

Subglobuleux-déprimé, légèrement convexe en dessus, bien bombé en dessous; 5 1/2 tours très légèrement convexes, croissance régulière, le dernier plus grand, très renflé, vaguement subanguleux à sa naissance, plus convexe dessous que dessus, arrondi et déclive à l'extrémité; suture peu profonde; ombilic étroit; ouverture oblique, subarrondie; péristome droit, mince, avec léger bourrelet blanc interne, bord columellaire assez épanoui; test blanc-jaunacé, avec bandes brunes souvent interrompues, orné de stries bien accusées. — H. 6 3/4 à 7 1/2; D. 16 1/2 à 18 mill.

Rare; la Seyne près Toulon (Var).

Helix Maristorum, F. Florence.

H. Marist., Flor., 1884. *Bull. Soc. malac.*, I, p. 365.

Très déprimé, à peine convexe en dessus, peu bombé en dessous; 6 tours à peine convexes, subanguleux, croissance régulière, le dernier relativement grand, comprimé, subanguleux à l'origine, plus convexe dessous que dessus, assez fortement déclive à l'extrémité; suture profonde; ombilic assez ouvert; ouverture peu oblique, transverse, subanguleuse-ovalaire, arrondie en bas; péristome droit, avec faible bourrelet blanc interne, bord columellaire dilaté; test jaunacé-roux, avec flammes ou bandes brunes variables, orné de stries fortes. — H. 10; D. 20 mill.

Rare; Toulon, le Luc, Sanaris, Hyères, etc. (Var).

Helix Euthymeana, Locard.

H. Euthym., Loc., 1883. *Bull. Soc. malac.*, II, p. 59.

Très déprimé, très peu élevé en dessus, aussi bombé dessous que dessus ; 5 1/2 tours à peine convexes, croissance lente et régulière, plus rapide au dernier tour, celui-ci subanguleux sur sa première demi-longueur, arrondi et à peine déclive à l'extrémité, à peine plus convexe dessous que dessus ; suture très peu profonde ; ombilic un peu étroit ; ouverture oblique, à peine échancrée, presque circulaire ; péristome droit, avec bourrelet rosacé interne et profond, bord supérieur court ; test subcrétacé, blanc-grisâtre ou roux, parfois avec bandes brunes flammulées, variables, à peine striolé. — H. 8 à 10 ; D. 16 à 17 millimètres.

Rare ; environs de Menton (Alpes-Maritimes).

Helix neutra, Pollonera.

H. neutra, Pollon., 1893. *Bull. malac. ital.*, XVIII, p. 35, pl. 2, fig. 11-12.

Subglobuleux, convexe-conique en dessus, bien bombé en dessous ; 6 tours légèrement convexes, croissance régulière, le dernier plus grand, renflé-arrondi, aussi convexe dessus que dessous, bien déclive à l'extrémité ; suture accusée ; ombilic médiocre, un peu dilaté ; ouverture oblique, subarrondie, légèrement transverse ; péristome mince, avec bourrelet roux interne ; bord columellaire légèrement réfléchi ; test roux-grisâtre, avec bandes brunes flammulées ou interrompues, variables, orné de stries grossières et irrégulières. — H. 11 à 13 ; D. 17 à 20 millimètres.

Fig. 267-268.

Rare ; le Luc, Hyères, Sanaris, etc., (Var).

Helix Adolia, F. Florence.

H. Adol., Flor., 1884. *Bull. Soc. malac.*, 1, p. 364.

Subdéprimé-globuleux, assez convexe en dessus, bombé en dessous ; 6 tours très légèrement convexes, croissance régulière, le dernier grand, globuleux, exactement arrondi, à peine déclive à l'extrémité ; suture accusée au dernier tour ; ombilic un peu étroit ; ouverture à peine oblique, ample, exactement arrondie ; péristome droit, avec 2 bourrelets internes rosés, bord columellaire évasé ; test blanc-jaunacé, avec 1 à 3 bandes brunes variables, orné de striations très délicates. — H. 12 ; D. 19 mill.

Rare ; Toulon, le Luc, Sanaris, Hyères, etc. (Var).

Helix apista, F. Florence.

H. apista, Flor. *Nov. sp. in coll.* Brgt.

Assez petit, subdéprimé légèrement globuleux, un peu conique en dessus, bombé en dessous; 6 tours convexes, croissance régulière, le dernier grand, arrondi-comprimé, aussi convexe dessus que dessous; légèrement déclive; suture accusée sur tous les tours; ombilic étroit; ouverture oblique, arrondie, légèrement transverse; péristome droit, avec un fort bourrelet interne rosé, bord columellaire patulescent; test blanchâtre avec 6 à 8 bandes brunes, le plus souvent continues, orné de stries fines. — H. 9 à 10; D. 15 à 16 millimètres

Assez rare ; le Luc, Sanaris, Hyères, Toulon, etc., (Var).

Helix actiella, Locard.

H. actiella, Loc., 1885. *Bull. soc. malac.,* II, p. 62.

Déprimé, aussi convexe dessus que dessous ; spire peu élevée ; 5 1/2 tours peu convexes, médiocrement étagés, croissance lente et régulière, le dernier un peu plus grand surtout à l'extrémité, arrondi, un peu comprimé, assez fortement déclive sur son dernier quart; suture peu profonde; soulignée par une bande brune ; ombilic un peu étroit, évasé ; ouverture très oblique, subovalaire-transverse, déclive ; péristome droit, avec bourrelet rosé interne peu profond, bords supérieur et inférieur courts, ce dernier légèrement réfléchi; test crétacé, brillant, avec une bande supra-médiane et 1 à 7 petites bandes inférieures variables, très finement striolé. — H. 9 1/2 à 11; D. 16 à 18 millimètres.

Rare ; le Luc, Sanaris (Var), Aramon (Gard), etc.

Helix Augustiniana, Bourguignat.

H. Augustin., Brgt., *in* Serv., 1880. *Malac. Esp.,* p. 73.

Subconoïde-convexe, subconoïde un peu déprimé en dessus, assez bombé en dessous ; 6 tours très légèrement convexes, croissance lente et régulière, le dernier grand, ample, subanguleux à sa naissance, arrondi et déclive à l'extrémité, aussi convexe dessus que dessous; suture peu profonde; ombilic étroit, non évasé; ouverture légèrement oblique, un peu ovalaire-transverse , jaune-carnéolé

Fig. 269-270.

en dedans; péristome droit, avec bourrelet interne roux-clair, bords rapprochés, peu convergents, le columellaire réfléchi ; test solide, brillant, crétacé, jaune-clair, vaguement flammulé de roux-pâle, orné de stries fines, obsolètes. — H. 11 ; D. 16 millimètres.

Assez commun ; le Midi, remontant le long de l'Océan et de la Manche.

Helix labida, Locard.

H. labida, Loc., 1892. *Nov. sp.*

Subglobuleux très déprimé, légèrement convexe en dessus, bombé en dessous ; 6 tours à peine convexes, croissance régulière, le dernier grand, anguleux sur les deux tiers de sa longueur, un peu plus convexe dessous que dessus, non déclive ; suture superficielle ; ombilic petit ; ouverture relativement petite, oblique, arrondie ; péristome droit, avec bourrelet brun-rosé interne, bords bien convergents, le columellaire peu réfléchi ; test roux-jaunacé clair, finement striolé et parfois malléé. — H. 8 à 9 ; D. 13 à 15 millimètres.

Assez rare ; Cannes (Alpes-Maritimes), les Baux (Bouches-du-Rhône).

Helix limbifera, Locard.

H. lauta (pars, non Lowe), Loc., *Pr.,* p. 117. — *H. limb.,*Loc., 1892. *Nov. sp.*

Subglobuleux-déprimé, convexe-tectiforme en dessus, bien bombé en dessous ; 6 tours à peine convexes, croissance régulière, le dernier plus grand, bien arrondi, faiblement déclive ; suture superficielle ; ombilic étroit, un peu évasé ; ouverture oblique, presque circulaire ; péristome droit, avec bourrelet interne roux-clair, bords bien convergents, le columellaire à peine réfléchi ; test assez brillant, blanchâtre, avec 6 à 8 bandes brunes, plus ou moins étroites, le plus souvent continues, une seule bande en dessus, stries très fines. — H. 9 à 10 ; D. 16 à 17 millimètres.

Commun ; tout le Midi, remontant le long de la région océanique.

Helix terraria, Locard.

H. terraria, Loc., 1892. *Nov. sp.*

Subglobuleux-discoïde, comme comprimé, presque aussi convexe en dessus qu'en dessous ; spire simplement convexe et peu haute ; 6 tours très peu convexes, croissance régulière, le dernier grand, arrondi-comprimé, plus bombé dessous que dessus, lentement déclive ; suture peu marquée ; ombilic petit, non évasé ; ouverture relativement petite, oblique, subovalaire-transverse ; péristome droit, avec bourrelet interne roux-clair, bords rapprochés, peu convergents, le columellaire à peine réfléchi ; test blanchâtre, avec 6 à 8 bandes brunes plus ou moins étroites, le plus souvent continues, une seule en dessus, orné de stries fines. — H. 8 à 9 ; D. 16 à 17 millimètres.

Assez rare ; Alpes-Mar., Var, B.-du-Rhône, Vaucluse, Gard, Hérault, etc.

Helix leviculina, LOCARD.

H. levicul., Loc., 1892. *Nov. sp.*

Subglobuleux très déprimé, presque complètement plan en dessus, assez bombé en dessous ; 6 tours assez convexes, croissance régulière, le dernier grand, bien arrondi, beaucoup plus bombé dessous que dessus, non déclive ; suture assez accusée ; ombilic assez petit, un peu évasé ; ouverture oblique, arrondie ; péristome droit, avec bourrelet interne fauve-clair, bords assez rapprochés, non convergents, le supérieur presque droit, le columellaire très peu réfléchi ; test blanchâtre, avec 6 à 8 bandes variables continues, une seule en dessus, orné de stries très fines. — H. 7 à 8 ; D. 14 à 16 millimètres.

Rare ; les Catalans à Marseille (B.-du-Rh.), Port-S.-Marie (L.-et-Gar.).

FFF. — Groupe de l'*H. Jusiana.*

Assez grand ; subglobuleux ; ombilic petit ; test blanc porcelanisé.

Helix Jusiana, BOURGUIGNAT.

H. Jusiana, Brgt., *in* Loc., 1885. *Bull. Soc. malac.*, II, p. 76.

Galbe subdéprimé, un peu globuleux, un peu conique en dessus, assez bombé en dessous ; 6 à 6 1/2 tours convexes, croissance lente et régu-

lière, le dernier plus grand, arrondi, aussi convexe dessus que dessous, plus convexe dessus et légèrement déclive à l'extrémité ; suture bien marquée ; ombilic assez étroit, faiblement évasé ; ouverture oblique, un peu échancrée, arrondie ; péristome

FIG. 271-272.

mince, droit, avec bourrelet interne fauve-roux clair, très profond et peu saillant, bord supérieur assez court et arqué, le columellaire plus arrondi et légèrement réfléchi ; test blanc-brillant, ou rarement un peu roux très clair, très finement striolé. — H. 11 à 15 ; D. 17 à 22 millim.

Peu commun ; Hérault, Gard, Bouches-du-Rhône, Var, Vaucluse, etc.

Helix Salentina, H. Blanc.

H. Salent., Blanc, *in* Loc., 1885. *Bull. Soc. malac.*, II, p. 73.

Subglobuleux, un peu conique-convexe en dessus, bien bombé en dessous ; spire un peu haute, 6 à 6 1/2 tours convexes, un peu étagés, croissance d'abord lente, ensuite plus rapide, le dernier plus gros, arrondi, très obtusément subanguleux, lentement déclive, aussi convexe dessus que dessous ; suture bien marquée ; ombilic étroit ; ouverture oblique presque circulaire, grande ; péristome droit, avec un ou deux légers bourrelets internes roux, bord supérieur court, le columellaire bien arqué, réfléchi ; même test. — H. 13 à 15 ; D. 18 à 20 millimètres.

Peu commun ; presque tout le midi, surtout la Provence.

Helix privata, Galland.

H. privata, Gall., *in* Let. et Brgt., 1887. *Prodr. Tunisie*, p. 47.

Globuleux légèrement déprimé, faiblement conique en dessus, fortement bombé en dessous ; 6 tours peu convexes, croissance lente, le dernier très gros, ample, arrondi-comprimé, aussi convexe dessus que dessous, lentement déclive ; suture assez marquée ; ombilic très petit ; ouverture oblique, bien arrondie ; péristome droit avec bourrelet interne violacé, bords convergents, le columellaire peu réfléchi ; même test, l'intérieur de l'ouverture un peu jaune-violacé. — H. 15 ; D. 21 millimètres.

Rare ; environs d'Arles (Bouches-du-Rhône).

Helix calculina, Locard.

H. calcul., Loc., 1892. *Nov. sp.*

Globuleux-conique, assez fortement conique en dessus, bombé en dessous ; 6 tours presque plans, croissance lente, le dernier très gros avec une carène assez accusée sur sa demi-longueur, en dessus presque plan-oblique suivant l'inclinaison de la spire, en dessous bien convexe, déclive vers l'extrémité ; suture superficielle ; ombilic petit ; ouverture bien oblique, relativement petite, subarrondie-transverse ; péristome droit, avec bourrelet roux-rosé interne, bord columellaire un peu évasé ; même test. — H. 12 à 14 ; D. 16 à 18 millimètres.

Peu commun ; Bouches-du-Rhône, Var, Gard, Vaucluse, Vendée, etc.

Helix bullina, Locard.

H. bullina, Loc., 1891. *Nov. sp.*

Globuleux, légèrement conique-convexe en dessus, très fortement bombé en dessous; 6 à 7 tours presque plans, croissance assez rapide, le dernier très gros, très ample, arrondi légèrement comprimé, un peu plus convexe dessous que dessus, lentement déclive; suture linéaire; ombilic assez petit; ouverture oblique, arrondie-transverse; péristome droit, avec bourrelet roux interne, bord columellaire réfléchi; mêm[e] test, parfois avec traces de bandes obsolètes. —H. 14 à 15; D. 19 à 22 m.

Rare; Nice, Vence (Alpes-Mar.), Avignon (Vaucluse), Arles (B.-du-Rh.).

Helix euphorca, BOURGUIGNAT.

H. euph., Brgt., 1864. *Mal. Alg.*, I, p. 233, pl. 25, fig. 21-26. — Loc. *Pr.*, p. 118.

Globuleux-ventru, convexe-conique en dessus, très fortement bombé en dessous; 6 tours plans, croissance assez rapide, le dernier très gros, très ample, bien arrondi, aussi convexe dessus que dessous, lentement déclive; suture linéaire; ombilic très petit; ouverture oblique, ronde, relativement petite; péristome droit, avec un fort bourrelet interne roux, bord columellaire réfléchi; même test. — H. 13; D. 14 millimètres.

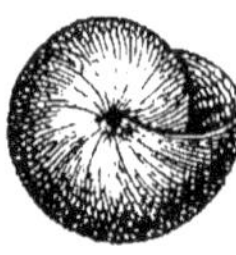

FIG. 273-274.

Rare; Cannes (Alpes-Maritimes), St-Tropez (Var), mont Alaric (Aude).

Helix acomptia, BOURGUIGNAT.

H. acomp., Brgt., 1864. *Malac. Algér.*, I, p. 218, pl. 24, fig. 17-21.

Globuleux-conoïde, bien conique en dessus, bien bombé en dessous; 7 tours faiblement convexes, étagés, croissance régulière, le dernier très grand, assez haut, arrondi, non déclive, aussi convexe dessus que dessous; suture marquée; ombilic petit; ouverture oblique, bien ronde; péristome droit avec léger bourrelet interne, bords convergents, assez rapprochés, le columellaire assez réfléchi; même test, parfois un peu roussâtre ou malléé. — H. 17 à 19; D. 20 à 22 millimètres.

Assez rare; Aude, Haute-Garonne, Aveyron, Hérault, Calvados, Seine, Seine-et-Marne, etc.

Helix acomptiella, LOCARD.

H. acomptiella, Loc., 1891. *Nov. sp.*

Très globuleux, conique en dessus, très bombé en dessous; 6 tours à

peine convexes, croissance régulière, le dernier très gros, haut, bien
arrondi, fortement déclive, suture peu mar-
quée ; ombilic petit ; ouverture oblique, petite,
roux-rosé, bien ronde ; péristome droit avec
bourrelet interne, bord peu convergents,
mais rapprochés, le columellaire réfléchi ;
même test. — H. 12 ; D. 13 millimètres.

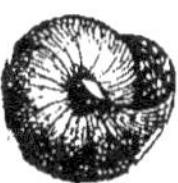

Fig. 275-276.

Rare ; Saint-Affrique (Aveyron), Montauban (Tarn-et-Garonne).

Helix Sitifiensis, Bourguignat.

H. Sitif., Brgt., *in* Loc., 1882. *Prodr.*, p. 118 et 345.

Conoïde-globuleux, fortement conique en dessus, bien bombé en
dessous ; 6 à 7 tours convexes, étagés, croissance régulière, le dernier
grand, arrondi, légèrement déprimé, vaguement subanguleux, plus convexe dessous que dessus, non déclive ; suture marquée ; ombilic très
petit ; ouverture peu oblique, subcirculaire ; péristome droit, avec léger
bourrelet interne, bords bien convergents, le columellaire réfléchi ; même
test, parfois avec traces de bandes cornées. —H. 13 à 15 ; D. 16 à 17 m.

Assez rare ; Var, Pyrénées-Orientales, Hérault, Haute-Garonne, etc.

Helix suberis, Bourguignat.

H. suber., Brgt., *in* Loc., 1885. *Bull. Soc. malac.*, II, p. 54.

Subdéprimé, légèrement convexe en dessus, médiocrement bombé en
dessous ; 6 tours peu convexes, croissance régulière, d'abord un peu
lente, plus rapide aux 3 derniers quarts du dernier tour, s'accélérant
encore à l'extrémité, dernier tour arrondi avec vague indication carénale,
aussi convexe dessus que dessous ; plus convexe dessous à l'extrémité et
lentement déclive ; suture bien marquée ; ombilic un peu étroit ; ouverture oblique, médiocrement échancrée, ovalaire-transverse et déclive ;
péristome mince avec bourrelet blanc interne ; même test, un peu bleuté,
rarement roux-clair, finement costulé. — H. 10 à 11 ; D. 16 à 17 millim.

Assez rare ; environs d'Hyères (Var) et de Nîmes (Gard).

Helix Evenosi, Bourguignat.

H. Evenosi, Brgt., *in* Loc., 1885. *Bull. Soc. malac.*, II, p. 56.

Subglobuleux un peu déprimé, un peu conique en dessus, assez bombé
en dessous ; 6 tours un peu convexes, croissance régulière, s'accélérant

à l'extrémité du dernier tour, celui-ci arrondi à sa naissance, un peu comprimé, aussi convexe dessus que dessous, lentement déclive; suture bien marquée; ombilic assez étroit, évasé; ouverture un peu oblique, très légèrement ovalaire-transverse; péristome mince, avec bourrelet fauve interne et peu profond; bord supérieur légèrement arqué, le columellaire court, un peu réfléchi; même test. — H. 11 à 14; D. 16 à 19 millimètres.

Fig. 277-278.

Assez rare; Var, Bouches-du-Rhône, Vaucluse, Gard, Hérault, etc.

Helix ademata, BOURGUIGNAT.

H. adem., Brgt., *in* Loc., 1885. *Bull. Soc. malac.*, II, p. 65.

Subglobuleux-déprimé, assez conique en dessus, bien bombé en dessous; spire un peu élevée, 6 tours bien étagés, convexes, croissance d'abord lente et régulière, le dernier plus grand, subanguleux sur sa première moitié, presque arrondi et non déclive à l'extrémité, un peu plus convexe dessous que dessus; suture assez profonde; ombilic très étroit, à peine évasé; ouverture oblique, médiocre, presque ronde; péristome droit, avec bourrelet rosé interne, bord supérieur court et arrondi, le columellaire réfléchi; même test. — H. 10 à 12; D. 15 à 16 mill.

Rare; La Seyne (Var), Menton (Alpes-Maritimes), S.-Denis (Seine), etc.

Helix Alaricana, P. FAGOT.

H. Alaric., Fag., 1892. *Malac. Pyren.*, p. 81 *(sine descr.)*.

Subglobuleux-déprimé, légèrement conique en dessus, bien bombé en dessous; 6 tours assez convexes, croissance lente, régulière, le dernier plus grand, gros, arrondi, aussi convexe dessus que dessous, lentement déclive à l'extrémité; suture bien accusée; ombilic étroit, non évasé; ouverture bien oblique, presque circulaire; péristome droit, avec bourrelet roux-clair interne, bord supérieur court, le columellaire plus grand, un peu évasé; même test, à peine striolé. — H. 11; D. 16 millimètres.

Rare; mont Alaric (Aude), Gigondas (Vaucluse), etc.

Helix Kalona, BERTHIER.

H. Kalona, Berth. *Nov. sp. in coll.* Brgt.

Déprimé, un peu convexe en dessus, assez bombé en dessous ; 6 tours très peu convexes, croissance lente et régulière, plus rapide vers l'extrémité, le dernier obtusément subanguleux sur le premier quart, comprimé, aussi convexe dessus que dessous, arrondi et lentement déclive vers l'extrémité ; suture assez marquée ; ombilic assez petit, à peine évasé ; ouverture très oblique, un peu ovalaire-transverse et déclive ; péristome droit, avec bourrelet roux interne, bord supérieur presque droit, le columellaire arqué et un peu réfléchi ; même test. — H. 9 à 10 ; D. 15 à 18 m.

Assez rare ; Bouches-du-Rhône, Vaucluse, Gard, Hérault, etc.

Helix limarella, Hagenmüller.

H. limara, var. limarel., Hagen., *in* West., 1889. *Fauna palæar.*, I, p. 178.

Déprimé, très légèrement convexe en dessus, un peu bombé en dessous ; 6 tours peu convexes, croissance lente et régulière, le dernier très vaguement subanguleux à sa naissance, comprimé et un peu ovalaire à l'extrémité, presque aussi convexe dessus que dessous ; suture bien marquée ; ombilic un peu étroit, non évasé ; ouverture oblique, ovalaire-transverse, peu échancrée ; péristome droit, aigu, avec léger bourrelet brun interne ; même test, rarement roux-clair. — H. 8 1/2 ; D. 16 millimètres.

Rare ; Vaucluse, Bouches-du-Rhône, Var, Alpes-Maritimes, etc.

Helix subtassyana, Locard.

H. Tassyana, Fag., *in* Loc., 1885. *Bull. Soc. malac.*, II, p. 70 *(non Brgt.)*. — *H. subtassy.*, Loc. 1892. *Nov. sp.*

Assez petit, subglobuleux légèrement déprimé, presque aussi bombé dessus que dessous ; spire un peu conique, 5 1/2 à 6 tours largement convexes, croissance d'abord lente, plus rapide sur la dernière moitié, dernier tour obtusément subanguleux sur sa première demi-longueur, arrondi à l'extrémité et légèrement déclive, aussi convexe dessus que dessous ; suture peu marquée ; ombilic étroit ; ouverture très oblique, peu échancrée, à peine suboblongue transverse ; péristome droit avec bourrelet blanchâtre interne, bord supérieur court et arrondi, le columellaire très court et réfléchi ; même test à peine striolé. — H. 10 ; D. 14 millim.

Rare ; mont Alaric (Aude), environs d'Avignon (Vaucluse), etc.

Helix Mendranopsis, Locard.

H. Mendranopsis, Loc., 1890. *Nov. sp.*

Subglobuleux légèrement conique, assez conique en dessus, bien bombé en dessous ; 6 tours presque plans, croissance régulière, le dernier grand, assez gros, un peu comprimé, vaguement subanguleux, aussi convexe dessus que dessous, déclive; suture superficielle; ombilic très petit; ouverture relativement petite, bien ronde; péristome droit, avec bourrelet interne roux, bords rapprochés, le columellaire réfléchi et bien arrondi; même test. — H. 10 à 11 ; D. 15 millimètres.

Assez commun; Provence, Rhône, Seine, S.-et-M., Calvados, Charente.

Helix Nemausensis, BOURGUIGNAT.

H. Nemaus., Brgt. *Nov. sp. in coll.*

Subconoïde-déprimé, un peu conique-convexe en dessus, peu bombé en dessous; 6 tours un peu convexes, étagés, croissance lente, le dernier plus grand, comprimé bien arrondi, aussi convexe dessus que dessous, déclive à l'extrémité; suture bien marquée; ombilic médiocre; ouverture oblique, un peu ovalaire-transverse; péristome mince, avec léger bourrelet interne roux;

FIG. 279-280.

bord supérieur peu arqué, l'inférieur bien arrondi, un peu réfléchi ; même test, à peine striolé. — H. 9; D. 14 millimètres.

Peu commun; Bouches-du-Rhône, Gard, Vaucluse, Hérault, etc.

GGG. — Groupe de l'*H. Avenionensis*.

Assez petit; subglobuleux ; ombilic petit ; test porcelanisé.

Helix Avenionensis, BOURGUIGNAT.

H. Avenion., Brgt., *in* Loc., 1885. *Bull. Soc. malac*, II, p. 65.

Galbe subglobuleux un peu déprimé, un peu conique en dessus, bien bombé en dessous; 5 1/2 tours assez régulièrement étagés, croissance lente, plus rapide à l'extrémité, le dernier très obtusément subanguleux à sa naissance, arrondi et à peine déclive à l'extrémité, aussi convexe dessus que dessous;

FIG. 281-282.

ombilic étroit, à peine évasé; ouverture oblique, faiblement échancrée, exactement circulaire ; péristome droit avec faible bourrelet fauve interne, bords également arqués, le columellaire légèrement réfléchi; test porcelanisé, à peine striolé. — H. 9; D. 13 millim.

Peu commun; Vaucluse, Bouches-du-Rhône, Gard, etc.

Helix Guideloni, BOURGUIGNAT.

H. Guidel., Brgt. *Nov. sp. in coll.*

Subglobuleux, assez élevé en dessus, bien bombé en dessous ; 5 1/2 tours étagés, assez convexes, croissance lente, à peine plus rapide au dernier tour, celui-ci arrondi ou très vaguement subcaréné à sa naissance, ensuite bien arrondi, aussi convexe dessus que dessous, déclive à l'extrémité ; suture accusée ; ombilic petit ; ouverture oblique, exactement ronde ; péristome droit avec bourrelet interne roux-clair ou rosé, bords arqués et très convergents ; même test. — H. 7 ; D. 10 millimètres.

Rare ; les Issards (Bouches-du-Rhône), acclimaté à Lyon.

Helix ambielina, DE CHARPENTIER.

H. ambiel., Charp., *in* Palad., 1867. *Miscel. mal.*, p. 41.— Loc. *Prodr.*, p. 102.

Subdéprimé, convexe-tectiforme en dessus, assez bombé en dessous ; 5 tours très peu convexes, croissance progressive, le dernier grand, comprimé, très vaguement subanguleux, aussi convexe dessus que dessous, non déclive ; suture peu marquée ; ombilic assez petit, cylindrique ; ouverture oblique, arrondie ; péristome droit, avec bourrelet interne roux, bords rapprochés et assez convergents, le columellaire faiblement réfléchi ; même test. — H. 8 ; D. 12 millimètres.

Rare ; St-Andéol (B.-du-Rh.), mont Alaric (Aude), Montpellier (Hérault).

Helix fera, LETOURNEUX ET BOURGUIGNAT.

H. fera, Let. et Brgt., 1885. *Prodr. Tunis.*, p. 50.

Déprimé, convexe-tectiforme en dessus, presque aussi convexe dessous que dessus ; 5 tours à peine convexes, croissance lente et régulière, le dernier plus grand, anguleux et comprimé sur les trois quarts de sa longueur, arrondi et non déclive à l'extrémité ; suture peu profonde ; ombilic petit ; ouverture suboblique, arrondie, un peu déclive ; péristome droit, avec bourrelet roux interne, bord

Fig. 283-284.

supérieur court, peu arqué, le columellaire plus arqué et un peu réfléchi ; même test. — H. 6 à 8 ; D. 9 à 12 millimètres.

Peu commun ; Vaucluse, Bouches-du-Rhône, Gard, acclimaté à Lyon.

Helix Aveyronensis, LOCARD.

H. Aveyron., Loc., 1890. *Nov. sp.*

Globuleux, légèrement déprimé, assez conique en dessus, bien bombé en dessous; 5 tours légèrement convexes, croissance progressive, le dernier grand, assez gros, arrondi, aussi convexe dessus que dessous, avec apparence de carène à la naissance, un peu déclive à l'extrémité; suture médiocre; ombilic très petit; ouverture oblique, bien arrondie; péristome droit, avec bourrelet interne roux, bords assez convergents, le columellaire réfléchi; même test, assez épaissi. — H. 9; D. 12 millimètres.

Rare; environs de Saint-Affrique et de Rodez (Aveyron).

Helix Grannonensis, BOURGUIGNAT.

H. Grann., Brgt., *in* Serv., 1880. *Moll. Esp.*, p. 104. — Loc. *Prodr.*, p. 116.

Conique-globuleux, conique élevé en dessus, bombé en dessous; 6 tours

assez convexes, croissance assez rapide et régulière, le dernier plus grand, subcomprimé-arrondi, parfois vaguement subanguleux à sa naissance, aussi convexe dessus que dessous, lentement déclive à l'extrémité; suture accusée; ombilic étroit; ouverture oblique, semi-oblongue-arrondie, déclive; péristome droit, aigu,

FIG. 285-286.

jaune-roux, avec bourrelet jaunacé interne, bord columellaire dilaté en haut; même test, rarement avec une bande rousse, ponctuée, obsolète, plus ou moins grossièrement striolé. — H. 11; D. 12 millimètres.

Assez commun; tout le Midi, le littoral océanique et de la Manche.

HHH. — Groupe de l'H. *variabilis*.

Grand; subglobuleux; ombilic petit.

Helix variabilis, DRAPARNAUD.

H. variab., Drap., 1861. *Tabl. moll.*, p. 73. - Loc. *Prodr.*, p. 116.

Galbe globuleux assez élevé, conique en dessus, bombé en dessous; 5 à 6 tours assez convexes, peu étagés, croissance lente et régulière,

le dernier plus grand et croissant plus rapidement, arrondi, non déclive; suture médiocre; ombilic petit, un peu recouvert; sommet étroit, saillant; ouverture oblique, peu échancrée, bien arrondie; péristome interrompu, droit, avec

FIG. 287-288.

bourrelet roux ou brun interne, bords convergents, le columellaire plus arqué et légèrement réfléchi; test blanchâtre, un peu mince, un peu brillant, subtransparent, avec bandes brunes ou rousses continues ou non, très variables, orné de stries très fines, comme effacées. — H. 13 à 14; D. 16 à 18 millimètres.

Assez commun; presque toute la Provence, remonte les côtes océaniques.

Helix luteata, PARREYS.

H. luteata, Parr., *in* Pfeiff., 1857. *Malack. Blätt.*, IV, p. 87.

Subglobuleux un peu déprimé, conique bien convexe en dessus, bombé en dessous; 5 1/2 tours très peu convexes, presque plans, croissance lente, régulière, le dernier plus grand vers l'extrémité, subarrondi, un peu renflé, presque aussi convexe dessus que dessous, déclive vers l'extrémité; suture peu profonde; ombilic étroit; ouverture oblique un peu ovalaire-transverse, déclive; péristome mince, avec bourrelet brun interne, bords rapprochés, l'inférieur réfléchi; test blanchâtre un peu brillant avec bandes brunes variables, nombreuses surtout en dessous, orné de stries fines, un peu rugueuses. — H. 12 à 14; D. 16 à 19 millimètres.

Rare; Cannes (Alpes-Maritimes), Orange (Vaucluse), etc.

Helix astata, BOURGUIGNAT.

H. astata, Brgt , *in* Serv., 1880. *Moll. Esp* , p. 110. — Loc. *Prodr.*, p. 116.

Subglobuleux déprimé, légèrement conique-convexe en dessus, bien bombé en dessous ; 6 à 7 tours très peu convexes, croissance rapide, les premiers plans, le dernier très grand, très ample, comprimé-arrondi, un peu plus bombé dessus que dessous, déclive à l'extrémité ; suture superficielle ; ombilic étroit; ouverture peu oblique, subovalaire-transverse ; péristome droit, avec bourrelet roux interne médiocre, bords convergents, le columellaire un peu réfléchi; test assez brillant, blanchâtre, le plus souvent avec bandes brun-cendré nombreuses et variables, orné de stries fines et serrées. — H. 11 à 12 ; D. 16 à 18 millimètres.

Rare ; Nice, Vence, Menton (Alpes-Maritimes), Aramon (Gard), etc.

Helix plenaria, LOCARD.

H. plenaria, Loc. 1890. *Nov. sp.*

Globuleux-conoïde, conique en dessus, bien bombé en dessous; 7 tours à peine convexes, croissance rapide, le dernier à peine plus gros, arrondi, aussi convexe-dessus que dessous, un peu déclive ; suture presque superficielle ; ombilic un peu étroit, profond ; ouverture très oblique, subarrondie ; péristome droit, avec léger bourrelet interne, bords rapprochés et convergents, le columellaire réfléchi ; test brillant, blanchâtre, avec traces de linéoles brunes, rares, plus ou moins continues, à peine striolé. — H. 17 ; D. 21 millimètres.

Fig. 289 220.

Rare ; environs de Toulon (Var).

Helix arenivaga, J. MABILLE.

H. areniv., Mab., 1867. *Arch. malac.*, p. 30. — Loc. *Prodr.*, p. 101.

Subglobuleux-déprimé, bien convexe-conique en dessus, bombé en dessous, 5 à 6 tours peu convexes, croissance rapide, le dernier très grand, très obtusément subcaréné, plus convexe dessous que dessus, à peine déclive ; suture bien marquée ; ombilic médiocre ; ouverture oblique, ovale-arrondie ; péristome droit, avec un ou deux bourrelets roux-clair, parfois avec bandes brunes étroites, interrompues, en nombre variable, orné de stries serrées et assez apparentes. — H. 11 à 12 ; D. 10 à 20 m.

Rare ; Ollioules, le Luc (Var), Narbonne (Aude), Cannes (Alpes.-Marit.).

Helix leonis, LOCARD.

H. leonis, Loc., 1893. *Nov. sp.*

Subglobuleux-déprimé, faiblement convexe-conique en dessus, très bombé en dessous ; 5 à 6 tours presque plans, croissance régulière, le dernier très gros, bien arrondi, très nettement subcaréné, aussi convexe dessus que dessous, non déclive ; suture superficielle ; ombilic médiocre ; ouverture relativement petite, bien arrondie ; péristome droit, avec un fort bourrelet roux interne, bords convergents, le columellaire à peine réfléchi ; test solide, blanc ou roux, parfois avec bandes brunes rares, étroites et interrompues, finement striolé. — H. 10 1/2 ; D. 17 millimètres.

Rare ; le lion de mer à Saint-Raphaël (Var).

Helix Zitanica, LETOURNEUX ET BOURGUIGNAT.

H. Zitan., Let. et Brgt., 1887. *Prodr. Tunis.*, p. 16.

Subglobuleux-conoïde, conique-convexe en dessus, assez bombé en dessous ; 7 tours, croissance lente, le dernier plus grand, exactement arrondi, légèrement déclive à l'extrémité ; suture assez marquée surtout au dernier tour ; ombilic médiocre, légèrement évasé ; ouverture oblique, subarrondie ; péristome droit, avec bourrelet interne roux, bord supérieur légèrement recto-déclive, l'inférieur subpatulescent ; test subopaque, solide, brillant, avec nombreuses bandes brunes variables, orné de stries robustes, costulées, régulières. — H. 16 ; D. 22 millimètres.

Assez rare ; Saze (Gard), Narbonne (Aude), etc.

Helix Privatiformis, HAGENMÜLLER.

H. Privat., Hagenm., *Nov. sp. in coll.* Brgt.

Subglobuleux-conoïde, un peu déprimé, légèrement conique-convexe en dessus, bien bombé en dessous ; 7 tours un peu convexes, croissance lente, le dernier bien plus grand, arrondi, très fortement déclive à l'extrémité ; suture accusée ; ombilic étroit ; ouver-
ture oblique, arrondie, un peu déclive ; péristome droit avec

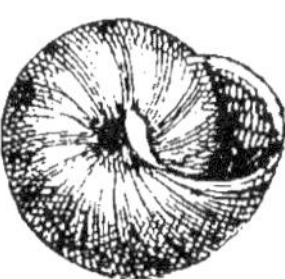

Fig. 291-292.

bourrelet roux interne, bord supérieur arqué, le columellaire patulescent ; test solide, subcrétacé, blanc-gris avec bandes fauve-clair flammulées, variables, orné de stries grossières atténuées. — H. 15 ; D. 22 mill.

Assez rare ; Orgon (Bouches-du-Rhône), Rochefort (Gard), etc.

Helix lentipes, LOCARD.

H. lentipes, Loc., 1892. *Nov. sp.*

Globuleux-conique, assez renflé, conoïde en dessus, bien bombé en dessous ; 6 à 7 tours convexes, un peu étagés, croissance assez rapide, le dernier grand, ventru, bien arrondi, faiblement déclive ; suture prononcée ; ombilic petit, un peu évasé ; ouverture peu oblique, assez échan-
crée, semi-circulaire, brune à l'intérieur ; péristome droit, aigu, peu bordé en dedans, bord columellaire bien dilaté, test assez épais, blanc-
grisâtre, le plus souvent flammulé longitudinalement de roux-clair, orné de stries fines, serrées, comme écrasées. — H. 12 à 17 ; D. 14 à 22 mill.

Assez rare ; Aude, Gard, Vaucluse, Bouches-du-Rhône, etc.

Helix petrophila, LOCARD.

H. petrophila, Loc., 1892. *Nov. sp.*

Globuleux-conique, bien conique en dessus, bien bombé en dessous ; 7 tours assez convexes, un peu étagés, croissance régulière, le dernier gros, arrondi, avec trace de carène extra-obtuse, non déclive ; suture bien marquée ; ombilic très petit, presque masqué ; ouverture oblique, bien ronde ; péristome droit, avec léger bourrelet interne roux, bords convergents et rapprochés, le columellaire réfléchi ; test roux-clair ou blanchâtre, avec bandes brunes très clair, variables en largeur et en nombre, souvent soudées, orné de stries assez fortes. — H. 15 ; D. 20 m.

Peu commun ; Bouches-du-Rhône, Vaucluse, Aude, Gard, Hérault, etc.

III. — Groupe de l'*H. Xalonica*.

Taille moyenne ; subconique ; ombilic petit.

Helix Xalonica, Servain.

H. Xalon., Serv., 1880. *Moll. Esp.*, p. 102. — Loc. *Prodr.*, p. 114.

Galbe subconoïde peu élevé, convexe-conique en dessus, bombé en dessous ; 6 tours très peu convexes, croissance rapide et assez régulière, le dernier comprimé et vaguement subanguleux à sa naissance, ample, arrondi et légèrement déclive à l'extrémité ; suture peu marquée ; ombilic petit ; ouverture un peu oblique, presque exactement circulaire ; péristome droit avec léger bourrelet roux interne, bords rapprochés,

Fig. 293-294.

le columellaire dilaté ; test peu brillant, assez mince, fauve-roux, souvent avec bandes brunes continues ou flammulées, surtout en dessous, orné de stries grossières. — H. 8 à 11 ; D. 11 à 15 millimètres.

Assez commun ; presque tout le Midi.

Helix alluvionum, Servain.

H. alluv., Serv., 1880. *Moll. Esp.*, p. 102. — Loc. *Prodr.*, p. 114.

Subconoïde peu élevé, convexe-subconique en dessus, bombé en dessous ; 6 tours très peu convexes, croissance rapide et assez régulière, le dernier comprimé et vaguement subanguleux à sa naissance, à peine ovalaire et non déclive à l'extrémité ; suture peu marquée ; ombilic étroit ; ouverture oblique, un peu oblongue-transverse ; péristome droit, avec fort bourrelet interne roux-clair; test crétacé, roux-clair, non zoné, orné de stries très fines, émoussées. — H. 6 à 7 1/2; D. 11 millimètres.

Peu commun; un peu partout, presque tout le Midi.

Helix Azami, BOURGUIGNAT.

H. Azami, Brgt. *Nov. sp. in coll.*

Assez petit, subdéprimé, faiblement convexe-subconique en dessus, assez bombé en dessous; 6 tours à peine convexes, croissance rapide, le dernier comprimé-arrondi, un peu plus convexe dessous que dessus, faiblement déclive; suture peu marquée; ombilic assez petit; ouverture oblique, relativement petite, presque circulaire; péristome droit avec bourrelet interne roux, bords rapprochés et convergents, le columellaire à peine dilaté; test peu brillant, blanchâtre, avec larges bandes brunes continues, orné de stries grossières. — H. 6 à 7; D. 9 à 12 millim.

Assez rare; Bouches-du-Rhône, Var, Vaucluse, Aude, Hérault, etc.

Helix Marsilhonensis, COUTAGNE.

H. Marsilh., Cout., *in* Let. et Brgt., 1887. *Prodr. Tunis.*, p. 50 *(sine descr.)*.

Petit, déprimé, faiblement convexe en dessus, assez bombé en dessous; 5 1/2 tours assez convexes, croissance rapide, le dernier plus grand, caréné sur les trois quarts de sa longueur, aussi convexe dessus que dessous; suture bien marquée; ombilic très petit; ouverture oblique, arrondie-transverse; péristome droit avec fort bourrelet interne roux-rosé, bords peu convergents, test peu brillant, solide, blanchâtre, avec ou sans bandes brunes continues, orné de fines stries. — H. 5 1/2; D. 8 millim.

Rare; Rognac, près l'Étang de Berre, Marsilho-Veyre (B.-du Rhône).

Helix Montgiscardiana, P. FAGOT.

H. Montgisc., Fag., 1883. *Soc. Hist. nat. Toulouse*, p. 217.

Subconoïde, convexe-tectiforme en dessus, assez bombé en dessous; 6 tours presque plans, le dernier peu convexe en dessus, renflé en dessous vers l'ombilic, vaguement subcaréné à sa naissance, à peine déclive, mieux arrondi à son extrémité; suture accusée; ombilic étroit, cylindrique; ouverture oblique, ovalaire; péristome droit, avec bourrelet rose interne, bords assez rapprochés, le columellaire plus long et arqué, non réfléchi; test peu brillant, gris-jaunacé, parfois avec bandes brunes variables, finement striolé. — H. 8; D. 10 millimètres.

Peu commun; Haute-Garonne, Aude, Hérault, Drôme, etc.

Helix Cyzicensis, GALLAND.

H. Cyzic., Gall., *in* Cout., 1881. *Bassin Rhône*, p. 13. — Loc. *Prodr.*, p. 114.

Subconoïde-élevé, bien conique-convexe en dessus, bombé en dessous ; 5 à 5 1/2 tours convexes, croissance très régulière, le dernier bien arrondi, un peu élargi à l'extrémité et à peine déclive ; suture bien marquée ; ombilic étroit ; ouverture oblique, presque exactement circulaire, peu échancrée ; péristome droit, brun en dedans, avec bourrelet interne brunâtre, bords très rapprochés, le columellaire à peine évasé ; test peu brillant, roux, avec bandes brun-foncé, continues ou non, orné de stries fines et serrées. — H. 8 à 10 ; D. 10 à 12 m.

Fig. 295-296.

Assez commun ; presque toute la Provence.

Helix nigricans, BOURGUIGNAT.

H. nigric., Brgt. *Nov. sp. in coll.*

Conique-subdéprimé, conique en dessus, bien bombé en dessous ; 6 tours très convexes, étagés, croissance très régulière, le dernier gros, bien rond, faiblement déclive ; suture très accusée ; ombilic très petit, masqué ; ouverture peu oblique, bien arrondie ; péristome droit, avec bourrelet interne violacé, bords convergents, le columellaire bien réfléchi ; test épais, blanchâtre, presque complètement couvert par des bandes brunes soudées, laissant une ligne blanche carénale et une ligne supra-suturale, orné de stries grossières. — H. 8 1/2 ; D. 11 1/2 mill.

Rare ; environs de Marseille (Bouches-du-Rhône), Sanaris (Var), etc.

Helix enthalassina, BOURGUIGNAT.

H. enthalas., Brgt. *Nov. sp. in coll.*

Conique légèrement déprimé, bien conique en dessus, bien bombé en dessous ; 6 tours convexes, étagés, croissance régulière, le dernier arrondi-comprimé, peu déclive ; suture très accusée ; ombilic petit ; ouverture ovalaire-transverse ; péristome droit, avec bourrelet violacé interne, bords peu convergents ; test jaunacé, avec bandes brunes continues ou non, une seule large et supra-carénale, orné de stries fines. — H. 7 ; D. 10 1/2 m.

Rare ; la Garde, près Toulon (Var).

Helix lathræa, BOURGUIGNAT.

H. lathræa, Brgt., *in* Loc., 1882. *Prodr.*, p. 115 et 341.

Subdéprimé, aussi convexe dessus que dessous ; spire peu haute ; 5 tours convexes, croissance assez rapide, surtout au dernier tour, celui-ci très légèrement déprimé à l'origine, un peu plus ventru, arrondi et faiblement déclive vers l'extrémité ; suture presque superficielle, accusée au dernier tour ; ombilic étroit ; ouverture à peine oblique, médiocrement échancrée, presque circulaire ; péristome droit, aigu, fortement bordé en dedans, bord columellaire dilaté ; test blanc avec bandes marron transparentes, dont une en dessus, les autres en dessous souvent réunies, finement striolé. — H. 8 ; D. 12 millimètres.

Rare ; la Crau (Bouches-du-Rhône).

Helix melania, BOURGUIGNAT.

H. melan. Brgt., 1881. *Bull. Soc. malac.*, I, p. 307.

Déprimé, subconvexe-arrondi en dessus, légèrement bombé en dessous ; 6 tours subconvexes, croissance régulière, le dernier plus grand, subanguleux, plus convexe dessous que dessus, non déclive ; suture peu marquée ; ombilic médiocre ; ouverture oblique, arrondie ; péristome droit, légèrement bordé en dedans, bord columellaire réfléchi ; test crétacé, avec 5 à 6 bandes brun-noirâtre continues, dont une en dessus très large, les autres distinctes ou réunies, finement strié. — H. 7 ; D. 11 mill.

Assez rare ; Granville, îles Chauzey (Manche).

Helix misara, BOURGUIGNAT.

H. misara, Brgt., *in* Loc., 1882. *Prodr.*, p. 115 et 342.

Subconique, conique-tectiforme en dessus, bombé en dessous ; 5 1/2 tours assez convexes, croissance lente, plus rapide au dernier tour, celui-ci très anguleux, comme caréné, déprimé à l'origine, s'arrondissant et non déclive vers l'extrémité ; suture presque superficielle ; ombilic étroit ; ouverture faiblement oblique, peu échancrée, subcirculaire ; péristome aigu, avec fort bourrelet interne, bords très rapprochés, convergents ; test blanc-sale, comme costulé en dessus. — H. 7 ; D. 10 millim.

Rare ; Sainte-Lucie (Aude).

Helix Lirouxiana, BOURGUIGNAT.

H. Liroux., Brgt., *in* Loc., 1882. *Prodr.*, p. 114 et 339.

Subdéprimé, subconique-tectiforme en dessus, bien bombé en dessous ; 6 tours à peine convexes, presque plans, croissance régulière, le dernier plus grand, très anguleux et même caréné à l'origine, ensuite arrondi-ventru, à profil d'abord convexe-tectiforme dessus et dessous, enfin bien arrondi, très haut et peu déclive à l'extrémité ; suture presque superficielle ; ombilic petit ; ouverture oblique, échancrée, semi-circulaire, vaguement subsinuée en haut ; péristome tranchant avec un fort bourrelet blanc interne, bords très distants ; test gris-jaunacé, avec bandes presque effacées, orné de stries assez grossières. — H. 9 à 10 ; D. 14 m.

Rare ; golfe Juan (Alpes-Maritimes).

Helix madia, P. Fagot.

H. Madia, Fag., 1883. *Soc. hist. nat. Toulouse*, p. 215.

Subdéprimé, conique-tectiforme en dessus, renflé en dessous ; 6 tours convexes, croissance régulière et rapide, le dernier à peine plus grand, subcaréné à l'origine, peu convexe en dessus, arrondi, peu dilaté et déclive vers l'ouverture ; suture médiocre ; ombilic étroit, à peine dilaté ; ouverture grande, peu oblique, arrondie ; péristome droit, épaissi en dedans, bords distants, le supérieur très court et arqué, le columellaire plus allongé, droit vers l'ombilic ; test subpellucide, non brillant, grisâtre, avec 3 bandes foncées et 2 bandes capillaires intermédiaires, orangé à l'intérieur, orné de stries fortes et régulières. — H. 7 ; D. 10 mill.

Rare ; Montgiscard (Haute-Garonne).

JJJ. — Groupe de l'H. Mendranoi.

Petit ; subconique ; ombilic étroit.

Helix Mendranoi, Servain.

H. Mendran., Serv., 1880. *Moll. Esp.*, p. 105. — *Loc. Prodr.*, p. 116.

Galbe conique, conique assez élevé en dessus, bombé en dessous

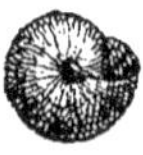

6 tours peu convexes, croissance assez rapide et régulière, le dernier plus grand, plus convexe dessous que dessus, arrondi et bien déclive à l'extrémité ; suture profonde ; ombilic à peine un peu élargi, évasé ; ouverture bien oblique, exactement circulaire ; péristome droit, aigu, avec bourrelet roux interne ; bord columellaire légèrement réfléchi ; test blanc-brillant, parfois avec une ou deux bandes rousses variables, toujours atténuées, souvent ponctuées, presque lisse. — H. 10 ; D. 12 m.

Fig. 297-298.

Peu commun ; un peu partout dans le Midi.

Helix Canovasiana, SERVAIN.

H. Canova., Serv., 1880. *Moll. Esp.*, p. 106.

Subconique, conique-convexe en dessus, bombé en dessous ; 6 tours assez convexes, croissance rapide, le dernier très grand, très dilaté et très ouvert à l'extrémité, bien arrondi ; suture accusée ; ombilic petit ; ouverture oblique, grande, suboblongue-arrondie, transverse, un peu déclive ; péristome droit, avec bourrelet roux interne ; test crétacé, blanc, souvent avec traces de bandes rousses interrompues, peu nombreuses, orné de stries très fines. — H. 10 ; D. 15 millimètres.

Rare ; Vaucluse, Var, Haute-Garonne, Drôme, etc.

Helix Blasi, SERVAIN.

H. Blasi, Serv., 1880. *Moll. Esp.*, p. 106. — Loc. *Prodr* , p. 116.

Conoïde-convexe, assez élevé en dessus, bombé en dessous ; 5 1/2 tours, croissance lente, le dernier un peu arrondi, non déclive, avec une petite carène filiforme émoussée ; suture médiocre ; ombilic un peu ouvert ; ouverture oblique, arrondie ; péristome droit, avec bourrelet roux interne, bords un peu convergents ; test subcrétacé, blanchâtre, parfois vaguement flammulé de roux-gris très clair, orné de fines stries. — H. 6 ; D. 8 m.

Rare ; Vendée, Morbihan, Bouches-du-Rhône, Var, etc.

Helix mucinica, BOURGUIGNAT.

H. mucinica, Brgt. *Nov. sp. in coll.*

Conique un peu élevé, assez conique en dessus, bombé en dessous ; 6 tours assez convexes, croissance régulière, le dernier un peu plus grand, obtusément subanguleux sur sa demi-longueur, presque aussi convexe dessus que dessous, arrondi et un peu déclive à l'extrémité ; suture assez accusée ; ombilic étroit ; ouverture oblique, arrondie, roux-clair à l'intérieur ; péristome tranchant, avec  

Fig. 299-300.

bourrelet roux-interne ; test roux très clair, jaunacé, souvent flammulé de roux plus teinte ; finement striolé. — H. 8 à 10 ; D. 12 à 14 millim.

Assez commun ; littoral océanique et presque tout le Midi.

Helix Mendozæ, SERVAIN.

H. Mendozæ, Serv., *in* Loc., 1882. *Prodr.*, p. 115 et 343.

Globuleux-conique, plus haut que large, conique en dessus, bombé en dessous ; 6 tours subconvexes, croissance assez rapide, le dernier bien globuleux-arrondi, non déclive à l'extrémité ; suture profonde ; ombilic petit ; ouverture bien oblique, arrondie, médiocrement échancrée ; péristome droit, aigu, avec bourrelet interne épais ; test crétacé, épais, blanchâtre, parfois avec plusieurs petites bandes brunes interrompues, orné de stries fortes. — H. 9 ; D. 8 millimètres.

Peu commun ; Loire-Infér., Vendée, Morbihan, Finistère, Manche, etc.

Helix Cazioti, LOCARD.

H. Cazioti, Loc., 1893. *Nov. sp.*

Conique-subdéprimé, conique en dessus, bien bombé en dessous ; 6 tours très convexes, bien étagés, croissance progressive, le dernier haut mais, bien arrondi, obtusément caréné sur toute sa longueur, lentement déclive ; suture très fortement accusée ; ombilic petit, un peu évasé ; ouverture fortement oblique, ovalaire-transverse ; péristome droit avec bourrelet blanc interne, bords convergents, le columellaire très arqué et un peu réfléchi ; test solide, blanchâtre, avec une bande brune médiane, étroite, orné de stries assez grossières. — H. 7 ; D. 10 millimètres.

Rare ; Beaulieu (Alpes-Maritimes).

Helix papalis, LOCARD.

H. papalis, Loc., 1887. *Bull. Soc. malac.*, IV, p. 181.

Subglobuleux, assez conique en dessus, bien bombé en dessous ; aussi développé dessus que dessous ; 5 à 6 tours bien convexes, étagés,

FIG. 301-302.

croissance régulière, le dernier bien développé, globuleux, exactement arrondi, à peine un peu déclive à l'extrémité ; suture assez profonde ; ombilic à peine évasé ; ouverture oblique, faiblement échancrée, bien ronde ; péristome droit, avec mince bourrelet interne violacé-rosé, bord columellaire légèrement réfléchi ; test peu brillant, blanc-grisâtre, avec 3 à 7 bandes brunes variables, orné de stries fines et serrées. — H. 6 1/2 à 7 ; D. 9 à 10 millim.

Assez rare ; Vaucluse, Vendée, Manche, etc.

Helix Sylvæ, SERVAIN.

H. da Sylvæ, Serv., *in* Loc., 1882. *Prodr.*, p. 115 et 342.

Globuleux-conique, conique en dessus, bombé en dessous ; 5 1/2 tours subconvexes, croissance assez rapide, le dernier bien globuleux-arrondi, parfois très vaguement subanguleux à l'origine, faiblement déclive à l'extrémité; suture assez marquée ; ombilic très petit; ouverture peu oblique, médiocrement échancrée, circulaire; péristome droit, très peu bordé en dedans, bord columellaire dilaté; test assez mince, d'un blanc mat, un peu jaunacé, souvent avec une bande brune supérieure, d'un jaune d'ocre-orangé vers l'ouverture, très finement striolé. — H. 5 1/2 ; D. 6 1/2 mill.

Assez rare ; Vendée, Manche, île de Cazambre, îles Chausey, etc.

Helix pilula, LOCARD.

H. pilula, Loc., 1890. *Nov. sp.*

Bien globuleux, presque aussi haut que large, bien conique en dessus, bien bombé en dessous; 6 tours assez convexes, peu étagés, croissance progressive, le dernier un peu plus grand, rond, faiblement déclive; suture très médiocre; ombilic très petit, en partie masqué; ouverture oblique, arrondie; péristome droit, avec bourrelet interne roux, bords convergents, le columellaire un peu réfléchi; test blanchâtre, avec 5 à 7 bandes brunes continues, plus ou moins larges, une seule supramédiane, ornée de stries fines. — H. 7 à 8; D. 8 à 10 millimètres.

Fig. 303-304.

Assez commun; le Midi, remontant les côtes océaniques et la Manche.

Helix peregrina, LOCARD.

H. peregr., Loc., 1892. *Nov. sp.*

Conique-globuleux, bien conique-élevé en dessus, très bombé en dessous; 6 tours peu convexes, croissance progressive, le dernier gros, assez grand, bien arrondi, avec trace de carène obsolète, lentement déclive à l'extrémité; suture presque linéaire ; ombilic très petit, un peu masqué ; ouverture oblique, ronde, relativement petite; péristome continu, avec bourrelet interne roux, bords très convergents, rapprochés, le columellaire un peu réfléchi; test solide, subcrétacé, grisâtre, vaguement flammulé de roux-clair, orné de stries assez fortes. — H. 8; D. 9 millimètres.

Rare; Alpes-Maritimes, Var, Bouches-du-Rhône, Haute-Garonne, etc.

Helix Ogiaca, SERVAIN.

H. Ogiaca, Serv., *in* Loc., 1882. *Prodr.*, p. 115 et 343.

Conique-globuleux, conique assez élevé en dessus, bombé en dessous, 6 tours peu convexes, croissance assez rapide, le dernier rond-globuleux lentement déclive; suture presque superficielle, accusée seulement au dernier tour; ombilic un peu élargi; ouverture peu oblique, à peine échancrée, presque circulaire; péristome aigu, peu bordé en dedans, bord columellaire dilaté; test un peu mince, subopaque, marbré de tons transparents, avec bandes brunes continues, ou moucheté de flammes blanches, orné de stries grossières et de légers méplans. — H. 8; D. 10 millim.

Rare; île d'Yeu (Vendée); îles Chausey (Manche), etc.

Helix migrata, LOCARD.

H. migrata, Loc., 1891. *Nov. sp.*

Bien conique-globuleux, au moins aussi haut que large, bien conique en dessus, bombé en dessous; spire obtuse, 6 tours assez convexes, un peu étagés, croissance progressive, le dernier peu grand, assez haut, bien rond; suture marquée; ombilic très petit, un peu masqué; ouverture assez oblique, peu échancrée, petite, bien ronde; péristome droit avec léger bourrelet interne blanc ou roux-clair; test assez solide, blanchâtre, orné de 4 à 5 bandes brunes continues ou mouchetées, dont une seule supra-médiane, orné de stries fines. — H. 7 à 8 1/2 ; D. 7 à 8 millimètres.

Rare; Var, Bouches-du-Rhône, Finistère, Manche, Calvados, etc.

Helix scicyca, BOURGUIGNAT.

H. scicyca, Brgt. *Nov. sp. in coll.* Brgt.

Très conique-globuleux, plus haut que large, très conique-obtus en dessus, bombé en dessous; spire obtuse, 6 tours convexes, non étagés, les premiers petits, l'avant-dernier assez haut, le dernier haut, d'abord légèrement plus grand en diamètre, s'élargissant seulement vers l'ouverture, arrondi, mais plus convexe dessous que dessus, lentement déclive; suture marquée; ombilic petit; ouverture oblique, petite, bien ronde; péristome droit avec bourrelet interne roux, bords très convergents, le columellaire très peu réfléchi; test blanchâtre ou roux-clair, le plus souvent monochrome, orné de stries assez fines. — H. 11 1/2; D. 9 mill.

Rare; Granville, îles Chausey (Manche), Anduze (Gard), etc.

KKK. — Groupe de l'*H. lineata*.

Taille moyenne ; conique ; ombilic très petit.

Helix lineata, OLIVI.

H. lineata, Olivi, 1799. *Zool. Adr.*, p. 77. — Loc. *Prodr.*, p. 117.

Galbe conique-globuleux, conique en dessus, bombé en dessous ; 6 tours légèrement convexes, croissance progressive, le dernier un peu grand, arrondi, parfois très obtusément sub-anguleux à sa naissance, non déclive à l'extré-mité ; suture accusée ; ombilic très petit ; ouver-ture oblique, ronde, un peu échancrée ; péri-stome interrompu, droit, avec bourrelet interne roux, bords très convergents, le columellaire arqué et réfléchi ; test un peu épais, solide, un

Fig. 305-306.

peu luisant, blanchâtre, avec plusieurs bandes marron, variables, orné de stries fines, demi-effacées. — H. 12 à 14 ; D. 12 à 15 millimètres.

Assez commun ; littoral maritime de la Méditerranée et de l'Océan.

Helix melantozona, CAFICI.

H. melantoz., Caf. *Nov. sp. in coll.* Brgt.

Conique-globuleux, bien conique en dessus, très bombé en dessous ; 6 à 7 tours peu convexes, croissance régulière, le dernier très gros, réfléchi, bien arrondi, aussi convexe dessus que dessous, un peu déclive ; suture médiocre ; ombilic très petit ; ouverture très oblique, bien arrondie, peu échancrée ; péristome droit, avec mince bourrelet brun interne ; test un peu mince, subtransparent, un peu brillant, blanchâtre avec de 5 à 7

Fig. 307-308.

bandes corné-brun, continues ou non, variables, orné de stries très fines et effacées. — H. 13 à 16 ; D. 14 à 18 millimètres.

Peu commun ; le midi et le littoral maritime océanique.

Helix urnina, LOCARD.

H. urnina, Loc., 1890. *Nov. sp.*

Subconoïde-globuleux, assez conique en dessus, bombé en dessous ; 6 à 7 tours peu convexes, croissance régulière, le dernier gros, arrondi, aussi convexe dessus que dessous, un peu déclive, suture assez médiocre , ombilic très petit, presque entièrement masqué ; ouverture oblique, presque ronde, assez échancrée ; péristome droit, avec léger bourrelet roux interne, bord columellaire bien réfléchi ; test un peu mince, subtrans-parent, blanchâtre, avec larges bandes corné-brun, continues ou non variables, orné de stries fines. — H. 11 à 12 ; D. 14 à 16 millimètres.

Peu commun ; Gironde, Charente-Inf., Loire-Inf., Vendée, Morbihan.

Helix agna, HAGENMÜLLER.

H. agna, Hagen., *in* Loc., 1882. *Prodr.*, p. 116 et 344.

Conique, assez large à la base, conique-élevé en dessus, bombé en dessous; 6 à 7 tours subconvexes, croissance lente, le dernier plus grand, arrondi-déprimé, légèrement déclive à l'extrémité; suture peu marquée; ombilic petit, un peu ouvert; ouverture peu oblique, médiocrement échancrée, subarrondie-transverse, ocracé-jaunâtre en dedans; péristome droit, aigu, avec bourrelet roux-orangé interne; test subcrétacé, blanc brillant teinté de roux, parfois avec bandes cornées variables, orné de stries très fines, écrasées. — H. 11; D. 11 millimètres.

Rare; Sainte-Lucie, près Narbonne (Aude).

Helix fœdata, HAGENMÜLLER.

H. fœdata, Hagen., *in* Loc., 1882. *Prodr.*, p. 116 et 344

Conique bien globuleux, conique en dessus, bien bombé en dessous; 6 à 7 tours convexes, croissance assez rapide, le dernier gros, ventru, bien arrondi, assez déclive; suture prononcée; ombilic assez petit, un peu masqué; ouverture peu oblique, assez échancrée, arrondie; péristome droit avec léger bourrelet interne, bord columellaire réfléchi; test solide, blanc ou roux-clair, avec une ou plusieurs bandes brunes étroites, continues ou flammulées, orné de stries fines. — H. 12 à 15; D. 14 à 18 mill.

Assez rare; Aude, Var, B.-du-Rhône, Gard, H.-Garonne, Loire-Inf.

Helix fœdatina, LOCARD.

H. fœdatina, Loc., 1892. *Nov. sp.*

Conique-globuleux, assez conique en dessus, bombé en dessous; 6 à 7 tours asssez convexes, croissance régulière, le dernier gros, arrondi, un peu plus convexe dessous que dessus, déclive; suture marquée; ombilic assez petit, en partie masqué; ouverture oblique, échancrée, arrondie; péristome droit, avec bourrelet roux interne, bords assez convergents, le columellaire réfléchi; test solide, opaque, subcrétacé, brillant, avec une bande brune médiane étroite, et plusieurs petites bandes plus ou moins accusées en dessous, orné de stries très fines. — H. 10 à 13; D. 12 à 16 m.

Peu commun; presque tout le Midi.

Helix malecasta, LOCARD.

H. malecasta, Loc., 1892. *Nov. sp.*

Subconoïde, conique-tectiforme en dessus, bien bombé en dessous;

6 tours à peine convexes, presque plans, croissance régulière, le dernier
plus grand, anguleux à sa naissance, plus convexe dessous que dessus,
arrondi non déclive à l'extrémité; suture presque linéaire; ombilic petit;
ouverture peu oblique, arrondie; péristome avec bourrelet blanc interne,
bord columellaire robuste, réfléchi; test roux-clair, parfois avec de 3 à 5
bandes brun-roux, étroites plus ou moins flammulées, orné de stries très
fines. — H. 8 à 10; D. 10 à 13 millimètres.

Rare; Loire-Inférieure, Vendée, Ille-et-Vilaine, etc.

Helix Krizensis, Bourguignat.

H. Kriz., Brgt., *in* Let. et Brgt., 1887. *Prodr. Tunis.*, p. 48.

Conoïde, conique-élevé en dessus, bombé en dessous; 6 1/2 tours à
peine convexes, croissance lente jusqu'au dernier tour, celui-ci plus
grand, vaguement subanguleux à sa naissance, ensuite subarrondi et non
déclive à l'extrémité; suture assez marquée; ombilic étroit; ouverture
oblique, semi-ovalaire, légèrement déclive; péristome droit, vineux en
dedans, avec léger bourrelet interne roux, bord columellaire dilaté; test
presque toujours maculé, blanchâtre, avec bandes rousses interrompues
ou presque obsolètes, orné de stries fines. — H. 11; D. 15 millimètres.

Rare; mont Alaric (Aude).

Helix Tabarkana, Letourneux et Bourguignat.

H. Tabark., Let. et Brgt., 1887. *Prodr. Tunis.*, p. 51.

Globuleux-conique, presque aussi haut que large, conique en dessus,
bien bombé en dessous; 6 tours à peine convexes, croissance régulière,
le dernier grand, cylindroïde-renflé, déclive vers l'extrémité; suture
presque linéaire, accusée seulement au dernier tour; ombilic très étroit;
ouverture peu oblique, circulaire, d'un jaune roux à l'intérieur; péristome
mince, avec léger bourrelet roux interne et profond, bord columellaire
assez fortement dilaté; test un peu mince, blanc-jaunacé, avec bandes
brunes variables, finement striolé. — H. 8 1/2 à 12; D. 9 à 13 millimètres.

Assez rare; Var, Lot-et-Garonne, Loire-Infér., Vendée, Finistère, etc.

Helix edax, Locard.

H. edax, Loc., 1892. *Nov. sp.*

Conoïde-subpupoïde, spire haute mais extrêmement obtuse, conique-
convexe en dessus, bien bombé en dessous; 6 à 7 tours assez convexes,
les premiers petits, l'avant-dernier plus haut, le dernier grand, bien

arrondi, bien déclive ; suture assez marquée au dernier tour ; ombilic très petit ; ouverture petite, très oblique, bien ronde, peu échancrée ; péristome droit, avec bourrelet roux interne, bord columellaire à peine réfléchi ; test solide, subcrétacé, blanc-grisâtre, avec flammules rousses longitudinales, orné de stries assez fines. — H. 11 ; D. 12 1/2 millimètres.

Rare ; Saint-Affrique (Aveyron).

Helix didymopsis, P. Fagot.

H. didym., Fag., *in* Loc., 1882. *Prodr.*, p. 116 et 345.

Conique-subglobuleux, très fortement conique en dessus, assez bombé en dessous ; 7 tours assez convexes, croissance progressive, le dernier gros, arrondi, plus convexe dessous que dessus, bien déclive ; suture assez marquée ; ombilic assez petit ; ouverture petite, arrondie, peu échancrée ; péristome droit, avec bourrelet interne roux ; test solide, assez brillant, subcrétacé, blanchâtre, avec de

Fig. 309-310.

3 à 4 bandes brunes étroites, le plus souvent continues, peu strié. — H. 10 à 12 ; D. 12 à 14 millimètres.

Rare ; Aude, Hérault, Dordogne, Var, Alpes-Maritimes, etc.

Helix Trapanica, Berthier.

H. Trapan., Berth. *Nov. sp. in coll.* Brgt.

Grand, conique-globuleux, très fortement conique en dessus, très bombé en dessous ; 7 tours bien convexes sauf les premiers, le dernier grand, bien arrondi, mais plus convexe-bombé en dessous qu'en dessus ; suture marquée ; ombilic assez petit, un peu évasé ; ouverture très oblique, petite, peu échancrée, bien ronde ; péristome tranchant, avec bourrelet interne roux-violacé, bords convergents, le columellaire réfléchi ; test assez solide, brillant, blanc-roux, très vaguement flammulé de roux un peu plus clair, orné de stries très fines. — H. 17 ; D. 19 millimètres.

Rare ; Barbentanne (Bouches-du-Rhône), Anduze (Gard), etc.

LLL. — Groupe de l'*H. pyramidata*.

Assez petit ; pyramidal, tours très étagés ; ombilic petit.

Helix pyramidata, Draparnaud.

H. pyramid., Drap., 1805. *Hist. moll.*, p. 80, pl. 5, fig. 5 à 6. — Loc. *Pr.*, p. 103.

Galbe pyramidal, conique-élevé en dessus, très peu bombé en dessous ;
7 tours assez convexes, étagés, croissance lente, le dernier plus grand,
légèrement subanguleux dans le bas à sa nais-
sance, ensuite arrondi, faiblement comprimé, non
déclive ; suture assez profonde ; ombilic petit ;
ouverture un peu oblique, échancrée, transversalement oblongue ; péristome droit, avec bourrelet
blanchâtre interne ; test crétacé, assez brillant,
blanc, parfois avec fascies brunes très variables,
str, 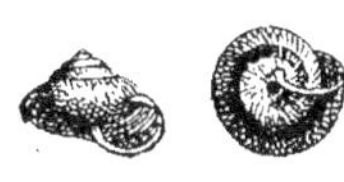

Fig. 311-312.

strié surtout au dernier tour. — H. 6 à 10 ; D. 8 à 12 millimètres.

Assez commun ; surtout dans la région méridionale.

Helix tremesia, BOURGUIGNAT.

H. tremesia, Brgt., *in* Let. et Brgt., 1887. *Malac. Tunis.*, p. 95 *(s. descr.)*.

Petit, pyramidal, légèrement déprimé, assez conique en dessus, très
peu bombé en dessous ; 6 tours bien convexes, bien étagés, croissance
régulière, le dernier plus grand, comprimé-arrondi, lentement déclive à
l'extrémité ; suture profonde ; ombilic très petit, comme punctiforme ;
ouverture oblique, bien échancrée, ovalaire-transverse ; péristome droit,
avec bourrelet blanc interne, bord columellaire court et arqué, un peu
réfléchi ; test crétacé, brillant, blanchâtre, avec quelques flammes brunes
atténuées, orné de stries presque obsolètes. — H. 6 ; D. 9 millimètres.

Rare ; Menton, Cannes, Vence (Alpes-Maritimes), etc.

Helix Numidica, MOQUIN-TANDON.

H. Numid.,Moq.,*in* L. Pfeiff., *C. cab.*, p.712,pl.119,fig.3 à 4. — Loc.*Pr.*,p.102.

Pyramidal très déprimé, légèrement conique en dessus, très peu bombé
en dessous ; 6 à 7 tours assez convexes, étagés, croissance lente, le dernier comprimé, grand en diamètre, subarrondi, subanguleux en bas, non
déclive ; suture très accusée ; ombilic petit, un peu évasé ; ouverture à
peine oblique, légèrement subanguleuse, oblongue-transverse ; péristome
droit, avec fort bourrelet interne blanchâtre ; test crétacé, assez brillant,
marbré ou zoné de brun, très finement strié. — H. 5 à 8 ; D. 9 à 12 m.

Assez rare ; Alpes-Maritimes, Var, Bouches-du-Rhône, etc.

Helix Vardeorum, BOURGUIGNAT.

H. Vardeor., Brgt., *in* Let. et Brgt., 1887. *Prodr. Tunis.*, p. 95 *(s. descr.)*.

Petit, pyramidal bien conique, conique assez élevé en dessus, un peu bombé en dessous ; 6 tours peu convexes, à peine étagés, croissance régulière, le dernier plus grand, assez gros, arrondi, bien déclive ; suture peu accusée ; ombilic très petit, comme punctiforme ; ouverture oblongue, subarrondie-transverse, assez échancrée ; péristome droit, avec léger bourrelet roux interne ; test crétacé, assez brillant, blanchâtre, avec quelques flammes brunes atténuées, très finement striolé. — H. 7 ; D. 8 mill.

Rare ; Saint-Tropez (Var), etc.

Helix Lycabetica, Letourneux.

H. Lycabet., Let., *in* Let. et Brgt., 1887. *Prodr. Tunis.*, p. 95 *(s. descr.)*.

Petit, pyramidal très conique, très élevé en dessus, assez bombé en dessous ; 6 tours assez convexes, assez étagés, croissance régulière, le dernier assez gros, arrondi, avec une carène un peu infra-médiane et émoussée, déclive à l'extrémité ; suture accusée ; ombilic petit ; ouverture oblique, bien échancrée, légèrement ovalaire-transverse ; péristome droit avec bourrelet roux interne ; test blanchâtre avec bandes roux-foncé, continues ou non, finement striolé. — H. 5 à 6 ; D. 6 à 7 millimètres.

Rare ; Saint-Tropez, Saint-Raphaël, Ollioules (Var), etc.

Genre TROPIDOCOCHLIS, Locard.

Coq. ombiliquée, plus ou moins conoïde, à tours nettement carénés ; columelle spirale formant un cône creux ; test subcrétacé.

A. — Groupe du *Tr. explanata.*

Galbe conoïde très déprimé.

Tropidocochlis explanata, Müller.

H. explanata, Müll., 1774. *Verm. hist*, p. 26. — Loc. *Prodr.*, p. 119. — *Tr. explanata*, Loc., 1893. *L'Échange*, IX, p. 98.

Presque plat en dessus, assez convexe en dessous ; 5 à 6 tours aplatis, à croissance progressive, le dernier un peu plus grand avec carène supérieure très aiguë ; suture superficielle bordée par la carène ; sommet aplati ; ombilic très large ; ouverture très oblique, cordiforme-transverse, peu échancrée ; pé-

Fig. 313-314.

ristome interrompu, simple, avec bourrelet interne blanc, bord columellaire très arqué ; test blanc-jaunâtre, opaque, finement striolé. — H. 5 à 7 ; 13 à 16 millimètres.

Assez rare ; le Midi, des Alpes-Maritimes aux Pyrénées-Orientales.

Tropidocochlis catocyphia, BOURGUIGNAT.

H. catocyph., Brgt., 1860. *Château d'If*, p. 13, pl. 1, fig. 1-3. — Loc. *Prodr.*, p. 119. — *Tr. catocyph.*, Loc., 1893. *L'Échange*, IX, p. 98.

Même galbe, taille plus petite, 5 à 6 tours aplatis, carénés ; ombilic très petit ; ouverture ornée d'un petit tubercule crétacé logé sur la convexité de l'avant-dernier tour ; test blanc, opaque. — H. 6 ; D. 10 millim.

Très rare ; le château d'If, près Marseille, Port-Vendre (P.-Orientales).

B. — Groupe du *Tr. elegans*.

Galbe conoïde assez élevé.

Tropidocochlis elegans, DRAPARNAUD.

H. elegans, Drap., 1801. *Tabl. moll.*, p. 70. — *H. terrest.*, Loc. *Prodr.*, p. 120. — *Tr. elegans*, Loc., 1893. *L'Échange*, IX, p. 98.

Conique, assez élevé en dessus, presque plat en dessous ; 6 à 7 tours obliquement plats en dessus, croissance très progressive, le dernier avec carène médiane très aiguë ; suture peu marquée, bordée par la carène ; sommet mamelonné ; ombilic très petit ; ouverture très peu oblique, transversalement cordiforme, péristome interrompu, droit, avec bourrelet interne blanc, peu épais, bord columellaire faiblement réfléchi ; test blanchâtre, avec une bande brune continue en dessus. — H. 6 à 8 ; D. 6 à 10 millimètres.

Fig. 315-316.

Commun ; le Midi, surtout de Cette à Bordeaux.

Tropidocochlis conica, DRAPARNAUD.

H. conica, Drap , 1801. *Tabl. moll.*, p. 69. — *H. trochoïdes (pars)*, Loc. *Prodr.*, p. 121. — *Tr. conica*, Loc., 1893. *L'Échange*, IX, p. 98.

Subglobuleux-conique, élevé en dessus, presque plat en dessous ; 5 à 6 tours assez bombés en dessus, croissance très progressive, le dernier un peu plus grand, avec carène médiane aiguë ; suture bien marquée, obtusément bordée par le cordon de la carène, sommet mamelonné ; ombilic très petit ; ouverture peu oblique, transversalement ovalaire-arrondie, peu échancrée ; péristome droit, légèrement épaissi, bord columellaire assez arqué ; test blanchâtre, avec une ou plusieurs bandes brunes continues ou non. — H. 5 à 7 ; D. 6 à 8 millimètres.

Assez commun ; le Midi, surtout entre Cette et Toulouse.

Tropidocochlis scitula, DE CHRITOFORI ET JAN.

H. scit., Cr. Jan., 1832. *Cat.*, VI, nº 161. —Loc. *Prodr.*, p. 120. — *Tr. scitula.*, Loc., 1893. *L'Échange*, IX, p. 98.

Spire plus déprimée, dernier tour bombé en dessous ; 5 1/2 à 6 1/2 tours

plus détachés, séparés par une suture plus accusée, accompagnée d'une carène plus saillante ; ombilic plus ouvert ; ouverture un peu plus grande et un peu moins échancrée ; test blanchâtre, le plus souvent sans bande brune. — H. 4 à 6 ; D. 6 à 10 millimètres.

Fig. 317-318.

Commun ; le Midi, plus particulièrement sur les côtes de Provence.

Tropidocochlis crenulata, MÜLLER.

H. crenul., Müll., 1774. *Verm. hist.*, II, p.68. — *H. troch. (pars)*, Loc., *Pr.*, p. 121. — *Tr. crenulata*, Loc., 1893. *L'Échange*, IX, p. 98.

Voisin du *conica*, mais avec la spire notablement plus conique et plus turriculée ; dépression spirale large et profonde ; filet carénal plus accusé et plus saillant ; suture plus accusée ; ouverture légèremen[t] oblique, un peu plus anguleuse ; test blanchâtre,

Fig. 319-320.

avec une ou plusieurs bandes brunes, plus fortement strié. — H. 6 à 7 ; D. 6 1/2 à 8 1/2 millimètres.

Commun ; le Midi, surtout sur les côtes de Provence.

STENELICIDÆ

Genre COCHLICELLA, Risso.

Coq. à peine ombiliquée, turriculée, à tours non carénés ; columelle torse formant un canal très étroit ; test assez mince, non crétacé.

Cochlicella acuta, MÜLLER.

H. acuta, Müll., 1774. *Verm. Hist.*, II, p. 100. — Lcc. *Prodr.*, p. 122.

Galbe subcylindro-conique, non ventru, allongé en dessus; assez bombé en dessous; 9 à 11 tours assez convexes, à croissance progressive, le dernier un peu grand, arrondi en dessous; suture bien marquée; sommet assez aigu; ombilic extra-petit; ouverture oblique, ovale-longitudinale, peu échancrée; péristome interrompu, droit, mince, à bords convergents, le columellaire arqué et réfléchi; test striolé, assez solide, subopaque, blanc ou grisâtre, avec ou sans une ou deux bandes brunes, dont une continue ou non en dessus. — H. 10 à 15; D. 4 à 6 millimètres.

Fig. 321.

Commun; tout le Midi, remonte à l'Ouest sur les côtes de l'Océan.

Cochlicella barbara, Linné.

H. barbara, Lin., 1758. *Syst. nat.*, éd. X, p. 773. — Loc. *Prodr.*, p. 121.

Allongé-conique, un peu ventru, turriculé en dessus, très bombé en dessous; 7 à 8 tours peu convexes, croissance rapide, le dernier assez grand, vaguement caréné à sa naissance; suture un peu marquée; sommet obtus; ombilic extra-petit; péristome interrompu, droit, à bords convergents, le columellaire arqué-court; test un peu luisant, un peu transparent, blanchâtre, avec ou sans bande brune continue en dessus. — H. 8 à 12; D. 5 à 8 millimètres.

Fig. 322

Commun; le Midi, principalement les côtes de la Méditerranée.

Cochlicella conoidea, Draparnaud.

H. conoid., Drap., 1801. *Tabl. moll.*, p. 69. — Loc. *Prodr.*, p. 121.

Globuleux-conoïde, élevé en dessus, un peu bombé en dessous; 5 à 6 tours convexes, croissance assez régulière, le dernier renflé; suture profonde; sommet mamelonné; ombilic petit; ouverture peu oblique, presque ronde, très peu échancrée; péristome interrompu, droit, mince, à bords convergents, le columellaire très arqué; test blanchâtre, avec une ou plusieurs bandes brunes continues ou non. — H. 6 à 9; D. 5 à 7 mill.

Peu commun; côtes de la Méditerranée.

Genre RUMINA, Risso.

Coq. grande, cylindroïde, tronquée au sommet; ombilic petit; columelle faiblement tronquée à la base; ouverture non dentée.

Rumina decollata, Linné.

Helix decoll., Lin., 1758. *Syst. nat.*, p. 773. — *Rumina decoll.*, Risso, 1826.
Hist. eur. mer., IV, p. 79. — Loc. *Prodr.*, p. 128.

Fig. 323-324.

Galbe cylindroïde-allongé ; 4 à 6 tours peu convexes, croissance régulière, le dernier égal à peine au tiers de la hauteur totale ; sommet tronqué ; ombilic en fente très étroite ; ouverture un peu oblique, ovale, à angle supérieur assez aigu, un peu échancrée ; péristome interrompu, presque droit, légèrement épaissi, à bords très écartés, réunis par un léger callum, convergents, le columellaire plus court et réfléchi, à peine tronqué inférieurement ; test légèrement striolé, assez solide et épais, subtransparent, fauve-clair, monochrome. — H. 25 à 40 ; D. 10 à 15 millimètres.

Commun ; toute la région méridionale.

Genre BULIMUS, Scopoli.

Coq. moyenne ou assez petite, conoïde ; ombilic petit ; columelle non tronquée à la base ; ouverture non dentée.

A. — Groupe du *B. detritus.*

Taille moyenne ; ventru ; test crétacé, striolé.

Bulimus detritus, Müller.

Helix detrita, Müll., 1774. *Verm. Hist.* II, p. 101. — *Bulimus detr.*, Stud., 1820. *Kurs. Verz.*, p. 88. — Loc. *Prodr.*, p. 123.

Fig. 325

Galbe ovoïde-oblong, ventru ; 6 à 7 tours peu convexes, croissance assez régulière, le dernier plus grand que la 1/2 hauteur ; suture assez marquée ; sommet obtus ; ouverture presque droite, ovale, anguleuse en haut, un peu échancrée ; péristome droit, épaissi, à bords très écartés, à peine convergents, le columellaire très réfléchi ; test striolé, épais, luisant, blanchâtre, parfois corné, avec ou sans flammes rousses longitudinales. — H. 16 à 22 ; D. 8 à 10 1/2 m.

Assez commun ; régions montagneuse et submontagneuse.

Bulimus Arnouldi, P. Fagot.

B. Locardi, Brgt. *(non* Mather.), *in* Loc., 1881. *Contr.*, I, p. 9, pl. I, fig. 5-7.
— *B. Arnouldi*, Fagot, 1887. *Catal. Esera*, p. 14. — Loc. *Prodr.*, p. 123.

Subcylindro-conique allongé; 7 à 8 tours très peu convexes, croissance lente et progressive, le dernier plus petit que la 1/2 hauteur; ouverture droite, ovalaire, un peu étroite, très anguleuse en haut; péristome
droit légèrement épaissi; test striolé, un peu mince, luisant, blanchâtre
ou corné, avec ou sans flammes rousses. — H. 22 à 26; D. 10 à 11 1/2 m.

Assez commun; surtout les régions submontagneuses du Midi.

Bulimus Sabaudinus, Bourguignat.

B. Sabaud., Brgt., *in* Loc., 1881. *Contr.*, I, p. 12, fig. 8-9. — *Prodr.*, p. 124.

Subcylindro-conique allongé; 7 tours convexes, croissance irrégulière,
les 4 premiers croissant lentement, le cinquième plus grand, plus convexe, les deux derniers bien plus développés; ouverture droite, étroite-
allongée; péristome droit, légèrement épaissi; test épais, opaque, striolé,
blanc avec quelque flammules cornées. — H. 20; D. 8 1/2 millimètres.

Rare; Savoie, Haute-Savoie, Isère, etc.

B. — Groupe du *B. montanus*.

Assez petit; peu ventru; test corné, guilloché.

Bulimus montanus, Draparnaud.

B. montanus, Drap., 1801. *Tabl. moll.*, p. 55. — Loc. *Prodr.*, p. 124.

Galbe subcylindro-conique, à peine ventru; 6 à 7 tours assez
convexes, croissance rapide, le dernier égal à la 1/2 hauteur;
sommet légèrement obtus; ouverture un peu oblique, ovalaire,
aiguë en haut, légèrement échancrée; péristome interrompu,
évasé, épaissi, bords convergents, le columellaire court et réfléchi; test mince, solide, un peu luisant, subopaque, striolé-
guilloché, corné roux-brun, unicolore.— H. 12 à 16; D. 6 à 7 millimètres.

Fig. 326.

Peu commun; régions montagneuses du Nord et de l'Est.

Bulimus carthusianus, Locard.

B. carth., Loc., 1881. *Contr.*, I, p. 15, fig. 13-14. — *Prodr.*, p. 124.

Subcylindrique-allongé, non ventru; 7 à 8 tours, croissance lente et régulière, peu convexes, le dernier plus grand que la 1/2 hauteur ; sommet obtus ; ouverture presque droite, ovale-oblongue, étroite ; bord columellaire réfléchi ; même test. — H. 15 ; D. 5 millimètres.

Rare ; régions montagneuses du Dauphiné.

C. — Groupe du B. obscurus.

Petit ; assez ventru ; test corné, striolé.

Bulimus obscurus, Müller.

Helix obscura, Müll., 1774. *Verm. Hist.*, II, p. 103.— *B. obscurus*, Drap., 1801. *Tabl. moll*, p. 65. — Loc. *Prodr.*, p. 125.

Fig. 327-328.

Galbe ovoïde-oblong, assez ventru ; 6 à 7 tours convexes, croissance assez rapide, le dernier égal à la 1/2 hauteur ; suture marquée ; sommet un peu obtus ; ouverture un peu oblique, subovalaire, peu anguleuse en haut, légèrement échancrée ; péristome interrompu, épaissi, à bords un peu convergents, le columellaire court et réfléchi ; test à peine striolé, un peu solide, un peu luisant, subtransparent, roux-foncé, unicolore. — H. 9 à 10 ; D. 4 à 5 millimètres.

Commun ; presque partout.

Bulimus perexilis, Locard.

B. perexilis, Loc., 1892. *Nov. sp.*

Subcylindrique, étroitement allongé ; 8 tours peu convexes, croissance un peu lente, le dernier plus petit que la 1/2 hauteur, non ventru, arrondi dans le bas ; ouverture très peu oblique, subovalaire-arrondie, à peine échancrée ; péristome à bords réunis par un très léger callum, très peu convergents, un peu minces, le columellaire allongé et faiblement réfléchi ; même test. — H. 10 à 11 ; D. 3 1/2 à 4 millimètres.

Rare ; Haute-Garonne, Allier, Savoie, etc.

Bulimus centralis, Locard.

B. centralis, Loc., 1892. *Nov. sp.*

Petit, conoïde, court et trapu, bien ventru dans le bas ; 6 tours bien convexes, croissance assez rapide, le dernier plus petit que la 1/2 hauteur, bien arrondi ; ouverture oblique, subarrondie, assez échancrée ; péristome interrompu, à bords convergents, le columellaire arqué et un peu réfléchi; même test. — H. 7 1/2 à 8; D. 4 1/2 millimètres.

Rare; région centrale, Nièvre, Allier, Rhône, Ain, Vaucluse, etc.

Bulimus Asticrianus, Dupuy.

B. Astier., Dupuy, 1846. *Hist. moll.*, p. 320, pl. 5, fig. 7. — Loc. *Prodr.*, p. 125.

Petit, ovoïde-oblong, ventru; 6 tours très convexes, croissance régulière, le dernier plus petit que la 1/2 hauteur; suture profonde; ouverture ovale-arrondie, très peu anguleuse en haut; péristome étalé, plan, légèrement épaissi; test à peine striolé, roux foncé. — H. 5 à 6; D. 2 mill.

Très rare; île Saint-Marguerite (Alpes-Maritimes).

Genre CHONDRUS, Cuvier.

Coq. assez petite, ovoïde-allongée, cornée; ombilic petit; columelle non tronquée, ouverture avec des dents.

Chondrus tridens, Müller.

H. tridens, Müll, 1774. *Verm. hist.*, II, p. 106. — *Ch. tridens*, Cuvier, 1817. *Règne animal*, II, p. 408. — Loc., 1881. *Contr.*, I, p. 24, fig. 17. — *Pr.*, p. 125.

Galbe dextre, ovoïde-oblong, ventru; 6 à 8 tours peu convexes, croissance progressive, le dernier égal à la 1/2 hauteur; suture superficielle; sommet obtus; ouverture droite, ovalaire, anguleuse en haut, assez échancrée, tridentée; péristome interrompu, évasé, épaissi, à bords très écartés, le columellaire réfléchi; test striolé, épais, solide, un peu luisant, corné-roux unicolore. — H. 8 à 15; D. 3 1/2 à 4 1/2 millimètres.

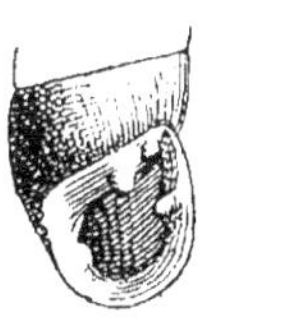

Fig. 329-330.

Commun; presque partout.

Chondrus Rayianus, Bourguignat.

Bulim. Rayian., Brgt., 1855. *Amen. malac.*, I, p. 56, pl. II, fig. 10-15. — *Chondrus Rayian.*, Loc., 1891. *Contr.*, p. 35, fig. 18.

Plus grand, ovoïde-ventru; 7 1/2 à 8 tours, assez réguliers, peu convexes, le dernier plus petit que la 1/2 hauteur, vaguement subcaréné vers le bas; ouverture ovale-subquadrangulaire, à peine échancrée, bidentée;

péristome assez épais, sinueux à la base, réfléchi sur la columelle; même test. — H. 13; D. 6 millimètres.

Très rare ; régions alpestres de la Savoie.

Chondrus obesus, LOCARD.

Ch. obesus, Loc., 1890. *Nov. sp.*

Dextre, petit, ovoïde très ventru, très court; 5 à 6 tours convexes, croissance régulière, le dernier plus grand que la 1/2 hauteur; suture bien marquée; sommet très obtus; ouverture droite, relativement grande, subovalaire, bien échancrée, tridentée, la dent columellaire plus ou moins obsolète; péristome interrompu, évasé, épaissi, à bords très écartés, le columellaire réfléchi; même test. — H. 7 à 8; D. 3 1/2 mill.

Peu commun; Rhône, Ain, Saône-et-Loire, Isère, Vaucluse, H.-Pyrénées.

Chondrus prolixus, PINI.

Buliminus tridens, var. prolixus, Pini, 1879. *Nuov. sp. moll*, p. 13.

Sénestre, cylindrique étroitement allongé, non ventru ; 8 à 10 tours plans, croissance progressive, le dernier plus petit que le 1/3 de la hauteur; suture peu marquée; sommet un peu obtus; ouverture droite, subovale, assez échancrée, quadridentée; péristome interrompu, évasé, bien épais, à bords très écartés, le columellaire bien réflchi; test finement striolé, épais, solide, un peu luisant, corné-roux. — H. 12 à 14; D. 3 1/2 à 4 millimètres.

Assez rare; Draguignan, Brovès (Var), Cannes, Menton (A.-Maritimes).

Chondrus quadridens, MÜLLER.

H. quadrid., Müller, 1774. *Verm. hist.*, II, p. 107. — *Chondrus quadrid.*, Cuvier, 1817. *Règ. an.*, II, p. 408. — *Loc. Contr.*, I, p. 27, fig. 20. — *Pr.*, p. 126.

Sénestre, ovoïde-oblong, peu ventru; 7 à 8 tours peu convexes, croissance progressive, le dernier égal au 1/3 de la hauteur; suture assez marquée; sommet obtus; ouverture droite, subovale, anguleuse en haut, assez échancrée, quadridentée; péristome interrompu, évasé, épaissi, à bords très écartés, peu convergents, le columellaire réfléchi; test striolé, épais, solide, un peu luisant, sub transparent, corné-roux. — H. 6 à 11; D. 3 à 4 millimètres.

FIG. 331-332.

Commun ; presque partout.

Chondrus niso, Risso.

Jaminia niso, Risso,1826. *Hist. eur. mer.*, IV, p. 92. — *Chondrus niso*, Dubr.,
18*0. *Moll. Hérault*, p. 64. — Loc.,1880. *Contr.*, I, p. 27, fig. 19. — *Pr.*, p. 127.

Sénestre, ovoïde-oblong, ventru ; 6 à 10 tours peu convexes, croissance
progressive, le dernier égal au 1/3 de la hauteur ; ouverture droit`,
ovalaire, anguleuse en haut, assez échancrée, tridentée ; péristome interrompu, presque droit, épaissi, à bords très écartés, peu convergents, le
columellaire réfléchi ; même test. — H. 6 à 9 ; D. 3 à 4 millimètres.

Assez rare ; surtout dans le Midi, de Nice à Cette.

Chondrus lunaticus, DE CHRISTOFORI ET JAN.

Pupa lunatica, Christ., Jan, *teste* Rossmässler. — *Chondr. lunaticus*, Loc.
1880. *Contr.*, I, p. 28, fig. 21 et 22. — *Prodr.*, p. 127.

Sénestre, subcylindroïde, non ventru ; 6 à 10 tours à peine convexes,
croissance progressive, le dernier plus petit que le 1/3 de la hauteur ;
ouverture droite, ovalaire-allongée, bien anguleuse en haut, assez échancrée, tridentée ; péristome interrompu, peu épaissi, à bords écartés, le
columellaire très réfléchi ; même test. — H. 3 à 12 ; D. 3 à 4 millimètres.

Rare ; les Alpes-Maritimes.

Genre AZECA, Leach.

Coq. petite, ovoïde, très brillante ; ombilic nul ; columelle non tronquée ; ouverture ornée de dents et de lamelles ; péristome continu.

Azeca tridens, PULTNEY.

Turbo tridens, Pultn., 1793. *Cat. Dorset.*, p. 46, pl. 19, fig. 12. — *Azeca tridens*, Leach, 1820. *Synops.*, p. 122, pl. 8, fig. 8. — Loc. *Prodr.*, p. 128.

Galbe ovoïde-ventru ; 7 à 8 tours à peine convexes, croissance assez
rapide, le dernier presque égal à la 1/2 hauteur ;
suture superficielle ; sommet conique, un peu
obtus ; ouverture presque droite, sinueuse, piriforme, étroite, aiguë en haut, très échancrée, avec
8 denticulations : 2 plis pariétaux rapprochés,
le supérieur dentiforme et petit, l'inférieur lamelliforme et enfoncé, 2 dents columellaires non
arquées et 4 lamelles palatales dont 2 petites ;
péristome droit, avec bourrelet interne margi-

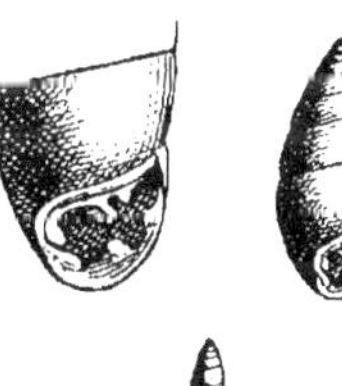

Fig. 333-335.

A. LOCARD, Coq. terr.   16

nal ; test mince, solide, transparent, corné-fauve, unicolore. — H. 6 à 8 ; D. 2 1/2 à 3 1/2 millimètres.

Peu commun ; le Nord-Est et le Centre.

Azeca Alzenensis, DE SAINT-SIMON.

A. tridens, var. Alzen., St-Sim., 1870. *Ann. malac.*, I, p. 23.

Ovoïde-elliptique ; 7 à 8 tours, les premiers bombés, les derniers assez convexes, croissance un peu lente, le dernier à peine plus grand que l'avant-dernier, plus grand que la 1/2 hauteur ; suture linéaire bordée d'une zonule colorée ; sommet très émoussé ; ouverture obliquement piriforme, étroite, avec 8 denticulations : 2 plis pariétaux écartés, le supérieur dentiforme et petit, l'inférieur lamelliforme et enfoncé, 2 dents columellaires arquées et quatre lamelles palatales dont 2 très petites ; test mince, solide, corné-ferrugineux, très lisse. — H. 6 ; D. 2 1/2 millimètres.

Rare ; Alzen, près la Bastide de Sérou (Ariège).

Azeca Nouletiana, DUPUY.

A. Noulet., Dup., 1849. *Cat. Gall.*, n° 31. — Loc. *Prodr.*, p. 129.

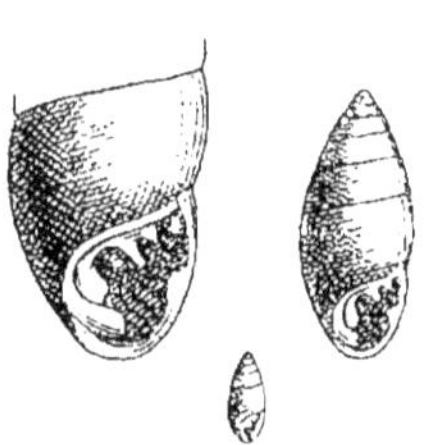

Fig. 336-338.

Un peu plus grand, ovoïde-elliptique ; 7 à 8 tours, les premiers bombés, les derniers assez convexes, croissance un peu lente, le dernier légèrement plus grand que l'avant-dernier, plus grand que la 1/2 hauteur totale ; suture linéaire, parfois bordée d'une zonule colorée ; même ouverture, avec une seule dent sur le bord externe ; péristome à peine bordé par un bourrelet interne ; test très mince, corné-brun, unicolore. — H. 8 à 9 ; D. 2 1/2 à 3 3/4 millim.

Peu commun ; région pyrénéenne.

Azeca Mabilliana, P. FAGOT.

A. Mabill., Fagot, 1879. *Genre Azeca*, p. 6. — Loc. *Prodr.*, p. 129.

Voisin du *tridens*, galbe plus allongé, moins ventru ; 8 tours à croissance lente et bien régulière, le dernier plus petit que la 1/2 hauteur ; ouverture subtrigone-piriforme, avec 3 dents et 3 lamelles, la lamelle columellaire particulièrement courte ; test mince. — H. 7 ; D. 3 millim.

Rare ; Lourdes (Hautes-Pyrénées).

Azeca trigonostoma, BOURGUIGNAT.

A. trigon., Brgt., *in* Fagot, 1879. *Genre Azeca*, p. 7. — Loc. *Prodr.*, p. 130.

Globuleux-ovoïde, très ventru ; 7 tours à croissance rapide, le dernier plus grand que la 1/2 hauteur ; ouverture trigone-piriforme ; bord externe supérieur à peine échancré ; denticulations exiguës, une seule palatale petite sur le bord externe ; même test. — H. 6 ; D. 3 millimètres.

Rare ; vallée du Lys (Haute-Garonne).

Azeca Bourguignati, P. FAGOT.

A. Bourg., Fag., 1879. *Genre Azeca*, p. 8. — Loc. *Prodr.*, p. 130.

Subovoïde très allongé, à peine ventru ; 8 1/2 tours presque plans, croissance lente et des plus régulières, le dernier égal au tiers de la hauteur ; ouverture petite, peu développée, ornée de 3 dents, sans lamelles ; même test. — H. 7 1/2 ; D. 3 millimètres.

Rare ; forêt d'Othe (Aube).

Genre ZUA, Leach.

Coq. petite, ovoïde-allongée, très brillante ; ombilic nul ; columelle vaguement troncatulée en bas ; ouverture sans dents ni lamelles.

A. — Groupe du *Z. subcylindrica.*

Galbe subovoïde ; tours un peu convexes ; callum peu dével oppé

Zua subcylindrica, LINNÉ.

H. subcyl., Lin., 1767. *Syst. nat.*, p. 1248. — *Z. subcyl.*, Drouët, 1867. *Moll. Côte-d'Or*, p. 59. — *Ferussacia subcyl.*, Loc. *Prodr.*, p. 131.

Galbe étroitement ovoïde, un peu ventru ; 5 à 6 tours peu convexes, croissance assez rapide, le dernier un peu plus grand que la demi-hauteur ; suture peu marquée ; sommet un peu obtus ; ouverture presque droite, ovale-piriforme, anguleuse en haut, assez échancrée ; péristome interrompu, droit, épaissi en dedans, bords très écartés, réunis par un mince callum, le columellaire un peu sinueux, subtroncatulé ; test mince, assez solide, transparent, corné-fauve. — H. 6 à 8 ; D. 2 1/2 à 3 1/2 mill.

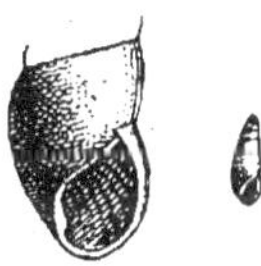

Fig. 339-340.

Commun ; presque partout.

Zua exigua, Menke.

Achatina exigua, Menke, 1830. *Syn.*, p. 29. — *Fer ss. exigua*, l cc.,*Prodr.*
p. 132. — *Zua exigua*, Fagot, 1892. *Hist. Pyren.*, p. 116.

Petit, court et un peu ventru–piriforme, atténué légèrement vers le
haut; 5 tours à peine convexes ; ouverture un peu allongée; même test.
— H. 4 à 5; D. 1 1/2 à 2 millimètres.

Assez rare; un peu partout.

Zua collina, Drouët.

Achatina coll., Dr.,1855. *France cont.*, p. 46. — *Fer. coll.*, Loc. *Pr.*, p. 131.

Petit, subcylindroïde un peu allongé, peu ventru ; 5 à 6 tours un peu
convexes ; ouverture petite, piriforme-allongée; péristome un peu épaissi,
à bourrelet blanchâtre, le columellaire à peine plus épais; test corné-clair.
— H. 3 à 4; D. 1 1/2 à 2 millimètres.

Assez commun; un peu partout, surtout le Centre et l'Est.

Zua Locardi, Pollonera.

Z. Locardi, Pollon., 1885. *Moll. Piem.*, p. 21.

Assez petit, subcylindrique bien allongé, non ventru ; 6 tours, très peu
convexes, croissance lente et bien régulière; ouverture petite, étroitement
piriforme; péristome mince, le bord columellaire à peine subtroncatulé ;
test transparent, corné-clair. — H. 6 1/2; D. 2 1/2 millimètres.

Rare ; abords du Mont-Cenis et sommets alpestres, Savoie, Alpes-Mar.

Zua crassula, P. Fagot.

Z. crassula, Fag., 1879. *Moll. quat. Toul.*, p. 23.

Assez petit, un peu ventru, légèrement atténué vers le haut; 5 tours
très peu convexes, croissance régulière; ouverture petite, piriforme-arrondie, avec bourrelet interne blanchâtre; bord columellaire un peu évasé,
très allongé, à peine troncatulé ; test corné-roux. — H. 6 ; D. 2 1/2 mill.

Rare; Villefranche (Haute-Garonne), Issoudun (Indre), etc.

B. — Groupe du *Z. Boissyi*.

Galbe subcylindrique ; tours aplatis ; callum sensible.

Zua Boyssii, Dupuy.

Z. Boys.,Dup.,1850. *H. moll.*,p. 332, pl. 15, fig. 9.— *Azeca Boys.*,Lcc. *Pr.*,p.130.

Galbe subcylindrique-allongé; 6 à 7 tours presque plans, croissance assez régulière, le dernier égal à la 1/2 hauteur; ouverture arrondie, subpiriforme; péristome droit, presque tranchant, avec très léger bourrelet interne; bord externe presque droit, relié au bord columellaire par un callum bien apparent, ce dernier bord très légèrement troncatulé à la base; test mince, lisse, très brillant, corné, transparent. — H. 6; D. 1 1/2 millimètre.

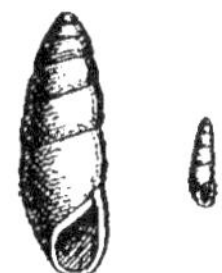

Fig. 341-342.

Rare; le Midi, Provence et région pyrénéenne.

Zua Dupuyana, BOURGUIGNAT.

Azeca Dupuy, Brgt., *in* Fag., 1878. *Genre Azeca*, p. 9. — Loc. *Pr.*, p. 130.

Même galbe; ouverture plus arrondie et plus évasée dans le bas, plus étroitement anguleuse dans le haut; bord externe plus convexe-arrondi, bord columellaire d'abord droit puis sensiblement incliné à droite dans le bas; test mince. — H. 6 1/2; D. 2 millimètres.

Rare; la Preste, le Vernet (Pyrénées-Orientales).

Zua cylindrica, MASSOT.

Feruss. cylindr., Massot, 1872. *M. Pyr.-Or.*, p. 53, fig. 5. — Loc. *Pr.*, p. 132.

Taille plus petite, galbe plus étroitement cylindrique, moins ventru en bas et plus obtus en haut; tours presque plans; suture moins accusée; ouverture plus petite, subrectangulaire, plus étroitement allongée, péristome peu épaissi; même test plus mince. — H. 5; D. 1 3/4 millim.

Rare; Pyrénées-Orientales.

Zua monodonta, DE FOLIN ET BÉRILLON.

Azeca monod., Fol. Ber., 1877. *Soc. Borda*, p. 199, pl. I, fig. 1. — Loc. *Pr.*, p. 130.

Petit, subcylindroïde un peu court; 5 à 6 tours presque droits, croissance lente, le dernier égal aux 2/3 de la hauteur; ouverture allongée-piriforme; péristome épaissi dans le bas, bord externe flexueux, le columellaire avec une petite denticulation saillante vers le bas; test jaune-fauve assez clair. — H. 4; D. 1 1/2 millimètre.

Très rare; environs de Bayonne (Basses-Pyrénées).

Genre FERUSSACIA, Risso.

Coq. assez petite, cylindroïde, brillante; ombilic nul; columelle troncatulée à la base; ouverture simple; péristome non bordé.

A. — Groupe du *F. follicula*.

Taille moyenne; galbe subcylindroïde; test corné.

Ferussacia follicula, Gronovius.

H. follic., Gron., 1781. *Zoophyt.*, III, p. 296, pl. 19, fig. 15-16. — *Fer. follic.*, Brgt., 1856. *Amén. malac.*, I, p. 197. — Loc. *Prodr.*, p. 132.

Fig. 343-344.

Galbe cylindrique allongé; 6 tours peu convexes, croissance régulière aux 3 premiers tours, irrégulière au 4° par suite de la déviation descendante du 5°, le dernier très grand; suture marginée; ouverture oblongue, un peu échancrée, plus petite que la 1/2 hauteur, bien anguleuse dans le haut, arrondie dans le bas; péristome simple, droit, non bordé, columelle exiguë, sensiblement troncatulé à la base, bord réunis par un callum très apparent; test solide, lisse, très brillant un peu transparent, cornéroux. — H. 9; D. 3 millimètres.

Peu commun; la Provence jusqu'à Cette, Aude, Hérault, etc.

Ferussacia Gronoviana, Risso.

Fer. Gronov., Risso, 1826. *Eur. mer*, IV, p. 80, pl. 3, fig. 27. — Loc. *Pr.*, p. 133.

Subcylindrique-allongé, un peu obèse, plus ventru à gauche qu'à droite; 6 tours convexes, les 3 premiers petits, réguliers, le 4° plus grand, très convexe à gauche, l'avant-dernier très grand, le dernier peu déclive; suture marginée; ouverture oblongue plus petite que la 1/2 hauteur; péritome simple, aigu, columelle petite, un peu courte, à peine sublamelleuse, bord externe arqué en avant; test peu transparent, corné jaune-rougeâtre. — H. 8; D. 3 1/4 millimètres.

Peu commun; le littoral méditerranéen, de Nice à Marseille.

Ferussacia cincta, Coutagne.

Fer. cincta, Cout., *in* Fag., 1892. *Malac. Pyr.*, p. 113 *(sine descr.)*.

Même galbe que le *Vescoi;* 6 tours croissant de la même manière; test translucide, hyalin, très élégamment orné sur le milieu de chaque tour d'une mince bande fauve se détachant sur le fond. — H. 9; D. 4 mill.

Rare; environs de Collioures (Pyrénées-Orientales).

Ferussacia Vescoi, BOURGUIGNAT.

Glandina Vescoi, Brgt., 1856. *Amén. malac.*, I, p. 150, pl. 15, fig. 2-4. —
Fer. Vescoi, Brgt., 1856. *Loc. cit.*, p. 203. — *Loc. Prodr.*, p. 133.

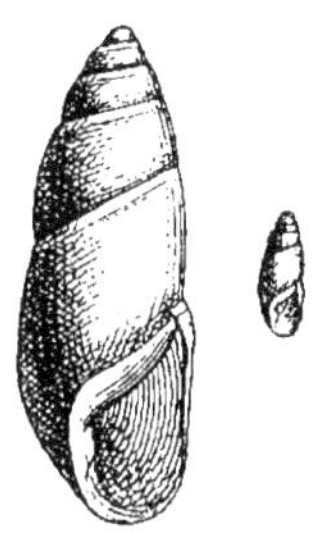

Fig. 345-346.

Subcylindrique un peu ventru ; 6 tours, les 4 premiers à croissance régulière, le 5e subitement très développé ; suture marginée ; ouverture très oblongue, à peine plus petite que la 1/2 hauteur, vaguement subrectangulaire, anguleuse dans le haut, un peu rétrécie dans le bas ; columelle droite intérieurement, calleuse et contournée, subtroncatulée à la base ; péristome simple, aigu, bord externe arqué en avant, bord marginaux réunis par un callum très-sensible ; test lisse, brillant, substransparent, d'un corné-jaune, un peu roux. — H. 9 ; D. 4 millimètres.

Rare ; le littoral méditerranéen, l'Hérault, l'Aude.

Ferussacia gravida, F. FLORENCE.

Fer. gravida, Flor., 1885. *Bull. Soc. malac.*, III, p. 230.

Oblong, relativement court et ventru ; 5 1/2 tours, le premier petit, le 2e grand, le 3e petit, le 4e subitement ample et ventru, ainsi que le 5e ; ouverture oblongue égale à la 1/2 hauteur ; columelle courte, droite, intérieurement lamelleuse et contournée ; péristome simple, à peine épaissi ; bord externe régulièrement arqué en avant. — H. 8 ; D. 4 mill.

Très rare ; la Lauzade, près du Luc (Var).

Ferussacia amblya, BOURGUIGNAT.

F. ambl., Brgt., 1860. *Mal. Château d'If.* pl. II, fig. 17.—1864. *Mal. Alg*, II, p. 40.

Oblong, un peu trapu, ventru-obèse ; spire courte, à sommet gros et obtus ; 5 tours faiblement convexes, croissance régulière et rapide, la dernier très grand ; suture superficielle, marginée ; ouverture oblongue, plus petite que la 1/2 hauteur ; péristome droit, épaissi en dedans, columelle droite, calleuse, blanchâtre, bord externe arqué en avant ; test corné-jaunâtre, le dernier tour plus clair vers l'ouverture, intérieur de l'ouverture blanchâtre, suture pâle. — H. 8 1/2 ; D. 4 millimètres.

Rare ; environs de Menton (Alpes-Maritimes).

Ferussacia Forbesi, BOURGUIGNAT.

F. Forb., Brgt., 1856. *Amén.*, I, p. 204.—1864. *Mal. Alger*, II, p. 39, pl. 3, fig. 16

Oblong-cylindracé, spire obtuse, à sommet gros et obtus; 5 à 6 tours légèrement convexes, les 3 premiers croissant lentement et régulièrement, les suivants à croissance plus rapide; suture superficielle, marginée; ouverture oblongue, plus petite que la 1/2 hauteur; péristome droit, légèrement épaissi, columelle droite, intérieurement contournée, bord externe arqué; test corné-jaunâtre très brillant, devenant plus pâle vers l'ouverture, suture également plus claire. — H. 8 1/2; D. 4 millimètres.

Rare; Menton (Alpes-Maritimes), Marseille (Bouches-du-Rhône).

Ferussacia abromia, Bourguignat.

F. abrom., Brgt., 1864. *Mal. Alger.*, II, p. 43, pl. 3, fig. 29 à 31.

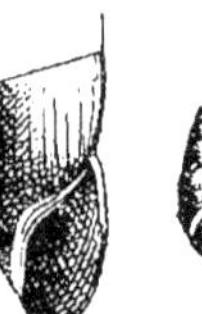

Subcylindrique-lancéolé, spire allongée, atténuée, à sommet obtus; 7 tours faiblement convexes, croissance rapide et peu régulière, le dernier à peine plus grand, légèrement déprimé au bord externe; suture d'abord superficielle puis plus accusée, marginée; ouverture semi-oblongue, plus grande que la 1/3 de la hauteur; péristome droit assez légèrement épaissi; columelle droite, ni calleuse, ni contournée; test corné-jaunâtre, brillant, suture plus pâle. — H. 11; D. 4 millimètres.

Fig. 347-348.

Rare; environs de Menton (Alpes-Maritimes).

Ferussacia carnea, Risso.

Pegea carnea, Risso, 1826. *Eur. mer.*, IV, p. 88, fig. 29. — *Fer. carnea*, Brgt., 1861. *Alpes-Marit.*, p. 52, fig. 23-25. — Loc. *Prodr.*, p. 133.

Cylindrique très allongé; 7 à 8 tours presque plans, les premiers réguliers, l'avant-dernier descendant obliquement, le dernier grand; ouverture semi-ovale, égale aux 2/5 de la hauteur; columelle lamelleuse, tordue, renflée dans le milieu, légèrement truncatulée; une lamelle saillante assez forte sur le callum; péristome simple, un peu obtus; bord externe dilaté en avant; test rougeâtre clair ou jaunâtre. — H. 12; D. 4 m.

Rare; acclimaté aux environs de Nice (Alpes-Maritimes).

B. — Groupe du *F. eucharista.*

Taille petite; galbe fusiforme; test régulier.

Ferussacia eucharista, Bourguignat.

Fer. euch., Brgt., 1864. *Mal. Alg.*, II, p. 67, pl. 4, fig. 45-47. — Loc. *Pr.*, p. 154.

Galbe subfusiforme-allongé; spire lancéolée; 7 tours faiblement convexes, croissance rapide, assez régulière, le dernier allongé, un peu ventru vers le bas; suture bien marquée, marginée; ouverture un peu oblique, oblongue, assez anguleuse en haut, arrondie dans le bas, plus grande que les 2/3 de la hauteur totale; columelle petite, tronquée, légèrement arquée; péristome droit, aigu; bord externe assez fortement arqué en avant; callum assez épais; test très fragile, mince, brillant, diaphane, vitracé-hyalin. — H. 6; D. 2 millimètres.

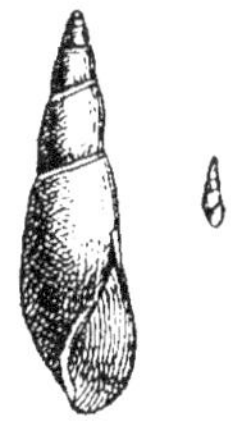

Fig. 349-350.

Rare; alluvions du Lez (Hérault).

Ferussacia Macei, BOURGUIGNAT.

Fer. Macei, Brgt., 1870. *Descr. Moll. Alpes-Mar.*, p. 9. — Loc. *Pr.*, p. 136.

Lancéolé-fusiforme; spire bien développée, acuminée; 6 tours assez convexes, les 3 premiers à croissance lente et régulière, le 4e et surtout le 5e croissant bien plus rapidement, le 5e presque aussi développé que le dernier; ouverture peu oblique, piriforme, très aigu en haut, dépassant à peine le 1/3 de la hauteur; columelle forte, très courte, péristome droit, aigu; callum mince; test fragile, hyalin-vitracé. — H. 7; D. 2 1/2 mill.

Rare; alluvions de la Siague (Alpes-Maritimes).

Ferussacia Moitessieri, BOURGUIGNAT.

Fer. Moites., Brgt., 1865. *Moll. litig.*, p. 182, pl. 30, fig. 6-8. — Loc. *Pr.*, p. 134.

Oblong, spire courte, peu développée; 6 à 7 tours à croissance lente et régulière, l'avant-dernier et le dernier excessivement développés, assez convexes, ouverture oblongue-piriforme, très aiguë en haut, notablement plus grand que la 1/2 hauteur; columelle recourbée, tronquée; péristome droit, aigu, bord externe arqué en avant; callum mince; test brillant, vitracé. — H. 5; D. 2 millimètres.

Le Midi; Vaucluse, Hérault, Pyrénées-Orientales, Lot-et-Garonne, etc.

Ferussacia Bugesi, BOURGUIGNAT.

Fer. Bugesi, Brgt., 1866. *Moll. lit.*, p. 184, pl. 30, fig. 12-14. — Loc. *Pr.*, p. 134.

Oblong-allongé, spire développée, allongée; 6 tours, les 2 premiers à croissance très lente, les autres à croissance rapide, l'avant-dernier très grand et assez convexe, le dernier bien déclive; ouverture piriforme, très anguleuse en haut, plus grande que la 1/2 hauteur; columelle

médiocre, faiblement tronquée ; péristome droit et aigu, bord externe arqué en avant ; callum très mince ; test hyalin-vitracé. — H. 5 ; D. 2 m.
Rare ; alluvions des cours d'eau, Hérault, Pyr.-Orient., Alp.-Mar.

Ferussacia Paladilhei, BOURGUIGNAT.

Fer. Palad., Brgt., 1866. *Moll. lit..* p. 186, pl. 30, fig. 18-20. — Loc. *Pr.*, p. 134

Allongé-lancéolé, spire bien développée ; 7 tours légèrement convexes, croissance régulière assez rapide, bien détachés les uns des autres, le dernier plus grand que l'avant-dernier, largement convexe, atténué dans le bas ; suture bien accusée, marginée ; ouverture piriforme, n'atteignant pas la 1/2 hauteur, bien anguleuse en haut, légèrement dilatée à la base ; columelle médiocre, peu tronquée ; péristome droit, aigu, bord externe arqué en avant surtout en bas ; callum faible, fragile, lisse, brillant ; test hyalin-vitracé. — H. 6 ; D. 2 millimètres.

FIG. 351-352.

Rare ; alluvions des cours d'eau de l'Hérault et des Pyrénées-Orient.

Ferussacia Locardi, BOURGUIGNAT.

Fer. Loc., Brgt., *in* Loc., 1880. *Ét. variat.*, I, p. 221, pl. 3, fig. 19. — *Pr.*, p. 135.

Oblong-allongé, un peu ventru ; spire courte ; 6 tours assez convexes, les 3 premiers à croissance lente et régulière, les trois derniers à croissance plus rapide, les 2 derniers un peu plus convexes, le dernier très grand ; suture bien marquée surtout à partir du 3e tour ; ouverture ovalaire-piriforme un peu courte, arrondie en bas, plus petite que la 1/2 hauteur ; columelle très courte, droite ; péristome droit, mince, bord externe bien arqué en avant ; test fragile, brillant, hyalin. — H. 4 ; D. 2 1/2 m.
Rare ; alluvions du Rhône au nord de Lyon.

Ferussacia Cazioti, LOCARD.

Fer. Cazioti, Loc , 1890. *Nov. sp.*

Allongé-lancéolé, spire très courte ; 6 tours, les cinq premiers à croissance très lente, très régulière, légèrement convexes, le dernier très allongé, non ventru ; ouverture très étroite, très haute, très fortement anguleuse en haut, plus grande que la 1/2 hauteur ; columelle courte et arquée en bas ; péristome mince, tranchant, bord externe faiblement arqué en avant, callum très mince ; test hyalin, très brillant. — H. 6 1/2 ; D. 2 m.
Rare ; alluvions du Rhône à Avignon.

Ferussacia abnormis, NEVILL.

Fer. (?) abn., Nev., 1880. *Proc. London*, p. 134, pl. 14, fig. 3. — Loc. *Pr.*, p. 134

Ovoïde, assez renflé, sommet obtus, spire courte; 4 à 4 1/2 tours à croissance rapide, les premiers petits, le dernier gros, renflé, à profil largement convexe.; suture marginée; ouverture grande, ovalaire-piriforme; bord columellaire court, un peu arqué; péristome mince, tranchant; test vitreux, hyalin. — H. 6; D. 3 1/2 millimètres.

Rare; environs de Menton.

Genre CÆCILIANELLA, Bourguignat.

Coq. petite, cylindrique subulée, transparente; ombilic nul; columelle nettement tronquée à la base; péristome simple.

Cæcilianella acicula, MÜLLER.

Buccinum acicula, Müll., 1774. *Verm. hist.*, II, p. 150. — *C. acic.*, Brgt., 1854. *Amén. malac.*, I, p. 217, pl. 18, fig. 13. — Loc. *Prodr.*, p. 135.

Galbe subcylindrique – allongé, turriculé; 6 tours un peu convexes, croissance progressive, le dernier légèrement ventru vers le bas, égal à sa naissance aux deux tiers de la hauteur totale; suture très accusée; sommet obtus; ouverture oblongue, bien anguleuse en haut, bien arrondie en bas, plus grande que le 1/3 de la hauteur; columelle peu marquée, atteignant la base; bord externe à peine arqué en avant; callum mince; péristome droit, aigu; test lisse, brillant, diaphane, blanchâtre. — H. 5; D. 1 millimètres.

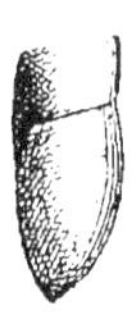

Fig. 353-354.

Assez commun; presque partout.

Cæcilianella aglena, BOURGUIGNAT.

C. aglena, Brgt., 1860. *Amén.*, II, p. 31, pl. 1, fig. 3-4. — Loc. *Prodr.*, p. 136.

Turriculé-allongé, grêle, à sommet mamelonné; 7 tours à peine convexes, croissance assez régulière, le dernier grand, un peu arrondi-convexe dans le bas; ouverture piriforme, dilatée dans le bas, égale au 1/3 de la hauteur; columelle droite, n'atteignant pas la base; bord externe presque droit; callum mince; test lisse, diaphane. — H. 5; D. 2 millim.

Rare; Aube, Aisne, Jura, Bouches-du-Rhône, etc.

Cæcilianella Liesvillei, Bourguignat.

C. Liesvill., Brgt., 1856. *Amén.*, I, p. 217, pl. 18, fig. 6 8. — Loc. *Pr.*, p. 135.

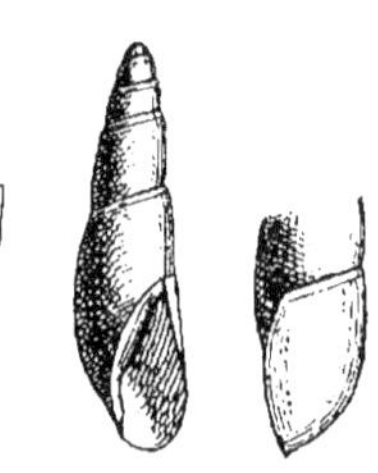

Fig. 355-356.

Oblong-turriculé, grêle ; 6 tours presque plans, les 4 premiers à croissance régulière, le 5° plus grand, le dernier étroitement allongé, plus petit que les 2/3 de la hauteur totale ; suture très accusée à sa naissance ; ouverture piriforme, un peu anguleuse dans le haut, élargie et un peu troncatulée dans le bas, vaguement subtriangulaire, plus grande que le 1/3 de la hauteur ; columelle droite, presque tronquée, atteignant à peine la base ; bord externe peu arqué ; callum faible avec une éminence tuberculeuse obsolète ; test lisse, diaphane, blanchâtre. — H. 4 à 5 ; D. 1 1/2 millimètre.

Peu commun ; surtout dans le Nord et le Centre.

Cæcilianella eburnea, Risso.

Acicula eburn., Risso, 1826. *Eur. merid.*, IV, p. 81. — *C. eburn.*, Brgt., 1861. *Étud. Alpes-Marit.*, p. 43, pl. I, fig. 20-22. — Loc. *Prodr.*, p. 136.

Fusiforme très allongé, grêle ; sommet obtus ; 7 tours légèrement convexes, croissance régulière, le dernier un peu ventru ; ouverture piriforme, élargie, égale au 1/3 de la hauteur ; columelle fortement tronquée, n'atteignant pas le bas, comme torse, bord externe bien arqué en avant ; callum bien marqué ; test blanc d'ivoire. — H. 6 ; D. 1 1/4 millimètre.

Rare ; le midi de la France, des Alpes-Maritimes à la Haute-Garonne.

Cæcilianella uniplicata, Bourguignat.

C. unipl., Brgt., 1864. *Mal. Aix-les-Bains*, p. 55, pl. 2, fig. 2-5. — Loc. *Pr.*, p. 136.

Oblong-turriculé, sommet obtus et mamelonné ; 6 tours presque plans, les 2 premiers à croissance régulière, les 2 derniers augmentant rapidement ; ouverture piriforme-oblongue, égale ou un peu plus grande que la 1/2 hauteur ; columelle un peu arquée, bien truncatulée, portant dans le haut un pli lamelliforme ; bord externe arqué en avant ; callum mince ; test très fragile, blanc-diaphane. — H. 4 ; D. 1 1/4 millimètre.

Rare ; Savoie, Hérault, Pyrénées-Orientales, etc.

Cæcilianella enhalia, Bourguignat.

C. enhal., Brgt., 1860. *Mal. Bret.*, p. 158, pl. 2, fig. 14-16. — Loc. *Pr.*, p. 13

Très petit, oblong-turriculé, sommet obtus et mame_
lonné ; 5 tours 1/2 à peine convexes, croissance un
peu irrégulière, le dernier grand ; ouverture à peine
oblique, oblongue-piriforme, élargie en bas, dépassant
le 1/3 de la hauteur totale ; columelle petite, n'atteignant pas le bas ; bord externe non arqué ; callum
avec une éminence tuberculeuse peu sensible ; test
blanchâtre et lisse. — H. 3 1/2 ; D. 1 millimètre.

Rare ; Ille-et-Vilaine, Vendée, etc.

Fig. 357-358.

Cæcilianella lactæa, MOITESSIER.

C. lactea, Moitess., 1868. *Malac. Hérault*, p. 47. — Loc. *Prodr.*, p. 137.

Allongé-oblong, sommet obtus, comme mamelonné ; 6 à 7 tours légèrement convexes, croissance assez régulière, le dernier très grand ; ouverture rétrécie, allongée-piriforme, très anguleuse en haut, arrondie en
bas, plus petite que la 1/2 hauteur ; columelle très courte, fortement
arquée, brusquement tronquée, n'atteignant pas la base ; bord externe
arqué en avant ; test vitracé, blanc-lactescent. — H. 4 à 5 ; D. 1 1/2 mill.

Rare ; le Midi, Hérault, Var, Vaucluse, etc.

Cæcilianella Mauriana, BOURGUIGNAT.

C. Maur., Brgt , 1869. *Moll. Alpes-Marit.*, p. 15. — Loc. *Prodr.*, p. 137.

Lancéolé-pyramidal, très allongé, spire assez grêle ; sommet obtus ;
8 tours à peine convexes, les 4 premiers à croissance lente, les 4 derniers
à croissance plus rapide, l'avant-dernier renflé, bien développé, le dernier à peine plus grand ; ouverture bien piriforme, dilatée-arrondie en
bas, dépassant un peu le 1/3 de la hauteur ; columelle courte, robuste,
peu tronquée, atteignant presque la base ; bord externe très arqué en
avant ; callum très délicat ; test hyalin-vitracé. — H. 7 ; D. 1 3/4 millim.

Rare ; environs de Cannes (Alpes-Maritimes), Istres (Bouches-du-
Rhône).

Cæcilianella Merimeana, BOURGUIGNAT.

C. Merim. Brg.., 1869. *Moll. Alpes-Maritimes*, p. 15. — Loc. *Prodr.*, p. 137.

Oblong-allongé, spire développée, sommet obtus ; 6 tours assez convexes, les 3 premiers à croissance lente, les 2 derniers à croissance très
rapide et plus convexes, le dernier convexe en bas, ouverture piriforme, arrondie en bas, presque égale à la 1/2 hauteur ; columelle courte,

arquée, fortement tronquée, descendant presque jusqu'en bas; bord externe arqué; callum fort; test hyalin-vitracé. — H. 5; D. 1/2 mill.

Rare; environs de Cannes (Alpes Maritimes).

Cæcilianella Vandalitiæ, SERVAIN.

C. Vandal., Serv., 1880. *Moll. Esp.*, p. 130.

Allongé, cylindrique-subacuminé, spire graduellement acuminée; 7 tours légèrement convexes, croissance régulière, rapide, le dernier avec une convexité médiane; suture peu oblique; ouverture oblique, anguleuse en haut, dilatée en bas, égale au tiers de la hauteur totale; bord externe droit en haut et convexe en bas; péristome droit, non encrassé, ni patulescent; test très brillant, lisse, vitracé. — H. 6; D. 1 1/3 mill.

Rare; alluvions du Besançon à Saint-Amour (Jura).

Cæcilianella Poupillieri, BOURGUIGNAT.

C. Poupill., Brgt., *in* Serv., 1880. *Moll. Esp.*, p. 132.

Allongé, bien oblong-acuminé; 6 tours peu convexes, surtout le quatrième, les deux premiers exigus, à suture horizontale, les autres bien développés, à croissance rapide, séparés par une suture de plus en plus oblique; ouverture oblique; bord externe convexe, le columellaire très court, bien saillant, fortement tronqué; péristome simple, tranchant; test vitracé. — H. 6; D. 2 millimètres.

Rare; Istres (Bouches-du-Rhône).

Genre NENIA, Bourguignat.

Coq. sénestre, fusiforme-allongée; dernier tour disjoint; ombilic fendu columelle subspirale, avec lamelles; ouverture médiane, dentée.

Nenia Milne-Edwardsi, BOURGUIGNAT.

N. Milne-Edw., Brgt. *Nov. sp. in coll.*

Fusiforme-subturriculé, grêle; spire étroitement allongée, régulièrement acuminée; 13 à 14 tours peu convexes, le dernier fortement contracté; ouverture ovale-arrondie, bien antérieure, avec gouttière supérieure; péristome continu, un peu réfléchi; 2 pariétales marginales, très inégales et subparallèles; un pli subcolumellaire marginal, petit et très oblique;

une lamelle palatale supérieure et profonde; 3 à 4 plis interlamellaires; même test, costulations un peu plus grossières. — H. 14; D. 2 1/2 mill.

Rare; Olhète près Bayonne, Mousserolles, S.-Jean de Luz (B.-Pyrénées).

Nenia Pauli, J. Mabille.

Cl. Pauli, Mab., 1865. *Journ. conch.*, p. 259, pl. 14, fig. 9. — *Nenia Pauli*, Brgt., 1876. *Clausil. France*, p. 20. — Loc. *Prodr.*, p. 137.

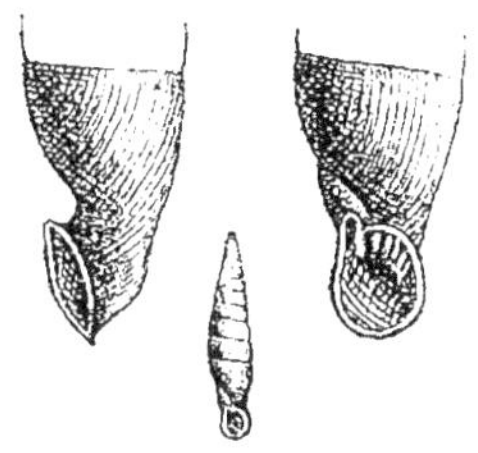

Fig. 359-361.

Galbe fusiforme-subturriculé, un peu ventru, spire allongée, régulièrement acuminée, sommet obtus, mamelonné; 13 tours un peu convexes, le dernier contracté; ouverture ovale-arrondie, très oblique, avec gouttière supérieure; péristome continu, un peu réfléchi; 2 pariétales marginales inégales, non parallèles; pli subcolumellaire marginal et petit; une lamelle palatale supérieure et profonde; 4 à 5 plis interlamellaires; test brun ou corné-vineux, orné de côtes lamelleuses élevées, formant de petites lamelles. — H. 15; D. 2 3/4 à 3 millimètres.

Rare; montagnes des Basses-Pyrénées vers 1000 mètres d'altitude.

Nenia Atlantica, Bourguignat.

N. Atlantica, Brgt. *Nov. sp. in coll.*

Subfusiforme-turriculé, court et trapu; spire allongée, ventrue dans le bas; 11 à 12 tours assez convexes, le dernier peu contracté; ouverture subarrondie, oblique, avec axe incliné; 2 pariétales marginales, non parallèles, très inégales; un pli subcolumellaire petit, très arqué et marginal; une lamelle palatale supérieure et profonde; 2 à 3 plis interlamellaires; même test, costulations plus rapprochées. — H. 13; D. 3 millimètres.

Rare; Bayonne, Cambo, Mousserolles (Basses-Pyrénées).

Nenia Mabillei, Bourguignat.

N. Mabil., Brgt., 1876, *Claus. France*, p. 21. — Loc. *Prodr.*, p. 138.

Même galbe, un peu plus ventru; dernier tour plus détaché; 2 pariétales marginales, subégales, parallèles; pli subcolumellaire profond, peu visible; 1 lamelle palatale supérieure profonde et épaisse; 2 plis interlamellaires presque rudimentaires; test brun-corné, orné de côtes étroites, rapprochées, plus distantes au dernier tour. — H. 15; D. 3 millimètres.

Très rare; montagne de Larhune (Basses-Pyrénées).

Genre CLAUSILIA, Draparnaud.

Coq. sénestre, fusiforme-allongée; tours continus; ombilic fendu; colu-melle subspirale avec lamelles; ouverture dentée.

A. — Groupe du *Cl. bidens.*

Coq. grande; test à peine ridé; suture papilliforme.

Clausilia bidens, Linné.

Turbo bidens, Lin., 1758. *Syst. nat.*, p. 767.— *Cl. bidens*, Turton, 1831. *Man. Shells*, p. 73, fig. 56. — Loc. *Prodr.*, p. 138.

Fig. 362-363.

Galbe fusiforme; 11 tours, le dernier légèrement gonflé avec une arête cervicale arrondie et saillante; ouverture ovale-arrondie; péristome presque continu; 2 pariétales, la supérieure petite et enfoncée; pli subcolumellaire émergé, visible; pli spiral lamelliforme très ténu; lunelle ouverte, très visible par transparence; plis palataux nuls; test cendré-corné avec suture roux-vineux orné de papilles blanches et régulières. — H. 12 à 14; D. 3 millimètres.

Commun; le Midi, surtout en Provence.

Clausilia Herculæa, Bourguignat.

Cl. Herculæa, Brgt., 1877. *Claus. France*, II, p. 6. — Loc. *Prodr.*, p. 138.

Même galbe, même allure; ouverture à peine oblique, ovale-arrondie; 2 pariétales, la supérieure petite, lamelliforme, l'inférieure sinueuse-ascendante; pli subcolumellaire presque émergé; pli spiral très allongé; 4 palatales, les 2 supérieures petites, non parallèles, la quatrième profonde, ponctiforme; lunelle nulle; même test. — H. 12; D. 3 1/2 millimètres.

Rare; le Midi, entre Menton et Monaco.

Clausilia virgata, de Christofori et Jan.

Cl. virg., Christ. Jan, 1832. *Cat.*, p. 5. — Loc. *Prodr.*, p. 139.

Voisin du *bidens*, galbe plus allongé, moins ventru; ouverture munie d'un callum palatal intérieur très épais, entre la base duquel et le pli sub-columellaire se montre un intervalle en gouttière; péristome continu, robuste, détaché; test plus fortement strié-costulé; suture à peine teintée avec papilles moins accusées. — H. 15 à 17; D. 3 millimètres.

Peu commun; le Midi, entre Nice et Marseille.

Clausilia solida, DRAPARNAUD.

Cl. solida, Drap., 1805. *H. moll.*, p. 69, pl. 4, fig. 8-9. — Loc. *Prodr.*, p. 139.

Cylindrique-fusiforme, spire régulièrement atténuée; 12 tours à peine convexes; ouverture subarrondie; 2 pariétales, la supérieure marginale, lamelliforme, l'inférieure plus solide et assez profonde; pli subcolumellaire immergé; pli spiral très petit, s'avançant jusque vers la suture; 2 plis palataux ponctiformes; lunelle à peine arquée, bien distincte extérieurement; péristome continu; test blanc-corné,

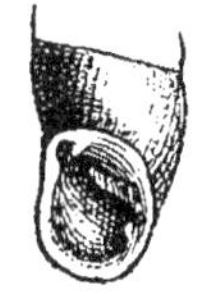

FIG. 364-365.

très finement costulé-striolé; suture avec papilles rudimentaires à peine blanchâtres. — H. 14 à 15; D. 3 1/2 millimètres.

Commun; région méridionale, toute la Provence.

Clausilia Marioniana, BOURGUIGNAT.

Cl. Marion., Brgt., 1877. *Claus. France*, II, p. 11. — Loc. *Prodr.*, p. 139.

Cylindrique-subfusiforme, spire régulièrement atténuée; 11 à 12 tours presque plans, le dernier comprimé à la périphérie avec une crête saillante à la base; ouverture subarrondie, excentrée; 2 pariétales exiguës, la supérieure marginale, lamelliforme, l'inférieure profonde; pli subcolumellaire immergé, peu saillant; pli spiral petit, voisin de la suture; 2 plis palataux calleux; lunelle assez arquée, distincte en dehors; péristome presque continu; test jaune-corné, très brillant, avec stries obsolètes; suture subcrénelée. — H. 13; D. 3 millimètres.

Rare; environs de Marseille et de Toulon.

Clausilia Arcæensis, BOURGUIGNAT.

Cl. Arcæensis Brgt., 1857. *Claus. France*, II, p. 12. — Loc. *Prodr.*, p. 140.

Cylindrique-acuminé, comme pyramidal; spire obtuse, légèrement atténuée; 9 tours à peine convexes, à croissance lente, le dernier avec une crête basale assez forte; ouverture arrondie; 2 pariétales, la supérieure petite, marginale, lamelliforme, l'inférieure assez forte, immergée, pli subcolumellaire à peine sensible; pli spiral très petit, voisin de la suture; 2 plis palataux légers rejoints par le callum; lunelle à peine arquée, appa-

A. LOCARD, Coq. terr.17

rente au dehors; péristome continu, épais; test d'un jaunâté-corné, très finement striolé; suture accusée. — H. 12; D. 3 millimètres.

Rare; environs d'Hyères et de Toulon (Var).

Clausilia enhalia, BOURGUIGNAT.

Cl. enhal., Brgt., 1877. *Claus. France*, II, p. 13. — Loc. *Prodr.*, p. 140.

Voisin du *solida*, cylindrique-subfusiforme, spire atténuée; 11 à 12 tours subconvexes; ouverture étroite dans le fond, dilatée en avant du côté externe; péristome mince, non encrassé; 2 pariétales, la supérieure petite, marginale, lamelliforme, l'inférieure assez petite, profonde; pli subcolumellaire immergé, peu saillant; pli spiral plus développé, s'avançant près de la suture; 2 plis palataux profonds, rejoints par un callum blanchâtre, non saillant à l'intérieur; lunelle assez arquée; test mince un peu fragile, très finement mais régulièrement striolé. — H. 13 à 15; D. 3 1/2 à 4 mill.

Rare; les Alpes-Maritimes, l'île Saint-Honorat, etc.

Clausilia Sancti-Honorati, BOURGUIGNAT.

Cl. S. Honor., Brgt., 1877. *Claus. France*, II, p. 14. — Loc. *Prodr.*, p. 140.

Fusiforme un peu ventru, spire acuminée; 9 à 10 tours presque plats; ouverture trigone; péristome non continu; 2 pariétales convergentes; pli subcolumellaire peu développé; pli spiral très petit, très voisin de la suture; 2 petits plis palataux rejoints par un callum épais, blanchâtre; lunelle arquée, peu sensible à l'extérieur; test fragile, pellucide, corné, très légèrement striolé. — H. 12; D. 3 millimètres.

Rare; île Saint-Honorat (Alpes-Maritimes).

Clausilia Mongermonti, BOURGUIGNAT.

Cl. Mong., Brgt., 1877. *Claus. France*, II, p. 5. — Loc. *Prodr.*, p. 138.

Galbe court, subfusiforme, assez ventru; 10 tours à peine subconvexes, légèrement renflés vers la suture; ouverture ovale-arrondie; 2 pariétales, la supérieure petite, l'inférieure forte; pli subcolumellaire assez accusé; palatales nulles; pli spiral très allongé; péristome non continu; test opaque, lisse, costulé au dernier tour, avec des maculatures subpapillifères au voisinage de la suture. — H. 14 à 15; D. 4 à 4 1/2 millimètres.

Rare; Saint-Jean-de-Maurienne (Savoie).

B. — Groupe du *Cl. laminata.*

Coq. grande; test lisse, à suture simple.

Clausilia laminata, Montagu.

Turbo laminatus, Mtg., 1803. *Test. Brit.*, p. 259, pl. 11, fig. 1. — *Cl. lamin.*,
Turt., 1871. *Mon. Shells*, p. 70, fig. 53. — Loc. *Prodr.*, p. 140.

Galbe subfusiforme, spire atténuée ; 11 à 12 tours
peu convexes, le dernier un peu gibbeux vers
la fente ombilicale ; ouverture oblongue-piriforme ; péristome continu ; 2 pariétales, l'inférieure
flexueuse, très descendante ; pli subcolumellaire
visible ; pli spiral assez robuste, très enfoncé ; 3 palataux, le supérieur très allongé, lamelliforme, le
2ᵉ court, le 3ᵉ assez allongé, logé à la base de l'ouverture ; lunelle nulle ; test brillant, corné plus ou
moins foncé, presque lisse. — H. 17 ; D. 4 mill.

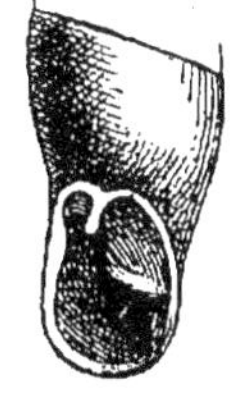

Fig. 366-367.

Assez commun ; régions septentrionale et moyenne.

Clausilia plagiostoma, Bourguignat.

Cl. plagiost, Brgt., 1877. *Claus. France*, II, p. 15. — Loc. *Prodr.*, p. 140.

Cylindrique-subfusiforme, spire régulièrement atténuée ; 10 1/2 tours
légèrement convexes ; ouverture transversalement oblique de gauche à
droite ; 2 pariétales marginales, la supérieure étroite et petite, l'inférieure
flexueuse ; pli subcolumellaire assez émergé ; pli spiral très petit, profond ;
3 palataux un peu apparents au dehors, le supérieur lamelliforme, le
second court, assez immergé, le 3ᵉ petit et lamelliforme ; lunelle nulle ;
péristome blanchâtre, épaissi ; test subpellucide, corné-rouge, presque
lisse. — H. 15 ; D. 4 millimètres.

Rare ; Aube, Aisne, etc.

Clausilia Silanica, Bourguignat.

Cl. Silan., Brgt., 1877. *Claus. France*, II, p. 16. — Loc. *Prodr.*, p. 140.

Très élancé, bien fusiforme, spire lancéolée ; 13 tours à peine convexes, croissance lente ; ouverture petite et peu développée, sinus très
prononcé en haut du bord externe ; 2 pariétales marginales, la supérieure
extrêmement petite ; pli subcolumellaire émergé ; pli spiral exigu ;
3 petits palataux, le supérieur lamelliforme ; lunelle nulle ; péristome
très ténu ; test entièrement lisse. — H. 16 ; D. 3 1/2 millimètres.

Rare ; alluvions du lac de Silan (Ain).

Clausilia Sequanica, Bourguignat.

Cl. Sequan., Brgt., 1877. *Claus. France*, II, p. 16. — Loc. *Prodr.*, p. 140.

Allongé-fusiforme, spire atténuée; 11 tours à peine convexes, le dernier ascendant; ouverture portée en avant, le niveau de la base dépassant celui de la partie supérieure; 2 pariétales marginales, la supérieure lamelliforme, l'inférieure assez accusée; pli subcolumellaire émergé, descendant jusqu'au péristome; pli spiral petit; 3 palataux, le supérieur lamelliforme; lunelle nulle; péristome épaissi; test à peine striolé, cornéroux. — H. 17; D. 4 1/2 millimètres.

Rare; Nogent-sur-Seine (Aube).

Clausilia fimbriata, ZIEGLER.

Cl. fimbr., Ziegl., *in* Rossm., 1835. *Icon.*, p. 2, fig. 106 — Loc. *Prodr.*, p.141.

Galbe du *laminata*; ouverture ornée d'un callum palatal presque parallèle au péristome, se montrant à l'extérieur sous forme d'un large bourrelet jaunâtre non saillant; pariétale inférieure moins ascendante et plus forte en travers; dernier tour plus renflé vers la périphérie et plus globuleux vers la fente ombilicale; test plus strié surtout au dernier tour, blanc-verdâtre ou pourpré. — H. 17; D. 4 millimètres.

Assez commun; régions montagneuses de l'Est.

Clausilia Emeria, BOURGUIGNAT.

Cl. Emeria, Brgt., 1877. *Claus. France*, II, p. 20. — Loc. *Prodr.*, p. 141.

Cylindrique-allongé, un peu fusiforme, spire allongée; 11 tours, à peine convexes, le dernier muni d'une arête antépéristomale entourant l'ouverture; ouverture à peine oblique; 2 pariétales non marginales, la supérieure étroite, développée; pli subcolumellaire robuste, aigu; pli spiral solide; 2 palataux supérieurs, dont un lamelliforme et l'autre ponctiforme; lunelle nulle; péristome solide; test élégamment striolé, brun-corné ou verdâtre. — H. 17; D. 3 1/2 millimètres.

Rare; vallée du Guil, entre Abriès et le mont Viso (Hautes-Alpes).

C. — Groupe du *Cl. punctata*.

Coquille grande; test à peine ridé; suture papilleuse.

Clausilia punctata, MICHAUD.

Cl. punct., Mich., 1831. *Compl.*, p. 55, pl. 15, fig. 23. — Loc. *Prodr.*, p. 141.

Galbe fusiforme-ventru; 11 à 12 tours faiblement convexes, le dernier

avec une arête cervicale émoussée; ouverture ovale-arrondie, péristome
subcontinu; **2** pariétales, la supérieure marginale
exiguë, l'inférieure saillante, ondulée; pli subcolumellaire émergé; pli spiral lamelliforme très
saillant; un seul pli palatal supérieur; lunelle bien
arquée, visible en dessous et d'un jaune-orangé;
test finement strié; suture avec ponctuations blanchâtres bien espacées, papilleuses; d'un corné
fauve ou roux. — H. 18 à 20; D. 4 à 4 1/2 mill.

Fig. 368-369.

Peu commun; la partie est de la France moyenne et méridionale.

Clausilia Veranyi, Bourguignat.

Cl. Veranyi, Brgt., 1877. *Claus. France*, II, p. 23. — Loc. *Prodr.*, p. 142.

Ventru-fusiforme, lancéolé, spire acuminée; 12 tours faiblement
convexes, le dernier subanguleux; ouverture oblongue; 2 pariétales, la
supérieure marginale, étroite, exiguë, l'inférieure robuste; pli subcolumellaire assez fort, descendant presque jusqu'à la périphérie; pli spiral
petit; pli palatal allongé, sensible en dehors; lunelle calleuse, apparente
en jaune à l'extérieur; suture entourée d'une zonule noirâtre; test à
striations émoussées, un peu rougeâtres. — H. 22 à 23; D. 5 millimètres.

Rare; vallée de la Vésubie (Alpes-Maritimes).

Clausilia viriata, Bourguignat.

Cl. vir., Brgt., 1877. *Claus. France*, II, p. 24. — Loc. *Prodr.*, p. 142.

Fusiforme-ventru, spire acuminée; 12 tours presque plans, le dernier
renflé; ouverture suboblongue, anguleuse en haut, arrondie en bas,
gorge aperturale très rétrécie; 2 pariétales, la supérieure petite, marginale,
l'inférieure robuste; pli subcolumellaire émergé, descendant presque
jusqu'à la périphérie; pli spiral exigu; pli palatal unique, exigu, profond;
lunelle arquée, peu apparente au dehors; suture sublinéaire papilleuse;
test robuste avec costulations apparentes, d'un corné-rougeâtre. — H. 20;
D. 5 millimètres.

Rare; entre Fontan et Saint-Dalmas (Alpes-Maritimes).

Clausilia Hispanica, Bourguignat.

Cl. Hispan., Brgt., 1876. *Spec. novis.*, p. 26.

Subventru fusiforme, spire allongée, régulièrement acuminée; 11 tours
très peu convexes, le dernier convexe-arrondi, obscurément renflé et

vaguement subanguleux, subcrêté; ouverture ovalaire, avec sinus peu profond ; 2 pariétales, la supérieure marginale, petite, l'inférieure robuste; pli subcolumellaire filiforme, immergé; pli spiral robuste; pli palatal unique, visible au dehors; lunelle robuste, arquée, apparente en jaune à l'extérieur ; souvent deux plis interpariétaux dentiformes ; suture élégamment papilleuse ; test orné de costulations assez fortes, surtout au dernier tour, d'un corné-rouge ou jaunacé.—H. 18 à 19; D. 4 1/2 à 5 m.

Rare ; Pratz-de-Mollo (Pyrénées-Orientales).

D. — Groupe du Cl. ventricosa.

Coq. assez grande; galbe ventru; test bien ridé ; suture simple.

Clausilia ventricosa, Draparnaud.

Cl. ventr., Drap., 1805. *Hist. moll.*, p. 71, pl. 4, fig. 19. — Loc. *Prodr.*, p. 142.

Galbe ventru-fusiforme, spire régulièrement atténuée, 11 à 12 tours  assez convexes, suture bien marquée, le dernier pourvu d'une arête émoussée, assez accusée; ouverture subelliptique-arrondie ; péristome continu ; 2 pariétales, la supérieure marginale, lamelliforme, continue avec le pli spiral, l'inférieure enfoncée, birameuse ; pli subcolumellaire immergé ; un seul pli palatal dépassant la lunelle; lunelle presque droite ; plis interlamellaires nuls ; test orné de costulations régulières, espacées, fines, fauve-roux-brun. — H. 19 à 20 ; D. 4 à 4 1/2 millimètres.

F_{IG}. 370-371.

Peu commun ; France septentrionale et moyenne, surtout dans l'Est.

Clausilia micropleura, Bourguignat.

Cl. micropl., Brgt., 1877. *Claus. France*, II, p. 27. — Loc. *Prodr.*, p. 143.

Ventru-fusiforme, spire légèrement atténuée ; 12 tours à peine convexes, le dernier renflé en dehors, avec une crête obsolète ; ouverture subarrondie-piriforme; 2 pariétales, la supérieure marginale, lamelliforme, continue avec le pli spiral, l'inférieure robuste, immergée, birameuse ; pli subcolumellaire subimmergé, sensible ; un seul pli palatal exigu, très allongé, dépassant la lunelle; lunelle arquée ; test orné de costulations larges, comme écrasées, d'un fauve-roux. — H. 18 ; D. 4 millimètres.

Rare; Aisne, Aube, Ain, etc.

Clausilia earina, BOURGUIGNAT.

Cl. earina, Brgt., 1877. *Claus. France*, II, p. 28. — Loc. *Prodr.*, p. 143.

Ventru-renflé, subfusiforme, spire rapidement atténuée ; 11 tours à peine convexes, ouverture subarrondie, excentrée ; 2 pariétales, la supérieure marginale, continue avec le pli spiral, l'inférieure épaisse ; pli subcolumellaire immergé, non visible ; pli palatal unique supérieur, très allongé, prolongé au delà de la lunelle ; lunelle ouverte, subarquée ; test corné-rougeâtre, orné d'élégantes costulations espacées. — H. 16 ; D. 4 1/2 m.

Rare ; vallée du Rhône au-dessus de Bellegarde (Ain).

Clausilia Armoricana, BOURGUIGNAT.

Cl. Armor., Brgt., 1860. *Mal. Bret.*, p. 134, pl. 2, fig. 12. — Loc. *Pr.*, p. 143.

Un peu ventru-fusiforme, spire rapidement atténuée ; 10 tours à peine convexes ; ouverture piriforme, très excentrée, inférieurement canaliculée ; 2 pariétales, la supérieure très étroite, saillante, continue avec le pli spiral, l'inférieure robuste, profonde ; pli subcolumellaire presque immergé ; pli palatal unique, peu enfoncé ; lunelle arquée, apparente au dehors ; test pellucide, fragile, corné, orné de costulations très fines, devenant plus fortes et plus espacées dans le bas. — H. 13 ; D. 4 millimètres.

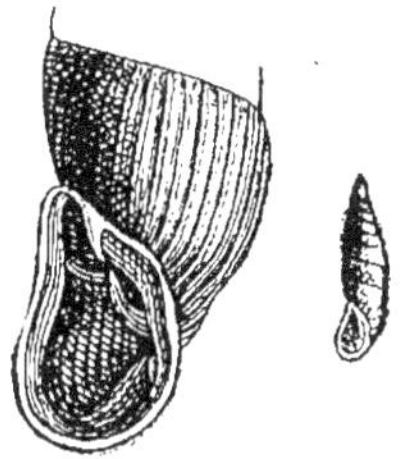

FIG. 372-373.

Rare ; vallée de la Rance, près Dinan (Côtes-du-Nord).

Clausilia carthusiana, BOURGUIGNAT.

Cl. carth., Brgt., 1877. *Claus. France*, II, p. 30. — Loc. *Prodr.*, p. 143.

Renflé-fusiforme, spire régulièrement atténuée ; 11 tours à peine convexes, suture assez profonde et crénelée ; ouverture subarrondie ; 2 pariétales, la supérieure marginale, étroite, continue avec le pli spiral ; pli subcolumellaire assez immergé, assez sensible ; 2 plis palataux, l'un lamelliforme, l'autre punctiforme ; lunelle arquée ; plis interlamellaires figurés par 3 côtes ; test pellucide, corné-rougeâtre, orné de costulations lamelleuses, étroites, saillantes, assez distancées, strigillées. —H. 13 ; D. 3 1/2 m.

Peu commun ; La Grande-Chartreuse (Isère).

Clausilia onixiomicra, BOURGUIGNAT.

Cl. onix., Brgt., 1877. *Claus. France*, II, p. 31. — Loc. *Prodr.*, p. 143.

Ventru-fusiforme, spire rapidement atténuée; 10 tours légèrement convexes, le dernier exigu; ouverture petite, subarrondie-allongée; 2 pariétales, la supérieure marginale, médiocre, continue avec le pli spiral, l'inférieure très écartée, peu sensible; pli subcolumellaire immergé, non visible; un pli palatal lamelliforme; lunelle accusée, à peine arquée, non apparente au dehors; 2 ou 3 plis interlamellaires petits et obsolètes; test solide, souvent corrodé, corné, avec des flammes jaunacées, orné de costulations fortes, régulières et espacées. — H. 11; D. 3 3/4 millimètres.

Rare; Sablé (Sarthe), Barèges (Hautes-Pyrénées), etc.

Clausilia Rolphii, LEACH.

Cl. Rol., Leach, *in* Gray, 1852. *Moll. Brit.*, p. 86. — Loc. *Prodr.*, p. 143.

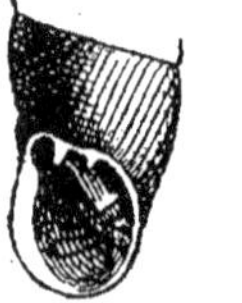

Fig. 371-375.

Ventru-fusiforme, spire très atténuée; 11 tours faiblement convexes, suture prononcée, le dernier avec une crête cervicale saillante, s'étendant jusqu'à la périphérie; ouverture subarrondie; 2 pariétales, la supérieure marginale, robuste, rejoignant le pli spiral, l'inférieure enfoncée, bifide; pli subcolumellaire immergé, peu visible; pli palatal supérieur s'arrêtant à la lunelle; lunelle ouverte, bien apparente; 3 à 4 plis interlamellaires; test solide, fauve-rougeâtre, orné de costulations régulières, assez écartées. — H. 12; D. 3 1/2 m.

Assez commun; presque partout, surtout les régions montagneuses.

Clausilia digonostoma, BOURGUIGNAT.

Cl. digon., Brgt., 1877. *Claus. France*, II, p. 34. — Loc. *Prodr.*, p. 144.

Ventru-fusiforme, spire atténuée; 11 tours presque plans, suture à peine accusée; ouverture très oblongue, avec angle canaliforme très accusé en haut et en bas; 2 pariétales, la supérieure accusée, marginale, rejoignant le pli spiral, l'inférieure enfoncée; pli subcolumellaire immergé, non sensible; pli palatal supérieur, lamelliforme; lunelle arquée apparente en jaune à l'extérieur; un seul pli interlamellaire; test fauve-corné, opaque, les 6 premiers tours lisses, les suivants ornés de costulations peu écartées, un peu écrasées. — H. 13; D. 3 1/2 millimètres.

Rare; vallée de Bagnères de Luchon (Hautes-Pyrénées).

E. — Groupe du *Cl. plicatula.*

Coq. assez grande; dernier tour bigibbeux; test costulé, brillant.

Clausilia plicatula, DRAPARNAUD.

Cl. plic., Drap., 1805. *Hist. moll.*, p. 72, pl. 4, fig. 17-18. — Loc. *Pr.*, p. 145.

Galbe fusiforme, peu ventru, spire régulièrement acuminée; 12 tours
peu convexes, suture prononcée, le dernier fortement étranglé autour de
la périphérie, avec gibbosité bifide à la base; ouverture arrondie, un peu piriforme, sinus supérieur,
étroit, profond; péristome continu, épaissi; 2 pariétales, la supérieure marginale, ondulée, réunie
à la spirale, l'inférieure très profonde, épaisse,
robuste, bifurquée en arrière, brusquement tronquée en avant; pli subcolumellaire à peine visible;
pli palatal unique, supérieur; callum palatal assez
épais; lunelle arquée, visible à l'extérieur; 3 à
4 plis interlamellaires; test assez solide, corné-

Fig. 376-377.

rougeâtre, avec costulations lamellaires très écartées, fortes, rarement
strigillées. — H. 13 à 15; D. 2 1/2 à 3 millimètres.

Assez commun; l'Est et le Nord-Est jusqu'au Midi.

Clausilia Milne-Edwardsia, BOURGUIGNAT.

Cl. Milne-Edw., Brgt., 1877. *Claus. France*, II, p. 35. — Loc. *Prodr.*, p. 144.

Allongé-subcylindrique, spire lentement acuminée; 12 tours convexes,
suture profonde; ouverture oblongue-subpiriforme; 2 pariétales, la supérieure marginale, étroite, accusée, reliée au pli spiral, l'inférieure profonde, bifurquée; pli subcolumellaire très immergé, peu visible; pli palatal
supérieur; callum assez épais, tuberculeux en haut, lamelliforme en bas,
simulant un pli palatal; lunelle ouverte, presque droite, non apparente
en dehors; 3 plis interlamellaires exigus; test solide, corné-cendré, orné
de côtes lamellaires fortes, régulières, très distantes. —H. 15; D. 3 1/2 m.

Rare; Ensisheim près Colmar.

Clausilia Matronica, BOURGUIGNAT.

Cl. Matr., Brgt., 1877. *Claus. France*, II, p. 36. — Loc. *Prodr.*, p. 144.

Lancéolé-subcylindrique, spire très allongée, à peine acuminée;
13 tours très peu convexes, suture peu profonde; ouverture subarrondie;
2 pariétales, la supérieure petite, reliée au pli spiral, l'inférieure extrêmement convergente; pli subcolumellaire immergé, peu sensible; pli
palatal unique, supérieur, allongé; lunelle forte, à peine arquée, subap-
parente en dehors; 3 plis interlamellaires souvent nuls; test cendré-

corné, solide, orné de costulations lamelleuses saillantes, étroites, très distantes. — H. 14 1/2 ; D. 3 millimètres.

Rare; forêt de Riz, près Jaulgonne (Aisne).

Clausilia Sabaudina, BOURGUIGNAT.

Cl. Sabaud., Brgt., 1877. *Claus. France*, II, p. 37. — Loc. *Prodr.*, p. 144.

Cylindrique-subfusiforme, subventru, spire lentement et régulièrement atténuée ; 12 tours légèrement convexes, suture accusée; ouverture suboblongue, anguleuse en haut, exactement arrondie en bas ; 2 pariétales, la supérieure solide, étroite, reliée au pli spiral, l'inférieure robuste, bifurquée; pli subcolumellaire légèrement accusé; pli palatal unique, lamelliforme; lunelle solide, ouverte, à peine arquée, non apparente en dehors ; 1 ou 2 plis interlamellaires ; test solide, fauve-rougeâtre, orné de lamelles robustes, très distantes. — H. 14; D. 3 millimètres.

Rare ; tour de Grésy près Aix-les-Bains (Savoie).

Clausilia lineolata, HELD.

Cl. lin., Held, 1876. *In Isis*, p. 275. — Loc. *Prodr.*, p. 144.

Fusiforme, un peu ventru, spire atténuée; 12 tours peu convexes, suture prononcée ; ouverture ovale arrondie, avec sinus supérieur pro-

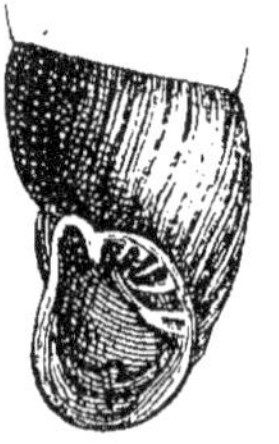

fond; 2 pariétales, la supérieure marginale, lamelliforme, réunie à la spirale, l'inférieure profonde, bifurquée et projetant antérieurement une petite lamelle; pli subcolumellaire presque immergé, peu visible ; pli palatal supérieur, lamelliforme; callum palatal terminé à son extrémité inférieure par une callosité imitant un pli palatal; lunelle robuste, arquée; 4 plis inter-lamellaires; test un peu mince, fauve-rougeâtre,

Fig. 378-379.

orné de costulations un peu ondulées, saillantes,

assez distantes, parfois strigillées de blanc vers la suture. — H. 15; D. 4 m.

Assez rare ; surtout dans l'Est et le Nord-Est.

Clausilia mucida, ZIEGLER.

Cl. muc., Ziegl., *in* Schm., 1857. *Cl.*, p. 73, pl 3, fig. 38-42 et 175. —Loc.*Pr.*, p. 145.

Ventru-fusiforme, spire brièvement atténuée ; 11 tours peu convexes, suture médiocre; ouverture subarrondie, à peine piriforme ; 2 pariétales, la supérieure forte, élancée, réunie à la spirale, l'inférieure très enfoncée, bifurquée, avec un pli antérieur; pli subcolumellaire volumineux, immergé, peu visible; pli palatal supérieur très allongé, dépassant beaucoup la lunelle; lunelle forte, bien arquée, peu visible en dehors; callum palatal assez épais, enfoncé, tuberculeux aux extrémités; 3 ou 4 plis interlamellaires; test solide, fauve-brun, orné de fortes costulations, épaisses, distantes, rarement strigillées. — H. 14 à 15; D. 3 1/2 à 4 millimètres.

Rare; l'Est et le Nord-Est.

Clausilia Euzieriana, BOURGUIGNAT.

Cl. Euzier., Brgt., 1869. *Ann. Soc. sc. Cannes*, p. 51. — Loc. *Prodr.*, p. 146.

Fusiforme-ventru, peu allongé, spire courte; 11 tours peu convexes, suture prononcée; ouverture arrondie-piriforme; 2 pariétales, la supérieure robuste, marginale, réunie à la spirale, l'inférieure plus robuste, profonde, bifurquée en arrière, fortement convergente vers la supérieure, brusquement tronquée en avant; pli subcolumellaire arqué, visible; pli palatal prolongé bien au delà de la lunelle; lunelle mince, arquée, distincte; callum palatal enfoncé, parallèle au péristome, souvent denté à son extrémité; 3 plis interlamellaires; test un peu transparent, corné, brun-rouge, orné de striations fines, délicates, très serrées. — H. 11; D. 3 m.

Rare; les Alpes-Maritimes.

Clausilia leia, BOURGUIGNAT.

Cl. leia, Brgt., 1877. *Claus. France*, II, p. 43. — Loc. *Prodr.*, p. 146.

Subcylindrique, peu ventru, spire peu acuminée; 12 tours à peine convexes, suture presque linéaire; ouverture subarrondie; 2 pariétales, la supérieure marginale, robuste, jointe à la spirale, l'inférieure profonde, épaisse, brusquement tronquée en avant; pli subcolumellaire immergé; pli palatal prolongé au delà de la lunelle; lunelle solide, arquée, visible au dehors; callum presque obsolète; 2 ou 3 plis interlamellaires; test subpellucide brillant, rougeâtre, paraissant lisse. — H. 12 à 13; D. 3 m.

Rare; les Alpes-Maritimes.

F. — Groupe du Cl. plicata.

Coq. grande; dernier tour gibbeux en arrière; test costulé, terne.

Clausilia plicata, DRAPARNAUD.

Cl. plic., Drap., 1805. *Hist. moll.*, p. 72, pl. 4, fig. 15. — Loc. *Prodr.*, p. 146.

Galbe allongé, subcylindrique-fusiforme, spire effilée ; 14 tours peu convexes, suture accentuée ; dernier tour avec arête cervicale très accusée

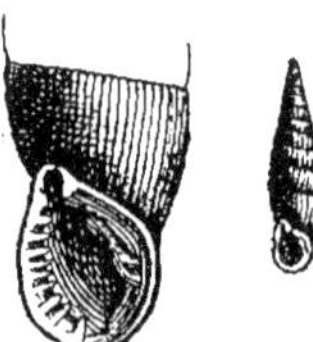

Fig. 380-381.

en forme de carène, descendant jusqu'au péristome ; ouverture oblongue-piriforme, très anguleuse en haut ; 2 pariétales, la supérieure marginale très allongée, l'inférieure profonde, comme écrasée, très ascendante ; pli spiral médiocre ; pli subcolumellaire petit ; 2 lamelles palatales, l'une très allongée, se prolongeant au delà de la lunelle, la seconde convergente ; lunelle extra-mince, très ouverte ; 2 ou 3 plis interlamellaires ; 5 à 9 plis denticulés sur le bord externe ; test un peu mince, terne, corné-roux, orné de costulations lamelliformes saillantes, assez distantes. — H. 18 ; D. 4 mill.

Assez commun ; région septentrionale.

Clausilia gibbosa, BOURGUIGNAT.

Cl. gibbosa, Brgt., 1877. *Claus. France*, II, p. 44. — Loc. *Prodr.*, p. 146.

Ventru, légèrement obèse, spire acuminée ; 12 tours peu convexes, suture assez accusée, dernier tour latéralement comprimé, non crêté à la base, mais gibbeux ; ouverture oblongue-piriforme ; 2 pariétales, la supérieure marginale médiocre, jointe à la spirale, l'inférieure très profonde, exiguë ; pli subcolumellaire peu accusé ; 2 palatales parallèles, la supérieure très allongée, jointe avec la lunelle ; lunelle oblique, assez ouverte, peu arquée ; callum palatal nul ; un pli interlamellaire, souvent nul ; test assez fragile, subpellucide, corné-rougeâtre, orné de costulations lamellaires, étroites, saillantes, espacées. — H. 15 ; D. 4 millimètres.

Rare ; environs de Neuf-Brisach.

Clausilia plagia, BOURGUIGNAT.

Cl. plagia, Brgt., 1877. *Claus. France*, II, p. 47. — Loc. *Prodr.*, p. 146.

Ventru-fusiforme, spire acuminée ; 12 tours peu convexes, suture assez accusée, le dernier avec arête cervicale très accusée ; ouverture très oblique de gauche à droite, ovoïde-allongée, très anguleuse en haut et en bas ; 2 pariétales, la supérieure marginale, exiguë, allongée, non jointe à la spirale, l'inférieure médiocre, comme déprimée, descendant jusqu'à la périphérie ; pli subcolumellaire émergé, petit ; pli spiral petit ; 2 palatales, la supérieure allongée, jointe à la lunelle, l'autre lamelliforme, jointe à la supérieure ; lunelle ouverte, presque droite ; 1 pli interlamellaire ; six

denticulations obsolètes sur le bord externe ; test corné-rougeâtre, orné
de costulations un peu fines, assez serrées. — H. 16 ; D. 4 millimètres.
Peu commun ; le Nord-Est.

Clausilia biplicata, MONTAGU.

Turbo biplic., Mtg., 1803. *Test. Brit.*, p. 391, pl. 2, fig. 5. — *Cl. biplic.*,
Leach, 1831. *Moll. Brit.*, p. 120. — Loc. *Prodr.*, p. 147.

Cylindrique-allongé, faiblement fusiforme, spire allongée ; 13 tours peu
convexes ; ouverture oblongue-piriforme, nettement
canaliculée à la base ; 2 pariétales, la supérieure
marginale, forte, lamelliforme très allongée, non
réunie au pli spiral, l'inférieure enfoncée, peu saillante ; pli subcolumellaire très immergé ; pli spiral
très enfoncé, exigu ; 2 plis palataux, le premier très
allongé, allant jusqu'à la lunelle, le deuxième
convergent ; lunelle forte, arquée ; pas de plis interlamellaires ; test brun-corné, orné de costula-
tions peu distantes, assez saillantes. — H. 18 ; D. 3 3/4 millimètres.
Peu commun ; le Nord et le Pas-de-Calais.

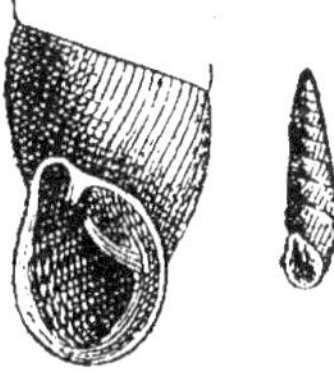

Fig. 382-383.

Clausilia alasthena, BOURGUIGNAT.

Cl. alasth., Brgt., 1877. *Claus. France*, II, p. 50. — Loc. *Prodr.*, p. 147.

Allongé-cylindrique, légèrement fusiforme, spire régulièrement acuminée ; 12 tours presque plans, suture accusée ; ouverture piriforme,
anguleuse en haut, subcanaliculée en bas ; 2 pariétales, la supérieure
marginale, robuste, jointe à la spirale, l'inférieure bifide en arrière ; pli
subcolumellaire immergé, non visible ; 2 plis palataux, le supérieur très
allongé, lamelliforme, l'autre punctiforme ; lunelle exiguë, subarquée,
peu visible ; pas de plis interlamellaires ; test fragile, subpellucide, ferru-
gineux, orné de costulations corrodées, obsolètes. — H. 12 ; D. 3 mill.
Rare ; la chaîne du Jura, dans la vallée du Doubs.

G. — Groupe du *Cl. Pyrenaica*.

Coq. assez grande, allongée, non ventrue ; test striolé.

Clausilia Pyrenaica, DE CHARPENTIER.

Cl. Pyren., Charp., *in* Brgt., 1877. *Claus. France*, III, p. 12. — Loc. *Pr.*, p. 149.

Allongé-cylindrique, régulièrement subacuminé ; spire allongée ; 12 tours

FIG. 384-385.

à peine convexes, suture accusée, le dernier avec une crête arquée médiocre ; ouverture exactement oblongue, anguleuse en haut, profondément canaliculée en bas ; 2 pariétales, la supérieure marginale, petite, étroite, jointe à la spirale, l'inférieure presque entièrement immergée ; pli subcolumellaire immergé, presque invisib'e ; 1 pli palatal supérieur prolongé au delà de la lunelle ; lunelle épaisse, à peine arquée, non apparente en dehors ; test assez solide, souvent encroûté, noir-rougeâtre, très finement costulé. — H. 13 ; D. 2 1/2 millimètres.

Peu commun ; la vallée d'Aulus, etc. (Ariège).

Clausilia Fagotiana, BOURGUIGNAT.

Cl. Fagot., Brgt., 1877. *Claus. France*, III, p. 1. — Loc. *Prodr.*, p. 147.

Allongé-subfusiforme, assez renflé, spire allongée ; 12 tours peu convexes, suture assez profonde, le dernier avec une crête accusée ; ouverture piriforme ; 2 pariétales, la supérieure marginale, étroite, robuste, jointe à la spirale, l'inférieure peu accusée, tuberculeuse antérieurement ; pli subcolumellaire immergé, peu visible ; 1 pli palatal profond prolongé au delà de la lunelle ; lunelle épaisse, courte, presque droite, à peine apparente au dehors ; test subpellucide, corné-rougeâtre, orné de fines costulations régulières. — H. 15 ; D. 4 millimètres.

Peu commun ; Hautes et Basses-Pyrénées.

Clausilia Saint-Simonis, BOURGUIGNAT.

Cl. Saint-Sim., Brgt., 1877. *Claus. France*, III, p. 3. — Loc. *Prodr.*, p. 147.

Cylindrique-allongé, légèrement subfusiforme, peu renflé, spire a'longée ; 12 tours à peine convexes, suture accusée, le dernier avec une forte gibbosité séparée de la crête cervicale par un profond sillon ; 2 pariétales, la supérieure marginale, étroite, jointe à la spirale, l'inférieure profonde, robuste, souvent birameuse en avant, projetant jusqu'à la périphérie un petit pli lamelliforme ; pli subcolumellaire sensible ; pli palatal très peu visible ; un seul pli interlamellaire ; lunelle solide, peu arquée, à peine apparente au dehors ; test subpellucide, fauve-rougeâtre, orné de stries lamellaires robustes, régulières. — H. 12 à 13 ; D. 2 1/2 millimètres.

Peu commun ; région pyrénéenne, Hautes-Pyrénées, Hte-Garonne, etc.

Clausilia **Buxorum**, Bourguignat.

Cl. Buxor., Brgt., 1877. *Claus. France*, III, p. 4. — Loc. *Prodr.*, p. 145.

Allongé-fusiforme, renflé au milieu, atténué aux extrémités, spire allongée; 13 tours, les premiers à peine convexes, les derniers renflés vers la suture; ouverture ovale-piriforme; 2 pariétales, la supérieure étroite, marginale, jointe à la spirale, l'inférieure peu développée, bifurquée; pli subcolumellaire immergé; lunelle ouverte, subarquée, peu apparente en dehors; test non brillant, fauve-corné, orné de côtes régulières, assez distantes, plus accusées en bas qu'en haut. — H. 13; D. 2 1/2 mill.

Rare; vallée de l'Ariège.

Clausilia **Bertronica**, P. Fagot.

Cl. Bertron., Fagot, *in* Brgt., 1877. *Claus. France*, III, p. 5. — Loc. *Pr.*, p. 148.

Allongé-cylindrique, régulièrement subacuminé, spire allongée; 12 tours à peine convexes, suture assez accusée; ouverture oblique-oblongue; 2 pariétales, la supérieure épaisse, jointe à la spirale, l'inférieure profonde, peu visible, projetant jusqu'à la périphérie une lamelle exiguë; pli subcolumellaire complètement immergé, non visible; 1 pli palatal supérieur; plis interlamellaires nuls; test non brillant, corné-rougeâtre, orné de stries très fines et serrées. — H. 12; D. 3 millimètres.

Rare; environ d'Aulus dans l'Ariège.

Clausilia **abietina**, Dupuy.

Cl. abiet., Dup., 1850. *Hist. moll.*, p. 358, pl. 17, fig. 5. — Loc. *Prodr.*, p. 148.

Cylindrique-allongé, peu renflé, régulièrement atténué, spire allongée; 11 tours à peine convexes, suture accusée; ouverture ovale-piriforme, profondément canaliculée en bas; 2 pariétales, la supérieure marginale, étroite, jointe à la spirale, l'inférieure bien ascendante, bifurquée en arrière; pli subcolumellaire immergé, peu visible; pli palatal unique, supérieur; lunelle arquée, non apparente en dehors; un

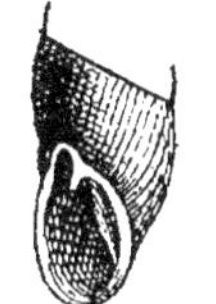

Fig. 386-387.

seul pli interlamellaire très petit; test peu brillant, subpellucide, corné fauve-rougeâtre, orné de stries fines et délicates. — H. 11; D. 2 1/2 m.

Assez commun; presque toute la région pyrénéenne.

Clausilia **capellarum**, Bourguignat.

Cl. capell., Brgt., 1877. *Claus. France*, III, p. 8. — Loc. *Prodr.*, p. 148.

Fusiforme, oblong-allongé, acuminé en haut, légèrement renflé au milieu; 11 tours à peine convexes, suture peu accusée; ouverture subarrondie; 2 pariétales, la supérieure étroite, marginale, petite, jointe à la spirale, l'inférieure peu visible, subtuberculeuse; pli subcolumellaire immergé; pli palatal supérieur petit, atteignant la lunelle; lunelle droite, peu apparente; péristome non détaché; test souvent corrodé, fauve-noirâtre, très finement striolé. — H. 12; D. 2 1/2 millimètres.

Rare; aux environs du Mas-d'Azil (Ariège).

Clausilia Fuxumica, Bourguignat.

Cl. Fuxum., Brgt., 1877. *Claus. France*, III, p. 9. — Loc. *Prodr.*, p. 148.

Allongé-cylindrique, médiocrement acuminé, spire allongée; 13 tours à peine convexes, suture assez accusée; ouverture piriforme; 2 pariétales, la supérieure marginale, étroite, jointe à la spirale, l'inférieure exiguë, assez profonde, birameuse en arrière; pli subcolumellaire immergé; à peine visible; un pli palatal supérieur prolongé au delà de la lunelle; lunelle solide, épaisse, patulescente, n'atteignant pas le pli palatal; un pli interlamellaire punctiforme; test brillant, fauve-rougeâtre, orné de stries assez régulières, peu saillantes. — H. 14; D. 2 1/2 millimètres.

Rare; environs de Foix (Ariège).

Clausilia mamillata, Bourguignat.

Cl. mamil., Brgt., 1877. *Claus. France*, III, p. 10. — Loc. *Prodr.*, p. 148.

Fusiforme-cylindrique, un peu renflé, assez allongé, spire régulièrement acuminée; 12 tours, les 3 premiers globuleux-mamelonnés, les suivants à peine convexes; suture accusée; ouverture oblongue-subtransverse; 2 pariétales, la supérieure exiguë, marginale, reliée à la spirale, l'inférieure peu accusée, plus forte en arrière; pli subcolumellaire, immergé; pli palatal, supérieur, non prolongé au delà de la lunelle; lunelle épaisse, ouverte, à peine arquée, atteignant le pli palatal, apparente en dehors; un petit pli interlamellaire exigu; test brillant, fauve-rougeâtre, orné de stries fines et régulières. — H. 12; D. 2 1/2 millim.

Rare; environs de Foix (Ariège).

Clausilia perexilis, P. Fagot.

Cl. perexilis, Fag., *in* Brgt., 1877. *Claus. France*, III, p. 11. — Loc. *Pr.*, p. 148.

Petit, allongé-cylindrique, régulièrement subacuminé, spire allongée; 11 à 12 tours, les premiers un peu plus convexes que les derniers, le dernier très détaché; suture assez accusée; ouverture piriforme; 2 pariétales rapprochées, la supérieure marginale, étroite, liée à la spirale, l'inférieure épaissie en arrière; pli subcolumellaire immergé; pli palatal supérieur prolongé au delà de la lunelle; lunelle épaisse, presque droite, atteignant à peine la palatale, un peu visible en dehors ; un pli interlamellaire obsolète; test brillant, fauve-rougeâtre, très finement striolé. — H. 12; D. 2 m.

Rare; environs de Foix (Ariège).

Clausilia Aurigerana, P. FAGOT.

Cl. Auriger., Fagot, 1875. *Vallée d'Aulus*, p. 20, fig. 4. — Loc. *Pr.*, p. 149.

Fusiforme-atténué, acuminé en dessus, renflé vers le milieu; 11 tours, les premiers subconvexes, les derniers plats, suture peu profonde ; ouverture piriforme, obtusément canaliculée en bas; 2 pariétales, la supérieure marginale, accusée, liée à la spirale, l'inférieure assez immergée, renflée en arrière; pli subcolumellaire immergé, peu visible; pli palatal supérieur, prolongé un peu au delà de la lunelle ; lunelle arquée ; palatale non apparente au dehors; test non brillant, érodé, fauve-noirâtre, finement striolé. — H. 11 à 13 1/2 ; D. 2 1/2 à 3 millimètres.

Rare; environ d'Aulus (Ariège).

Clausilia Druidica, BOURGUIGNAT.

Cl. Druid., Brgt., 1860. *Moll. Br.*, p. 105 et 135, pl. 2, fig. 3-5. — Loc. *Pr.*, p. 149.

Cylindrique-fusiforme, légèrement renflé, spire assez rapidement acuminée ; 13 tours à peine convexes, suture assez accusée; ouverture oblongue-piriforme, subanguleuse en bas; 2 pariétales, la supérieure marginale, étroite, médiocre, jointe avec la spirale, l'inférieure assez immergée, fortement ascendante et bifurquée postérieurement; pli subcolumellaire immergé, peu visible, pli palatal supérieur, prolongé au delà de la lunelle; lunelle arquée, à peine apparente en dehors ; test brillant, subpellu-

Fig. 388-389.

cide, fauve-rougeâtre, orné de stries costulées assez épaisses, très régulières. — H. 14; D. 3 millimètres.

Assez rare; Côtes-du-Nord, Finistère, Aisne, etc.

Clausilia pumicata, PALADILHE.

Cl. pumic., Palad., 1875. *Ann. sc. nat.*, II, p. 21, fig. 7-8. — Loc. *Prodr.*, p. 149

A. LOCARD, Coq. terr.   18

Allongé-cylindrique, régulièrement acuminé, spire allongée; 12 tours
subconvexes, suture accusée; ouverture ovalaire, subcanaliculée en bas;
2 pariétales, la supérieure marginale, étroite, petite, jointe à la spirale,
l'inférieure assez immergée, birameuse en avant, épaissie en arrière; pli
subcolumellaire immergé, peu visible; pli palatal supérieur, prolongé un
peu au delà de la lunelle; lunelle ouverte, arquée, à peine apparente en
dehors; un pli interlamellaire très petit; test souvent érodé, noir-rougeâtre, orné de stries très petites, très serrées. — H. 12; D. 2 1/2 millim.

Rare; Lieuran-Cabrières (Hérault).

Clausilia Ylora, BOURGUIGNAT.

Cl. Ylora, Brgt., 1877. *Claus. France*, III, p. 17. — Loc. *Prodr.*, p. 149.

Exactement oblong-fusiforme, spire régulièrement atténuée; 12 tours
d'abord serrés, se développant avec rapidité vers l'ouverture; ouverture
oblongue; 2 pariétales, la supérieure marginale, étroite, assez saillante,
l'inférieure exiguë, tuberculeuse en avant, bifide en arrière; pli subcolu
mellaire accusé, descendant presque jusqu'au péristome; pli spiral
atteignant l'extrémité de la pariétale, mais non continu avec elle; pli
pariétal supérieur, lamelliforme, non prolongé au delà de la lunelle;
lunelle extra-petite, en forme de C occupant la demi-hauteur du dernier
tour, à peine apparente au dehors; test opaque, fauve-corné ou rougeâtre,
orné de stries exiguës, rapprochées. — H. 15; D. 3 millimètres.

Rare; la Grande-Chartreuse (Isère).

II. — Groupe du *Cl. Gallica*.

Coq. assez petite, obèse; test plus ou moins strié et strigillé.

Clausilia Gallica, BOURGUIGNAT.

Cl. Gallica, Brgt., 1877. *Claus. France*, III, p. 21. — Loc. *Prodr.*, p. 150.

Cylindrique-subfusiforme, spire subatténuée; 11 tours, à peine convexes,

suture assez accusée; le dernier un peu renflé, caréné
à la base; ouverture oblongue-piriforme; 2 pariétales
la supérieure étroite, jointe avec la spirale, l'inférieure profonde, comme comprimée, très ascendante,
gibbeuse en avant, bifide; pli subcolumellaire immergé, peu visible; pli palatal exigu, supérieur, lamelliforme, légèrement prolongé au delà de la lunelle;
lunelle ouverte, subarquée, à peine apparente en

Fig. 390-391.

dehors; test subpellucide, brillant, fauve-corné, souvent roug· âtre, orné
de stries fines et régulières. — H. 13 à 14; D. 3 millimètres.

Commun ; l'Est et la région méridionale.

Clausilia Dupuyana, BOURGUIGNAT.

Cl. Dupuy., Brgt., 1877. *Claus. France*, III, p. 20. — Loc. *Prodr.*, p. 150.

Ventru, pupoïde fusiforme, spire brièvement acuminée; 11 tours à
peine convexes, suture peu marquée; ouverture un peu petite, piriforme,
étroitement anguleuse en haut; 2 pariétales, la supérieure marginale,
étroite, jointe à la spirale, l'inférieure épaisse, bien immergée, bifide en
arrière; plis palataux et interlamellaires nuls; lunelle presque droite, non
apparente en dehors; test opaque, fauve-corné, sommet érodé, finement
striolé. — H. 13 à 14; D. 3 1/4 à 4 millimètres.

Rare; la Grande-Chartreuse (Isère).

Clausilia dubia, DRAPARNAUD.

Cl. dubia, Drap., 1805. *Hist. moll.*, p. 70, pl. 4, fig. 10. — Loc. *Pr.*, p. 150.

Bien ventru-pupoïde, fusiforme, spire brièvement atténuée; 9 à 10 tours un peu convexes, suture assez profonde; ouverture ovale,
un peu anguleuse dans le haut; 2 pariétales,
la supérieure marginale, étroite, jointe à la
spirale, l'inférieure épaisse, bien immergée,
bifide en arrière; pli subcolumellaire visible;
callum palatal très épais; plis palataux et interlamellaires nuls; test luisant, fauve-cornéfinement striolé. — H. 12;
D. 31/2 millimètres.

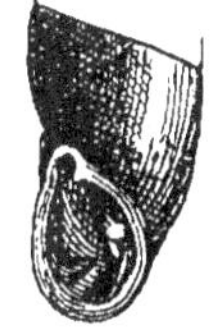

FIG. 392-393.

Rare; le Vercors et le Devoluy en Dauphiné.

Clausilia Farinesiana, P. FAGOT.

Cl. Farin., Fagot, *in* Brgt., 1877. *Claus. France*, III, p. 23. — Loc. *Pr.*, p. 150.

Ventru-subfusiforme, un peu pupoïde, spire un peu allongée; 11 tours
légèrement convexes, suture accusée comme marquée d'un fil blanc;
ouverture oblongue; 2 pariétales, la supérieure marginale, étroite, accusée, jointe à la spirale, l'inférieure peu marquée subtuberculeuse au
sommet; pli subcolumellaire presque immergé, peu visible; pli palatal
supérieur, lamelliforme, prolongé au delà de la lunelle; lunelle courte,
épaisse, peu arquée, à peine apparente au dehors, n'atteignant pas le pli

palatal; pas de plis interlamellaires; test opaque, un peu brillant, fauve-
rouge, orné de stries un peu irrégulières et distantes. — H. 13 ; D. 3 m.
Rare; Pratz-de-Mollo (Pyrénées-Orientales).

Clausilia Queyrasiana, COUTAGNE.

Cl. Queyras., Cout., 1886. *In Ann. malac.*, II, p. 229.

Allongé, cylindrique-subfusiforme, spire allongée, subacuminée ; 11 tours
à peine convexes, suture assez marquée ; ouverture oblongue-piriforme,
anguleuse en haut et en bas ; 2 pariétales, la supérieure marginale, étroite,
jointe à la spirale, l'inférieure presque marginale, robuste en arrière,
atténuée en avant, bifide; pli subcolumellaire immergé ; pli palatal supérieur, exigu, lamelliforme, un peu prolongé au delà de la lunelle ; lunelle
ouverte, subarquée ; pas de plis palataux ; test subpellucide, fauve-corné,
orné de stries fines, régulières, peu distantes. — H. 12 à 13 ; D. 3 mill.
Rare; le Queyras (Basses-Alpes).

Clausilia Nansoutyana, BOURGUIGNAT.

Cl. Nansouty., Brgt., 1877. *Claus. France*, III, p. 24. — Loc. *Prodr.*, p. 150.

Ventru-fusiforme, spire régulièrement et brièvement atténuée; 10 tours
à peine convexes, suture peu marquée ; ouverture oblongue avec le sinus
supérieur profond et ouvert ; 2 pariétales, la supérieure marginale, jointe
à la spirale, l'inférieure très ascendante ; pli subcolumellaire immergé,
invisible ; pli palatal supérieur, allongé ; lunelle médiocrement arquée,
non apparente en dehors ; test opaque, noir-rougeâtre, presque lisse, avec
des striations extra-serrées. — H. 12 ; D. 3 1/2 millimètres.
Rare; au-dessus de Barèges (Hautes-Pyrénées).

Clausilia ennychia, BOURGUIGNAT.

Cl. ennychia, Brgt., 1877. *Claus. France*, III, p. 25. — Loc. *Prodr.*, p. 150

Pupiforme, ventru-subfusiforme, spire atténuée ; 10 tours à peine
convexes, un peu renflés vers la suture ; ouverture oblongue ; 2 pariétales
marginales, la supérieure étroite, exiguë, liée à la spirale, l'inférieure
petite; pli subcolumellaire immergé, à peine visible ; 2 plis palataux,
dont un supérieur et allongé, l'autre très robuste, calleux, inférieur ; lunelle
à peine marquée, non apparente en dehors ; 2 plis interlamellaires,
inégaux; test corné-rougeâtre, orné de striations élégantes inégalement
serrées suivant les tours. — H. 10 ; D. 3 millimètres.
Rare ; les bois au nord de Toulon (Var).

Clausilia obtusa, C. Pfeiffer.

Cl. obtusa, Pfeiff., 1821. *Deutsch. moll.*, I, p. 65, pl. 3, fig. 33-34. — Loc. *Pr.*, p. 151.

Fusiforme, renflé, obtus, spire obtuse et régulièrement atténuée ; 11 tours peu convexes, suture assez accusée ; ouverture ovalaire, anguleuse en haut ; 2 pariétales, la supérieure marginale, exiguë, liée à la spirale, l'inférieure petite en avant, robuste en arrière, projetant très souvent une petite lamelle ; pli subcolumellaire peu visible ; pli palatal supérieur, à peine prolongé au delà de la lunelle ; lunelle patulescente, presque droite, rarement visible en dehors ; quelquefois 2 plis interlamellaires souvent obsolètes ; test corné-noirâtre, peu brillant, orné de

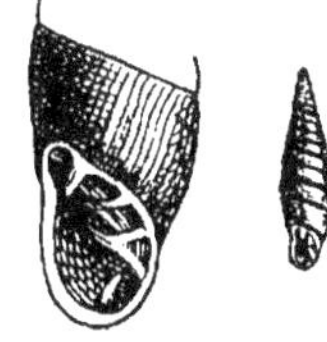

Fig. 394-395.

stries distinctes, régulières, un peu ondulées. — H. 10 à 12 ; D. 3 millim.

Assez commun ; presque partout, surtout le nord et l'est.

Clausilia rupestris, Jousseaume.

Cl. obtusa, var. rupestris, Brgt., 1877. *Claus. France*, III, p. 27. — *Cl. rupestris*, Jouss., 1882. *Bull. Soc. zool.*, p. 443, pl. 12, fig. 13-14.

Fusiforme un peu allongé, spire lentement atténuée ; 11 tours très peu convexes, suture assez large et profonde ; ouverture beaucoup plus longue que large, à bords non parallèles ; 2 pariétales, la supérieure marginale, exiguë, liée à la spirale, l'inférieure petite en avant, robuste en arrière ; pli palatal supérieur à peine prolongé au delà de la lunelle ; pas de plis interlamellaire ; callum du bord externe accusé à la base par une saillie ressemblant à une lamelle palatale ; test jaune-verdâtre, orné de stries fines, régulières, peu ondulées. — H. 11 ; D. 2 1/2 millimètres.

Rare ; environs de Paris, environs d'Ax (Ariège).

Clausilia Reboudi, Dupuy.

Cl. Reboudi, Dup., 1850. *Hist. moll.*, p. 355, pl. 18, fig. 3-4. — Loc *Pr.*, p. 151.

Petit, assez court, fusiforme-ventru, spire un peu atténuée ; 8 à 11 tours à peine convexes, suture assez accusée ; ouverture piriforme ; 2 pariétales, la supérieure très mince, marginale, liée à la spirale, l'inférieure bifide ; pli subcolumellaire subimmergé, peu visible ; pli palatal supérieur à peine accusé ; lunelle ouverte, bien distincte ; callum formant un gros pli obtus qui s'enfonce dans l'intérieur et converge vers le pli subcolum llaire ;

1 pli interlamellaire souvent obsolète; test fauve-brun, orné de stries costulées peu fines. — H. 6 à 8; D. 1 1/2 millimètre.

Peu commun; Isère, Aube, Alsace-Lorraine, Vendée, etc.

I. — Groupe du *Cl. nigricans*.

Coquille assez petite, cylindrique-fusiforme; test finement strié.

Clausilia nigricans, Pultney.

Turbo nigricans, Pultn., 1799. *Cat. Dorset.*, p. 48. — *Cl. nigricans*, Schmidt, 1857. *Claus.*, p. 47, fig. 110 à 114 et 204 à 205. — Loc. *Prodr.*, p. 152.

Galbe cylindracé-fusiforme, spire légèrement atténuée; 10 à 11 tours à

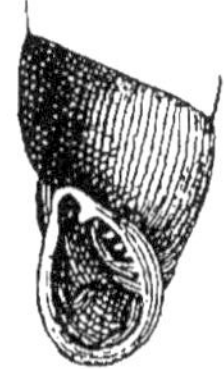

peine convexes, presque plans, suture peu marquée; ouverture rhomboïdale-piriforme; 2 pariétales, la supérieure assez forte, presque droite, jointe à la spirale, l'inférieure retroussée-arquée, bifide en arrière; pli subcolumellaire peu émergé, peu visible; pli palatal supérieur, accusé, ne s'étendant pas au delà de la lunelle; lunelle exiguë; 2 ou 3 plis interlamellaires peu développés; test brun-noirâtre, brillant, orné de stries très fines et rapprochées. — H. 9 à 12; D. 2 1/2 millimètres.

Fig. 396-397.

Commun; surtout dans le Nord et le Centre.

Clausilia cruciata, Studer.

Cl. cruc., Stud., 1820. *Syst. Verz.*, p. 20. — Loc. *Prodr.*, p. 151.

Cylindrique-fusiforme assez renflé, spire atténuée-acuminée; 11 tours à peine convexes; suture assez accusée; ouverture ovale-subpiriforme, profondément caniculée; 2 pariétales, la supérieure marginale, assez forte, étroite, liée à la spirale, l'inférieure arquée-ascendante, bifide en arrière, birameuse en avant, se prolongeant en une lamelle exiguë; pli subcolumellaire accusé, profond, peu visible; pli palatal supérieur, lamelliforme; lunelle petite, peu arquée; plis interlamellaires souvent obsolètes; test subpellucide, fauve-rougeâtre, orné de stries costulées, lamelleuses souvent strigillées. — H. 11; D. 2 1/2 millimètres.

Rare; Jura, Savoie, etc.

Clausilia micratracta, BOURGUIGNAT.

Cl. micr., Brgt., 1877. *Claus. France*, III, p. 30. — Loc. *Prodr.*, p. 151.

Exigu, exactement fusiforme, atténué en haut et en bas, un peu renflé
vers le milieu ; 12 tours, les premiers un peu convexes, les autres presque
plats ; suture linéaire ; ouverture oblongue, anguleuse en haut, profondément canaliculée en bas ; 2 pariétales, la supérieure marginale, forte,
liée à la spirale, l'inférieure peu accusée, robuste en arrière, atténuée en
avant ; pli subcolumellaire immergé, non visible ; pli palatal très supérieur, s'étendant près de la suture et prolongé au delà de la lunelle ;
lunelle exiguë, presque droite, non apparente au dehors ; test subpellucide, corné, érodé, finement striolé. — H. 9 ; D. 2 millimètres.

Rare ; forêt des Eparres (Isère), environs d'Estaing (Aveyron), etc.

Clausilia gracilis, C. PFEIFFER.

Cl. gracil., Pfeiff., 1821. *Deutsch. Moll.*, I, p. 65, pl. 3, fig. 32. — Loc. *Pr.*, p. 152.

Cylindrique à peine subfusiforme, allongé, sommet très obtus, nettement mamelonné ; 11 tours presque plans ; ouverture piriforme, bien
rétrécie en haut, bien arrondie en bas ; 2 pariétales, la supérieure petite,
liée avec la spirale, l'inférieure complètement immergée, à peine perceptible ; pli subcolumellaire immergé, peu visible ; pli palatal supérieur,
exigu, lamelliforme, prolongé au delà de la lunelle ; lunelle un peu arquée,
peu apparente au dehors ; test subpellucide, roux-brun, orné de stries
costulées, avec les intervalles pointillés. — H. 12 à 13 ; D. 2 1/2 millim

Rare ; Meurthe-et-Moselle, Aisne, Doubs, etc.

Clausilia hypocra, COUTAGNE.

Cl. hypocra, Cout., 1886. *In Ann. malac.*, II, p. 230.

Petit, renflé-fusiforme, spire atténuée ; 9 à 10 tours, à peine convexes.
suture accusée ; ouverture piriforme ; 2 pariétales, la supérieure marginale, étroite, liée avec la spirale, l'inférieure contournée-ascendante,
lamelleuse, très enfoncée ; pli subcolumellaire immergé, peu visible ; pli,
palatal supérieur, prolongé au delà de la lunelle ; lunelle en forme de C ;
bord externe bicalleux ; test non brillant, corné-roux, orné de striations
très fines, presque effacées. — H. 8 à 9 ; D. 2 1/4 millimètres.

Rare ; bois de Yeuses, près Montélimar (Drôme).

Clausilia Jurensis, COUTAGNE.

Cl. Jurensis, Cout., 1886. *In Ann. malac.*, II, p. 232.

Allongé-fusiforme, spire subacuminée ; 11 tours, les premiers un peu
convexes, les suivants presque plans, suture assez accusée ; ouverture
oblongue-piriforme ; 2 pariétales assez rapprochées, la supérieure marginale, jointe à la spirale, l'inférieure arquée, bifide en arrière, émettant en
avant une lunelle très petite ; pli subcolumellaire subimmergé, visible ;
pli palatal supérieur, prolongé jusqu'à la lunelle ; lunelle assez forte,
arquée ; 1 ou 2 plis interlamellaires souvent obsolètes ; bord externe avec
2 callosités profondes ; test brillant, fauve-corné, orné de stries très fines,
assez régulières non strigillées. — H. 12 à 13 ; D. 2 3/4 millimètres.

Rare ; Hauteville (Ain).

Clausilia rugosa, Draparnaud.

Pupa rugosa, Drap., 1801. *Tabl. moll.*, p. 63. — *Cl. rugosa*, Drap., 1805.
Hist. moll., p. 73, pl. 4, fig. 19-20. — Loc. *Prodr.*, p. 152.

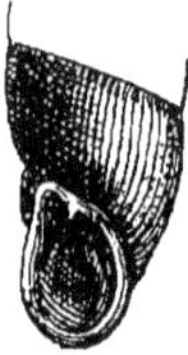

Cylindrique-allongé, spire peu acuminée ; 12 à 13 tours légèrement
convexes, un peu renflé vers la suture ; suture
assez accusée, le dernier avec 2 crêtes cervicales ; ouverture oblongue-piriforme, étroitement anguleuse en haut, canaliculée en bas ;
2 pariétales assez rapprochées, la supérieure
marginale, étroite, liée à la spirale, l'inférieure robuste, arquée-ascendante ; pli subcolumellaire immergé, peu visible ; pli palatal
supérieur, prolongé au delà de la lunelle ;

Fig. 398-399.

lunelle assez forte, à peine arquée, à peine visible en dehors ; test subpellucide, un peu brillant, brun-roux, élégamment orné de stries costulées,
accusées, presque droites, assez distantes. — H. 13 à 14 ; D. 2 1/2 mill.

Peu commun ; le Midi, l'Hérault, l'Aude.

Clausilia Velaviana, Bourguignat.

Cl. Velav., Brgt., 1877. *Claus. France*, III, p. 36. — Loc. *Prodr.*, p. 153.

Petit, cylindrique, allongé-atténué, spire allongée-obtuse ; 11 1/2 tours
renflés à la partie supérieure vers la suture ; ouverture piriforme ; 2 pariétales rapprochées, subégales, la supérieure marginale, liée à la spirale ;
pli subcolumellaire immergé, peu visible ; pli palatal supérieur, profond,
prolongé au delà de la lunelle ; lunelle médiocre, patulescente, non apparente en dehors ; callum palatal supérieur très développé ; test un peu

épaissi, peu brillant, orné de stries costulées assez rapprochées non strigillées. — H. 9; D. 2 millimètres.

Rare; le Puy-en-Velay (Haute-Loire).

Clausilia Lamalouensis, LETOURNEUX.

Cl. Lamal., Let., 1877. *Rev. mag. zool.*, 3e sér., V, p. 346. — *Loc. Pr.*, p. 156.

Petit, cylindrique-atténué, assez ventru, spire allongée-atténuée, sommet mamelonné; 11 tours à peine convexes, suture peu marquée; ouverture oblongue-piriforme; 2 pariétales assez rapprochées, la supérieure marginale, petite, liée avec la spirale, l'inférieure plus robuste; pli subcolumellaire assez accusé; pli palatal supérieur, filiforme, prolongé au delà de la lunelle; lunelle exiguë, presque droite, apparente en dehors; callum supérieur tuberculeux-obsolète, l'inférieur lamelliforme et plus robuste; test jaune-cendré, orné de stries costulées étroites, régulières, plus fortes vers la suture. — H. 8; D. 2 millimètres.

Rare; les hauts plateaux des Avènes, l'Hérault.

Clausilia Provincialis, COUTAGNE.

Cl. Provinc., Cout., 1886. *Ann. malac.*, II, p. 233.

Conique-subfusiforme, spire régulièrement acuminée; 10 à 12 tours, les premiers plus convexes que les suivants, renflés vers la suture; ouverture subarrondie; 2 pariétales, la supérieure marginale, étroite, jointe à la spirale, l'inférieure robuste, arquée-ascendante; pli subcolumellaire immergé, peu visible; pli palatal supérieur, prolongé bien au delà de la lunelle; lunelle solide, un peu oblique, arqué en C; deux callum sur le bord externe, le supérieur tuberculeux, l'inférieur lamelleux; test subpellucide, corné-rougeâtre, orné sur les 8 derniers tours de stries-costulées, saillantes, bien écartées. — H. 10 à 11; D. 2 1/2 millimètres.

Rare; Apt (Vaucluse), Remoulins (Gard), etc.

Clausilia pleurasthena, BOURGUIGNAT.

Cl. pleurasth., Brgt., 1871. *Claus. France*, III, p. 37. — *Loc. Prodr.*, p. 153.

Allongé, cylindrique, un peu acuminé, spire allongée, légèrement subacuminée; 11 à 12 tours à peine convexes, un peu renflés vers la suture; ouverture oblongue-piriforme, anguleuse en haut, profondément subcanaliculée en bas; 2 pariétales médiocres, la supérieure marginale, étroite, liée à la spirale, l'inférieure contournée et fortement ascendante; pli sub-

collumellaire immergé, peu visible ; pli palatal supérieur, prolongé au
delà de la lunelle ; lunelle arquée, à peine apparente au dehors ; test assez
solide, encroûté, fauve-ferrugineux, orné de stries costulées assez fortes,
régulières, distantes. — H. 10 à 12 ; D. 2 1/2 millimètres.

Rare ; Gorges d'Ollioules, près Toulon (Var).

Clausilia Arrosta, Bourguignat.

Cl. Arrosta, Brgt., 1877. *Claus. France*, III, p. 38. — Loc. *Prodr.*, p. 153.

Allongé, cylindrique, médiocrement acuminé, spire allongée ; 12
à 13 tours presque plans, suture peu marquée ; ouverture ovalaire ;
2 pariétales, la supérieure marginale, étroite, liée à la spirale, l'inférieure
contournée, épaisse, comme écrasée en avant ; pli subcolumellaire émergé,
peu visible ; pli palatal supérieur, bien prolongé au delà de la lunelle
lunelle en forme de S, peu apparente en dehors ; test pellucide, souven
encroûté, rouge-corné, lisse, comme malléé, strié seulement au voisinage
de la suture. — H. 11 1/2 ; D. 2 1/2 millimètres.

Rare ; Basses-Alpes, Alpes-Maritimes.

Clausilia Nantuacina, Bourguignat.

Cl. Nantua., Brgt., 1877. *Claus. France*, III, p. 39. — Loc. *Prodr.*, p. 153.

Cylindrique, parfois subfusiforme, spire régulièrement subacuminée
ou légèrement atténuée ; 12 à 13 tours, les premiers convexes, les autres
presque plans ; suture linéaire ; ouverture oblongue ; 2 pariétales, la supérieure marginale, très étroite, liée à un pli spiral comme obsolète, l'inférieure épaisse, contournée, comprimée en avant ; pli subcolumellaire
immergé, apparent en dehors au-dessus de la crête ; pli palatal supérieur,
fortement prolongé au delà de la lunelle ; lunelle arquée, patulescente,
apparente en dehors ; test subpellucide, souvent encroûté, fauve-corné,
parfois avec une zone suturale noire, finement striolé. — H. 10 ; D. 2 m.

Rare ; environs de Nantua, bords du lac de Silan (Ain).

J. — Groupe du Cl. crenulata.

Coq. assez petite, cylindrique-allongée, grêle ; test costulé.

Clausilia crenulata, Risso.

Cl. crenul., Risso, 1826. *Eur. mer.*, IV, p. 86. — Loc. *Prodr.*, p. 153.

Cylindrique-allongé, étroit, spire lentement acuminée ; 12 à 13 tours
peu convexes, le dernier avec 2 arêtes
séparées par un sillon ; ouverture ovale-
allongée, anguleuse en haut, subcanaliculée en bas ; 2 pariétales, la supérieure
marginale, très comprimée, liée au pli
spiral, l'inférieure plus forte et enfoncée ;
pli palatal supérieur, se terminant à la
lunelle qui est très ouverte ; callum palatal presque nul en haut, terminé dans le
bas par une lamelle ressemblant à une palatale ; test orné de costulations distantes,

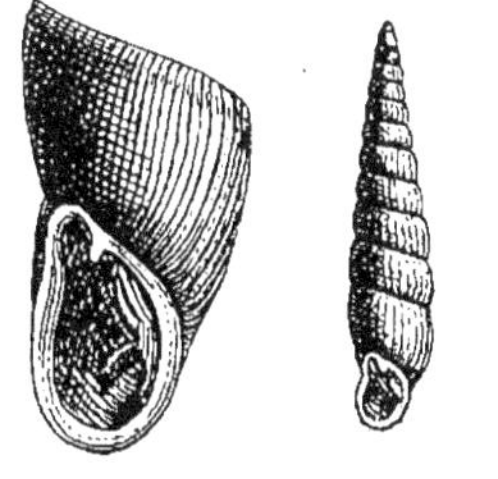

Fig. 400-401.

régulières, lamellées, plus saillantes vers la suture. — H. 12 ; D. 2 1/2 m.
Peu commun ; le Sud-Est, Alpes-Maritimes, Isère, etc.

Clausilia Moitessieri, BOURGUIGNAT.

Cl. Moitess., Brgt., 1877. *Claus. France*, III, p. 42. — Loc. *Prodr.*, p. 153.

Allongé, cylindrique, légèrement subfusiforme, subacuminé ; 13 à
14 tours, les premiers très peu convexes, les derniers presque plans ;
ouverture piriforme ; 2 pariétales, rapprochées, médiocres, la supérieure
marginale, étroite, liée avec la spirale, l'inférieure non ascendante ; pli
subcolumellaire immergé, peu visible ; pli palatal supérieur, prolongé au
delà de la lunelle ; lunelle subarquée, patulescente, à peine apparente en
dehors ; callum palatal double, le supérieur tuberculeux, l'inférieur
ressemblant à une palatale ; test épaissi, non brillant, corné-noirâtre, orné
de costulations épaisses, lamelleuses, distantes. — H. 13 ; D. 2 millim.
Rare ; environs de Montpellier (Hérault).

Clausilia Isseli, VILLA.

Cl. Isseli, Villa, 1868. *Bull. mal. Ital.*, I, p. 37, pl. 3, fig. 1-4. — Loc. *Pr.*, p. 154.

Cylindrique-allongé, filiforme, spire atténuée ; 11 à 12 tours presque
plans, le dernier avec une gibbosité en forme d'arête ; ouverture piriforme-
allongée, avec un sinus supérieur peu ouvert ; 2 pariétales, la supérieure
marginale, comprimée, liée à la spirale, la seconde petite, très enfoncée ;
pli palatal supérieur, terminé à la lunelle ; lunelle ouverte ; test orné de
costulations fines, étroites, saillantes vers la suture. — H. 11 à 14 ; D. 2 m.
Rare ; les Alpes-Maritimes.

Clausilia Maceana, Bourguignat.

Cl. Maceana, Brgt., 1869. *Alpes-Mar.*, p. 12. — Loc. *Prodr.*, p. 154.

Cylindrique, lancéolé-allongé, grêle, sommet mamelonné ; 14 tours peu convexes, suture peu accusée, le dernier avec 2 arêtes cervicales, inégales, parallèles ; ouverture oblongue-allongée, un peu canaliculée en bas ; 2 pariétales, la supérieure développée, comprimée, flexueuse, l'inférieure plus forte, bifide ; pli subcolumellaire très ténu, enfoncé ; 3 plis palataux, le supérieur lamelliforme, très petit ; test terne, corné-brunâtre, orné de striations bien fines, très serrées. — H. 12 ; D. 2 1/2 millimètres.

Rare ; gorges de Roya (Alpes-Maritimes).

Clausilia Aubiniana, Bourguignat.

Cl. Aubin., Brgt., 1869. *Alpes-Mar.*, p. 13. — Loc. *Prodr.*, p. 154.

Cylindrique, lancéolé-allongé, très grêle, sommet mamelonné ; 13 tours presque plans, suture très peu accusée, le dernier avec 2 arêtes cervicales parallèles très inégales ; ouverture oblongue-allongée, anguleuse en bas et en haut ; 2 pariétales, la supérieure comprimée, bien développée, l'inférieure plus grande, bifide ; pli interlamellaire accusé ; pli subcolumellaire distinct ; 2 palataux, le supérieur lamelliforme, très enfoncé ; test terne, fragile, corné-brunâtre, orné de striations, fortes au dernier tour, avec des parties très finement treillissées. — H. 12 ; D. 2 1/4 millimètres.

Rare ; Saorgio (Alpes-Maritimes).

Clausilia Penchinati, Bourguignat.

Cl. Pench., Brgt., 1877. *Claus. France*, III, p. 44. — Loc. *Prodr.*, p. 116.

Allongé, cylindrique, grêle, à peine un peu renflé, spire régulièrement subacuminée, sommet mamelonné ; 12 à 13 tours à peine convexes, suture assez accusée ; ouverture oblongue-piriforme, subanguleuse en bas et en haut ; 2 pariétales, la supérieure marginale, étroite, liée à la spirale, l'inférieure épaisse, arquée-ascendante, pli subcolumellaire robuste, subimmergé ; pli palatal supérieur, prolongé au delà de la lunelle ; lunelle droite, à peine arquée, non visible en dehors ; callum bituberculeux ; test subpellucide, corné-brunâtre, orné de stries costulées, étroites, accusées, assez distantes et régulières. — H. 11 ; D. 2 millim.

Rare ; Banyuls-sur-Mer (Pyrénées-Orientales).

Clausilia belonidea, Bourguignat.

Cl. belon., Brgt., 1877. *Claus. France*, III, p. 45. — Loc. *Prodr.*, p. 154.

Cylindrique-allongé, grêle, subacuminé, substyliforme et un peu
mamelonné au sommet; 13 tours à peine convexes, suture médiocre,
dernier tour avec arête; ouverture piriforme-oblongue; 2 pariétales, la
supérieure marginale, étroite, assez forte, jointe à la spirale, l'inférieure
calleuse, descendant en avant; pli subcolumellaire immergé; pli palatal
supérieur, prolongé au delà de la lunelle; lunelle en forme de C; callum
supérieur tuberculeux, l'inférieur lamelliforme; test brillant, subpellucide, rougeâtre, orné de stries très fines et serrées. — H. 9 1/2; D. 2 m.

Rare; environs de Sassenage (Isère).

Clausilia Vauclusiensis, Coutagne.

Cl. Vauclus., Cout., 1881. *Bassin du Rhône*, p. 88. — Loc. *Prodr.*, p. 154.

Allongé, cylindrique, légèrement subfusiforme, spire allongée, régulièrement subacuminée; 12 à 13 tours à peine convexes, suture assez
accusée, le dernier avec crête carénée; ouverture suboblongue-piri-
forme, péristome bien détaché; 2 pariétales, la supérieure marginale,
étroite, robuste, l'inférieure légèrement descendante en avant; pli subcolumellaire immergé; pli palatal supérieur, prolongé au delà de la lunelle;
lunelle en forme de C; callum supérieur tuberculeux, l'inférieur lamelliforme; test brillant, brunâtre, orné, sauf sur les 3 premiers tours, de stries
costulées, régulières, robustes et assez distantes, puis étroites et très fines,
enfin plus fortes aux dernier tours. — H. 10 à 12; D. 2 millimètres.

Rare; le vallon de Vaucluse.

Clausilia Andusiensis, Coutagne.

Cl. Andus., Cout., 1886. *Ann. malac.*, II, p. 234.

Allongé, cylindrique-subfusiforme, spire régulièrement acuminée;
12 à 13 tours convexes, un peu renflés vers la suture, suture accusée, le
dernier avec double crête; ouverture subarrondie-piriforme; 2 pariétales,
la supérieure marginale, étroite, liée à la spirale, l'inférieure contournée-
ascendante; pli subcolumellaire immergé; pli palatal supérieur, prolongé
au delà de la lunelle; lunelle forte, arquée en forme de C; callum supérieur petit, le second subtuberculeux; test corné, orné de côtes droites,
bien distantes, analogues à celles des Scalaires. — H. 13; D. 2 1/4 m.

Rare; Anduze, dans les Cévennes.

K. — Groupe du *Cl. parvula*.

Coq. petite; test plus ou moins lisse.

Clausilia parvula, STUDER.

H. parvula, Stud., 1789. *In* Coxe, *Trav. Switz.*, III, p. 431. — *Cl. parvula*, Stud., 1820. *Kurz. Verz.*, p. 89. – *Loc. Prodr.*, p. 155.

Galbe cylindrique-fusiforme, spire sensiblement atténuée ; 9 à 12 tours très légèrement convexes, suture distincte, le dernier légèrement bigibbeux ; ouverture piriforme-arrondie ; 2 pariétales, la supérieure petite, liée à la spirale, l'inférieure profonde, bifide ou deltoïde en avant; pli subcolumellaire émergé ; 2 plis palataux, l'un supérieur prolongé au delà de la lunelle, l'autre inférieur et un peu calleux ; lunelle distincte, peu prononcée ; test brun-fauve, peu brillant, presque lisse. — H. 8 à 10 ; D. 2 millimètres.

Fig. 402 4°3.

Commun ; presque partout, plus rare dans le Midi.

Clausilia fallax, JOUSSEAUME.

Cl. fallax, Jouss., 1880. *Bull. Soc. zool.*, p. 203, pl. 7, fig. 7-8.

Cylindrique, un peu étroitement fusiforme, spire sensiblement atténuée ; 10 1/2 tours bien convexes, suture accusée, le dernier légèrement bigibbeux ; ouverture piriforme-arrondie ; 2 pariétales, la supérieure petite, liée à la spirale, l'inférieure profonde, bifide ; pli subcolumellaire peu marqué ; 2 palataux saillants, l'un courbé en dehors, continué sur la lunelle, l'autre très peu visible ; 2 plis interlamellaires ; test corné-brunâtre, orné de stries fines peu accusées. — H. 10 1/2 ; D. 2 1/2 millimètres.

Rare ; Versailles (Seine-et-Oise).

Clausilia atrosuturalis, BOURGUIGNAT.

Cl. atrosut., Brgt., 1877. *Claus. France*, III, p. 46. — Loc. *Prodr.*, p. 155.

Oblong-allongé et renflé-fusiforme, spire atténuée ; 12 tours, les premiers un peu convexes, les suivants presque plats, suture presque linéaire accompagnée d'une ligne noirâtre, dernier tour bicrêté ; ouverture subarrondie ; 2 pariétales médiocres, la supérieure marginale, étroite, liée à la spirale, l'inférieure calleuse ; pli subcolumellaire immergé ; pli palatal supérieur, prolongé au delà de la lunelle ; lunelle en forme de C, n'atteignant pas le pli palatal, apparente en dehors ; callum supérieur tuberculeux, l'inférieur lamelliforme ; test subpellucide, très brillant, rouge-noirâtre, avec des stries obsolètes. — H. 9 1/2 à 10 ; D. 2 1/2 millimètres.

Assez rare ; Haute-Marne, Aube, Oise, Seine-et-Marne, etc.

Clausilia dilophia, J. MABILLE.

Cl. diloph., Mab., *in* Brgt., 1877. *Claus. France*, III, p. 47. — Loc. *Pr.*, p. 155.

Allongé-fusiforme, régulièrement atténué ; 12 tours, les premiers convexes, les suivants à peine convexes, suture marquée par une ligne blanche, le dernier bicrêté ; ouverture sénestre, oblongue, anguleuse en haut ; 2 pariétales, la supérieure marginale, assez robuste, étroite, liée à la spirale, l'inférieure contournée, calleuse ; pli subcolumellaire, immergé, peu visible ; pli palatal supérieur, médiocrement prolongé au delà de la lunelle ; lunelle en forme de C, apparente en dehors ; callum supérieur, tuberculeux, l'inférieur lamelliforme ; test très brillant, pellucide, noir-brunâtre, avec des stries obsolètes. — H. 10 ; D. 2 1/4 millimètres.

Assez rare ; Aube, Oise, Rhône, Savoie, etc.

Clausilia corynodes, HELD.

Cl. coryn., Held, *in* Brgt., 1787. *Claus. France*, III, p. 49. — Loc. *Pr.*, p. 155.

Fusiforme, grêle, très ténu, spire longuement atténuée, sommet très aigu ; 10 à 13 tours à peine convexes ; ouverture piriforme ; 2 pariétales médiocres, la supérieure petite, marginale, liée à la spirale, l'inférieure accusée ; pli subcolumellaire à peine émergé, un peu arqué en avant ; pli palatal supérieur, prolongé au delà de la lunelle ; lunelle très peu sensible ; test noirâtre-violacé, orné de stries très fines. — H. 10 ; D. 2 1/2 millimètres.

Fig. 404-405.

Rare ; Grande-Chartreuse, Sassenage (Isère), Aix-les-Bains (Savoie).

Clausilia girathroa, BOURGUIGNAT.

Cl. girath., Brgt., 1877. *Claus. France*, III, p. 48. — Loc. *Prodr.*, p. 155.

Allongé, cylindrique-subfusiforme, spire régulièrement subacuminée ; 13 tours à peine convexes, suture assez accusée ; ouverture oblongue, anguleuse en haut ; 2 pariétales médiocres, la supérieure marginale, étroite, liée à la spirale, l'inférieure déprimée en avant ; pli subcolumellaire immergé, à peine visible ; pli palatal supérieur, prolongé au delà de la lunelle ; lunelle arquée, non apparente en dehors ; callum supérieur tuberculeux, l'inférieur lamelliforme ; test subpellucide, non brillant, cendré-corné, presque lisse. — H. 9 ; D. 2 millimètres.

Rare ; environs de Troyes (Aube).

Clausilia Tettelbachiana, Rossmässler.

Cl. Tettel., Rossm., 1838. *Icon.*, VII, fig. 476. — Loc. *Prodr.*, p. 135.

Subventru-fusiforme, spire rapidement atténuée, sommet aigu ; 10 tours
à peine convexes, suture peu accusée, le
dernier renflé ; ouverture arrondie-piriforme ; 2 pariétales, la supérieure marginale, liée avec la spirale, la seconde profonde, vaguement bifide ; pli subcolumellaire
émergé, très étroit ; pli palatal supérieur,
prolongé un peu au delà de la lunelle ; lunelle
petite, arquée, à peine visible en dehors ;
test fauve-violacé, orné de stries presque
obsolètes. — H. 10 ; D. 2 1/2 millimètres.

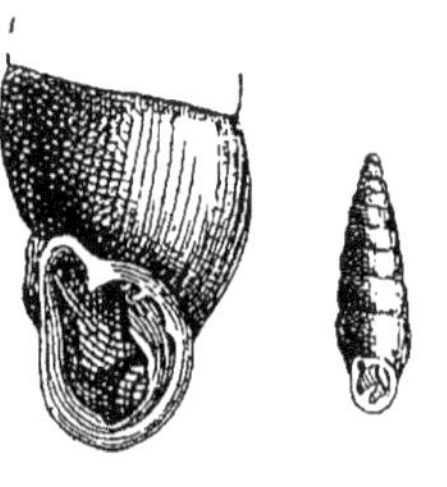

Fig. 406-407.

Peu commun ; Aube, Aisne, Vendée, Ain, Rhône, Savoie, etc.

Clausilia Companyoi, Bourguignat.

Cl. Comp., Brgt., 1877. *Claus. France*, III, p. 50. — Loc. *Prodr.*, p. 156.

Oblong-fusiforme, assez atténué ; 9 à 10 tours à peine convexes, suture
submarginée, dernier tour avec une crête carénée obtuse ; ouverture piriforme, profondément canaliculée en bas ; 2 pariétales, la supérieure marginale, étroite, jointe à la spirale, l'inférieure lamelleuse, tuberculeuse à
la base antérieure ; pli subcolumellaire subimmergé, peu visible ; pli
palatal supérieur, prolongé au delà de la lunelle ; lunelle en forme de S ;
callum supérieur obsolète, l'inférieur lamelliforme ; test brillant, pellucide,
corné-roux, orné de radiations costulées très ténues. — H. 7 ; D. 2 mill.

Rare ; environs de Perpignan (Pyrénées-Orientales).

Clausilia eumicra, J. Mabille.

Cl. eumicra, Mab., *in* Brgt., 1857. *Claus. France*, III, p. 51. — Loc. *Pr.*, p. 156.

Subfusiforme, atténué-obtus ; 9 à 10 tours un peu convexes, suture non
marginée, assez accusée ; dernier tour avec crête carénée-obtuse ; ouverture ovalaire ; 2 pariétales, la supérieure marginale, jointe à la spirale,
l'inférieure lamelleuse ; pli subcolumellaire à peine sensible ; pli palatal
supérieur, prolongé au delà de la lunelle ; lunelle arquée ; callum peu
développé ; test peu brillant, presque terne, corné-roux, presque lisse.
— H. 7 ; D. 2 millimètres.

Rare ; le nord, environs de Troyes et de Bar sur-Aube (Aube), etc.

Clausilia microlena, Bourguignat.

Cl. microl., Brgt., 1877. *Claus. France*, III, p. 52. — Loc. *Prodr.*, p. 156.

Petit, ventru-fusiforme, assez brièvement atténué; 9 tours à peine convexes, suture assez accusée, le dernier avec une crête carénale obtuse; ouverture subarrondie; 2 pariétales médiocres, la supérieure marginale, étroite, liée avec la spirale, l'inférieure lamelleuse; pli subcolumellaire à peine sensible; pli palatal supérieur, prolongé au delà de la lunelle; lunelle arquée en forme de C; callum supérieur tuberculeux, l'inférieur lamelliforme; test subpellucide, non brillant, d'un brun-noirâtre, presque lisse. — H. 6 1/2; D. 2 1/2 millimètres.

Rare; environs de Prades et de Perpignan (Pyrénées-Orientales).

Genre BALIA, Leach.

Coquille sénestre, fusiforme-conoïde, très fragile; sommet pointu; ouverture sans plis ni clausilium; ombilic en fente étroite.

Balia perversa, Linné.

Turbo perversus, Lin., 1758. *Syst. nat.*, p. 767. — *Balia perversa*, Brgt., 1857. *Amén.*, II, p. 69, pl. 13, fig. 1-3. — Loc. *Prodr.*, p. 156.

Galbe conique-turriculé; 10 tours convexes, le dernier anguleux à la base, vers la fente ombilicale; ouverture subrectangulaire; columelle simple; péristome simple, un peu réfléchi; bords marginaux réunis par un faible callum présentant vers l'insertion du labre une petite lamelle tuberculeuse, bord externe un peu sinueux; test corné-olivâtre, moucheté de stries blanches, très finement côtelé-strié, le dernier tour fortement sillonné de rugosités et de côtes irrégulières. — H. 10 à 11; D. 3 millimètres.

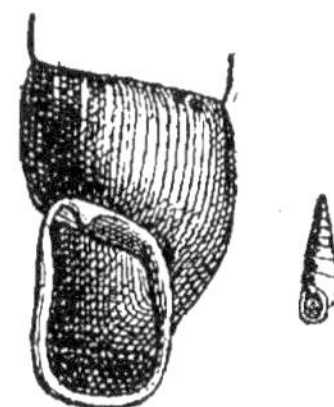

Fig. 408-409.

Assez commun; presque partout.

Balia Pyrenaica, Bourguignat.

B. Pyren., Brgt., 1857. *Amén.*, II, p. 71, pl. 13, fig. 7-9. — Loc. *Pr.*, p. 157.

Fusiforme très allongé, grêle; 11 tours un peu convexes, le dernier arrondi, anguleux à la perforation; fente large; ouverture piriforme; bords marginaux très rapprochés, réunis par un callum orné, dans le milieu, d'un assez fort tubercule ; test corné-olivâtre, orné de petites stries fines, devenant plus fortes vers l'ouverture. — H. 12 ; D. 3 millimètres.

Rare ; région pyrénéenne, Hautes et Basses-Pyrénées, etc.

Balia Rayiana, BOURGUIGNAT.

B. Ray., Brgt., 1857. *Amén.*, II, p. 71, pl. 13, fig. 13-15. — Loc. *Pr.*, p. 157.

Obèse-fusiforme ; 8 à 9 tours un peu convexes, le dernier arrondi à la base ; fente très étroite ; ouverture arrondie ; bords marginaux très écartés réunis par un callum orné, vers l'insertion du labre, d'un petit tubercule ; test corné olivâtre, orné, de stries élégantes, un peu irrégulières et assez fines. — H. 7 1/2 ; D. 3 millimètres.

Rare ; environs de Troyes (Aube).

Balia Deshayesiana, BOURGUIGNAT.

B. Deshay., Brgt., 1857. *Amén.*, II, p. 74, pl. 13, fig. 4-6. — Loc. *Pr.*, p. 158.

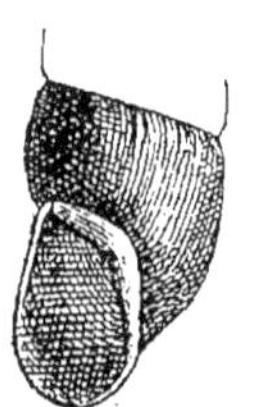

Conique-turriculé, un peu obèse, grêle ; 7 à 9 tours convexes, le dernier arrondi à la base ; fente presque nulle, parfois masquée ; ouverture oblongue ; columelle simple, réfléchie ; péristome aigu, à peine réfléchi ; bord externe peu sinueux en avant, bords marginaux réunis par un callum simple, à peine sensible ; test fragile, transparent, corné-olivâtre, parfois fascié vers la suture, orné de stries extra-délicates. — H. 7 ; D. 3 millimètres.

Fig. 410-411.

Rare ; Aisne, Aube, Savoie, H.-Garonne, Pyr.-Orient, Finistère, etc.

Balia lucifuga, BOURGUIGNAT.

B. lucif., Brgt., 1857. *Amén.*, II, p. 76, pl. 13, fig. 10-12. — Loc. *Pr.*. p. 157.

Conique-turriculé ; 7 à 8 tours convexes, le dernier arrondi à la base ; fente à peine sensible ; ouverture arrondie, bords marginaux réunis par un callum simple, à peine sensible ; test vitrinoïde, transparent, corné-brillant, à peine striolé. — H. 6 ; D. 2 1/2 millimètres.

Rare ; environs de Brest et de Quimper (Finistère).

Balia Fischeriana, BOURGUIGNAT.

B. Fischer., Brgt., 1857. *Amén.*, II, p. 76, pl. 13, fig. 10-12.— Loc. *Pr*, p. 157.

Allongé-conique, turriculé ; 10 tours un peu convexes, le dernier arrondi; fente petite; ouverture très oblique, piriforme, dilatée en dehors de l'axe spiral; bords marginaux réunis par une simple callosité sensible; test fragile, transparent, corné-olivâtre, avec quelques petites fascies blanches, très finement strié. — H. 10; D. 3 millimètres.

Rare; abords du mont Viso, dans les Alpes.

Genre PUPA, de Lamarck.

Coquille dextre, cylindroïde-allongée; ombilic fendu; columelle spirale, simple; ouverture subanguleuse en bas, dentée ou plissée.

A. — Groupe du *P. similis.*

Galbe subfusiforme; test cendré et tacheté.

Pupa similis, Bruguière.

P. similis, Brug., 1789. *Encycl.*, I, p. 355. — *P. quinquedent.*, Loc. *Pr.*, p. 158.

Galbe subfusiforme un peu allongé; 8 à 10 tours légèrement convexes, suture assez marquée; fente étroite; ouverture obovale, obtuse en bas; deux plis supérieurs, l'un proche de la suture, l'autre plus profond; un ou deux plis columellaires émergés; deux plis palataux assez profonds, sur le bord externe; test un peu épais, peu luisant, opaque, blanc-cendré, marbré de bleuté, finement ridé. — H. 9 à 15; D. 3 à 3 1/2 millimètres.

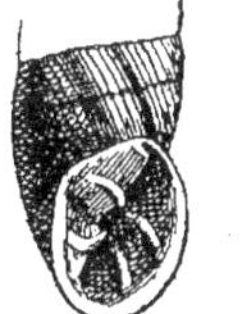

Fig. 412-413.

Commun; tout le Midi, remontant un peu dans le Sud-Est.

Pupa amicta, Parreys.

P. amicta, Parr., *in* L. Pfeiff., 1854. *Mal. Blätt.*, p. 67. — Loc. *Pr.*, p. 179.

Même galbe, 8 à 9 tours convexes; ouverture ovale, presque arrondie; 2 plis supérieurs, l'un petit vers la suture, l'autre profond; columelle avec un petit pli tuberculeux; pas de plis palataux; test d'un bleuté presque uniforme, opaque, solide, finement ridé. — H. 12; D. 3 millimètres.

Rare; Château d'If (Bouches-du-Rhône), Saint-Mandrié (Var), etc.

Pupa olivetorum, Locard.

P. olivetorum, Loc., 1890. *Nov. sp.*

Cylindrique, très étroitement allongé, spire faiblement acuminée; 10 à 12 tours assez convexes, le dernier anguleux vers la fente ; suture bien marquée; ouverture petite, obovale; péristome peu épais ; 2 plis supérieurs, l'un très petit vers la suture, l'autre allongé et profond ; columelle simplement plissée; 2 plis palataux profonds; test un peu mince, blanc-cendré, légèrement marbré, finement striolé. — H. 15 à 16 ; D. 3 millim.

Rare; le Midi, Alpes-Maritimes, Gard, Hérault, etc.

Pupa plagionixa, BOURGUIGNAT.

P. plagion., Brgt. *Nov.-sp. in coll.*

Assez petit, presque régulièrement conique, un peu trapu, 8 à 10 tours presque plans, le dernier bien caréné à la base ; suture peu profonde ; ouverture subrectangulaire; même ornementation aperturale que le *similis*; test solide, blanc-cendré, marbré de bleuté, finement ridé. — H. 9 à 11 ; D. 3 1/2 millimètres.

Assez rare ; Alpes-Maritimes, Var, Bouches-du-Rhône, Isère, etc.

B. — Groupe du *P. Farinesi.*

Galbe court et trapu ; ouverture non dentée ni plissée.

Pupa Farinesi, DES MOULINS.

P. Far., des Moul., 1895. *S. Lin. Bord.*, VII, p. 176, 3 pl. 2, fig. E. — Loc. *Pr.*, p. 161.

Galbe conique-fusiforme, atténué en haut ; 6 à 7 tours assez convexes, le dernier plus grand ; suture bien marquée; ouverture obovale-arrondie, obtuse à la base, sans plis ni denticulations internes ; péristome un peu évasé, peu réfléchi, mince, tranchant, sans bourrelet externe, d'un blanc-roussâtre ; test brun-vineux, peu luisant, peu transparent, orné de stries très fines, subégales. — H. 5 à 7 ; D. 2 millimètres.

Fig. 414-415.

Assez rare; les Alpes, la région pyrénéenne, Nièvre, Allier, etc.

Pupa psarolena, BOURGUIGNAT.

Bulimus psarolenus, Brgt., 1860. *Amén.*, II, p. 116, pl. 15, fig. 1. — *Pupa psarol.*, Loc., 1882. *Prodr.*, p. 162.

Conique-oblong; 7 tours très convexes, suture très marquée, le dernier plus grand que la 1/2 hauteur, un peu détaché ; ouverture arrondie ; péristome simple, droit, aigu, columelle simple; bords très rapprochés et réunis par un callum peu sensible; test blanc-bleuté, flammulé-cendré, un peu transparent, finement striolé. — H. 7 à 8; D. 4 millimètres.

Rare; Saorgio, vallée de l'Escarène, Menton (Alpes-Maritimes).

Pupa speluncæ, BOURGUIGNAT.

P. speluncæ, Brgt. *Nov. sp. in coll.*

Cylindrique-allongé, faiblement atténué; 9 à 10 tours peu convexes, le dernier à peine plus gros, suture médiocre; fente assez accusée; ouverture subrectangulaire, un peu excentrée; péristome mince, tranchant, sans bourrelet externe; test assez solide, un peu luisant, brun-foncé, orné de rides fines et serrées. — H. 8; D. 3 millimètres.

Rare; entrée de la grotte des Eaux-Chaudes (Basses-Pyrénées).

C. — Groupe du *P. avenacea.*

Galbe subfusiforme; test brun-vineux; ouverture dentée.

Pupa avenacea, BRUGUIÈRE.

Bulimus avenaceus, Brug., 1792. *Encycl.*, II, p. 355. — *P. aven.*, Moq.-Tand., 1848. *Moll. Toulouse*, p. 8. — Loc. *Prodr.*, p. 161.

Galbe conique-fusiforme, attenué en haut; 7 à 8 tours assez convexes, le dernier un peu plus grand; suture bien marquée; ouverture obovale-arrondie, obtuse à la base; 2 plis supérieurs dont un vers la suture, l'autre plus petit et immergé; 2 columellaires enfoncés, inégaux; 3 palataux n'arrivant pas jusqu'au péristome; péristome interrompu, un peu évasé, peu réfléchi, mince, tranchant; test assez solide, peu luisant, brun-fauve, orné de rides fines et serrées. — H. 6 à 8; D. 2 à 2 1/2 millimètres.

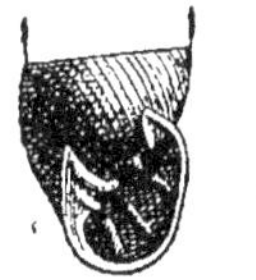

FIG. 416-417.

Commun; presque partout, surtout les régions submontagneuses.

Pupa ignota, FAGOT.

P. ignota, Fag., 1888. *Cat. Esera*, p. 23. — *P. Jumil. (pars)*, Loc. *Pr.*, p. 162.

Cylindrique-turriculé, un peu allongé, spire haute; 8 tours convexes, suture bien marquée; ouverture oblongue-arrondie, triplissée; 1 pli supérieur logé près de la suture; 2 plis columellaires; péristome simple, à peine évasé ; test un peu brillant, brun-violacé, très finement striolé. — H. 7 à 8 ; D. 3 à 3 1/2 millimètres.

Rare ; Haute-Garonne, Hautes et Basses-Pyrénées, etc.

Pupa Jumillensis, Guirao.

P. Jumill., Guir., *in* Rossm., 1859. *Icon.*, p. 110, fig. 943. — Loc. *Pr.*, p. 162.

Subcylindrique-turriculé, un peu court ; 7 tours bien convexes ; suture

bien accusée ; ouverture subarrondie, bien plissée ; 1 pli supérieur logé près de la suture, étroit et presque immergé ; 1 pli columellaire petit, assez profond ; péristome à peine évasé, mince, tranchant ; test brun-vineux, peu brillant, orné de stries très fines, obliques, irrégulières. — H. 5 ; D. 2 1/2 millimètres.

Fig. 418-419.

Rare ; presque toute la région pyrénéenne.

Pupa maritima, Locard.

P. maritima, Loc., 1890. *Nov. sp.*

Subcylindrique-allongé, lentement atténué ; 8 à 9 tours bien convexes, le dernier à peine plus grand ; suture profonde ; ouverture assez grande, ovalaire-arrondie, à peine anguleuse en bas ; 2 plis supérieurs, le second rapproché et très immergé ; 2 plis columellaires subégaux et profonds ; 3 palataux, dont un ou deux seulement atteignent le péristome ; péristome tranchant, évasé, blanc-rosé ou roux ; test brun-vineux un peu clair, brillant, orné de stries parfois obsolètes. — H. 10 ; D. 3 millimètres.

Rare ; Saint-Martin-de-Lentosque (Alpes-Maritimes).

Pupa Aureacensis, Locard.

P. Aureac., Loc., 1889. *Nov. sp.*

Cylindrique très allongé, grêle, peu atténué ; 10 tours presque plans, le dernier à peine plus grand ; suture très large, comme canaliculée ; ouverture petite, un peu étroitement ovalaire, rétrécie en bas ; 2 plis supérieurs écartés, le second immergé ; 2 columellaires profonds ; 3 palataux immergés, le premier atteignant à peine le péristome ; péristome mince, tranchant, droit ; test brun-vineux, peu brillant, orné de rides assez fortes et irrégulières. — H. 9 à 10 ; D. 2 millimètres.

Rare ; Saint-Didier-au-Mont-d'Or (Rhône), Cauterets (Hautes-Pyrén.).

Pupa megachila, CRISTOFORI ET JAN.

Chondrus megacheilos, Crist. Jan., 1832. *Cat.*, XII, n° 13. — *Pupa megach.*,
Des Moul., 1835. *Soc. Lin. Bord.*, VII, p. 138. — Loc. *Prodr.*, p. 159.

Subcylindrique un peu ventru, lentement atténué au sommet ; 8 à
9 tours convexes ; suture bien marquée ; ouverture étroitement ovalaire,
subanguleuse en bas, à bords subparallèles ; 2 plis supérieurs, le premier
gros, émergé, le second très petit et profond ; 2 columellaires immergés, l'inférieur plus petit ; 4 palataux, le supérieur très petit, n'atteignant
pas le péristome ; péristome épaissi, évasé, réfléchi ; test peu luisant, brun-
vineux, orné de stries fines et serrées.— H. 10 à 12 ; D. 3 1/2 à 4 1/2 m.

Assez rare ; Alpes-Maritimes et région pyrénéenne.

Pupa goniostoma, KÜSTER.

P. gon., Küst., *in* Chemn., 1845. *C. cab.*, p.53, pl. 5, fig.1-3.—Loc. *Pr* , p. 160.

Cylindracé un peu allongé, grêle ; 8 à 9 tours
assez convexes, suture accusée ; ouverture étroite,
subtriangulaire, bien anguleuse en bas, à bords
non parallèles ; 2 plis supérieurs petits, le premier
bifide, l'inférieur bien immergé ; 2 columellaires,
l'inférieur plus grêle ; 4 palataux minces, le supérieur obsolète, n'atteignant pas le péristome ;
péristome mince, à peine réfléchi, tranchant ; test
un peu luisant, roux-foncé, subopaque, orné de
stries assez grossières.—H. 9 à 10 ; D. 3 millimètres.

FIG. 420 421.

Assez commun ; la Preste, et çà et là dans la région pyrénéenne.

Pupa Baregiensis, BOURGUIGNAT.

P. Baregiensis, Brgt. *Nov. sp. in coll.*

Cylindracé, un peu ventru, 8 tours un peu convexes, suture bien marquée ; ouverture subtriangulaire, peu rétrécie, anguleuse en bas ; 2 plis
supérieurs petits, l'inférieur bien immergé ; 1 columellaire logé dans
l'angle supérieur ; 4 palataux étroits, le supérieur obsolète, n'atteignant
pas le péristome ; péristome mince, très peu réfléchi, tranchant, test un
peu luisant, roux-sombre, orné de stries grossières. — H. 9 ; D. 3 m.

Très rare ; environs de Barèges (Hautes-Pyrénées).

Pupa Bigorriensis, DE CHARPENTIER.

P. Bigorr., Charp., *in* Des Moul., 1835. *In Soc. Lin. Bord.*, VII, p. 160-161,
pl. 2, fig. D, 1-2. — Loc. *Prodr.*, p. 159.

Petit, cylindracé un peu ventru, rapidement atténué ; 7 à 8 tours assez
convexes, suture bien marquée ; ouverture un peu étroitement oblongue,
subarrondie en bas, à bords subparallèles ; 2 plis supérieurs médiocres,
l'inférieur immergé ; 2 columellaires, l'inférieur plus petit ; 3 palataux
arrivant presque jusqu'au péristome ; péristome un peu tranchant, évasé,
peu réfléchi ; test peu luisant, presque opaque, brun-vineux, orné de stries
serrées et fines. — H. 8 à 8 1/2 ; D. 3 à 3 1/2 millimètres.

Commun ; la région pyrénéenne, moyenne et élevée.

Pupa leptochila, Fagot.

P. leptoch., Fag., 1879. *Pyr. franç.*, p. 8. — Loc. *Prodr.*, p. 160.

Conique-allongé, spire allongée, régulièrement acuminée ; 8 tours
convexes, suture accusée ; ouverture subarrondie, un peu subanguleuse
en bas, à bords subparallèles ; 2 plis supérieurs, dont un immergé et
petit ; 2 columellaires, l'inférieur plus petit ; 4 palataux atteignant en partie
le péristome ; péristome aigu, réfléchi ; test peu luisant, presque opaque,
brun-vineux, orné de stries fines et serrées. — H. 8 ; D. 3 millimètres.

Assez commun ; la région pyrénéenne.

Pupa centralis, P. Fagot.

P. centr., Fag., 1892. *Hist. malac. Pyr.*, p. 89.

Assez petit, conique, court et trapu, rapidement atténué ; 7 tours convexes, suture accusée ; ouverture arrondie en bas, à bords parallèles ;
2 plis supérieurs, l'un médiocre, l'autre petit ; 2 columellaires, l'inférieur
plus grêle ; 2 palataux, l'inférieur oblitéré, n'atteignant pas le péristome ;
péristome aigu, peu réfléchi ; test brun-vineux, orné de stries lamelleuses
assez espacées. — H. 7 ; D. 3 millimètres.

Rare ; plateau de Lourdes, vallée du Gave d'Osson (Hautes-Pyrénées).

D. — Groupe du *P. variabilis.*

Galbe subcylindrique-allongé ; test corné-clair, presque lisse.

Pupa variabilis, Draparnaud.

P. variab., Drap., 1801. *Tabl. moll.*, p. 60. — *P. multid.*, Loc. *Pr.*, p. 168.

Galbe cylindrique-allongé, non ventru, atténué en haut ; 9 à 10 tours

presque plans, suture peu marquée ; ouverture droite, obovale, faiblement étroite, obtuse en bas; 2 plis supérieurs, le
plus grand vers la suture, flexueux, calleux en
dehors, l'autre immergé; 2 columellaires immergés
et rapprochés ; 4 palataux, le supérieur très court,
le deuxième et le troisième arrivant seuls jusqu'au
péristome, le dernier rudimentaire ; péristome interrompu, évasé, réfléchi, épais; test solide, lui-
sant, corné-roux, orné de stries très effacées. — H. 9 à 14 ; D. 3 à 3 3/4 m.

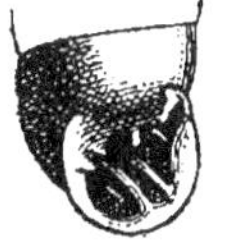

FIG. 422-423.

Commun; régions méridionale et centrale.

Pupa Sabaudina, BOURGUIGNAT.

P. multident., var. Sabaud., Brgt., 1864. *Mal. Aix-les-Bains*, p. 48, pl. 2,
fig. 6 et 7. — *P. Sabaud.*, Brgt. *in coll.*

Plus petit, plus rapidement atténué vers le haut; 9 tours un peu convexes, suture marquée; ouverture droite, assez grande, subarrondie ;
2 plis supérieurs, le plus grand vers la suture, flexueux et un peu calleux ;
2 columellaires immergés ; 4 palataux, le troisième atteignant seul le
péristome, les trois autres plus ou moins rudimentaires et très immergés ;
test un peu plus épais, roux, à peine striolé. — H. 7 à 9 ; D. 2 3/4 à 3 m.

Assez commun ; Var, B.-du-Rhône, Drôme, Rhône, Ain, Isère, Savoie.

Pupa ovulina, LOCARD.

P. ovulina, Loc., 1889. *Nov. sp.*

Petit, ovoïde-ventru, atténué en haut et en bas ; 8 tours un peu serrés,
un peu convexes, suture marquée; ouverture petite, droite, subarrondie ;
2 plis supérieurs, le plus grand vers la suture, très flexueux, un peu
calleux ; 2 columellaires assez forts, très immergés, très rapprochés ;
3 palataux, les deux premiers rudimentaires et très immergés, le troisième
seul atteignant le péristome; péristome un peu réfléchi, assez mince ; test
épais, roux, orné de stries presque effacées. — H. 6 1/2 à 8 ; D. 3 mill.

Peu commun ; Gard, Vaucluse, Bouches-du-Rhône, etc.

Pupa ischurostoma, BOURGUIGNAT.

P. ischurost., Brgt. *Nov. sp. in coll.*

Subconique, assez large à la base, s'atténuant presque progressivement jusqu'au sommet; 9 tours serrés, subégaux, presque plans, suture
assez marquée ; ouverture semi-ronde, échancrée à moitié vers le haut,
petite ; 2 plis supérieurs, le plus grand vers la suture, court, très oblique,

non calleux ; 2 columellaires petits, très inégaux, bien immergés ; 3 pala
taux, les deux premiers rudimentaires, le troisième petit, atteignant
pourtant le péristome ; péristome un peu mince, faiblement réfléchi ; test
épais, roux, finement striolé. — H. 9 ; D. 3 millimètres.

Très rare ; plateau de Méaille près Annot (Basses-Pyrénées).

Pupa Ebrodunensis, BOURGUIGNAT.

P. Ebrodun., Brgt. *Nov. sp. in coll.*

Cylindrique, un peu étroitement allongé, rapidement atténué au sommet ; 10 tours assez serrés, subégaux, très peu convexes, suture assez
marquée ; ouverture haute, étroitement ovalaire, rétrécie en bas ; 2 plis
supérieurs, le plus grand vers la suture, droit, mince, l'autre assez
immergé ; 2 columellaires assez forts, rapprochés, immergés ; 3 palataux, le supérieur très court, le deuxième rudimentaire, le troisième seul
atteignant le péristome ; péristome réfléchi, assez épais ; test solide, roux
un peu clair, avec stries grossières comme atténuées. — H. 11 ; D. 3 m.

Très rare ; Embrun (Hautes-Alpes).

Pupa arctespira, BOURGUIGNAT.

P. arctesp., Brgt. *Nov. sp. in coll.*

Étroitement cylindrique-allongé, rapidement atténué au sommet ; 10 à
11 tours serrés, les premiers convexes, les derniers presque plans, suture
assez marquée ; ouverture petite, droite, semi-arrondie ; 2 plis supérieurs,
le plus grand vers la suture, à peine oblique, un peu calleux, l'autre rapproché, un peu immergé et très arqué ; 2 columellaires forts, rapprochés,
à peine visibles ; 4 palataux, le troisième grêle, atteignant le péristome,
les autres rudimentaires ; péristome réfléchi, très épais ; test solide, assez
luisant, corné-sombre, très finement striolé. — H. 10 à 11 ; D. 2 3/4 m.

Assez rare ; Hautes et Basses-Alpes, Var, Drôme, Isère, Ain, etc.

Pupa polita, RISSO.

Clausilia polita, Risso, 1826. *Eur. mer.*, IV, p. 87, pl. 3, fig. 36. — *Pupa
polita*, Brgt. *Nov. sp. in coll.*

Très grand, cylindrique-allongé, lentement atténué dans le haut ; 12 à
13 tours très légèrement convexes, suture marquée ; ouverture grande,
droite, vaguement subrectangulaire, un peu atténuée dans le bas ; 2 plis
supérieurs, l'un vers la suture, presque droit, l'autre immergé et très arqué ;
2 columellaires très immergés ; 4 palataux, les deux extrêmes rudimentaires, le deuxième petit, le troisième atteignant seul le péristome ; péri-

tome bien réfléchi, épais; test assez solide, très brillant, corné-clair ou roux, péristome d'un beau blanc. — H. 15 à 18 ; D. 3 3/4 à 4 millimètres.

Peu commun ; Alpes-Maritimes, Var, etc.

Pupa obliqua, NEVILL.

P. obliq., Nev., 1880. *In Proc. Lond.*, p. 126, pl. 13, fig. 4. — Loc. *Pr.*, p. 169.

Grand, étroitement cylindrique-allongé, lentement atténué vers le haut ; 11 tours presque égaux, presque plans, suture peu marquée ; ouverture à axe très oblique, subquadrangulaire, à bords obliques et subparallèles ; 2 plis supérieurs, le plus grand peu oblique et saillant ; 2 columellaires peu immergés ; 3 palataux, le médian assez fort, arrivant jusqu'au péristome ; test brillant, lisse et corné, péristome épaissi et blanc. — H. 12 à 15 ; D. 3 à 3 1/2 millimètres.

Rare ; Basses-Alpes, Alpes-Maritimes, Var, Drôme, etc.

Pupa Delphinensis, LOCARD.

P. Delphin., Loc., 1890. *Nov. sp.*

Grand, étroitement et régulièrement cylindrique, atténué-court vers le sommet ; 12 à 13 tours très serrés, un peu convexes, suture bien marquée ; ouverture petite, semi-arrondie ; 2 plis supérieurs subégaux, l'un vers la suture très arqué, le second immergé, fort et arqué ; 2 columellaires très petits, rapprochés et bien immergés ; 4 palataux, les 2 premiers assez forts et immergés, le troisième atteignant seul le péristome, le quatrième rudimentaire ; péristome évasé, réfléchi, un peu mince ; test corné-clair très brillant, à peine striolé. — H. 11 à 13 ; D. 2 3/4 à 3 millimètres.

Rare ; Sassenage, Corps (Isère), Cassis (Bouches-du-Rhône), etc.

Pupa plagiostoma, BOURGUIGNAT.

P. plagiost., Brgt. *Nov. sp. in coll.*

Conique-ventru, lentement atténué vers le haut ; 7 à 8 tours assez convexes, suture accusée ; ouverture grande, largement ovalaire, dans une direction oblique ; 2 plis supérieurs, le plus voisin de la suture, très petit, l'autre plus grand, arqué, immergé ; 1 pli columellaire immergé et rudimentaire ; 2 palataux subégaux, le second atteignant presque le péristome ; péristome bien évasé, un peu mince ; test corné-roux, peu strié. — H. 10 ; D. 3 1/2 millimètres.

Rare ; Méaille près d'Annot (Basses-Alpes), Saint-Raphaël (Var), etc.

Pupa triticea, Ziegler.

P. frument., var. triticum, Ziegl., *in* Stabile, 1864. *Moll. Piem.,* p. 95. —
P. triticum, Brgt. *Nov. sp. in coll.*

Assez grand, gros, subovoïde-ventru, atténué en haut et en bas; 10 à
11 tours assez convexes, surtout les premiers, suture bien marquée;
ouverture assez petite, subtriangulaire, un peu rétrécie en bas; 2 plis
supérieurs, le plus voisin de la suture comme bifide, très arqué, le second
immergé et bien arqué; 2 columellaires inégaux, saillants et profonds;
4 palataux subégaux atteignant le bord columellaire; test un peu épais,
roux, orné de fines stries régulières. — H. 10 1/2 à 12; D. 3 1/2 à 4 m.

Rare; St-Vallier (Drôme), environs de Lyon, mont Dauphin (H.-Alpes).

Pupa frumentacea, Draparnaud.

P. frumentum, Drap , 1·01. *Tabl. moll.,* p. 50. — Loc. *Prodr.,* p. 163.

Assez petit, ovoïde-allongé, lentement acuminé en haut; 9 à 10 tours

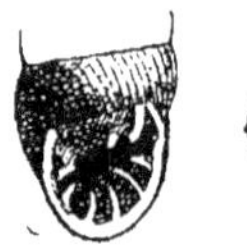

Fig. 424-425.

assez convexes, suture bien marquée, ouverture grande,
semi-ovalaire, arrondie en bas; 2 plis supérieurs dont
un grand et gros vers la suture, non arqué, subplissé
à l'extrémité; l'autre plus petit très immergé; 2 columellaires assez écartés, le supérieur souvent peu développé; 4 palataux arrivant jusqu'au péristome, le plus
inférieur très voisin du bord columellaire; péristome
évasé, réfléchi, épais; test corné-clair, un peu luisant, orné de stries
fines et régulières. — H. 7 à 8; D. 2 3/4 millimètres.

Assez commun; surtout dans le Nord et l'Est.

Pupa Rhodanica, Locard.

P. Rhodanica, Loc , 1890. *Nov. sp.*

Petit, ovoïde, court et très trapu, rapidement atténué en haut; 7 à
8 tours convexes, suture bien marquée; ouverture relativement grande,
subarrondie, avec plis bien développés; 2 plis supérieurs, droits, rapprochés, le plus grand vers la suture, l'autre immergé; 2 columellaires subégaux, rapprochés et immergés; 4 palataux atteignant le péristome, le
troisième plus fort que les autres; péristome un peu réfléchi, épais; test
corné-roux, orné de stries fines et régulières. — H. 6 à 7; D. 3 millim.

Assez rare; Rhône, Ain, Isère, Savoie, etc.

Pupa rustica, Bourguignat.

P. rustica, Brgt. *Nov. sp. in coll.*

Petit, cylindroïde, un peu étroitement allongé, lentement atténué en haut; 7 à 8 tours convexes, suture bien marquée; ouverture presque arrondie, à bords convergents; 2 plis supérieurs, le plus gros contre la suture, droit et calleux, le plus petit immergé et oblique; 2 columellaires très immergés, petits et très rapprochés; 3 palataux, les deux supérieurs petits et immergés, le troisième plus fort et atteignant le péristome; péristome évasé, bien réfléchi, un peu mince; test corné-clair, orné de stries très fines un peu effacées. — H. 7 à 8; D. 2 1/2 millimètres.

Assez rare; Hautes-Alpes, Isère, Drôme, Ain, Savoie, H.-Savoie, etc.

Pupa Crimoda, BOURGUIGNAT.

P. Crimoda, Brgt. *Nov. sp. in coll.*

Assez petit, cylindroïde un peu court, lentement atténué vers le haut; 9 tours convexes, les premiers serrés, le dernier grand, suture marquée; ouverture oblique, semi-circulaire; 2 plis supérieurs très rapprochés, subégaux, dont un seul immergé et un peu calleux; 2 columellaires petits et très immergés; 3 palataux, le premier très petit, les deux suivants atteignant seuls le péristome; péristome évasé, très réfléchi, bien épais; test solide, corné-roux, finement striolé. — H. 8 1/2; D. 3 millimètres.

Très rare; Méaille près d'Annot (Basses-Alpes).

Pupa mea, BOURGUIGNAT.

P. mea, Brgt. *Nov. sp. in coll.*

Petit, conoïde-ventru, court et trapu; 7 tours convexes, suture assez marquée; ouverture semi-circulaire, assez grande, bien arrondie en bas; 2 plis supérieurs très rapprochés, comme superposés, droits, subégaux, un seul émergé vers la suture; 2 columellaires assez forts, très immergés; 3 palataux, les deux premiers très petits, le troisième atteignant le péristome; péristome bien évasé, réfléchi, assez épais; test corné-clair, à peine striolé. — H. 6; D. 2 3/4 millimètres.

Rare; Aix-les-Bains (Savoie), environs de Belley (Ain), etc.

Pupa nova, BOURGUIGNAT.

P. nova, Brgt. *Nov. sp. in coll.*

Très petit, ovoïde un peu allongé, lentement atténué dans le haut; 7 tours bien convexes; suture bien accusée; ouverture petite, subovalaire, un peu rétrécie en bas; 2 plis supérieurs, dont un immergé et petit l'autre vers la suture, émergé, gros et un peu oblique; 2 columellaires petits, très immergés ; 3 palataux, les deux supérieurs très immergés, peu visibles, le troisième atteignant le péristome ; péristome peu évasé, peu réfléchi, assez mince ; test corné-roux, à peine striolé. — H. 6 ; D. 2 1/4 millim.

Très rare ; Aix-les-Bains (Savoie).

E. — Groupe du *P. secalina*.

Galbe subfusiforme ; test corné-fauve, finement strié.

Pupa secalina, DRAPARNAUD.

P. secale, Drap., 1801. *Tabl. moll.*, p. 59. — Loc. *Prodr.*, p. 166.

Galbe ovoïde-oblong, un peu atténué en haut ; 9 à 10 tours peu convexes, suture assez marquée ; ouverture obovale, un peu étroite, obtuse en bas ; 2 plis supérieurs dont un grand comme bifide logé vers la suture, l'autre immergé ; 2 columellaires immergés, l'inférieur plus petit et parfois obsolète ; 4 palataux atteignant presque le péristome, le supérieur très court et très immergé, l'inférieur voisin du bord columellaire ; péristome interrompu, évasé, épais, peu réfléchi ; test corné-fauve un peu luisant, orné de stries subégales fines et serrées. — H. 7 à 9 ; D. 2 1/4 à 2 3/4 millimètres.

FIG. 426-427.

Commun ; presque partout, surtout la région orientale.

Pupa Boileausiana, DE CHARPENTIER.

P. Boil., Charp., *in* Küst., 1847. *C.cab.*, p. 98, pl. 13, fig. 22-23. — Loc. *Pr.*, p. 167.

Subcylindroïde, un peu allongé, rapidement atténué vers le haut, 9 à 10 tours assez convexes, suture marquée ; ouverture petite, obovale, faiblement rétrécie en bas ; 3 plis supérieurs, les deux premiers très rapprochés, logés vers la suture, le troisième immergé ; 3 columellaires, dont un mince, allongé qui suit l'angle supérieur du bord ; 4 palataux rapprochés du péristome, le supérieur très court et très immergé ; même test. — H. 7 à 9 ; D. 2 à 2 1/4 millimètres.

FIG. 428-429.

Assez rare ; Ariège, Hérault, Haute-Garonne, Pyrénées-Orientales, etc.

Pupa oryzana, LOCARD.

P. oryzana, Loc., 1892. *Nov. sp.*

Petit, ovoïde-court, un peu grêle, lentement atténué; 7 à 8 tours assez convexes, suture marquée; ouverture subarrondie, bien obtuse en bas; 3 plis supérieurs, les deux premiers rapprochés, logés vers la suture, le troisième immergé; 3 columellaires, le premier parfois obsolète logé sous l'angle supérieur du bord, le second plus fort que le troisième, atteignant presque le péristome; 3 palataux rapprochés du péristome, le deuxième un peu plus fort; péristome évasé, épais, peu réfléchi; test corné-roux, assez luisant, orné de stries fines et régulières. — H. 6; D. 1 3/4 mill.

Assez rare; Aude, Vaucluse, Drôme, Isère, Jura, etc.

Pupa costata, P. FAGOT.

P. costata, **F**ag., *Nov. sp. in coll.* Brgt.

Petit, subconoïde un peu allongé, lentement atténué depuis le bas; 7 à 8 tours bien convexes, suture profonde; ouverture un peu oblique, subovalaire, rétrécie vers le bas; 2 plis supérieurs, le plus fort logé vers la suture, étroit et un peu arqué, l'autre immergé; 2 columellaires immergés, le plus haut plus fort que l'autre; 2 palataux subégaux atteignant le péristome; péristome à peine évasé, un peu épais; test roux-violacé, luisant, orné de fortes costulations assez distantes. — H. 6 à 7; D. 2 1/2 mill.

Rare; vallée d'Ossoui (H.-Pyrén.), gorge des Eaux-Chaudes (B.-Pyrén.).

Pupa Kraliki, LETOURNEUX.

P. Kral., Let., 1877. *Lamalou*, p. 15. — Loc. *Prodr.*, p. 168.

Petit, cylindrique-atténué, spire courte; 9 tours peu convexes, suture assez marquée; ouverture semi-oblongue; 4 plis supérieurs dont deux jointifs très inégaux, logés vers la suture, le troisième robuste, immergé, le quatrième étroit logé près de la columelle; 3 columellaires, le supérieur plus gros atteignant le péristome, les autres immergés; 4 palataux, dont un petit atteignant le péristome; tous ces plis larges et épais exactement opposés et très rapprochés; péristome un peu évasé, épais; test corné-brillant, orné de côtes fines et égales. — H. 6 1/2; D. 2 1/2 millimètres.

Rare; Lamalou-les-Bains (Hérault).

Pupa Bourgetica, BOURGUIGNAT.

P. secale, var. Bourget., Brgt., 1864. *Mal. Aix-les-Bains*, p. 49, pl. 2, fig. 1 et 2. — *P. Bourget.*, Brgt. Nov. sp. in coll.

Taille et galbe du *secalina;* ouverture obovale un peu rétrécie; 4 plis supérieurs, le premier et le dernier immergés et logés aux deux angles, le deuxième très voisin du premier mais plus fort, le troisième très robuste, assez immergé, presque médian, un peu oblique; 3 columellaires, le troisième petit et immergé, les deux autres robustes, subégaux atteignant le péristome ; 4 palataux, le supérieur très petit et bien immergé les trois autres subégaux atteignant le péristome; même test. — H. 8 ; D. 2 1/4 m.

Rare ; Aix-les-Bains (Savoie), environs de Grenoble (Isère), etc.

Pupa fagorum, P. Fagot.

P. fagorum, Fag., Nov. sp. *in coll.* Brgt.

Assez petit, subcylindroïde, étroitement allongé, lentement et faiblement atténué; 8 tours assez convexes, suture marqué e ; ouverture petite, étroitement semiovalaire, rétrécie vers le bas; 4 plis supérieurs, le premier et le dernier très petits, logés aux deux angles, le second très voisin du premier, bien émergé, le troisième médian très immergé; 2 plis columellaires inégaux, le supérieur plus fort atteignant le péristome; 3 palataux, les deux premiers subégaux atteignant le péristome, le troisième un peu plus petit ; péristome réfléchi, un peu mince ; test roux-clair orné de stries fortes, assez régulières, un peu espacées. — H. 6 à 7; D. 2 millim.

Assez rare ; Aulus (Ariège), Quillan, Limoux, mont Alaric (Aude).

Pupa Lasallei, Bourguignat.

P. Lasallei, Brgt. Nov. sp. *in coll.*

Ovoïde un peu court et trapu, faiblement atténué vers le haut ; 8 à 9 tours convexes, suture marquée; ouverture subovalaire, à peine rétrécie vers le bas ; 4 plis supérieurs, le premier et le dernier presque rudimentaires, logés aux deux angles, le deuxième très voisin du premier, allongé et droit, le troisième médiocre bien immergé ; 3 palataux allant en décroissant, le premier logé presque dans l'angle supérieur, le dernier très immergé ; 4 palataux, le premier et le dernier très petits, les deux autres atteignant le péristome; péristome réfléchi, assez épais; test roux-brillant, orné de stries fines et très serrées. — H. 6 à 7 ;D. 2 3/4 à 3 m.

Assez rare ; Aube, Saône-et-Loire, Haute-Savoie, Ardèche, etc.

Pupa Gourdoniana, P. Fagot.

P. Gourdon., Fag., 1882. *Moll. pic du Gar*, p. 11.

Ovoïde-oblong, un peu trapu, spire atténuée ; 8 à 9 tours subconvexes, suture médiocre; ouverture subovalaire, un peu rétrécie dans le bas; 2 plis supérieurs, le premier comme bifide vers la suture, le second profond, lamelliforme ; 2 columellaires robustes et immergés ; 4 palataux, l'inférieur assez immergé, le médian robuste et moins enfoncé, le troisième atteignant presque le péristome, le quatrième tuberculeux situé vers le milieu au dessous du troisième ; péristome évasé, épais ; test corné-roux, peu brillant, orné de stries régulières. — H. 8 ; D. 2 à 2 1/2 millimètres.

Assez rare ; région pyrénéenne, Haute-Garonne, Hautes-Pyrénées, etc.

Pupa Piniana, P. Fagot.

P. Pini. Fag., 1880. *Moll. Aulus*, p. 12, pl. 1, fig. 2. — Loc. *Prodr.*, p. 167.

Régulièrement conique, spire allongée, un peu acuminée ; 8 tours à peine convexes, suture accusée ; ouverture semi-oblongue ; 2 plis supérieurs, le plus fort logé vers la suture, l'autre immergé ; 2 columellaires, le supérieur atteignant presque le péristome ; 4 palataux, l'inférieur petit, très immergé, le troisième marginal, les deux autres très ténus ; tous ces plis minces, délicats, assez exactement opposés ; péristome mince, tranchant ; test corné très clair ou violacé, à peine brillant, orné de stries fines, très serrées. — H. 7 ; D. 2 1/4 millimètres.

Rare ; vallée du Garbet, au-dessus d'Aulus (Ariège).

Pupa abrupta, Westerlund.

P. abrupt., West., 1878. *Fauna Eur. Pr.,*p. 172. — 1887. *Fauna pal.,* p. 111.

Ovoïde-oblong, peu ventru ; 8 à 9 tours peu convexes ; ouverture ovalaire un peu allongée ; 2 plis supérieurs dont un très grand, allongé, bifide, placé à la suture, le second plus petit, médiocre, immergé ; 2 columellaires, le supérieur plus grand et presque marginal, le second immergé ; 4 palataux, le second le plus grand atteignant le péristome, les suivants plus petits et immergés, le troisième obsolète ; péristome simple, tranchant, non réfléchi ; test corné-fauve un peu clair, orné de stries subégales, fines et régulières. — H. 6 1/2 à 7 ; D. 2 millimètres.

Rare ; environs d'Aulus (Ariège).

F. — Groupe du *P. polyodon.*

Galbe subfusiforme-allongé ; péristome orné de nombreux plis.

Pupa polyodon, Draparnaud.

P. polyod. Drap., 1801. *Tabl. moll.,* p. 60. — Loc. *Prodr.,* p. 168.

A. Locard, Coq. terr.   20

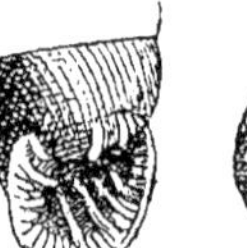

Fig. 430-431.

Galbe cylindrique un peu gros et trapu, assez rapidement atténué dans le haut; 9 tours peu convexes, suture peu marquée; ouverture obovale-arrondie, obtuse en bas; 2 à 3 plis supérieurs inégaux; 2 columellaires; 4 palataux; 9 à 10 petits plis péristoméens; péristome interrompu, évasé, légèrement réfléchi, un peu épaissi; test corné-fauve, à peine luisant, orné de stries à demi-effacées, très fines, subégales. — H. 8 à 9; D. 3 millimètres.

Peu commun; Alpes-Maritimes, Var, Hérault, Vaucluse, Ardèche, etc.

Pupa Montserratica, P. Fagot.

P. Montserr., Fag. 1884. *Ann. malac.*, II, p. 191.

Cylindrique, étroitement allongé, non renflé, lentement atténué vers le haut; 10 tours un peu convexes, suture marquée; ouverture ovalaire, un peu rétrécie; 2 à 3 plis supérieurs; 2 columellaires; 4 palataux; 12 à 15 petits plis péristoméens; péristome évasé, légèrement réfléchi, peu épais; test corné un peu clair, assez luisant, orné de stries à demi-effacées, très fines, subégales. — H. 9 à 10; D. 3 millimètres.

Assez rare; la région pyrénéenne, Pyrénées-Orientales, Hérault, etc.

Pupa ringicula, Michaud.

P. ring., Mich., *in* Küst., 1845. *C. cab.*, p. 103, pl. 14, fig. 9-12.—Loc. *Pr.*, p. 168.

Ovoïde-allongé, un peu ventru, assez rapidement atténué en haut; 9 tours très peu convexes, suture assez marquée; ouverture petite, rétrécie-subanguleuse en bas; 3 plis supérieurs allongés; 2 columellaires; 4 palataux; 9 à 10 petits plis péristoméens peu profonds; péristome évasé, très légèrement réfléchi, peu épais; test corné-fauve, subopaque, peu luisant, orné de stries obsolètes. — H. 7 à 8; D. 2 3/4 à 3 millimètres.

Peu commun; les Corbières jusqu'à la vallée de l'Aude, H.-Garonne.

Pupa Ameliæ, Bourguignat.

P. Ameliæ, Brgt. *Nov. sp. in coll.*

Petit, ovoïde un peu court, trapu et ventru, rapidement atténué dans le haut; 7 à 8 tours assez convexes, suture marquée; ouverture petite, sub-arrondie, un peu rétrécie; 3 à 4 plis supérieurs; 2 columellaires; 4 palataux; 7 à 8 petits plis péristoméens; péristome très légèrement évasé, un peu mince; test corné-roux, subopaque, peu luisant, orné de stries assez accusées, fines et régulières. — H. 6 1/2 à 7; D. 2 1/2 millimètres.

Rare; Amélie-les-Bains (Pyr.-Orientales), Avignonnet (H.-Garonne).

G. — Groupe du *P. ringens*.

Galbe ovoïde-court; péristome subcontinu; test strié.

Pupa ringens, CAILLAUD.

P. *ring.*, Caill., *in* Mich., 1831. *Compl.*, p. 64, pl. 15, fig. 35-36. — Loc. *Pr.*, p. 164.

Galbe ovoïde-ventru, légèrement acuminé; 7 à 8 tours un peu con-vexes, le dernier avec un sillon longitudinal externe assez profond, suture marquée; ouverture obovale-arrondie; 3 plis supérieurs, le médian le plus fort, parfois interrompu vers le milieu, souvent accompagné d'un pli rudi-mentaire bilatéral; un autre pli logé entre le pli le plus extérieur et le péristome; 2 plis columellaires, le supérieur le plus fort, parfois avec une saillie dentiforme intermédiaire et un autre inférieur; 3 palataux arrivant au péristome, séparés parfois par un ou deux plis rudimentaires marginaux; péristome con-

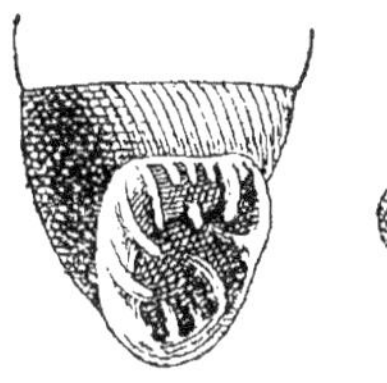

Fig. 432-433.

tinu, un peu épais, évasé, légèrement réfléchi; test mince, corné-clair, orné de stries marquées, très fines, subégales. — H. 5 à 6; D. 2 1/2 à 3 m.

Peu commun; région pyrénéenne, depuis l'Ariège jusqu'à Gavarnie.

Pupa Fagotiana, LOCARD.

P. *Fagot.*, Loc., 1880. *Prodr.*, p. 164.

Ovoïde légèrement ventru, légèrement acuminé; 8 tours un peu con-vexes, le dernier arrondi à la base; ouverture obovale-arrondie; 3 plis supérieurs, le médian allongé, parfois accompagné d'un seul autre pli rudimentaire vers la columelle, 3 palataux atteignant le péristome, et souvent un quatrième inférieur rudimentaire; 4 palataux, les trois infé-rieurs atteignant le péristome, le supérieur petit, profond, assez allongé; péristome discontinu, un peu épais, évasé, réfléchi; même test. — H. 6 1/2; D. 2 1/2 millimètres.

Rare; Bagnères-de-Bigorre (Hautes-Pyrénées).

Pupa subringens, P. Fagot.

P. subring., Fag., 1892. *Malac. Pyr.*, p. 98.

Étroitement allongé, à peine ventru, lentement atténué vers le haut; 8 à 9 tours légèrement convexes, le dernier comprimé latéralement; ouverture étroitement ovalaire; 3 plis supérieurs, le médian très immergé, le dernier logé dans l'angle columellaire, parfois un autre petit pli rudimentaire médian et bien supérieur; 2 columellaires, le premier plus grand atteignant seul le péristome, le supérieur le plus fort; péristome continu, peu épais, légèrement réfléchi; même test. — H. 7; D. 2 1/2 millimètres.

Rare; Eaux-Bonnes (Basses-Pyrénées).

Pupa Baillensi, Dupuy.

P. Baill., Dup., 1873. *Descr. moll. nouv.*, p. 1, fig. — Loc. *Prodr.*, p. 164.

Petit, légèrement ovoïde-ventru, faiblement atténué vers le sommet; 8 tours serrés, le dernier déprimé au bord externe; ouverture petite, vaguement subquadrangulaire; 3 plis supérieurs, dont un épais, logé vers la suture, le second petit, émergé et médian; 2 columellaires, le supérieur plus gros atteignant le péristome; 3 palataux, le supérieur le plus fort, les deux premiers atteignant le péristome, le troisième obsolète; péristome subcontinu, un peu épaissi, faiblement évasé; même test. — H. 4 à 5; D. 2 à 2 1/2 millimètres.

Assez rare; montagnes inférieures des Pyrénées-Occidentales.

H. — Groupe du *P. Partioti.*

Galbe ovoïde-allongé; péristome subcontinu; test strié.

Pupa Partioti, Moquin-Tandon.

P. Partioti, Moq., *in* S.-Sim., 1848. *Miscel.*, I, p. 28. — Loc. *Prodr.*, p. 163.

Galbe ovoïde-oblong, atténué assez rapidement dans le haut; 9 à

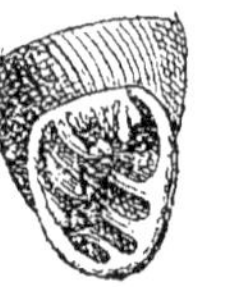

11 tours assez convexes, suture bien marquée; ouverture obovale-arrondie, très obtuse en bas; 3 plis supérieurs, dont un logé vers la suture, comme formé d'une dent et d'un grand pli réunis, le deuxième très immergé, le troisième à l'extrémité du bord columellaire et parfois rudimentaire; 2 columellaires dont un souvent obsolète; 4 palataux, le supérieur punctiforme, les autres atteignent le péri-

Fig. 434-435.

stome ; péristome subinterrompu, évasé, un peu réfléchi ; test corné-fauve, luisant, orné de stries fines très égales. — H. 6 à 8 ; D. 1 3/4 à 2 m.

Assez rare ; vallée de Gavarnie et Pyrénées-Orientales.

Pupa Brauni, ROSSMÄSSLER.

P. Brauni, Rossm., 1842. *Icon.*, XI, p. 10, fig. 726. — Loc. *Prodr.*, p. 163.

Ovoïde un peu ventru, légèrement atténué en haut ; 7 à 8 tours très peu convexes, suture assez marquée ; ouverture subarrondie, petite ; 2 plis supérieurs dont un vers la suture très calleux en dehors, l'autre immergé ; 1 columellaire enfoncé ; 3 à 4 palataux, le premier et le dernier rudimentaires, les deux médiocres arrivant jusqu'au péristome ; péristome très épais,

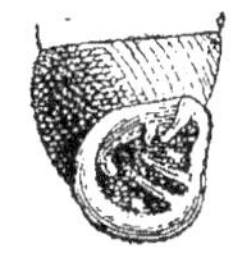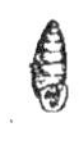

Fig. 433-437.

un peu évasé, réfléchi ; test corné-pâle, grisâtre, un peu luisant, orné de stries très fines, égales. — H. 5 à 6 1/2 ; D. 1 3/4 à 2 1/2 millimètres.

Peu commun ; Pyrénées-Orientales, Hautes-Pyrénées.

Pupa cristella, WESTERLUND.

P. cristel., West., 1887. *Fauna Palæar.*, III, p. 108. — *P. Dupuyi*, Loc. *Pr.*, p. 164 *(non* Michaud). — *P. occidentalis*, Brg¹. *in coll.*

Oblong-cylindracé, un peu étroitement allongé, lentement atténué ; 9 à 10 tours peu convexes, suture peu marquée ; ouverture petite, semiovalaire ; 2 plis supérieurs dont un vers la suture accompagné d'une petite callosité punctiforme, l'autre immergé ; 2 columellaires immergés, l'inférieur très petit ; 3 palataux, le supérieur le plus fort, atteignant le péristome ; péristome continu, un peu évasé, réfléchi, épaissi ; test cornégrisâtre, peu brillant, orné de stries fines et régulières. — H. 6 ; D. 2 m.

Peu commun ; Hautes et Basses-Pyrénées, Haute-Garonne, Aude, Var.

Pupa attenuata, P. FAGOT.

P. atten, Fag., 1880. *Soc. mal.*, III, p. 203. — West., 1887. *F. palæar.*, p. 113.

Très étroitement allongé, progressivement atténué de la base au sommet ; 9 à 10 tours peu convexes, les premiers petits, les 3 derniers plus hauts, suture assez marquée ; ouverture petite, un peu étroitement ovalaire ; 2 plis supérieurs, le premier bifide logé vers la suture, le second émergé ; 2 columellaires assez robustes, immergés, le supérieur plus fort que le second ; 3 palataux subégaux, atteignant le péristome ; péristome continu, un peu évasé, légèrement réfléchi, peu épais ; test corné-roux, peu brillant, orné de stries très fines et atténuées. — H. 7 ; D. 2 millim.

Rare ; Pyrénées-Orientales, Aude, Hautes-Pyrénées, etc.

Pupa petrophila, P. Fagot.

P. saxicola, Moq., *in* Küst., 1852. *Conch. cub.*, p.104 *(non* Lowe).— *P.petroph.*, Fag., 1888. *Catal. Esera*, p. 24.

Subcylindroïde assez gros et assez allongé, lentement atténué depuis l'avant-dernier tour jusqu'au sommet ; 9 tours très peu convexes, suture assez marquée ; ouverture petite, un peu étroitement ovalaire ; 2 plis supérieurs, le plus fort logé vers la suture, émergé et souvent bifide, le second médian et immergé ; 2 columellaires écartés, le premier atteignant presque le péristome, le second un peu plus immergé ; 3 palataux subégaux atteignant le péristome, le médian un peu plus fort que les deux autres ; péristome subcontinu, un peu évasé et réfléchi ; test corné-fauve, orné de stries fines et assez serrées. — H. 8 à 9 ; D. 2 1/4 millimètres.

Assez rare, Villefranche, Prades, Caudiès (Pyrénées-Orientales).

Pupa Vergnesiana, de Charpentier.

P. Vergn., Ch , *in* Küst., 1852. *C. cab.*, p. 102, pl. 11, fig. 13-14.—L. *Pr.*, p. 165.

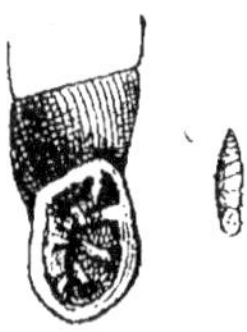

Cylindracé, faiblement acuminé ; 9 à 10 tours peu convexes, suture assez marquée ; ouverture petite, presque oblongue-arrondie ; 2 plis supérieurs, le premier simple, émergé, au voisinage de la suture, le second petit et immergé ; 2 columellaires subégaux n'atteignant pas le péristome ; 3 palataux, le supérieur plus fort atteignant seul le péristome ; péristome continu, détaché, un peu épaissi et légèrement évasé ; test corné-jaune foncé, orné de petites stries fines et régulières. — H. 7 à 8 ; D. 2 1/2 m.

Fig. 438-439.

Assez rare ; vallée de l'Ariège et de ses affluents.

Pupa Aulusensis, P. Fagot.

P. Aulus., Fag., 1880. *Cat. Aulus*, p. 21, pl. 1, fig. 1. — Loc. *Prodr.*, p. 165.

Cylindracé-allongé, à peine conique au sommet ; 9 1/2 à 10 tours très peu convexes ; suture accusée ; ouverture régulièrement oblongue-arrondie ; 2 plis supérieurs, l'un simple logé au voisinage de la suture, l'autre bien immergé ; 2 columellaires subégaux, immergés ; 3 palataux, le supérieur atteignant seul le péristome, le troisième petit ; péristome continu, un peu détaché, épaissi, faiblement réfléchi ; test corné-roux, un peu terne, orné de stries rapprochées et irrégulières. — H. 9 ; D. 1 1/2 à 2 3/4 millim.

Rare ; Ariège, Hautes-Pyrénées, Haute-Garonne, etc.

I. — Groupe du *P. Pyrenearia*.

Galbe cylindrique peu allongé ; péristome continu ; test strié.

Pupa Pyrenearia, BOUBÉE.

P. *Pyr.*,Boub , *in* Mich., 1831. *Compl.*, p. 66, pl. 15, fig. 37-38. — Loc. *Pr.*, p. 164.

Galbe cylindrique, un peu court, faiblement acuminé au sommet ; 8 à 9 tours peu convexes, suture assez marquée ; ouverture obovale-arrondie, obtuse en bas ; 2 plis supérieurs, le premier parfois subbifide logé vers la suture, le second plus petit, immergé ; 2 columellaires immergés ; l'inférieur plus petit, parfois en bas, un troisième rudimentaire ; 3 palataux atteignant le péristome, le médian plus fort ; péristome continu, évasé, réfléchi, épaissi ; test corné-fauve, orné de stries fines, serrées, très égales. — H. 6 à 8 ; D. 2 à 2 1/2 millim.

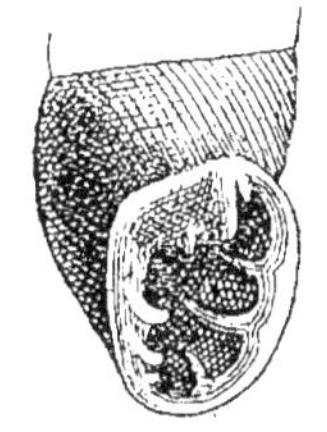

Fig. 440-441.

Peu commun ; les Pyrénées, depuis la Garonne jusqu'au Gave de Pau.

Pupa Nansoutyi, P. FAGOT.

P. *Nansout.*, Fag., 1880. *Moll. H.-Pyr.*, p. 14. — Loc. *Prodr.*, p. 165.

Cylindrique, un peu renflé, à peine atténué au sommet ; 9 tours un peu convexes, suture accusée ; ouverture médiocre, subarrondie-allongée ; 2 plis supérieurs, le premier court, comprimé, logé vers la suture, l'autre médian, immergé ; 2 columellaires immergés, l'inférieur peu visible 3 palataux, le supérieur atteignant seul le péristome ; péristome continu réfléchi, non épaissi ; test corné-roux, brillant, orné de fines stries régu-lières. — H. 7 ; D. 2 millimètres.

Rare ; pic du Midi de Bigorre (Hautes-Pyrénées).

Pupa leptospira, WESTERLUND.

P. *leptosp.*, West., 1887. *Fauna Palæar.*, III, p. 113.

Cylindrique, étroitement allongé, très lentement et progressivement atténué ; 9 1/2 à 11 tours, les premiers un peu convexes, les derniers plans, suture peu marquée ; ouverture assez petite, subarrondie-allongée ; 2 plis supérieurs, dont un bifide logé vers la suture, l'autre plus petit, immergé ; 2 columellaires immergés [et parfois un troisième très petit ;

3 palataux, le supérieur atteignant seul le péristome et parfois un quatrième rudimentaire; péristome continu, détaché, légèrement réfléchi, à peine épaissi; test corné-roux, peu brillant, orné de stries très fines et régulières. — H. 7 1/2 à 8; D. 2 millimètres.

Rare; vallée d'Aulus (Ariège), Axat (Aude).

J. — Groupe du P. Micheli.

Galbe assez petit, subcylindrique-allongé; péristome subcontinu.

Pupa Micheli, TERVER.

P. Mich., Terv., in Dup., 1850. H. moll., p. 397, pl. 19, fig. 11. — Loc. Pr., p. 170.

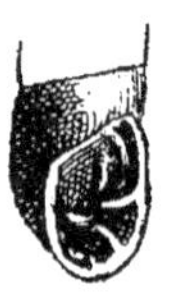

Fig. 442-443.

Galbe cylindrique un peu allongé, étroit, atténué vers le haut; 9 à 10 tours assez convexes, suture assez marquée; ouverture petite, ovalaire-allongée, subaiguë en bas; 2 plis supérieurs rapprochés, dont un vers la suture émergé, l'autre immergé; 2 columellaires profonds; 4 palataux, dont trois atteignant le péristome; péristome interrompu, peu évasé, non réfléchi, mince; test un peu terne, corné-fauve, orné de stries fines, peu accusées, irrégulières. — H. 5 à 6; D. 1 3/4 millim.

Rare; région méridionale, Var, Bouches-du-Rhône, Hérault, Gard, etc.

Pupa Anceyi, P. FAGOT.

P. Anceyi, Fag., 1881. Bull. Soc. zool., p. 72. — Loc. Prodr., p. 170.

Subfusiforme-allongé, spire lentement acuminée; 10 tours convexes, suture assez profonde; ouverture arrondie-oblongue; 2 plis supérieurs, dont un tuberculeux logé vers la suture, le deuxième médian et immergé; 2 columellaires enfoncés, le supérieur un peu plus saillant; 3 palataux, le premier petit, écarté, le médian fort, arrivant presque au péristome, le troisième n'atteignant pas le péristome; péristome encrassé, réfléchi, à bords écartés, presque égaux; test brillant, corné-roux, orné de stries très fines, irrégulières. — H. 7; D. 1 1/2 à 1 3/4 millimètre.

Rare; environs de Marseille (Bouches-du-Rhône).

Pupa eudolicha, BOURGUIGNAT.

P. eudol., Brgt., 1863. Moll. lit., p. 74, pl. 8, fig. 6 à 8. — Loc. Prodr., p. 166.

Lancéolé-cylindracé, très allongé, spire atténuée en haut; 12 tours

légèrement convexes, suture profonde ; ouverture subanguleuse-piri-
forme, légèrement canaliculée à la base ; un petit tubercule logé vers la
suture ; péristome aigu, faiblement épaissi à l'extérieur, non continu ; test
fauve-corné, un peu terne, orné de stries fines et serrées. — H. 13 ; D. 3 m.

Rare ; la Preste (Pyrénées-Orientales).

Pupa bipalatalis, WESTERLUND.

P. bipalat., West., 1883. *In Nachr. blätt.*, p. 173.

Cylindrique-fusiforme, atténué au sommet ; 11 tours peu convexes ;
ouverture étroitement ovalaire ; 2 plis palataux, courts et enfoncés ; péristome aigu, détaché presque complètement ; test brun avec stries fortes,
bien accusées. — H. 11 1/2 ; D. 2 2/3 millimètres.

Rare ; environs de Luchon (Haute-Garonne).

Pupa columnella, LOCARD.

P. columnella, Loc., 1892. *Nov. sp.*

Étroitement cylindrique, à peine atténué, bien obtus au sommet ; 8 à
9 tours assez convexes, suture marquée ; ouverture petite, régulièrement
ovalaire, un peu allongée ; 1 pli supérieur lamelleux, médian et immergé ;
2 columellaires très petits, très immergés et tuberculeux ; 4 palataux
immergés et tuberculeux, le troisième un peu plus fort, le quatrième
obsolète ; test roux-clair, orné de stries fortes, un peu espacées et assez
régulières. — H. 6 1/2 ; D. 1 3/4 millimètres.

Rare ; les Angles (Basses-Alpes).

Pupa oparea, BOURGUIGNAT.

P. oparea, Brgt. *Nov. sp. in coll.*

Étroitement allongé, clausiliforme, atténué lentement de la base au
sommet ; 9 à 10 tours assez convexes, un peu haut, surtout le dernier,
suture assez accusée ; ouverture subtriangulaire, bien anguleuse dans le
bas, rétrécie dans le haut ; 2 plis supérieurs, minces, dont un logé vers la
suture, l'autre immergé ; 2 columellaires immergés, le premier le plus
fort logé dans l'angle supérieur ; 3 palataux, le premier atteignant seul le
péristome, le dernier assez petit ; péristome subcontinu, mince, légèrement évasé ; test roux-brun, orné de stries très fines, serrées, un peu
irrégulières. — H. 10 ; D. 2 1/2 millimètres.

Très rare ; le Tourmalet, Saint-Sauveur (Hautes-Pyrénées).

Pupa olearum, Bourguignat.

P. olearum, Brgt. *Nov. sp. in coll.*

Cylindrique-allongé, un peu ventru, assez rapidement atténué au sommet; 9 à 10 tours un peu convexes, progressifs, suture assez marquée; ouverture petite, ovalaire, bien arrondie en bas ; 2 plis supérieurs, rapprochés, le plus fort logé vers la suture, l'autre immergé ; 2 columellaires subégaux, assez forts mais immergés ; 2 palataux subégaux, le supérieur atteignant seul le péristome; péristome subcontinu, un peu épaissi, légèrement évasé ; test solide, subopaque, roux un peu jaunacé, orné de stries très fines, très serrées, assez régulières. — H. 8 ; D. 2 millimètres.

Assez rare; Ollioules (Var), environs de Marseille et d'Arles (B.-du-Rh.).

Pupa Magdalenæ, Bourguignat.

P. Magdal., Brgt. *Nov. sp. in coll.*

Petit, conoïde, assez étroit, lentement atténué de la base au sommet ; 8 à 9 tours peu convexes, suture peu profonde ; ouverture petite, subarrondie; 2 plis supérieurs subégaux, le premier logé vers la suture, le second médian et immergé ; 2 columellaires, le premier très petit et très immergé, le second robuste, mais n'atteignant pas le péristome; 3 palataux, le premier très petit, le second le plus fort atteignant seul le péristome; péristome subcontinu, un peu épaissi et réfléchi ; test un peu mince, brillant, corné-fauve, à peine striolé. — H. 6 1/2 à 7 ; D. 2 mill•

Assez rare; Var, Bouches-du-Rhône, etc.

Pupa rusticula, Bourguignat.

P. rustica, Brgt. *Nov. sp. in coll.*

Petit, un peu ovoïde-ventru, assez rapidement atténué vers le haut; 8 à 9 tours assez convexes, suture assez marquée ; ouverture presque régulièrement obovale, peu rétrécie dans le bas ; 2 plis supérieurs, le premier accompagné d'un léger tubercule et logé vers la suture, le second médian et immergé ; 2 columellaires forts, subégaux, distants et immergés ; 3 palataux, le premier le plus fort atteignant seul le péristome, le dernier très petit; péristome subcontinu, un peu épaissi et réfléchi ; test corné-roux, brillant, à peine striolé. — H. 6 à 7; D. 2 1/2 millimètres.

Rare ; Saint-Auban, près Briançonnet (Alpes-Maritimes).

Pupa Valcourtiana, Bourguignat.

P. Valcourt., Brgt. *Nov. sp. in coll.*

Petit, cylindracé, court, rapidement atténué au sommet ; 7 à 8 tours un peu convexes, suture assez marquée ; ouverture obovale-arrondie, non rétrécie en bas ; 2 plis supérieurs minces, le premier logé vers la suture, le second médian et immergé ; 2 columellaires immergés, le premier le plus fort ; 3 palataux, les deux premiers atteignant le péristome, le troisième petit ; péristome subcontinu, faiblement épaissi, un peu évasé ; test corné-roux, un peu brillant, à peine striolé. — H. 6 ; D. 2 millimètres.

Rare ; clus de Saint-Auban (Alpes-Maritimes).

K. — Groupe du *P. affinis*.

Grand, cylindrique très allongé ; péristome continu ; test striolé.

Pupa affinis, ROSSMÄSSLER.

P. aff., Rossm., 1879. *Icon.*, p. 26, pl. 49, fig. 642. — Loc. *Prodr.*, p. 166.

Galbe cylindrique-allongé, atténué aux extrémités ; 10 à 12 tours un peu convexes, suture assez marquée ; ouverture obovale, étroite, obtuse en bas ; 2 plis supérieurs vers la suture, très rapprochés et très inégaux ; 2 columellaires immergés, peu apparents ; 4 palataux, le supérieur rudimentaire, les trois autres arrivant jusqu'au péristome ; péristome interrompu, épais, légèrement évasé ; test corné-fauve, luisant, orné de 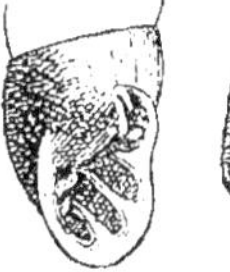

Fig. 441-445.

stries serrées, fines, subégales. — H. 10 à 11 ; D. 2 à 2 1/2 millimètres.

Peu commun ; les Pyrénées-Orientales.

Pupa clausiliformis, BOUBÉE.

P. clausilioides, Boub., 1835. *In Bull. hist. nat.*, p. 35. — Loc. *Pr.*, p. 165.

Fusiforme-cylindrique, spire allongée, à peine atténuée ; 10 tours presque plans, suture peu marquée ; ouverture irrégulièrement oblongue ; 2 plis supérieurs, dont un bifide logé vers la suture, l'autre petit et immergé ; 2 columellaires comprimés et immergés ; 3 palataux petits, l'inférieur enfoncé, parfois obsolète, le supérieur atteignant seul le péristome ; péristome un peu épaissi, continu, détaché, réfléchi ; test corné-roux, orné de stries très ténues, très rapprochées. — H. 8 ; D. 3 millim.

Rare ; vallée de la Barousse (Hautes-Pyrénées).

Pupa hordeum, STUDER.

P. hord., Stud., *in* Charp., 1837. *Cat. Suisse*, p. 16, pl. 2, fig. 7.

Fusiforme-cylindrique, spire allongée, rapidement atténuée à l'extrémité ; 9 à 10 tours assez convexes, suture accusée ; ouverture obovale-
allongée, un peu rétrécie en bas ; 2 plis supérieurs médiocres, dont un
vers la suture, l'autre immergé ; 2 columellaires enfoncés et inégaux ;
3 palataux arrivant presque au péristome ; péristome interrompu, un peu
mince, légèrement évasé ; test roux-vineux, assez solide, peu luisant,
orné de stries fines et serrées. — H. 9 à 10 ; D. 2 1/4 millimètres.

Rare ; Saint-Martin-le-Vinoux (Isère).

L. — Groupe du P. graniformis.

Galbe petit, cylindroïde ; péristome interrompu ; test striolé.

Pupa graniformis, DRAPARNAUD.

P. granum., Drap., 1801. Tabl. moll., p. 59. — Loc. Prodr., p. 169.

Galbe allongé, presque cylindrique, lentement atténué vers le haut ;

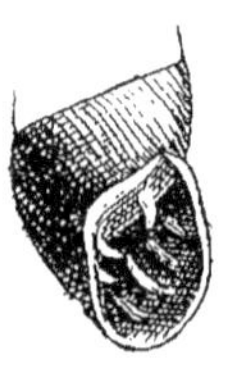

7 à 9 tours assez convexes ; suture assez marquée ;
ouverture subarrondie, obtuse en bas ; 1 pli supérieur vers le milieu et immergé ; 2 columellaires
profonds, l'inférieur plus petit ; 4 palataux n'atteignant pas le péristome, le troisième grand ; péristome interrompu, peu évasé, non réfléchi, mince,
tranchant ; test un peu luisant, corné-fauve, orné de
stries fines peu saillantes.—H. 4 à 5 ; D. 1 à 1 3/4 m.

FIG. 446-447.

Commun ; presque partout dans le Midi.

Genre ORCULA, Held.

Coquille dextre, moyenne, subcylindrique-courte, obtuse ; ombilic
fendu ; ouverture arrondie, dentée ; péristome interrompu.

A. — Groupe de l'O. cylindrica.

Galbe complètement cylindrique, aussi haut en haut qu'en bas.

Orcula cylindrica, MICHAUD.

Pupa cylindr., Mich., 1829. In Soc. Lin. Bord., p. 269, fig. 17-18.— O. cylindr.,
Loc., Prodr., p. 170.

Galbe cylindrique, brusquement atténué au sommet ; 11 à 12 tours un

peu aplatis, suture assez marqnée; ouverture arrondie-ovale, étroite;
2 plis supérieurs, l'un vers la suture et parfois
double, l'autre médian et immergé; 2 columellaires immergés, peu marqués; 4 palataux, le premier très court et très enfoncé, les trois autres très
longs, arrivant jusqu'au péristome; péristome
subinterrompu, évasé, un peu réfléchi, peu tranchant; test corné-fauve, peu luisant, orné de stries

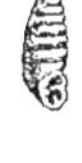

Fig. 448-449.

très fines, régulières et serrées. — H. 7 à 8; D. 2 1/4 à 3 millimètres.

Assez rare; région pyrénéenne orientale.

Orcula cylindriformis, Bourguignat.

O. cylindrif., Brgt. *Nov. sp. in coll.*

Cylindrique, très allongé, relativement un peu étroit; 12 à 13 tours à
peine convexes, suture peu marquée; ouverture relativement petite,
ovalaire-allongée, à bords latéraux subparallèles; 2 plis supérieurs, l'un
au voisinage de la suture, l'autre rapproché et immergé; 2 columellaires
immergés, le premier un peu étroit et allongé, le second plus court et un
peu moins profond; 4 palataux, le premier rudimentaire, le second le
plus robuste atteignant seul le péristome; les deux derniers plus petits;
péristome interrompu, un peu épais, évasé; test corné-roux sombre, orné
de stries très fines, régulières et serrées. — H. 8 1/2 à 10; D. 2 1/2 à 3 m.

Rare; la Prats (Pyrénées-Orientales), Rians (Var), etc.

Orcula corrugata, Locard.

O. corrugata, Loc., 1890. *Nov. sp.*

Cylindrique-allongé, très rapidement atténué au sommet; 11 à 12 tours
légèrement convexes, suture marquée; ouverture relativement petite,
ovalaire-allongée; 2 plis supérieurs, le premier bifide logé vers la suture,
le second immergé; 2 columellaires atteignant le péristome accompagné
de 2 à 4 petits plis péristoméens; 4 palataux dont trois atteignant le péristome, accompagnés de 3 à 4 petits plis péristoméens; péristome épais,
évasé, réfléchi; test corné fauve, non brillant, orné de stries tres fines,
régulières et rapprochées. — H. 7 à 8; D. 2 3/4 à 3 millimètres.

Rare; Villefranche (Pyrénées-Orientales).

Assez grand; ovoïde-ventru, atténué en haut.

Orcula doliformis, DRAPARNAUD.

Pupa dolium, Drap., 1801. *Tabl. moll.*, p. 58. — *O. dolium*, Held, 1857. *In Isis*, p. 919. — Loc. *Prodr.*, p. 170.

Subcylindrique-ovoïde, un peu ventru; 8 à 9 tours un peu convexes, suture assez marquée; ouverture semi-ovale; 1 pli supérieur médian, mince; 2 columellaires logés vers le haut, le deuxième plus grand, et rarement un troisième obsolète; palataux nuls; péristome interrompu, assez évasé, peu épaissi, peu réfléchi; test brun ou corné-fauve, un peu luisant, orné de stries fines, assez inégales, souvent effacées. — H. 6 1/2 à 8; D. 2 3/4 à 3 1/2 millimètres.

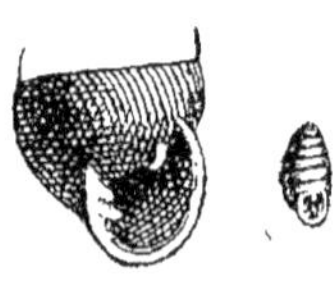

Fig. 450-451.

Peu commun; régions septentrionale et orientale.

Orcula uniplicata, ZIEGLER.

Pupa unip., Ziegl., *in* Pot. et Mich. 1838, *M. Douai*, t. I, p. 176, pl. 17, fig. 13-14.

Cylindrique un peu allongé, 9 à 10 tours faiblement convexes, suture assez marquée; ouverture semi-ovale; 1 pli supérieur médian, mince; 1 seul pli columellaire atteignant presque le péristome; péristome interrompu, évasé, peu épais, peu réfléchi; test corné brun-clair, assez luisant, orné de stries très fines, inégales, un peu effacées. — H. 8; D. 3 1/4 m.

Rare; régions élevées des Alpes, alluvions du Rhône à Lyon.

C. — Groupe de l'*O. dolioliformis*.

Assez petit; non atténué vers le haut.

Orcula dolioliformis, BRUGUIÈRE.

Bulimus doliolum, Brug., 1792. *Encycl méth.*, p. 351. — *O. doliolum*, C. Pfeiff., 1865. *In Malac. Blätt.*, XII, p. 104. — Loc. *Prodr.*, p. 171.

Galbe subcylindrique, atténué en bas, très obtus en haut; 7 à 8 tours faiblement convexes, suture médiocre; ouverture étroite obovale-arrondie; 1 pli supérieur médian grand et, mince; 2 columellaires enfoncés, l'inférieur plus marqué; palataux nuls; péristome interrompu, évasé, réfléchi, un peu épais; test corné-gris ou roux, peu luisant, orné de stries fortes, lamelliformes, rapprochées, régulières. — H. 4 1/2 à 5; D. 2 1/4 à 2 1/2 mill.

Fig. 452-453.

Assez commun; un peu partout.

Orcula Alpium, Bourguignat.

O. Alpium, Brgt. *Nov. sp. in coll.*

Presque cylindrique, étroitement allongé, à peine atténué en bas;
10 tours à peine convexes, suture peu marquée; ouverture étroitement
ovalaire; 1 pli supérieur médian assez fort; 2 columellaires immergés;
péristome évasé, réfléchi, peu épais; test corné-roux, peu brillant, orné
de stries fortes, régulières. — H. 5 1/2 à 6; D. 2 1/4 millimètres.

Rare; clus de St-Auban, Saorgio, de Fontan à Damas (Alpes-Mar.).

Orcula sublævis, Bourguignat.

O. sublævis, Brgt. *Nov. sp. in coll.*

Presque cylindrique, à peine atténué en bas; 8 tours très peu convexes,
suture très médiocre; ouverture obovale-arrondie; 1 pli supérieur médian
grand et mince; 1 seul columellaire assez petit et renfoncé; péristome
interrompu, évasé, réfléchi, un peu épaissi; test corné-roux clair, peu
luisant orné de stries plus ou moins obsolètes. — H. 5 1/2 à 6; D. 2m.

Rare; Menton (Alpes-Maritimes).

Orcula Saint-Simonis, Bourguignat.

O. S.-Sim., Brgt., *in* Gourd., 1881. *In B. S. Toul*, p. 93. — Loc. *Pr.*, p. 171.

Subcylindrique un peu allongé, atténué dans le bas; 10 tours peu convexes, suture peu marquée; ouverture obovale-arrondie; 1 pli supérieur
médian grand et mince; 2 columellaires enfoncés, l'inférieur plus robuste;
péristome réfléchi, un peu épais; test orné de stries lamelleuses écartées,
sinueuses, d'un corné-pâle ou grisâtre.— H. 5 1/2 à 6; D. 2 1/2 millim.

Peu commun; Haute-Garonne, Lot-et-Garonne, etc.

Orcula Macei, Bourguignat.

O. Macei, Brgt. *Nov. sp. in coll.*

Subcylindrique très allongé, assez fortement atténué dans le bas;
10 tours peu convexes, suture peu marquée; ouverture relativement
petite, arrondie, un peu rétrécie dans le bas; 1 pli supérieur médian assez
fort; 1 columellaire enfoncé, robuste et bien arqué; péristome réfléchi,
peu épais; test orné de stries fines, serrées, un peu sinueuses, d'un corné-
grisâtre. — H. 5 1/2 à 6 1/2; D. 2 millimètres.

Assez rare; clus de St-Auban, Briançonnet, Alpes-Mar. env., de Lyon.

Orcula Bourguignati, Macé.

O. Bourguign., Macé. *Nov. sp. in coll.* Brgt.

Subcylindrique court et trapu, atténué assez fortement dans le bas ; 8 tours à peine convexes, suture peu marquée; ouverture obovale, arrondie en bas ; 1 pli supérieur médiocre, assez fort et très arqué ; 2 columellaires enfoncés, l'inférieur plus robuste; péristome évasé, réfléchi, peu épais; test corné-clair, orné de stries fines, espacées.— H. 5; D. 2 1/2 m.

Rare; Briançonnet, clus de Saint-Auban, Menton (Alpes-Maritimes).

Orcula macrotriodon, Bourguignat.

O macrotriod., Brgt. *Nov. sp. in coll.*

Petit, cylindroïde, très court et très trapu, atténué dans le bas ; 8 tours assez convexes, suture marquée; cuverture subarrondie ; 1 pli supérieur médian fort et très arqué ; 2 columellaires enfoncés, l'inférieur robuste et arqué ; péristome évasé, réfléchi, un peu épaissi ; test corné-roux, orné de stries fines, peu marquées, assez écartées. — H. 4 3/4; D. 2 3/4 millim.

Rare ; Santa-Clara, vallée de Caïros, près Saorgio (Alpes-Maritimes).

Genre CORYNA, Westerlund.

Coquille petite, dextre, cylindrique; ombilic en fente; ouverture rétrécie, dentée; péristome continu; sommet arrondi.

Coryna biplicata, Michaud.

Pupa biplic., Mich., 1831. *Compl.*, p. 62, pl. 15, fig. 33-34. — *Sphyradium biplic.*, Loc. *Pr.*, p. 172.— *Coryna bipl.*, West., 1887. *Fauna pal.*, III, p. 89.

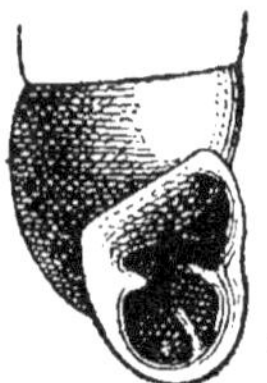

Galbe exactement cylindrique, étroitement allongé, très obtus-arrondi au sommet; 8 à 9 tours très peu convexes, suture accusée; ouverture subtriangulaire, arrondie en bas; 1 pli supérieur médian, allongé, immergé; 1 columellaire supérieur fort et émergé; 4 palataux, l'inférieur et le supérieur rudimentaires et profonds, les deux autres lamelliformes et atteignant le péristome; péristome continu, évasé, réfléchi, peu épais; test peu luisant, corné-jaunâtre, orné de stries à demi-effacées. — H. 4 1/2; D. 1 1/2 millimètre.

Fig. 454-455.

Très rare; alluvions du Rhône à Lyon.

Coryna Locardi, BOURGUIGNAT.

Sphyradium Locardi, Brgt., *in* Loc., 1882. *Prodr.*, p. 172 *(sine descr.).*

Exactement cylindrique, un peu court et renflé, bien arrondi au sommet ;
7 à 8 tours presque plans, suture très peu marquée ; ouverture ovalaire,
un peu anguleuse en bas ; 1 pli supérieur médian, allongé, arqué, presque
immergé ; 1 columellaire lamelleux et robuste, médian, oblique, atteignant presque le péristome ; 3 palataux, l'inférieur et le supérieur rudimentaires, le médian comme tuberculeux sur le péristome ; péristome
évasé, réfléchi, un peu épais ; test luisant, corné très clair, à peine
striolé. — H. 4 1/2 ; D. 1 3/4 millimètre.

Très rare ; bief de Saint-Jeannet, vallée de Cagne (Alpes-Maritimes).

Coryna Ferrari, PORRO.

Pupa Ferrari, Por., 1840. *Prov. Comas.*, p. 57, pl. 1, fig. 4.—*Sphyr. Ferrari*,
Loc., *Prodr.*, p. 172. — *C. Ferrari*, West., 1887. *Fauna Palear.*, III, p. 90.

Subcylindrique, un peu court, légèrement renflé dans le haut ; 8 à
10 tours peu convexes, suture peu profonde ; ouverture oblongue, droite,
subanguleuse en bas ; 1 pli supérieur, médian, robuste, un peu
immergé ; 1 columellaire épais, court, n'atteignant pas le péristome ;
3 palataux, dont un tuberculeux sur le péristome, et deux rudimentaires
immergés, parfois accompagnés de deux autres un peu plus petits ; péristome continu, un peu évasé, assez épaissi ; test corné-jaunacé, peu brillant, orné de stries costulées, rapprochées.— H. 3 1/2 à 4 ; D. 1 3/4 m.

Rare ; Menton, tumulus de Nove (Alpes-Maritimes).

Coryna Blanci, BOURGUIGNAT.

Pupa Blanci, Brgt., 1873. *In Soc. Cannes*, III, p. 288. — *Sphyr. Blanci*,
Loc., *Pr.*, p. 172.

Subcylindrique un peu court, légèrement atténué vers le haut ; fente
ombilicale ouverte et évasée ; 9 tours très peu convexes, suture assez
marquée ; ouverture un peu irrégulièrement rétrécie, comme canaliculée
en bas ; 2 plis supérieurs étroits et profonds, le premier médiocre, le
second vers la columelle ; 1 columellaire immergé ; 3 palataux, dont un
tuberculeux sur le péristome, et deux autres rudimentaires très immergés,
parfois accompagnés de deux autres encore plus petits ; péristome continu,
évasé, réfléchi, un peu épais ; test corné-rouge, orné de stries costulées
régulières et très rapprochées. — H. 5 ; D. 2 millimètres.

Rare ; Menton, Vence (Alpes-Maritimes).

Coryna curta, Locard.

C. curta, Loc., 1890. *Nov. sp.*

Subcylindrique très court et très trapu, à peine atténué dans le bas ;
7 à 8 tours assez convexes, suture marquée ; ouverture trapézoïdale, un
peu rétrécie dans le bas, comme canaliculée dans le haut ; 1 pli supérieur
robuste, médian et émergé ; 1 columellaire également robuste et immergé,
un peu supérieur ; 3 palataux, dont un tuberculeux sur le péristome et
d'autres rudimentaires très peu visibles ; péristome continu, épaissi,
légèrement évasé ; test corné-roux, orné de stries costulées fines et
serrées. — H. 3 1/4 à 4 ; D. 1 3/4 millimètre.

Rare ; Menton et Saint-Martin-de-Lentosque (Alpes-Maritimes).

Genre PAGODINA, Stabile.

Coq. dextre, petite, ovoïde-courte ; ombilic en fente virguliforme ;
ouverture non dentée ; test costulé ; dernier tour remontant.

Pagodina pagodula, des Moulins.

Pupa pagodula, Des Moul., 1830. *Bull. Soc. Linn. Bord.*, IV, p. 158, fig. 1-5.
— *Pagodina pagodula*, Loc., 1882. *Prodr.*, p. 172.

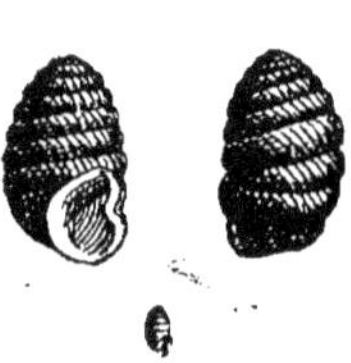

Galbe cylindro-ovoïde, un peu ventru, parfois
obové ; 7 à 8 tours légèrement convexes, suture assez
marquée, l'avant-dernier tour plus petit que le dernier, celui-ci aplati, marqué d'un sillon dorsal,
remontant fortement vers l'ouverture, ouverture
presque quadrigone, obtuse en bas ; péristome subcontinu, évasé, réfléchi, peu épais ; test mince, luisant, transparent, fauve-pâle comme cuivré, orné
de costulations élevées, serrées, régulières. — H.
3 ; D. 1 3/4 à 2 millimètres.

Fig. 456-458.

Rare ; Drôme, Var, Hautes-Alpes, Dordogne, Puy-de-Dôme, Alsace.

Pagodina austeniana, Nevill.

Pupa (Sphyradium) austeniana, Nev., 1880. *Proc. Lond.*, p. 170, pl. 13, fig. 9.

Ovoïde-conique ; 8 tours, les quatre premiers à croissance régulière
à peine convexes, les suivants plus convexes, renflés, le dernier comme
trilobé ; ouverture ascendante, avec son axe oblique, subtriangulaire

arrondie dans le bas ; péristome continu, évasé, épais, avec une saillie subdentiforme au milieu du bord externe ; test corné-fauve, orné de costulations obliques, filiformes, assez écartées. — H. 3 1/2 ; D. 2 millim.

Rare ; environs de Menton (Alpes-Maritimes).

Pagodina Bourguignati, Coutagne.

P. Bourg., Cout., 1881. *Bassin du Rhône*, p. 39. — Loc. *Prodr.*, p. 173.

Globuleux-cylindrique, très petit ; 5 tours assez convexes, suture accusée, les 2 derniers presque égaux ; ouverture subarrondie ; 1 lamelle palatale non visible ; 1 pli spiral très immergé ; test orné de costulations lamelleuses saillantes, rapprochées. — H. 1 1/2 ; D. 3/4 millimètre.

Rare ; vallon de Rognac (Bouches-du-Rhône).

Genre PUPILLA, Leach.

Coq. très petite, cylindracée ; ombilic ouvert ; ouverture dentée ou non.

A. — Groupe du *P. umbilicata*.

Péristome sans bourrelet extérieur.

Pupilla umbilicata, Draparnaud.

Pupa umbil., Drap., 1801. *Tabl. moll.*, p. 58. — *Pupilla umbil.*, Beck, 1837. *Index moll.*, p. 84. — Loc. *Prodr.*, p. 173.

Galbe cylindro-ovoïde, un peu atténué en haut ; 7 à 8 tours peu convexes, le dernier un peu plus grand, renflé, suture assez marquée ; ombilic très évasé ; ouverture obliquement obovale, obtuse en bas ; 1 pli supérieur touchant l'extrémité du bord externe ; péristome interrompu, blanc, corné, réfléchi, très épais, tranchant ; test mince, luisant, corné-fauve ou jaunacé, orné de stries fines, très serrées, à demi-effacées. — H. 4 à 5 ; D. 2 m.

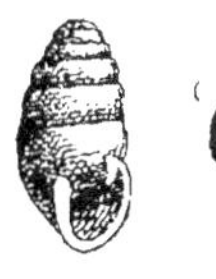

Fig. 459-460.

Commun ; presque partout, dans les régions basses ou submontagneuses.

Pupilla Semproni, de Charpentier.

Pupa Semproni, Charp., 1837. *Cat. Suisse*, p. 15, pl. 2, fig. 4. — *Pupilla Sempr.*, Adams, 1858. *Gen. Moll.*, p. 170. — Loc. *Prodr.*, p. 173.

Subcylindro-ovoïde, un peu atténué en haut; 7 tours peu convexes,
suture profonde ; ombilic évasé; ouverture obliquement ovalaire, obtuse
en bas ; 1 pli supérieur logé vers la suture, peu accusé ; péristome épais,
réfléchi, interrompu, tranchant; test corné-jaunâtre, luisant, orné de stries
très fines à demi-effacées. — H. 4; 1 3/4 millimètre.

Peu commun; principalement dans les régions montagneuses.

Pupilla Villæ, DE CHARPENTIER.

Pupa Villæ, Charp., *in* Küst., 1859. *Conch. cab.*, p. 107, pl. 14, fig. 32-33.

Subcylindrique, étroitement allongé, obtus au sommet; 6 tours à peine
onvexes, suture peu marquée ; ombilic petit; ouverture étroitement ovalaire, un peu rétrécie en bas; 1 pli supérieur presque médian ; péristome
épais, réfléchi, interrompu ; test corné roux-fauve, brillant, péristome
carnéolé, orné de stries très fines, rapprochées. — H. 4 1/2; D. 1 1/2 m.

Rare; route de Fontan à Saint-Damas (Alpes-Maritimes).

Pupilla Sabaudina, LOCARD.

Pupa umbilicata, var., Brgt , 1864. *Malac. Aix-les-Bains*, p. 52.

Galbe du *Semproni*; 7 tours légèrement convexes; ouverture bidentée;
1 pli supérieur touchant l'extrémité du bord extérieur ; 1 petit pli sur la
partie médiane de la columelle ; péristome interrompu, évasé, réfléchi,
épais, tranchant; test mince, luisant, corné ou verdâtre, orné de stries
fines, très serrées, demi-effacées. — H. 3 1/2 à 4; D. 1 3/4 millimètre.

Rare; Aix-les-Bains, Chambéry (Savoie).

Pupilla dilucida, ZIEGLER.

Pupa diluc., Ziegl., *in* Rossm., 1837. *Icon.*, p. 15, fig. 326. — Loc. *Pr.*, p. 174

Cylindrique, pas plus atténué en haut qu'en bas; 6 tours peu convexes,
suture assez marquée ; ombilic très étroit; ouverture demi-obovale, sans
aucun pli ; péristome réfléchi, épais, évasé, tranchant ; test corné-fauve,
brillant, presque lisse. — H. 4; D. 1 1/2 millimètre.

Rare ; le Midi, Gers, Hérault, Haute-Garonne, Gironde, Alpes-Maritimes.

B. — Groupe du *P. muscorum.*

Péristome avec un bourrelet externe.

Pupilla muscorum, LINNÈ.

Turbo muscor., Lin., 1758. *Syst. nat.*, p. 767. — *Pupilla muscor.*, Beck,
1837. *Ind. Moll.*, p. 84. — Loc. *Prodr.*, p. 174.

Galbe ovoïdo-cylindrique; 6 à 7 tours peu convexes, suture profonde; ombilic médiocre; ouverture arrondie, très obtuse en bas; 1 pli supérieur dentiforme, immergé; péristome interrompu, peu évasé, à peine réfléchi, mince, tranchant, avec bourrelet externe blanc-roux; test miince un peu luisant, corné-fauve ou jaunacé, orné de stries fines, presque effacées. — H. 4 à 5; D. 1 1/2 millimètre.

Commun; presque partout.

Fig. 461-463.

Pupilla simplex, Locard.

Pupa muscorum, var. edentula, Moq., 1855. *Hist. moll.*, II, p. 392.

Ovoïde-subcylindracé, court et trapu; 5 à 6 tours assez convexes, suture très accusée; ombilic médiocre; ouverture bien arrondie surtout en bas, sans traces de plis; péristome interrompu, peu évasé, très peu réfléchi, mince, tranchant, avec léger bourrelet interne roux-rosé; même test corné-fauve un peu clair. — H. 3 à 3 1/2; D. 1 1/2 millimètre.

Rare; Rhône, Ain, Allier, Nièvre, etc.

Pupilla Saliniensis, Bourguignat.

P. Saliniensis, Brgt. *Nov. sp. in coll.*

Subcylindrique un peu allongé; 7 tours assez convexes, suture bien profonde; ombilic médiocre; ouverture relativement petite, bien ronde; péristome interrompu, un peu épais, assez évasé, avec un fort bourrelet blanc externe; 1 pli dentiforme supérieur exactement médian, un peu immergé; test un peu mince, corné roux-clair, un peu transparent, orné de stries fines. — H. 3 1/2; D. 1 1/4 millimètre.

Rare; Salins (Jura).

Pupilla bigranata, Rossmassler.

Pupa bigran., Rossm., 1838. *Icon.*, p. 27, pl. 49, fig. 645. — *Pupilla bigran.* L. Pfeiff., 1855. *In Malak. blätt.*, p. 177. — Loc. *Prodr.*, p. 174.

Cylindrique, un peu ventru; 6 à 7 tours peu convexes, suture profonde; ombilic médiocre; ouverture arrondie en croissant; 1 pli supérieur dentiforme assez accusé; 1 palatal très court; péristome à peine réfléchi, avec un bourrelet blanc externe; bord columellaire bien arqué; test corné-fauve ou jaunacé, orné de striations peu sensibles.— H. 4 à 5; D. 1 1/4 m.

Peu commun; presque partout.

Pupilla Masclaryana, Paladilhe.

Pupa Masclary., Palad., 1865. *Miscel.*, p. 11, pl. 1, fig. 1-3.— *P. Masclary.*, Loc. *Pr.*, p. 175.

Obèse-ventru, court et trapu; 6 1/2 tours assez convexes, suture très accusée; ombilic en fente; ouverture petite, obliquement ovalaire; 1 pli supérieur médian dentiforme et profond; 1 palatal lamelliforme, épais, immergé; péristome aigu, droit, légèrement épaissi en dedans, avec bourrelet externe blanchâtre, rugueux; test un peu opaque, corné, à peine striolé. — H. 3 ; D. 2 millimètres.

Rare; environs de Montpellier (Hérault).

Pupilla triplicata, Studer.

Pupa triplic., Stud., 1820. *Kurz. Verz.*, p. 59. — *Pupilla tripl.*, Beck, 1837. *Ind. moll.*, p. 84. — Loc. *Prodr.*, p. 175.

Cylindro-ovoïde; 6 à 7 tours un peu convexes, suture profonde;

ombilic presque horizontal, peu évasé; ouverture arrondie, très obtuse en bas; 1 pli supérieur dentiforme médian; 1 columellaire petit; 1 palatal inférieur, très court, immergé; péristome réfléchi, peu épais, avec bourrelet blanchâtre un peu éloigné de l'ouverture; test corné-fauve

Fig. 464-465.

ou rougeâtre, orné de stries extra-fines, régulières, presque effacées. — H. 2 1/2 à 3 ; D. 1 1/4 millimètre.

Assez commun; un peu partout.

Pupilla Tardyana, Bourguignat.

P. Tardy., Brgt. *Nov. sp. in coll.*

Ovoïde-conique, court et trapu; 6 tours bien convexes, suture bien profonde; ombilic assez évasé; ouverture relativement assez grande, bien ronde, oblique; trois plis disposés comme chez le *triplicata*, mais plus forts et plus accusés; test roux-fauve, orné de stries très délicates. — H. 2 1/2; D. 1 1/2 millimètre.

Très rare; environs de Salins (Jura).

Genre ISTHMIA, Gray.

Coq. très petite, dextre, cylindrique-courte; ombilic en fente; ouverture subarrondie; péristome très mince; plis nuls ou presque nuls.

Isthmia muscorum, DRAPARNAUD.

Pupa musc., Drap., 1801. *Tabl. moll.*, p. 56. — *Isth. musc.*, Loc. *Pr.*, p. 176.

Galbe cylindrique ; 5 à 6 tours peu convexes, suture médiocre, le dernier à peine
plus grand ; ouverture oblique, semi-ovale,
très obtuse en bas, sans plis ou avec un à
trois plis à peine marqués ; péristome interrompu, peu évasé, peu réfléchi, légèrement
épais, presque tranchant, avec un faible
bourrelet externe blanchâtre ; test corné-
rougeâtre, un peu luisant, orné de stries

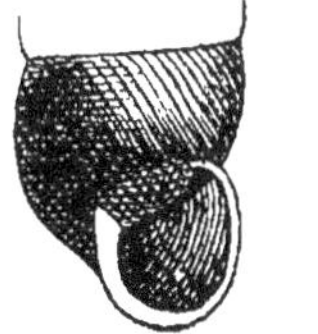

Fig. 466-467.1

sensibles, serrées, très étroites, égales. — H. 1 3/4 à 2 ; D. 1/2 millim.

Commun ; presque partout, plus rare dans le Nord.

Isthmia inornata, MICHAUD.

Pupa inorn., Mich., 1831. *Compl.*, p. 63, pl. 15, fig. 31-32. — *Isthmia inorn.*,
Loc. *Prodr.*, p. 177.

Cylindrique-allongé ; 7 à 9 tours un peu convexes, suture assez marquée ; ouverture ovale-arrondie, très obtuse en bas ; plis nuls ; péristome
interrompu, évasé, peu réfléchi, peu épaissi, presque tranchant, sans
bourrelet extérieur ; test corné-fauve, orné de stries peu visibles, serrées,
très fines. — H. 2 1/2 à 3 1/2 ; D. 3/4 à 1 1/3 millimètre.

Assez rare ; un peu partout.

Isthmia edentula, DRAPARNAUD.

Pupa edent., Drap., 1805. *Hist. moll.*, p. 52, pl. 3, fig. 28-29. — *Isthmia
edent.*, Loc. *Prodr.*, p. 177.

Cylindro-ovoïde ; 5 à 6 tours, suture
bien marquée ; ouverture arrondie, très
obtuse en bas ; plis nuls ; péristome interrompu, à peine évasé, non réfléchi,
mince, tranchant, sans bourrelet externe ;
test luisant, corné-fauve, presque lisse,
orné de stries serrées, très peu apparentes. — H. 2 à 3 ; D. 1 1 à 1/2 millim.

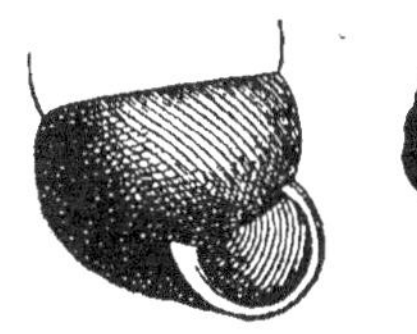

Fig. 468-469.

Peu commun ; un peu partout, plus rare dans le Midi.

Isthmia Strobeli, GREDLER.

Pupa Strob., Gredl., 1856. *Tirol conch.*, p. 114. — *Isth. Strob.*, Cless., 1877.
Moll. Schweitz, p. 266, fig. 165.

Très petit, cylindro- ovoïde un peu renflé ; 5 à 6 tours, suture accusée ; ouverture subarrondie, un peu rétrécie vers le bas ; 1 pli supérieur médian ; 1 columellaire également médian ; 1 palatal, tous trois très petits et immergés ; péristome interrompu, à peine réfléchi, mince, tranchant, avec un très léger bourrelet externe ; test luisant, corné-roux, orné de stries très fines peu apparentes. — H. 1 1/2 ; D. 2/3 millimètre.

Rare ; alluvions de la Garonne à Toulouse et à Bordeaux.

Isthmia claustralis, GREDLER.

Pupa claustr., Gred., 1856.—*Tirol conch.*, p. 116, pl. 12, fig. 1. — *Isth. claustr.*, Cless., 1877. *Moll. Schweitz*, p. 269, fig. 168.

Cylindrique un peu court ; 6 à 6 1/2 tours, suture accusée ; ouverture subrectangulaire un peu allongée, obtuse en bas ; 1 pli supérieur médian, petit, immergé ; péristome interrompu, à peine réfléchi, tranchant, sans bourrelet externe ; test un peu luisant, corné-roux, très finement striolé. — H. 1 3/4 à 2 1/2 ; D. 1 millimètre.

Rare ; alluvions de la Garonne à Bordeaux.

Genre VERTIGO, Müller.

Coq. très petite, dextre ou sénestre, ovoïde ; ombilic en fente ; ouverture dentée ; péristome mince.

A. — Groupe du *V. antivertigo.*

Coquille dextre.

Vertigo antivertigo, DRAPARNAUD.

Pupa antiv., Drap., 1801. *Tabl. moll.*, p. 57. — *V. antiv.*, Mich., 1831. *Compl.*, p. 72. — Loc. *Prodr.*, p. 177.

Galbe ovoïde-ventru ; 5 tours assez convexes, suture très marquée ; ouverture obliquement ovale, un peu rétrécie, obtuse en bas ; 2 plis supérieurs immergés, dont un médian, l'autre vers la suture ; 2 columellaires plus ou moins enfoncés, parfois 2 plis supplémentaires, un en dessus, l'autre en dessous ; 3 palataux, le supérieur court, les 2 autres atteignant le péristome ; péristome continu,

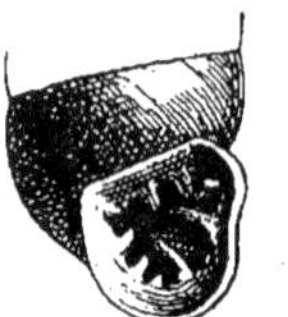

Fig. 470-471.

évasé, assez épais, tranchant, avec bourrelet externe; test brillant, corné-
brun ou roux, avec stries extra-fines. — H. 1 1/2 à 2 ; D. 3/4 à 1 1/2 m.

Assez commun; un peu partout.

Vertigo Desmoulinsiana, DUPUY.

Pupa Moulins., Dup., 1849. *Cat. extramar.*, n⁰ 284. — *V. Moulins.*, Moq.,
p. 815, *Hist. moll.*, II, p. 403, pl. 28, fig. 31-33. — Loc. *Prodr.*, p. 178.

Ovoïde-court, ventru ; 4 à 5 tours un peu convexes, le dernier grand,
suture assez marquée ; ouverture semi-ovale piriforme, presque aiguë à
la base ; 1 pli supérieur médian, immergé; 1 columellaire assez enfoncé ;
2 palataux arrivant jusqu'au péristome, l'inférieur plus développé; péristome subcontinu, évasé, réfléchi, avec un petit bourrelet externe; test
luisant, corné-fauve, presque lisse. — H. 2 1/2 à 3; D. 1 3/4 à 2 m.

Peu commun; un peu partout.

Vertigo pygmæa, DRAPARNAUD.

Pupa pygm., Drap., 1801. *Tabl. moll.*, p. 57. — *V. pygm.*, Fér., père, 1807.
Meth. conch., p. 124. — Loc. *Prodr.*, p. 179.

Subcylindrico-ovoïde, un peu ventru ; 5 à 6 tours convexes, suture
très marquée ; ouverture subovale, obtuse en
bas; 1 pli supérieur médian immergé; 1 columellaire assez saillant; 3 palataux, le
supérieur arrivant jusqu'au péristome, l'inférieur très rapproché du bord columellaire ;
péristome interrompu, peu évasé, légèrement
réfléchi, assez épais, avec bourrelet externe
saillant; test luisant, brun-fauve ou rougeâtre,
orné de stries fort peu apparentes. — H. 1 1/2 à 1 3/4; D. 1/2 à 3/4 m.

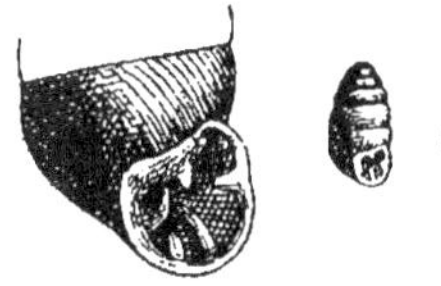

FIG. 472-473.

Peu commun; presque partout.

Vertigo Baudoni, MASSOT.

V. Baud., Mass., 1872. *Moll. Pyr.-Or.*, p. 72. — Loc. *Prodr.*, p. 179.

Ovoïde-globuleux ; 5 tours bien convexes, suture très accusée; ouverture semi-arrondie, très obtuse en bas; 2 plis supérieurs immergés, dont
un médian et plus grand; 2 columellaires enfoncés; 3 palataux, le
supérieur court, les deux autres arrivant jusqu'au péristome; péristome
continu, évasé, assez épais, avec bourrelet externe; test fauve roux-brun,
orné d'expansions épidermiques espacées et régulières. — H. 2; D. 1 m.

Très rare ; Tautavel (Pyrénées-Orientales).

Vertigo Shuttleworthiana, DE CHARPENTIER.

Pupa Shutt., Charp., *in* Pfeiff., 1847. *Zeitschr. malak.*, p. 148. — *V. Shutt.*,
Adams, 1853. *Gen. Moll.*, p. 172. — Loc. *Prodr.*, p. 179.

Ovoïde-court; 5 tours peu convexes, suture assez accusée; ouverture
semi-ovalaire; 1 pli supérieur comprimé, subimmergé, médian; 1 columellaire médian et assez profond; 2 palataux courts, atteignant presque
le péristome; péristome subcontinu, évasé, avec un bourrelet externe
faible; test corné-jaunacé, brillant, très finement striolé. — H. 2; D. 1 1/2 m.
Rare; alluvions du Rhône au Nord de Lyon.

Vertigo Loroisiana, BOURGUIGNAT.

Pupa Loroi., Brgt., 1860. *Mal. Bret.*, p. 65, pl. 2, fig. 7-9. — *Pupilla Loroi.*
Loc. *Prodr.*, p. 175.

Ovoïde-cylindrique; 6 tours convexes, suture profonde; ouverture obovale; 1 pli supérieur médian,
immergé; 1 columellaire médian et profond; 2 palataux rapprochés reposant sur le bourrelet interne;
péristome double, l'un intérieur sous forme de
bourrelet blanchâtre, le second simple, aigu, un peu
réfléchi, discontinu; test corné-fauve, brillant, à
peine finement striolé. — H. 2 1/2; D. 1 millimètre.

FIG. 474-475.

Rare; environs de Vannes (Morbihan).

B. — Groupe du *V. pusilla.*

Coquille sénestre.

Vertigo pusilla, MÜLLER.

V. pusilla, Müll., 1774. *Verm. hist.*, II, p. 124. — Loc. *Prodr.*, p. 180.

Galbe ovoïde-ventru; 5 à 6 tours convexes, suture marquée; ouver-

ture subcordiforme-obovale, obtuse en bas;
2 plis supérieurs, dont un médian très
saillant, l'autre vers la suture; 3 columellaires, les 2 supérieurs très marqués, l'inférieur dentiforme, rudimentaire; 2 palataux
arrivant au péristome, l'inférieur très
grand; péristome subcontinu, évasé, réfléchi, très épais, tranchant, avec un gros

FIG. 476-477.

bourrelet externe ; test fauve-brun ou jaunâtre, brillant, presque lisse. — H. 1 1/2 à 3 ; D. 1/2 à 1 millimètre.

Peu commun ; un peu partout.

Vertigo plicata, A. MÜLLER.

V. plicata, Müll., 1828. *In* Wiegm. *Arch.*, p. 210, pl. 4, fig. 6. – *V. Venetzi*, Loc. *Prodr.*, p. 179.

Ovoïde-ventru ; 5 tours convexes, l'inférieur subbicaréné, suture très marquée ; même ouverture ; 2 plis supérieurs, dont un très apparent logé vers la suture, l'autre immergé ; 1 columellaire sinueux ; 2 palataux arrivant presque au péristome ; péristome subcontinu, évasé, réfléchi, épais, tranchant, avec un gros bourrelet externe ; test fauve-brun ou jau-nâtre, brillant, presque lisse. — H. 1 1/2 ; D. 1/2 à 4/5 millimètres.

Assez rare ; un peu partout.

Vertigo nana, MICHAUD.

V. nana, Mich., 1831. *Compl.*, p. 71, pl. 15, fig. 24-25.

Subcylindroïde, ventru ; 5 tours un peu convexes ; ouverture subcordiforme-obovale, obtuse en bas ; 2 plis supérieurs, dont un un peu plus apparent ; 1 columellaire rudi-mentaire ; 2 palataux courts, l'inférieur plus petit, le plus souvent obsolète ; péristome subcontinu, évasé, réfléchi, plus épais, tran-chant, avec bourrelet externe assez fort ; test corné-roux, brillant, presque lisse. — H. 1 1/2 ; D. 1/2 millimètre.

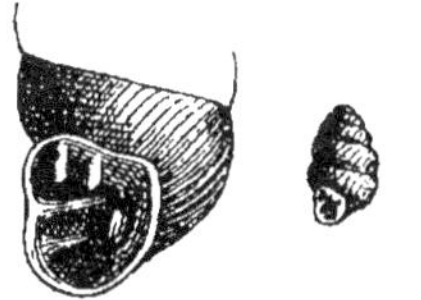

FIG. 478-479.

Rare ; alluvions du Rhône, au Nord de Lyon.

AURICULIDÆ

Coq. spirale, ovoïde ; ouverture à péristome désuni. dentée ; colu-mella plissée ; fente ombilicale presque nulle.

Genre CARYCHIUM, Müller.

Coq. très petite, ovoïde-courte ; ouverture piriforme, à bord externe unidenté ; péristome subcontinu, réfléchi ; suture profonde.

Carychium minimum, Müller.

C. minimum, Müll., 1774. *Verm. Hist.*, II, p. 225. — Loc. *Prodr.*, p. 181.

Fig. 480.

Galbe ovoïde-oblong, spire allongée; 5 tours convexes, croissance rapide et progressive, le dernier plus ventru, suture profonde, submarginée; ouverture étroite, ovale-oblongue, égale aux 2/5 de la hauteur totale; 1 lamelle supérieure médiane, assez forte; 1 pli columellaire dentiforme accusé; une callosité tuberculaire sur le milieu du bord externe; péristome plus ou moins bordé; test blanchâtre, luisant, transparent, orné de stries très fines et régulières. — H. 2 à 2 1/2; D. 1 millimètre.

Peu commun; presque partout dans les régions basses et les vallées.

Carychium tridentatum, Risso.

Saraphia trident., Risso, 1826. *Eur. mer.*, IV, p. 84. — *C. trident.*, Brgt. 1857. *Amén. malac.*, II, p. 44, pl. 15, fig. 12-13. — Loc. *Prodr.*, p. 181.

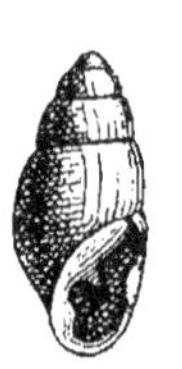

Fig. 481.

Oblong fusiforme, spire allongée; 6 tours convexes, croissance un peu lente, le dernier grand, un peu ventru, suture simple et profonde; ouverture étroitement ovale, acuminée dans le haut, égale au 1/3 de la hauteur; 1 lamelle supérieure, saillante; 1 pli columellaire dentiforme fort; péristome bordé, un peu réfléchi, avec une denticulation plus ou moins forte sur le bord externe; test blanchâtre, luisant, transparent, entièrement lisse. — H. 3; D. 1 1/4 millimètre.

Peu commun; la France centrale et méridionale.

Carychium striolatum, Bourguignat.

C. striol., Brgt., 1857. *Amén. mal.*, II, p. 46, pl. 10, fig. 11-12. — Loc. *Pr.*, p. 182.

Oblong-fusiforme, spire allongée; 6 tours convexes, le dernier grand, suture simple, profonde; ouverture ovale, acuminée, égale au 1/3 de la hauteur; 1 lamelle supérieure très saillante, logée près de la columelle; 1 pli columellaire très fort; un tubercule saillant sur le milieu du bord externe; péristome fortement bordé, un peu réfléchi; test diaphane, blanchâtre, très finement strié. — H. 3; D. 1 millimètre.

Rare; principalement vers le Nord-Est, Aisne, Aube, etc.

Carychium Rayianum, Bourguignat.

C. Rayian., Brgt., 1867. *Am. mal.*, II, p. 47, pl. 10, fig. 13-14. — Loc. *Pr.*, p. 82.

Ovoïde-conique, spire conique, obtuse; 5 tours convexes , le dernier grand, suture simple et profonde; ouverture ovale-oblongue dépassant le 1/3 de la hauteur; 1 pli supérieur peu distinct, vers la columelle ; 1 pli columellaire obsolète; péristome simple, à peine bordé, avec une callosité à peine sensible sur le bord externe; test hyalin et lisse. — H. 2; D. 1 m.

Rare; environs de Troyes et de Paris.

Genre ALEXIA, Leach.

Coquille moyenne, oblongue, spire assez haute, pointue; dernier tour arrondi en bas; suture peu profonde; péristome subcontinu.

A. — Groupe de l'*A. myosotis*.

Test lisse;ouverture sans plis palataux.

Alexia myosotis, DRAPARNAUD.

Auricula myosotis, Drap., 1802. *Tabl. moll.*, p. 53. — *A. myosotis*, Mörch, 1852. *Cat. Yoldi*, p. 38, — Loc. *Prodr.*, p. 183.

Galbe ovoïde-allongé; 8 à 9 tours un peu convexes croissance progressive, le dernier un peu renflé, suture simple, peu profonde ; ouverture ovale-oblongue égale aux 2/3 de la hauteur totale, légèrement anguleuse dans le haut, étroitement arrondie dans le bas ; 2 plis supérieurs, le premier petit, enfoncé et ponctiforme, l'inférieur très saillant et lamelliforme ; 1 columellaire peu marqué; péristome peu épaissi; test assez solide, luisant, brun-fauve ou violacé, à stries effacées. — H. 8 à 10; D. 3 1/2 à 4 m.

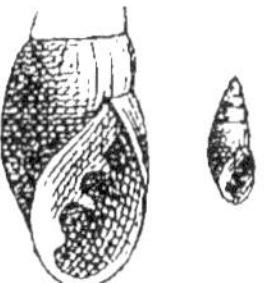

Fig. 482-483.

Commun; littoral maritime, surtout dans le Midi.

Alexia Hiriarti, DE FOLIN ET BÉRILLON.

A. myosotis, var. Hiriarti, Fol., Bér., 1874. *Contr. Sud-Ouest*, p. 88. — *A. Hiriarti*, Fagot, 1880. *Moll. Basses-Pyr.*, p. 17. — Loc. *Prodr.*, p. 183.

Subcylindroïde, étroitement allongé; spire haute, effilée, dernier tour non ventru; ouverture assez étroite; même ornementation et coloration que le *myosotis*; péristome épaissi. — H. 10 à 11; D. 3 1/2 à 4 millim.

Peu commun; le littoral méditerranéen et la région aquitanique.

Alexìa Micheli, Mittre.

Auricularia Micheli, Mit., 1842. *In Rev. zool.*, p. 66. — *A. Micheli*, Brgt.,
1864. *Malac. Algér.*, II, p. 140, pl. 8, fig. 34-39. — Loc. *Prodr.*, p. 184.

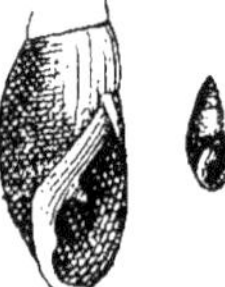

Fig. 484-485.

Un peu plus renflé, spire moins haute; les deux derniers tours un peu plus développés, suture linéaire
submarginée; ouverture étroitement ovalaire-allongée,
anguleuse en haut, faiblement convexe en bas; 1 pli
supérieur; 1 columellaire, labre mince; tranchant, non
denté; test assez solide, luisant, brun-roux foncé ou violacé, orné de stries effacées.—H. 7 à 9; D. 3 1/2 à 4 m.

Peu commun; littoral maritime, côtes de Provence.

Alexia biassoletina, Küster.

Auricula biassolet.,Küst., 1844. *Conch. Cab.*, pl. 8, fig. 18-20. — *A. biassolet.*,
L. Pfeiff., 1854. *Malac. Blätt.*, p. 155. — Loc. *Prodr.*, p. 183.

Voisin du *myosotis*, un peu moins renflé; test plus solide et plus épais;
abre épaissi; pli columellaire plus fort; pli du labre plus robuste; coloration plus foncée. — H. 8 à 10; D. 3 1/2 à 4 millimètres.

Assez rare; littoral méditerranéen, côtes de Provence.

Alexia enhalia, Bourguignat.

A. enhal., Brgt., 1887. *Prodr. Tunisie*, p. 129.

Allongé, tours à croissance régulière, le dernier très haut, suture
linéaire double; ouverture piriforme allongée égale à la 1/2 hauteur;
bord supérieur avec 2 lamelles ou plis; péristome épaissi, non denté; tes
brillant, vitreux, d'un jaune hyalin. — H. 8; D. 3 millimètres.

Rare; littoral méditerranéen, Salces (Pyrénées-Orientales).

Alexia ciliata, Morelet.

Auricula ciliata, Morel., 1845. *Moll. Port.*, p. 77, pl. 8, fig. 4. — *A. ciliata*
L. Pfeiff., 1856. *Mon. Auric.*, p. 150. — Loc. *Prodr.*, p. 184.

Plus petit que le *myosotis*, plus court et plus ventru, spire assez haute,
moins pointue, dernier tour élevé; suture linéaire, sous la suture une rangée de poils raides et courts; ouverture égale à plus de la 1/2 hauteur; plus
élargie; 2 plis supérieurs; 1 columellaire; bord externe non denté; péristome épaissi; test brun-roux ou jaunâtre.— H. 8 à 9; D. 3 1/2 à 4 mill.

Assez commun; littoral méditerranéen, plus rare l'Océan et la Manche.

Alexia exilis, Locard.

A. exilis, Loc., 1893. *L'Echange*, IX, p. 62.

Petit, très étroitement allongé, peu renflé; spire haute et acuminée; 8 tours très peu convexes, le dernier médiocre, suture peu profonde, simple; ouverture étroite, allongée, un peu moindre que la 1/2 hauteur; 1 pli supérieur fort, logé tout près de la columelle; 1 pli columellaire saillant; bord externe non denté; péristome légèrement épaissi; test cornéroux ou un peu brun. — H. 6 1/2 à 7; D. 2 1/2 millimètres.

Rare; littoral méditerranéen et océanique, Var, Loire-Inférieure.

Alexia parva, Locard.

A. parva, Loc., 1893. *L'Échange*, IX, p. 62.

Petit, ovoïde un peu court, assez ventru; spire courte, peu acuminée; 6 à 7 tours un peu convexes, suture assez accusée, simple; ouverture ovalaire-allongée, notablement plus grande que la 1/2 hauteur; 2 plis supérieurs, le plus haut subobsolète, le second peu fort, logé près de la columelle; 1 columellaire petit; péristome légèrement épaissi; test cornéroux un peu clair, très finement striolé. — H. 5 à 5 1/2; D. 2 1/2 mill.

Rare; littoral océanique, le Croisic (Loire-Inférieure).

Alexia bidentata, Montagu.

Voluta bident., Mtg., 1808. *Test. Brit.*, p. 100, pl. 30, fig. 3. — *A. bident.* Brgt., 1864. *Malac. Algér.*, II, p. 137. — Loc. *Prodr.*, p. 184.

Petit, ovoïde-court et renflé, spire très courte; 5 tours très peu convexes, le dernier gros, suture simple, très peu marquée; ouverture ovalaire-allongée, égale aux 2/3 de la hauteur; 1 pli supérieur logé vers la columelle; 1 pli columellaire; péristome tranchant; test brillant, roux très clair ou blanchâtre. — H. 5 à 6; D. 3 à 3 1/2 millimètres.

Peu commun; littoral de la Manche et de l'Océan.

B. — Groupe de l'*A denticulata*.

Test lisse; ouverture avec plis palataux.

Alexia denticulata, Montagu.

Voluta denticul., Mtg., 1803. *Test. Brit.*, p. 234, pl. 20, fig. 5. — *A. denticul.*, Leach, 1818. — *Syn. Moll.*, p. 97. — Loc. *Prodr.*, p. 182.

Ovoïde-allongé, assez fusiforme; 7 à 9 tours peu convexes, le dernier plus grand, suture peu marquée; ouverture ovale-oblongue, assez étroite, aiguë en haut, égale à la 1/2 hauteur; 2 à 3 plis supérieurs, le plus fort rapproché de la columelle; 1 columellaire peu saillant; 5 à 6 palataux courts, dentiformes, rapprochés du péristome; péristome non évasé, épais, tranchant; test corné-pâle, luisant, très finement striolé. — H. 9; D. 3 millimètres.

Fig. 486-487.

Peu commun; littoral de la Manche et de la région armoricaine.

Alexia Armoricana, LOCARD.

A. Armoric., Loc., 1891. *In l'Échange*, VII, p. 132.

Petit, court et trapu; spire courte, 7 tours peu convexes, le dernier très notablement plus grand, suture assez accusée, sous la suture une rangée de poils raides et très courts; ouverture ovalaire-allongée, étroite en haut, plus grande que la 1/2 hauteur; 3 à 4 plis supérieurs, le plus rapproché de la columelle le plus gros; 1 columellaire assez saillant; 5 à 6 palataux courts, dentiformes, rapprochés du péristome; péristome non évasé, mince, tranchant; test corné-roux, un peu terne, très finement striolé. — H. 5 à 6; D. 3 à 3 1/2 millimètres.

Assez rare; littoral de la région armoricaine.

Alexia ringicula, BOURGUIGNAT.

A. ringicula, Brgt., *in* Loc., 1893. L'*Échange*, IX, p. 62.

Petit, ovoïde un peu court, peu renflé; spire peu allongée; 7 tours un peu convexes, le dernier plus grand, suture accusée, simple; ouverture ovalaire très étroite, plus grande que la 1/2 hauteur; 4 plis supérieurs dont 3 bien accusés, le plus fort dans le bas; 1 columellaire, 5 à 6 palataux courts, dentiformes, rapprochés du péristome; péristome non évasé, mince, tranchant; test corné-clair, finement striolé. — H. 5; D. 2 1/2 m.

Rare; Arradon (Morbihan).

C. — Groupe de l'*A. Firmini.*

Test épais et décussé.

Alexia Firmini, PAYRAUDEAU.

Auricula Firm., Payr., 1826. *Moll. Corse*, p. 105, pl. 5, fig. 9-10. — *A. Firm*, Brgt., 1864. *Mal. Alger.*, II, p. 143, pl. 8, fig. 40-44.

Galbe ovoïde-ventru, spire peu haute; 8 à 9 tours à peine convexes, le dernier plus grand, un peu ventru, assez renflé, suture peu profonde; ouverture étroite, allongée, plus petite que la 1/2 hauteur, anguleuse dans le haut, étroitement arrondie dans le bas; 2 plis supérieurs forts et allongés; 1 pli columellaire plus petit; 2 dents pariétales un peu immergées; péristome tranchant épaissi en dedans; test solide, épais, subopaque, d'un jaune clair, avec ou sans bandes plus pâles vers la suture, orné de stries transversales et longitudinales bien marquées. — H. 7 à 8; D. 4 1/2 m.

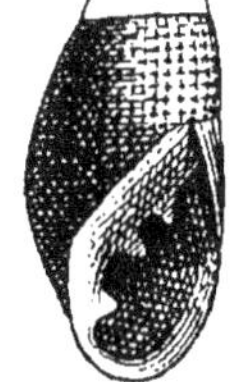

Fig. 488-489.

Rare; le littoral méditerranéen, côtes de Provence.

OPERCULATA

CYCLOSTOMIDÆ

Coquille dextre, ovoïde ou turriculée; ouverture entière, subarrondie, à péristome continu; opercule ne s'articulant pas avec la columelle.

Genre CYCLOSTOMA, Draparnaud.

Coquille assez grande, ovoïde-ventrue; ombilic fendu; columelle subspirale; opercule épais, calcaire, à nucléus excentré.

A. — Groupe du *C. Bourguignati.*

Test lisse et brillant.

Cyclostoma Bourguignati, J. Mabille.

C. Bourg., Mab., 1875. *Rev. mag. zool.*, p. 146. — Loc. *Prodr.*, p. 211.

A. Locard, Coq. terr.   22

Galbe un peu conoïde, ovoïde-lancéolé, spire subconoïde-allongée ; 6 tours convexes, à croissance rapide, le dernier notablement plus grand, suture profonde; fente ombilicale ouverte ; ouverture ronde, faiblement anguleuse vers le haut; péristome continu, un peu détaché, droit, tranchant; test un peu transparent, lisse, sans apparences de stries, extrêmement brillant, jaunâtre ou blanc-brunâtre, parfois marbré de violacé. — H. 15; D. 8 millimètres.

Fig. 490.

Rare; Niort (Deux-Sèvres), Brest (Finistère), environs de Paris, etc.

Cyclostoma asteum, Bourguignat.

C. asteum, Brgt. *in* Mab., 1875. *Rev. mag. zool.*, p. 147. — Loc. *Pr.*, p. 212.

Ovoïde-conique, spire peu allongée, comme trapue; 5 tours convexes, croissance rapide, les 2 derniers largement développés, suture profonde ; ouverture ronde, un peu subanguleuse en haut; péristome continu, non détaché, droit, tranchant; test un peu transparent, brillant, presque lisse, jaunâtre ou blanc-bleuâtre, parfois marbré de violacé. — H. 13 ; D. 8 m.

Peu commun; Deux-Sèvres, Manche, environs de Paris, etc.

B. — Groupe du *C. elegans*.

Test terne, fortement strié.

Cyclostoma elegans, Müller.

Nerita elegans, Müll., 1774. *Verm. Hist.*, II, p. 177. — *C. elegans*, Drap., 1881. *Tabl. moll.*, p. 38. — Loc. *Prodr.*, p. 212.

Galbe conique-ovoïde, assez ventru; 5 tours assez convexes, le dernier gros, un peu ventru, suture profonde ; ouverture arrondie, à peine anguleuse en haut; péristome continu, à peine détaché, presque droit, un peu épais; test opaque, peu luisant, orné de rides longitudinales serrées, fines, coupées à angle droit par des rides spirales plus fortes, d'un violacé-grisâtre ou cendré-roux, avec marbrures rousses ou violacées. — H. 10 à 15; D. 8 à 12 millimètres.

Fig. 491.

Commun; presque partout.

Cyclostoma physetum, Bourguignat.

C. phys., Brgt., *in* Mab., 1855. *Rev. mag. zool.*, p. 148. — Loc. *Prodr.*, p. 212.

Ovale-conoïde, assez ventru, spire conoïde-obtuse ; 5 1/2 tours convexes, l'avant-dernier renflé et globuleux, le dernier petit et bien arrondi, suture profonde ; ouverture subarrondie, comme contractée, peu anguleuse en haut ; péristome continu à peine détaché, presque droit légèrement épaissi ; même test. — H. 15 ; D. 10 millimètres.

Rare ; Troyes (Aube), Niort (Deux-Sèvres), Florac (Lozère), etc.

Cyclostoma Lutetianum, BOURGUIGNAT.

P. Lutet., Brgt., 1869. *Moll. Paris*, p. 11, pl. 3, fig. 40-42. — Loc. *Pr.*, p. 312.

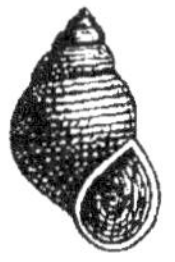

Grand, oblong-conoïde, spire assez allongée, un peu pointue ; 6 tours très convexes, croissance progressive, le dernier plus grand, bien arrondi-convexe, suture très profonde ; ouverture arrondie relativement un peu petite, à peine anguleuse en haut ; péristome continu, droit, à peine détaché, un peu épaissi ; même test, avec des stries plus serrées, plus fines et plus délicates. — H. 17 ; D. 4 1/2 millimètres.

FIG. 492.

Peu commun ; un peu partout, surtout dans le Midi.

Cyclostoma sulcatum, DRAPARNAUD.

C. sulc., Drap., 1805. *Hist. moll.*, p. 33, pl. 13, fig. 2. — Loc. *Prodr.*, p. 123.

Conique-ovoïde, un peu ventru ; 5 tours très convexes, le dernier très grand, à bord externe très avancé, suture profonde ; ouverture arrondie ; péristome continu, détaché, évasé, un peu réfléchi ; test orné de rides longitudinales serrées, très fines, très flexueuses, coupées à angle droit par des rides spirales plus saillantes, un peu écartées, d'un jaune rougeâtre, parfois avec une bande brune. — H. 12 à 18 ; D. 10 à 15 mill.

Commun ; la Provence.

Genre POMATIAS, Studer.

Coq. assez petite, conique-turriculée, élancée ; ombilic fendu ; opercule mince, corné, à nucléus central.

A. — Groupe du *P. crassilabris*.

Ouverture plus ou moins subpiriforme ; péristome non continu.

Pomatias crassilabris, Dupuy.

P. crassil., Dup., 1849. *Cat. Galliæ*, nº 275. — *Loc. Prodr.*, p. 314.

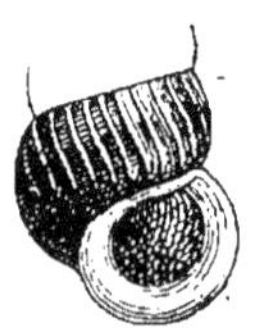

Galbe exactement conique-allongé, presque obtus au sommet, à peine perforé; 7 à 9 tours à peine convexes, le dernier sensiblement plus grand, obtusément anguleux à la base; suture bien marquée, graduelle; ouverture arrondie-subpiriforme; péristome un peu tranchant au bord, subcontinu, plan, réfléchi, très épais et blanc; test blanchâtre ou cendré, orné de flammes brunes s'étendant sur toute la hauteur, très finement et régulièrement strié-costulé. — H. 10 à 14; D. 4 à 6 millimètres.

Fig. 493-494.

Commun; toute la région pyrénéenne.

Pomatias obscurus, Draparnaud.

Cyclostoma obscur., Drap., 1801. *Tabl. moll.*, p. 35.— *P. obscur.*, Crist. Jan, 1832. *Cat.*, XV, nº 3. — *Loc. Prodr.*, p. 213 *(pars)*.

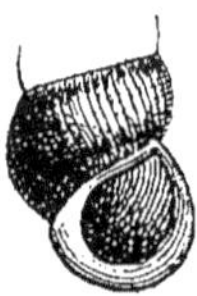

Conique-turriculé, à peine ventru, obtus au sommet; 8 à 9 tours un peu convexes, le dernier un peu plus grand, obtusément caréné à la base; suture marquée et graduelle; ouverture suballongée-piriforme, anguleuse vers le haut; péristome subcontinu, presque tranchant, légèrement évasé, bordé de blanc en dedans; test corné, ordinairement avec 2 bandes de taches brunes, orné de stries fines, plus serrées sur les derniers tours. — H. 10 à 13; D. 4 à 5 millimètres.

Fig. 495-496.

Assez commun; la France centrale et septentrionale.

Pomatias Daralli, Bourguignat.

P. Daralli, Brgt. *Nov. sp. in coll.*

Voisin de l'*obscurus*, galbe plus trapu et plus fort, tours plus convexes, le dernier plus arrondi; suture plus marquée; péristome faiblement bordé, épaissi simplement dans le bas, discontinu dans le haut; test roux-fauve, avec traces de bandes très peu apparentes, orné de stries plus accusées et plus régulières. — H. 12; D. 5 1/2 millimètres.

Très rare; vallée du Pic-du-Gave, au-dessus des Eaux-Bonnes (Basses-Pyrénées).

Pomatias angustus, BOURGUIGNAT.

P. angustus, Brgt. *Nov. sp. in coll.*

Voisin de l'*obscurus*, galbe plus allongé, plus étroit, tours notablement plus arrondis-convexes, surtout dans le haut des tours; suture plus marquée; même ouverture ; test corné-jaunacé un peu clair, avec traces de bandes effacées, orné de stries bien marquées, très régulières et bien espacées. — H. 11 ; D. 4 1/2 millimètres.

Très rare; environ de la Grille des Eaux-Chaudes (Basses-Pyrénées).

Pomatias subobscurus, P. FAGOT.

P. subobsc., Fag., 1892. *Malac. Pyr.*, p. 132. — *P. obsc.*, Loc. *Pr.*, p. 313 *(pars).*

Conique-turriculé, obtus au sommet; 8 à 10 tours convexes-plans, à croissance assez progressive, le dernier obscurément caréné; suture assez marquée, graduelle; ouverture arrondie, anguleuse en haut ; péristome subcontinu, presque tranchant, très légèrement évasé, bordé de blanc en dedans ; test corné-roux, ordinairement avec 2 bandes de taches brunes, orné de stries fines, régulières. — H. 10 à 14; D. 4 à 5 millimètres.

Peu commun; les Pyrénées centrales et occidentales.

Pomatias Fagoti, BOURGUIGNAT.

P. Fagoti, Brgt., *in* Fag., 1880. *Cat. Aulus,* p. 29, fig. 5. — Loc. *Pr.*, p. 215.

Conique, acuminé, court, ventru; 8 tours légèrement convexes, croissance régulière, le dernier plus grand, arrondi, épanoui vers l'ouverture suture assez accusée; ouverture ample, exactement ronde, à peine anguleuse; péristome subcontinu, épaissi, réfléchi ; test fauve-roux, un peu strigillé de blanc, orné de stries très fines sur les premiers tours, plus fortes sur les suivants, bien distantes et petites sur les derniers.—H. 9 ; D. 4 m.

Peu commun; environs d'Aulus (Ariège).

Pomatias spelæus, FAGOT.

P. spel., Fagot, 1876. *In Bull. Soc. Ramond,* p. 63. — Loc. *Prodr.*, p. 214.

Conoïde-ventru, spire conique, acuminée, obtuse au sommet ; 8 tours peu convexes, croissance lente, le dernier un peu plus grand, arrondi, un peu épanoui à l'extrémité ; suture accusée ; ouverture subpiriforme-arrondie; péristome épaissi, légèrement renversé, blanc; test fauve-corné, strigillé de blanc, orné sur le dernier tour de 3 zones obscures, et de stries très petites sur les premiers tours, lamelleuses et robustes sur les suivants, plus petites sur les derniers. — H. 10 à 11 ; D. 5 mill.

Rare ; grotte du Bédat, près Bigorre (Hautes-Pyrénées).

Pomatias Frossardi, BOURGUIGNAT.

P. Fross., Brgt., *in* Fross., 1870, *Note grotte*, p. 18. — Loc. *Prodr.*, p. 214.

Conoïde-allongé, ventru-acuminé, spire régulièrement acuminée, exactement conique, obtuse au sommet ; 8 tours à peine convexes, le dernier à peine plus grand, assez arrondi ; suture peu profonde ; ouverture arrondie-piriforme, anguleuse en haut ; péristome discontinu, épais, légèrement réfléchi ; test corné, orné de stries costulées extra-fines, délicates, serrées, régulières, sauf sur les 2 premiers tours qui sont lisses. — H. 11 ; D. 5 m.

Rare ; grotte d'Aurenson, près Bigorre (Hautes-Pyrénées).

Pomatias Partioti, MOQUIN-TANDON.

P. Part., Moq., *in* S.-Sim., 1848. *Miscel.*, p. 34. — Loc. *Prodr.*, p. 215.

Conique-allongé, obtus au sommet ; 7 à 10 tours assez convexes, croissance graduelle, le dernier sensiblement plus grand et arrondi ; suture bien marquée ; ouverture arrondie, légèrement ovalaire, obtusément anguleuse en haut ; péristome subcontinu, évasé, épaissi, blanc ; test gris-cendré, parfois avec 1 ou 2 bandes obscurément rougeâtres, le sillon de la suture cendré-farineux, orné, sauf sur les 2 premiers tours, de stries très fines, peu accusées, rapprochées et ondulées. — H. 9 à 10 ; D. 3 1/2 à 4 1/2 millimètres.

Fig. 497-498.

Peu commun ; vallée de Gavarnie, Lourdes, etc. (Hautes-Pyrénées).

Pomatias Lapurdensis, P. FAGOT.

P. Lapurd., Fag., 1880. *Malac. Hautes-Pyr.*, p. 21. — Loc. *Prodr.*, p. 214.

Conique-allongé, spire régulièrement acuminée ; 8 tours convexes, croissance lente, le dernier à peine plus grand, arrondi, épanoui vers l'ouverture ; suture peu profonde ; ouverture piriforme-arrondie, étroite ; péristome subcontinu, très épais, blanc ; test subpellucide, jaune-corné, parfois avec 2 zones fauves interrompues, orné, sauf sur les 2 premiers tours de stries régulières, obliques, subdistantes, plus serrées au dernier tour, disparaissant vers l'ouverture. — H. 11 à 12 ; D. 4 à 4 1/2 millimètres.

Peu commun ; grotte des Espélugues, près Lourdes (Hautes-Pyrénées).

Pomatias Bearnicus, BOURGUIGNAT.

P. Bearn., Brgt., *in* Fagot, 1892. *Moll. Pyr.*, p. 185.]

Conique-turriculé, spire acuminée; 8 à 9 tours convexes, croissance lente, le dernier ventru-arrondi suture bien accusée; ouverture piriforme-arrondie; péristome extrêmement épais, évasé, blanc; test fauve-corné, flammulé de brun, orné, sauf sur les 2 premiers tours, de stries saillantes, régulières, subégales, rapprochées. — H. 10 à 11; D. 4 à 4 1/2 mill.

Peu commun; vallée des Eaux-Chaudes (Basses-Pyrénées).

Pomatias Saulcyi, BOURGUIGNAT.

P. Saulcyi, Brgt., *in* Fagot, 1892. *Moll. Pyr.*, p. 135.

Régulièrement conique-turriculé, de la base au sommet; 8 à 9 tours convexes, croissance très régulière; suture accusée; ouverture piriforme arrondie; péristome subcontinu, très épais, réfléchi, blanc; test corné-gris ou brun, orné de stries saillantes régulièrement espacées, presque égales sur tous les tours. — H. 11 à 12; D. 4 à 4 1/2 millimètres.

Rare; près la grotte des Eaux-Chaudes, pic du Gar (Basses-Pyrénées).

Pomatias Mabillianus, DE SAINT-SIMON.

P. Mabill., S.-Sim., 1869. *Ap. Pom.*, p. 7. — *Loc. Prodr.*, p. 214.

Conoïde-turriculé, spire médiocrement acuminée; 10 tours convexes, croissance rapide, assez régulière, le dernier non caréné, à peine déprimé dans le bas, suture sensible; ouverture médiocre, ovalaire-transverse; péristome épais, continu, réfléchi, blanc; test corné-cendré, sans flammes ni taches, orné, sauf sur les 3 premiers tours, de stries peu saillantes, presque droites, fines, régulières. — H. 13; D. 5 millimètres.

Peu commun; environs des Eaux-Bonnes, des Eaux-Chaudes (B.-Pyrén.).

Pomatias neglectus, P. FAGOT.

P. neglectus, Fag., 1892. *Moll. Pyren.*, p. 133.

Bien conique, un peu court, effilé dans le haut, un peu ventru dans le bas; 9 à 10 tours renflés, le dernier arrondi et à peine subcarené dans le bas; suture bien marquée; ouverture arrondie un peu subpiriforme; péristome subcontinu, un peu tranchant au bord, plan, réfléchi; test corné-cendré, flammulé de roux ou de brun, orné de stries très fines, régulières, peu saillantes. — H. 10 à 12; D. 5 à 5 1/2 millimètres.

Assez commun; région pyrénéenne, Ariège, Gers, etc.

Pomatias Rayianus, Bourguignat.

P. Ray., Brgt., 1857. *Amén.*, II, p. 28, pl. 4, fig. 7-9. — Loc. *Prodr.*, p. 218.

Conique, un peu court ; 4 tours à peine convexes, le dernier avec une carène obsolète, lisse, bien accusée ; suture peu marquée ; ouverture très oblique, oblongue, arrondie ; péristome réfléchi, non continu ; test corné-gris, avec des zones continues plus foncées, orné de petites côtes fines et régulières. — H. 9 1/2 ; D. 4 1/2 millimètres.

Rare ; Aube.

Pomatias Nouleti, Dupuy.

P. Noŭleti, Dup., 1851. *Hist. moll.*, p. 351, pl. 26, fig. 13. — Loc. *Pr.*, p. 215

Allongé ; 7 à 9 tours légèrement convexes, le dernier plus grand, sensiblement anguleux en bas ; suture assez marquée ; ouverture arrondie-subpiriforme ; péristome subcontinu, un peu évasé, plan, bilabié ; test corné gris-sombre, avec une ligne de taches blanches vers la suture, double au dernier tour, orné de côtes bien saillantes, assez espacées. — H. 10 à 12 ; D. 4 à 5 millimètres.

Fig. 499-500.

Peu commun ; les Pyrénées, de la vallée de l'Agly à celle de l'Ariège.

Pomatias Arriacus, de Saint-Simon.

P. Arri., S.-Sim., 1867. *Pomat. Midi*, p. 15. — Loc. *Prodr.*, p. 212.

Conoïde-allongé, turriculé, très peu dilaté en bas ; 9 tours médiocrement convexes, croissance lente et régulière, le dernier un peu caréné et aplati autour de la fente ; suture accusée ; ouverture presque ronde, très peu anguleuse en haut ; péristome subcontinu, épais, blanc, renversé en dehors, muni d'un bourrelet interne large et saillant ; test corné, roux-vineux, avec flammes plus sombres, orné de stries lamelliformes robustes, saillantes, légèrement écartées, avec de fines striations intermédiaires. — H. 10 à 12 ; D. 3 millimètres.

Peu commun ; région pyrénéenne, vallée de la Garonne.

Pomatias Berilloni, P. Fagot.

P. Berill., Fagot, 1880. *Malac. Basses-Pyr.*, p. 17. — Loc. *Prodr.*, p. 216.

Conoïde un peu allongé, turriculé, un peu dilaté en bas ; 8 à 9 tours médiocrement convexes, croissance un peu lente, le dernier arrondi en bas, suture accusée ; ouverture presque ronde, un peu oblique, un peu petite ; péristome continu, épais, blanc, renversé en dehors, avec bourrelet interne fort ; test corné-roux plus ou moins foncé, avec flammes sombres, orné de stries lamelliformes robustes, peu saillantes, régulières, légèrement écartées. — H. 10 à 11 ; D. 3 millimètres.

Rare ; environs de Saint-Jean-de-Luz (Basses-Pyrénées).

Pomatias Veranyi, BOURGUIGNAT.

P. striolatum, J. Mab., 1875. *In Rev. mag. zool.*, p. 153 *(non* Porro).— *P. striol.*, Loc. *Pr.*, p. 216. — *P. Veranyi*, Brgt. *Nov. sp. in coll.*

Conique-allongé, lentement atténué, acuminé ; 8 tours peu convexes, croissance régulière un peu lente, le dernier à peine plus grand, subarrondi, suture peu profonde ; ouverture faiblement oblique, arrondie en bas, anguleuse en haut ; péristome blanchâtre, relativement peu développé, réfléchi ; test corné-gris un peu terne, orné sur tous les tours de fines costulations très rapprochées, régulières et très ondulées, pas plus fortes au dernier tour qu'au précédent. — H. 10 ; D. 5 millimètres.

Rare ; environs de Nice (Alpes-Maritimes).

Pomatias Isselianus, BOURGUIGNAT.

P. Issel., Brgt., 1869. *Descr. Alpes-Mar.*, p. 10. — Loc. *Prodr.*, p. 216.

Bien conique, spire acuminée ; 7 1/2 tours convexes, croissance régulière et assez rapide, le dernier plus grand, bien développé, arrondi, suture prononcée ; ouverture très oblique, arrondie, anguleuse en haut ; péristome blanchâtre, dilaté, très peu réfléchi, bord columellaire non auriculé ; test un peu transparent, terne, corné-obscur, orné d'élégantes costulations très saillantes, comme encrassées, séparées par plusieurs autres plus délicates. — H. 7 1/2 ; D. 5 millimètres.

Peu commun ; entre Nice et Menton (Alpes-Maritimes).

Pomatias Sabaudinus, BOURGUIGNAT.

P. Sabaud., Brgt., 1864. *Malac. Aix-les-Bains*, p. 64, pl. 2, fig. 11 à 14. — Loc. *Prodr.*, p. 216.

Conique-élancé ; 8 tours convexes, croissance lente et régulière, le dernier arrondi à la base, suture profonde ; ouverture presque verticale ovalaire ; péristome simple, discontinu, blanc, épais, faiblement évasé, réfléchi de tous côtés ; test brillant, fauve-corné, avec enduit blanc-

bleuté lisse, offrant quelques petites striations émoussées. — H. 10 ; D. 4 m.
Rare ; la Dent-du-Chat (Savoie).

Pomatias apricus, Mousson.

P. apric., Mouss., 1847. *In Neue Deutsch. sv. nat.*, VII, p. 47. — Loc. *Pr.*, p. 215.

Conique, un peu renflé en bas, obtus au sommet ; 7 à 8 tours à peine

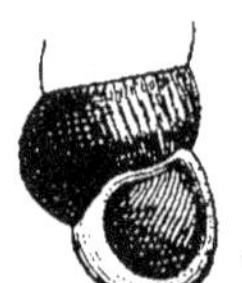

convexes, presque aplatis vers le haut du tour, arrondi en bas, le dernier plus grand et subanguleux, suture assez peu marquée ; ouverture arrondie, un peu subpiriforme ; péristome presque continu, non détaché, très évasé, un peu réfléchi, presque blanc, sans bourrelet interne ; test soyeux, corné-clair, avec nombreuses taches brun-rouge, formant parfois 2 bandes au dernier tour, orné de stries côtelées, fines, presque égales — H. 7 à 10 ; D. 3 à 4 1/2 mill.

Fig. 501-502.

Assez commun ; les Alpes de la Savoie et du Dauphiné.

Pomatias Valcourtianus, Macé.

P. Valcourt., Macé. *Nov. sp. in coll.* Brgt.

Voisin du *Sabaudinus*, taille plus petite, galbe plus court et plus trapu, tours plus convexes, suture plus accusée ; ouverture bien ronde ; péristome presque continu, mince, tranchant, réfléchi de tous côtés ; test corné-brun, un peu brillant, presque complètement lisse. — H. 8 ; D. 3 1/2 m.

Très rare ; entre Fontan et la Giandola (Alpes-Maritimes).

B. — Groupe du *P. septemspiralis.*

Ouverture arrondie ; péristome continu.

Pomatias septemspiralis, Razoumowski.

Helix septemspir., Razoum., 1789. *Hist. nat. Jora.*, p. 278. — *P. septemspir.*, Drouët, 1855. *Moll. France*, p. 25. — Loc. *Prodr.*, p. 217.

Galbe conique-turriculé, un peu ventru en bas ; 7 à 9 tours convexes, le dernier à bord externe assez avancé, suture très marquée ; ouverture presque circulaire, égale à près du 1/4 de la hauteur ; péristome continu, presque détaché, très évasé, un peu réfléchi, plan, avec bourrelet interne ; test un peu luisant,

Fig. 503-504.

gris-roux ou jaunacé, avec 2 ou 3 rangées de taches brunes, orné de
stries saillantes, peu serrées, bien égales.— H. 5 à 7 ; D. 2 1/2 à 3 1/2 m.

Commun ; surtout le centre et l'Est.

Pomatias patulus, DRAPARNAUD.

Cyclostoma patulum, Drap., 1801. *Tabl. moll.*, p. 39. — *P. patulum*, Crist.
Jan, 1832. *Cat.*, XV, n° 12. — *Loc. Prodr.*, p. 216.

Conoïde-allongé, un peu effilé ; 7 à 8 tours très
convexes, le dernier arrondi, suture très marquée ;
ouverture circulaire, à peine égale au 1/4 de la hauteur ;
péristome continu, presque détaché, très évasé, un
peu réfléchi, très plan, avec bourrelet interne peu
marqué ; test roux-grisâtre ou cendré, unicolore,
orné de stries peu saillantes, assez serrées, très fines,
subégales. — H. 5 à 8 ; D. 2 à 3 millimètres.

FIG. 505-506.

Assez commun ; presque tout le Midi.

Pomatias subprotractus, PALADILHE.

P. subprotr., Palad., 1876. *Rev. sc. nat.*, V, p. 332.

Conique-allongé ; spire élancée, 9 tours très convexes, accroissement
lent et progressif, très régulier, le dernier arrondi, remontant brusquement vers l'ouverture, suture bien marquée ; ouverture ronde, légèrement
oblique ; péristome double, l'interne continu, assez saillant, un peu épais,
l'externe mince, dilaté, fortement évasé ; test corné-jaunâtre, les 2 premiers tours lisses et luisants, les suivants ornés de costulations saillantes,
assez régulières, plus fines au dernier tour. — H. 10 ; D. 4 millimètres.

Rare ; environs de Lamalou (Hérault).

Pomatias Macei, BOURGUIGNAT.

P. Macei, Brgt., 1869. *Descr. Alpes-Mar.*, p. 16. — *Loc. Prodr.*, p. 217.

Conoïde très allongé ; spire très développée, 10 tours, les supérieurs
bien renflés, les inférieurs convexes-arrondis, croissance lente et régulière, le dernier un peu plus développé, arrondi, bien dilaté vers l'ouverture ; suture bien accusée ; ouverture arrondie, un peu anguleuse vers le
haut ; péristome épais, largement dilaté, comme bilabié, non réfléchi ;
test corné-cendré, orné de costulations fortes, très élégantes, d'abord
fines et serrées, puis plus accusées et plus distantes, enfin moins saillantes
et plus rapprochées au dernier tour. — H. 10 ; D. 4 millimètres.

Rare ; environs de Grasse (Alpes-Maritimes).

Pomatias Nevilli, Bourguignat.

P. Nevilli, Brgt. *Nov. sp. in coll.*

Voisin du *Macei*, encore plus étroitement allongé; 10 tours bien réguliers, bien arrondis, le dernier pas plus grand, suture plus profonde; ouverture relativement petite, bien ronde; péristome mince, très renversé; test roux-grisâtre, un peu clair, orné de costulations fortes, régulières, bien espacées mais irrégulièrement distantes sur tous les tours. — H. 9 1/2; D. 3 1/2 millimètres.

Très rare; au-dessus de Menton, entre 1000 et 1500 mètres (Alp.-Mar.).

Pomatias Pinianus, Bourguignat.

P. Pini., Brgt., 1878. *Spec. noviss.*, n° 144.

Voisin du *patulus*, conique; 9 à 10 tours convexes, le dernier un peu plus grand, obtusément anguleux dans le bas, avec une ligne blanche sous l'angulosité, suture très accusée; ouverture arrondie, d'un jaune-roux à l'intérieur; péristome simple, presque continu, réfléchi, auriculé, bord columellaire, blanchâtre; test un peu brillant, corné, blanchâtre vers l'ouverture, blanc au sommet, les trois premiers tours striés, les suivants ornés de costulations étroites, subdistantes, sinueuses. — H. 3; D. 8 m.

Rare; à 1100 mètres au-dessus de Menton (Alpes-Maritimes).

Pomatias Saint-Simonianus, Bourguignat.

P. Simon., Brgt., 1869. *Descr. Alpes-Mar.*, p. 18. — *Loc. Prodr.*, p. 217.

Oblong-allongé, un peu ventru; spire oblongue un peu obèse, 8 tours renflés, bien arrondis, croissance lente et régulière, le dernier à peine plus grand, arrondi, peu dilaté vers l'ouverture, suture très profonde; ouverture arrondie, un peu anguleuse en haut; péristome blanc, bordé en dedans, légèrement dilaté, à bords aigus; test mince, fragile, transparent, blanc-hyalin, orné de costulations peu régulières, fortes et saillantes, rapprochées, tendant à disparaître au dernier tour. — H. 7; D. 3 m.

Rare; clus de Saint-Auban (Alpes-Maritimes).

Pomatias Bourguignati, de Saint-Simon.

P. Bourg., S.-Sim., 1869. *Descr. Pomat.*, p. 1. — *Loc. Prodr.*, p. 217.

Conoïde-allongé, turriculé, acuminé; 10 tours arrondis-renflés, croissance régulière, le dernier un peu déprimé à la base, suture profonde; ouverture un peu oblique, arrondie; péristome épais, continu, réfléchi, bilabié; test un peu pellucide, gris-ferrugineux, orné de costulations peu distantes, plus ou moins fortes sur les derniers tours. — H. 7; D. 3 m.

Assez rare; Saint-Auban, Saint-Martin-de-Lentosque (Alpes-Maritimes), les Corbières (Prénées-Oyrientales).

Pomatias alloglyptus, WESTERLUND.

P. alloglypt., West., 1886. *Fauna palæar.*, V, p. 126.

Étroitement allongé; spire faiblement conique, 8 tours très convexes-arrondis, croissance un peu lente et régulière, le dernier à peine plus grand, arrondi; ouverture un peu petite, presque circulaire; péristome blanc, épais, continu, bien réfléchi, aplati, bilabié; test corné gris-cendré, orné de costulations rapprochées, un peu irrégulières, assez fortes, plus serrées et plus fines au dernier tour. — H. 6 à 7 1/2; D. 2 1/2 millimètres.

Assez rare; les Corbières (Pyrénées-Orientales).

Pomatias Galloprovincialis, BOURGUIGNAT.

P. Galloprov., Brgt. *Nov. sp. in coll.*

Très hautement conique-allongé; 9 à 10 tours bien convexes-arrondis, croissance lente et régulière, le dernier à peine plus grand, également arrondi; ouverture bien ronde; péristome blanc, assez épais, subcontinu, réfléchi; test corné-grisâtre, orné de costulations espacées, fortes, assez régulières, subégales sur tous les tours. — H. 8; D. 2 3/4 millim.

Rare; Menton, Briançonnet, clus de Saint-Auban (Alpes-Maritimes).

Pomatias agriotes, WESTERLUND.

P. agriotes, West., 1879. *Bull. malac. Ital.*, V, p. 20.

Conique, atténué; 9 tours subconvexes, le dernier subanguleux à la base, dilaté en avant, lentement relevé, suture accusée; ouverture ovale-arrondie; péristome simple, à peine continu, légèrement patulescent, non auriculé au bord droit; test corné, brun sombre, orné de costulations distantes et obsolètes. — H. 9; D. 2 2/3 millimètres.

Rare; Saorgio (Alpes-Maritimes).

Genre ACME, Hartmann.

Coq. petite, subcylindrique, mince, à spire obtuse; ombilic recouvert columelle subspirale; ouverture ovale; opercule à nucléus excentré.

A. — Groupe de l'*A. polita*.

Ouverture presque plane ; test lisse ou presque lisse.

Acme polita, L. Pfeiffer.

Acicula polita, L. Pfeiff., 1841. *In Wiegm. arch.*, p. 226. — *Acme polita*, Palad., 1868. *Miscel.*, p. 74, pl. 4, fig. 1-3. — Loc. *Prodr.*, p. 218.

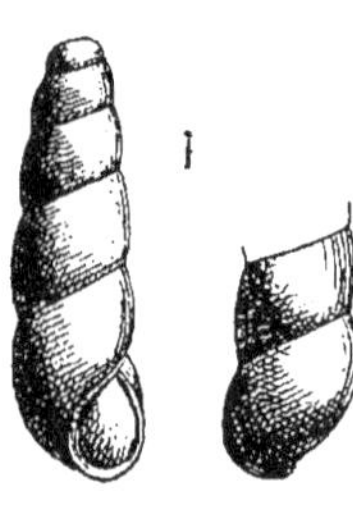

Fig. 507-508.

Galbe cylindracé, grêle, subimperforé; 6 tours assez aplatis, croissance rapide à partir du 3e, le dernier grand, suture bien prononcée; ouverture presque verticale, ovale-arrondie, acuminée en haut, plus petit que le 1/4 de la hauteur; péristome subcontinu, obtus, épaissi en dedans, peu évasé, bordé en dehors d'un bourrelet saillant n'arrivant pas jusqu'à l'ouverture; labre arrondi en bas, faiblement arqué, bord columellaire un peu réfléchi en haut; callum mince; test lisse, luisant, fauve, un peu transparent. — H. 2 3/4; D. 2/3 mill.

Rare; alluvions du Rhône, au Nord de Lyon.

Acme cryptomena, de Folin et Bérillon.

A. crypt., Fol. Bér., 1877. *C. S.-O.*, 2e fasc., p. 13, pl. 2, fig. 1-5. — Loc. *Pr.*, p. 219.

Subcylindrique-allongé, obtus au sommet, subombiliqué; 6 tours, croissance lente, suture peu profonde, mais accusée; ouverture large, subpiriforme, terminée en haut par une petite fissure semi-circulaire; péristome continu, épaissi en dedans vers l'angle supérieur, se dédoublant pour entourer la région ombilicale, accompagné en dehors d'un large bourrelet saillant; labre presque droit; test fauve-rougeâtre, lisse et très brillant. — H. 3 ; D. 1 millimètre.

Rare; environs de Bayonne (Basses-Pyrénées).

Acme Foliniana, G. Nevill.

A. Folin., Nev., 1880. *In Proc. z. s.*, p. 136, pl. 14, fig. 4-6. — Loc. *Pr.*, p. 218.

Subcylindrique-allongé, imperforé; spire un peu arquée vers le sommet, et obtuse, 6 à 6 1/2 tours à peine convexes, séparés par une suture distincte et comme marginée; ouverture subrectangulaire; péristome blanc, épaissi, double; test brillant, lisse, corné. — H. 5 1/2 ; D. 1 3/4 m.

Rare; environs de Menton (Alpes-Maritimes).

Acme trigonostoma, Paladilhe.

A. trigon., Palad., 1868. *Miscel.*, p. 79, pl. 4, fig. 13-15. — Loc. *Prodr.*, p. 219.

Cylindrique, spire allongée, très obtuse au sommet ; 6 tours plans, croissance régulière, assez rapide, suture profonde ; fente ombilicale très petite ; ouverture un peu oblique, subelliptico-trigone, assez dilatée en bas égale au 1/4 de la hauteur ; péristome subcontinu, un peu épaissi en dedans, entouré d'un bourrelet saillant, étroit, très dilaté, jaunâtre ; labre peu arqué ; test lisse, luisant, corné-pâle. — H. 2 1/2 ; D. 2/3 mill.

Rare ; Neufbrisach, l'Alsace-Lorraine.

Acme Dupuyi, Paladilhe.

A. Dupuyi, Palad., 1868. *Miscel.*, p. 81, pl. 3, fig. 10-12. — Loc. *Pr.*, p. 218.

Subcylindrique, un peu atténué vers le haut ; spire assez allongée, sommet obtus, 6 à 7 tours aplatis, croissance régulière, suture bien marquée ; fente presque nulle ; ouverture verticale, subelliptique, un peu aiguë en haut, égale au 1/3 de la hauteur ; péristome subcontinu, un peu épaissi en dedans, à peine évasé ; labre droit, à peine bordé vers la base ; test lisse, brillant, corné-roux. — H. 3 1/3 ; D. 1 millimètre.

Assez rare ; Meuse, Rhône, Isère, région pyrénéenne, etc.

Acme fusca, Montagu.

Turbo fusca, Mtg., 1803. *Test. Brit.*, p. 330. — *A. fusca*, Beck., 1857. *Ind.* p. 201. — *A. lineata*, Loc. *Prodr.*, p. 219.

Subfusoïde-cylindracé, subimperforé ; spire un peu atténuée vers le haut, 6 à 7 tours assez aplatis, croissance assez régulière, un peu rapide, suture submarginée ; ouverture elliptique-sub-piriforme, avec un sinus supérieur peu profond, égale au 1/4 de la hauteur ; péristome subcontinu, un peu obtus, légèrement épaissi en dedans ; labre à peine épaissi en dehors, légèrement ondulé ; test brunâtre, orné de lignes longitu-dinales creuses, très fines, régulièrement espa-cées. — H. 2 1/2 à 4 ; D. 2/3 à 1 millimètre.

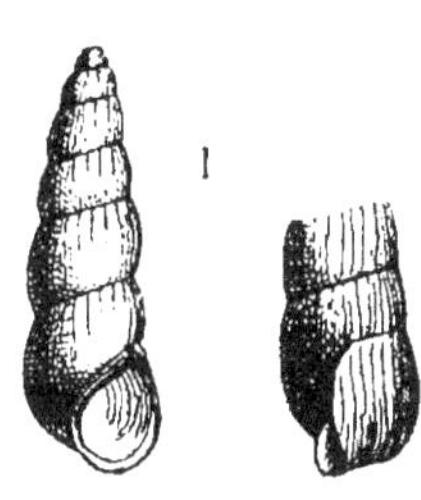

Fig. 509-510.

Assez rare ; Aisne, Calvados, Vosges, Ain, Savoie, Haute-Garonne, etc.

Acme Locardi, Bourguignat.

A. Locardi, Brgt. *Nov. sp. in coll*

Conoïde-allongé, subimperforé ; spire lentement et progressivement atténuée de la base au sommet, 6 1/2 tours faiblement convexes, croissance régulière, suture submarginée ; ouverture petite, piriforme-arrondie, bien arrondie en bas, étroite en haut, plus petite que le 1/3 de la hauteur totale ; péristome subcontinu, callum épais, labre épaissi légèrement, à peine flexueux ; test brunâtre, orné de lignes longitudinales creuses, très fines, bien espacées, irrégulièrement réparties, atténuées à la base des tours. — H. 3 ; D. 3/4 millimètre.

Rare ; le Nord de la France.

B. — Groupe de l'A. Moutoni.

Ouverture non plane ; test costulé.

Acme Moutoni, Dupuy.

A. Moutoni, Dup., 1849. Cat. Gall., n° 4. — Loc. Prodr., p. 219.

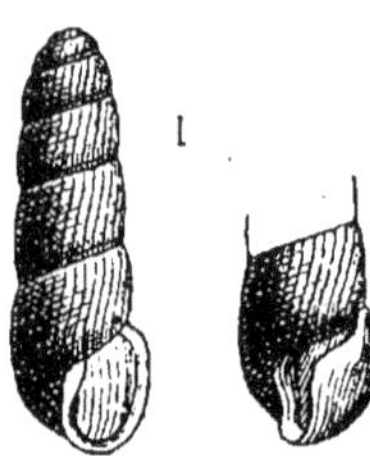

Galbe cylindracé, imperforé ; spire peu atténuée en haut, 7 tours convexes-aplatis, croissance régulière assez rapide, suture profonde ; ouverture oblique, ovale-piriforme, avec un petit sinus oblique et étroit dans le haut, plus grande que le 1/4 de la hauteur ; pérstome disjoint, un peu épaissi en dedans, bordé couleur chair ; labre très obliquement et fortement saillant, puis arqué ; test jaune-pâle, brillant, orné de costulations très fines, très serrées, très régulières. — H. 3 ; D. 1 millimètre.

Fig. 511-512.

Rare ; environs de Grasse (Alpes-Maritimes).

TRUNCATELLIDÆ

Coq. petite, enroulée, cylindroïde, très obtusément ombiliquée ; spire tronquée à l'âge adulte ; ouverture entière, simple.

Genre TRUNCATELLA, Risso.

Coq. subcylindrique-allongée ; ouverture ovalaire ; péristome continu, épaissi ; opercule subspiral, mince, à nucléus excentrique.

Truncatella subcylindrica, Linné.

Helix subcylindr., Lin., 1767. *Syst. nat.*, p. 1248. — *Tr. subcylindr.*, Sow., 1859. *Ill. ind.*, pl. 16, fig. 12. — *Tr. truncatula*, Loc. *Prodr.*, p. 220.

Galbe presque cylindrique, allongé, peu atténué, tronqué ou subtronqué au sommet chez les vieux sujets; 3 à 4 tours convexes vers la suture, aplatis au milieu, croissance presque régulière, le dernier presque égal à la 1/2 hauteur; suture accusée; ouverture ovalaire, légèrement anguleuse au sommet, assez arrondie dans le bas, plus grand que le 1/3 de la hauteur totale; péristome bordé, légèrement épaissi et subréflexe; test assez solide, subtransparent, blanc-grisâtre, orné de nombreux plis longitudinaux saillants, assez espacés, réguliers. — H. 5 à 6; D. 2 à 2 1/2 m.

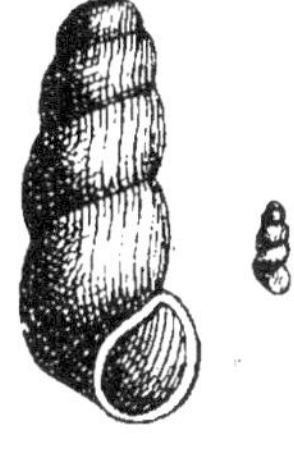

Fig. 513-514.

Commun; littoral maritime, sur toutes nos côtes.

Truncatella lævigata, Risso.

Tr. lævig., Risso, 1826. *Eur. mer.*, IV, p. 123, pl. 4, fig. 57. — Loc. *Pr.*, p. 220.

Même galbe; test entièrement lisse, opaque ou transparent, blanc-grisâtre, orné seulement de quelques traces de plis au voisinage de la suture. — H. 5 à 6; D. 2 à 2 1/2 millimètres.

Commun; littoral maritime, sur toutes nos côtes.

Truncatella Juliæ, de Folin.

Tr. Juliæ, Fol., 1871. *Fonds mer.*, II, p. 49, pl. 2, fig. 4.

Très petit, un peu conoïde fusiforme, lentement atténué de la base au sommet; 6 tours assez convexes, croissance progressive assez rapide, le dernier plus grand que la 1/2 hauteur totale, convexe dans le haut, atténué dans le bas; suture accusée; ouverture ovalaire, rétrécie-anguleuse dans le haut, plus grande que le 1/3 de la hauteur totale; péristome un peu réfléchi au bord externe; test très brillant, diaphane, le premier tour lisse, le 2e striolé, le 3e orné de côtes longitudinales arquées vers le bord; les 3 derniers également ornés de côtes recoupées dans le bas par des cordons spiraux formant une sorte de réticulation assez régulière. — H. 3; D. 1 m.

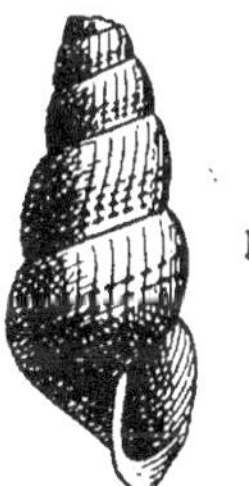

Fig. 515.

Rare; embouchure de la Bidassoa (Basses-Pyrénées), côtes de Provence.

A. Locard, Coq. terr.   23

Truncatella microlena, Bourguignat.

Tr. microl., Brgt., *in* B. D. D., 1884. *Moll. Rouss.*, p. 321, pl. 32, fig. 30 à 32.

Petit, étroitement cylindroïde, spire lentement atténuée; 3 à 4 tours un peu convexes dans l'ensemble; suture marquée; ouverture un peu étroitement ovalaire ; péristome bordé, épaissi ; test blanc-grisâtre, lisse, transparent. — H. 3 ; D. 1 millimètre.

Rare ; littoral méditerranéen.

Truncatella minuscula, de Folin.

Tr. minusc., Fol., 1874. *Fonds mer.*, II, p. 145, pl. 3, fig. 3.

Très petit, presque cylindrique, lentement atténué ; 5 tours très convexes, le dernier grand, suture très profonde ; ouverture allongée, sub-piriforme ; test subpellucide, blanchâtre, orné de côtes longitudinales étroites, aiguës, séparées par des intervalles plans, très larges, au fond desquels on distingue des cordons spiraux peu marqués, assez espacés. — H. 1,2 ; D. 0,3 millimètres.

Très rare ; alluvions de l'embouchure de l'Adour (Basses-Pyrénées).

TABLE ALPHABÉTIQUE

DES NOMS DE FAMILLES, GENRES ET ESPÈCES

Lyon. — Imprimerie Pitrat Aîné, A. Rey successeur, 4, rue Gentil. — 7870

9 782019 288914